现代高炉操作

刘云彩 著

北 京

冶 金 工 业 出 版 社

2016

内 容 提 要

本书以降低高炉炼铁成本、提高竞争力为目标，系统讲解高炉操作的原则和方法，总结成功经验和失败教训，追求高炉操作的科学性。

本书可供高炉炼铁生产人员、科研人员、设计人员、管理人员、教学人员阅读参考。

图书在版编目（CIP）数据

现代高炉操作/刘云彩著 . —北京：冶金工业出版社，2016.5

ISBN 978-7-5024-7233-7

Ⅰ.①现… Ⅱ.①刘… Ⅲ.①高炉炼铁 Ⅳ.①TF53

中国版本图书馆 CIP 数据核字（2016）第 084721 号

出 版 人　谭学余
地　　　址　北京市东城区嵩祝院北巷 39 号　邮编　100009　电话　（010）64027926
网　　　址　www.cnmip.com.cn　电子信箱　yjcbs@cnmip.com.cn
责任编辑　刘小峰　美术编辑　吕欣童　胡　雅　版式设计　杨　帆
责任校对　李　娜　责任印制　李玉山
ISBN 978-7-5024-7233-7

冶金工业出版社出版发行；各地新华书店经销；固安华明印业有限公司印刷
2016 年 5 月第 1 版，2016 年 5 月第 1 次印刷
169mm×239mm；23.25 印张；456 千字；358 页
69.00 元

冶金工业出版社　投稿电话　（010）64027932　投稿信箱　tougao@cnmip.com.cn
冶金工业出版社营销中心　电话　（010）64044283　传真　（010）64027893
冶金书店　地址　北京市东四西大街 46 号（100010）　电话　（010）65289081（兼传真）
冶金工业出版社天猫旗舰店　yjgycbs.tmall.com
（本书如有印装质量问题，本社营销中心负责退换）

前　言

2000 年初，中国金属学会李静安先生要我为高炉技术竞赛写一本小册子《高炉操作》，一年内完成，我当即答应。当时以为，高炉操作讲稿积累不少，写起来不会很困难。同年四月，草拟写作提纲，征求意见，得到我国几位高炉操作专家的许多宝贵启发：张寿荣院士指示，书的"指导思想从追求规模指标走向集约化""集约化的目标是降低成本，提高竞争力"；徐矩良教授指出，要强调"高炉操作的科学性，不应不切实际的盲目追求"。我在写作中，努力遵循这些指示。写了两章草稿，感到困难很多，恰在此时收到美国高炉专家 Arthur Cheng 应我要求寄来的部分论文、讲稿及美国的高炉操作资料。我在重新思考后，知道这是一个艰巨任务，短期无法完成。我向李静安先生说明确实无法兑现，而且也说不准何时完成。15 年过去了，终于了却此心愿。

本书是按个人理解和经历，系统讲解高炉操作的原则和方法，写出成功经验和失败教训的专著。书中讲解我们的经验，包括我的合作者、同事及共同讨论的高炉工作者的经验。

1956 年 8 月我从学校毕业，分配到石景山钢铁厂（首都钢铁公司前身）炼铁部，炉长刘万元是我高炉操作的启蒙导师。我劳动实习几天后进值班室，先后做过代理副工长、副工长、工长、技术室的技术员、工程师、副厂长、厂长，期间工作虽多变动，但始终围绕高炉转，还做过两年多高炉炉前工。20 世纪 60 年代以后，有机会到兄弟厂学习、交流，有时参与处理高炉操作问题，或协助工作，或讨论高炉操作。在这些活动中，我和这些厂的高炉工作者，促膝讨论，受益良多。又曾在 1990 年由中国金属学会主办的"高炉学习班"及冶金工业部主办的"炼铁厂厂长学习班"（1986 年、1991 年）讲过高炉操作；两次为首钢"高炉工长、炉长高炉操作培训班"主讲高炉操作。上述活动，积累了一些高炉操作讲稿。因此，这本书中也包括兄弟厂的高炉操作经验，如有不当之处，是我理解有误，欢迎提出批评，以便修正。

在高炉操作中经常遇到难题，除和同事讨论外，也经常查阅文献，了解他人的经验和思路。感谢首钢当年的领导，要求、鼓励技术人员阅读文献，不仅提高处理问题能力，同时也了解炼铁生产动态。这一习惯，受益一生。

书中所引的文献，有原文也有译文，为便于查阅，凡有中文译文的，也一并列出。

感谢徐矩良、王筱留、韩汝玢、王维兴、于仲洁、张建良、汤清华、由文泉、刘征建、黄琳基和刘小峰等诸位老友，他们为审查初稿内容和观点花费了宝贵的时间和精力，有的逐段、逐字修改，有的删除错误、补充图表，有的提出坦率意见，刘小峰编辑在每页原稿上都留下了修订痕迹。他们为本书改进做出的贡献，终生难忘！

杨天钧教授和张建良教授多方关心、支持本书写作，经常了解写作中遇到的困难，提供具体帮助。没有他们真诚的鼓励和帮助，很难完成此项工作。他们的助手刘征建老师、祁成林老师，以及他们的博士生李峰光、焦克新、代兵，多次为我查找文献、编制程序，在此一并致谢！

多年的操作实践体会到，把高炉操作建立在科学的基础上，不是就事论事，减少对经验的依赖和束缚、减少操作的盲目性，是推动高炉操作所必须的。我依走过的路写这本书，是否合适，请读者评阅。

刘云彩

2015 年 12 月 28 日

目　　录

绪论——炼铁的过去和现在

0.1 炼铁的起源和发展

人类最早炼铁，是在近东和东地中海地区，到 1980 年止，这一地区发现的早期铁器见表 0-1[1]。

表 0-1 早期铁器

公元前	陨 铁	人工冶炼	未经分析	合 计
3000 年以前	4	1	9	14
3000～2000 年	6	6	10	22
2000～1600 年	0	2	6	8
1600～1200 年	18	0	56	74
总 计	28	9	81	118

公元前 12 世纪，铁器在上述地区日渐增多，到公元前 10 世纪，已相当普遍。历史学家把铁器普遍应用时期叫铁器时代。欧洲进入铁器时代大约在公元前 8 世纪，铁器时代欧洲的铁相当贵。荷马史诗《伊利亚特》描写铁器时代的运动会，摔跤冠军得了一个三条腿的大铁锅，其价格相当 12 头公牛[2]。

从考古遗存的铁器判断，我国新疆地区早在公元前 1000 年以前已有铁器，到 2010 年为止，中原地区约在公元前 800～900 年也有铁器出土[3,4]。

中国文献上第一次出现"铁"字，是成书于战国中期的《左传》。它记录了公元前 513 年晋国铸刑鼎的事件："晋赵鞅、荀寅帅师城汝滨，遂赋晋国一鼓铁，以铸刑鼎"[5]。有的考古学家认为"一鼓铁"其意不通，应为"一鼓钟"。其实，"一鼓铁"可能是计量单位，是指炼炉的产量。春秋时期高炉较小，寿命短，从点火开炉到炉破停止鼓风，一炉炼出的铁量叫"一鼓"，这是对铁量的简练概括。现在可以从"一鼓铁"的量中做大致的推测：按吴承洛研究[6]，"一鼓"重 16 钧，一钧为 30 斤，周朝一斤相当 0.4577 市斤，依此折合一鼓铁约 220 市斤即 110 公斤。这可能是当时一代高炉冶铁水平的反映。

20 世纪中期，我国出土的早期铁器中，很少是铸造铁，所以当时专家们怀疑春秋或以前不大可能"铸刑鼎"；到 2010 年为止，已有较多的早期铁器出土，其中就有铸件。显然，"铸刑鼎"，在当时已经可能，过去的争议也许应有新的认识。

公元前 580 年前后铸造的"齐侯钟"，铭文上有"造戋徒四千"一段文字。郭沫若指出"戋"是铁字的古写[7]，是有道理的："戋"字从"土"从"戈"，从"土"因可做农具破土，从"戈"因可做武器作战。在古代金属中，兼有这两种功能的只有青铜和铁。"铜"当时已有固定字义，"戋"字只能指铁，虽然还不能证明是什么铁[8]。

班簋是西周成康时期（约公元前 1000 年）的青铜器，上面铸有 190 余字，其中有："邦冢君、土驭、戋人伐东国"一句，郭沫若认为可能也是古铁字，也有人不同意。

中国古代第一部诗歌总集《诗经·秦风·驷"驖"》篇中的"驖"字，也与铁字有关，虽然专家们意见不同。

把上述各字按时间顺序，排成表 0-2[9]。

表 0-2　中国古代可能的"铁"字

年代（公元前）	~1000 年	777~766 年	581~554 年	513 年
字　形	戋	驖	戋	鐵

0.1.1　块炼铁——古老的炼铁方法

早期生产铁用块炼炉（图 0-1），将铁矿石和木炭放到简陋的炉内，靠木炭燃烧将矿石中的铁直接还原出来，所以是"直接还原"炼铁。由于炉内温度较低，还原出来的铁及渣滓均呈固态，渣滓及铁混在一起，又不能流动，必须把炉子下部拆掉，将铁渣掏出来，经反复锤打挤出渣滓并渗碳，才能利用。这种铁叫块炼铁。

块炼炉在欧洲一直用到 14 世纪（图 0-2），块炼炉对欧洲以及世界许多国家、地区，作出了重要贡献。图 0-3 是世界著名的印度德里铁柱，高 7.2 米(图 0-4)，

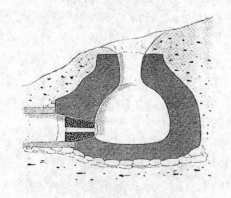

图 0-1　早期的块炼炉[10]

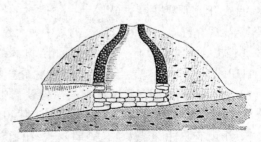

图 0-2　拉丁时期的块炼炉

重约 7 吨，建造于公元 370~375 年，是块炼铁建造的最辉煌的作品。不同时期分析的铁柱下部成分见表 0-3[11]。

图 0-3 印度德里铁柱（作者摄于 1993 年）

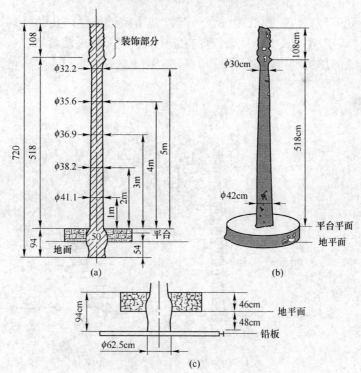

图 0-4 印度德里铁柱尺寸[11]

表0-3 印度德里铁柱下部成分[11]　　　　　　　　　　（%）

研究者	Hadfield（1912）	Lal（1945）	Ghosh（1963）	Lahiri（1963）
C	0.08	0.09	0.23	0.28
Si	0.046	0.048	0.026	0.056
P	0.114	0.174	0.180	0.155
Mn	Nil	Nil	Nil	Nil
S	0.006	0.007	trace	0.003
N	0.032	—	0.007	—
Cu	0.034			
全　铁	99.72	99.67	99.77	—
密度/t·m^{-3}	7.81	7.75	7.67	7.50

表0-3的成分中，含碳量很低，是块炼铁的普遍规律。由于碳低，铁的熔点太高，约1500℃左右，在块炼炉中不能熔化。这是块炼铁的致命缺点：

（1）块炼铁及渣滓不能从炉内流出，必须把炉子下部拆掉，把铁掏出来。再炼，还要把炉子修好。由于炉温低，矿石中的铁仅能还原出部分，因此消耗极高。

（2）还原出来的铁和渣滓混在一起，必须经过反复加热锤打，将铁中的渣滓挤出来，生产效率极低。残余渣滓在铁中，降低了铁的质量。

（3）铁的加工利用困难，从图0-5印度德里铁柱制造过程中，可见一斑。

剖面图

图0-5　印度德里铁柱制造加工过程[11]

由于块炼铁效率太低，消耗太高，质量难以稳定，块炼炉被淘汰的命运是不可避免的，也是生产发展所必须的。

0.1.2 高炉的发明——炼铁生产的第一次革命

在世界范围应用块炼炉的时候，我国发明了高炉。高炉何时在我国发明，各路专家尚无统一意见。不论从文献还是从出土实物判断，高炉在我国发明，早于公元前 6 世纪。《左传》昭公 29 年（公元前 513 年）曾记载官员向地方征收铸铁的记载："冬，晋赵鞅、荀寅帅师城汝滨，遂赋晋国一鼓铁，以铸刑鼎，着范宣子所为刑书焉"[5]。

到 2000 年为止已经出土的实物中，明确是铸铁的最早年代在春秋早期（公元前 770 年以后）[4]。更早的出土铸造铁器，有些尚未充分研究。

0.1.3 高炉起源于炼铜炉

中国早期炼铜的原料是氧化矿，其中包括孔雀石[12]。已经发掘的殷商和春秋时期的冶铜遗址中，铜矿与赤铁矿放在一起，铜渣中的氧化铁含量很高，有的达到 40% 左右[12,13]。这些遗物证实，在炼铜过程中，易还原的铁矿石曾经被带到炉内。战国时期的文献《山海经》，对铜矿与铁矿伴生曾有多次记载：白马山"其阴多铁，多赤铜"；丙山"多金、铜、铁"[14]。这种伴生现象，可能是炼铜炉最早使用含铜铁矿的原因。

从表 0-4 可看出，春秋早期铜绿山的炼铜炉渣含铁极高，这可能是用了伴生铁的铜矿或掺入部分赤铁矿所致；另外，一两处古代炼铜炉渣含铁不高，说明这处使用的矿石含铁并不高。对我国古矿铜绿山的系统研究表明，早在奴隶社会就开始炼铜，通过对 100 多个渣样的分析，含铁普遍很高[15]，大冶铜绿山可能是高炉早期的发源地之一。

表 0-4　我国古代炼铜炉渣成分　　　　　（%）

地　点	SiO_2	FeO	Fe_2O_3	CaO	MgO	Al_2O_3	Cu	备　注
大冶铜绿山	31.77	50.67	3.14	3.30	0.88	7.88	0.70	5 个渣样平均
北流铜石岭	44.78	8.26		21.19	2.33	6.37	1.07	7 个渣样平均
东　川	42.33	18.9		16.67	9.18	5.53		

铜熔点是 1083℃。铜中含铁成分愈高，熔点也愈高（图 0-6）。炼铜炉在初始阶段温度较低，原料中的铁不可能大量还原出来。随着炼铜炉加高、扩大，炉料在炉内经过充分预热，炉温逐渐提高，如超过 1300℃，就有可能炼出生铁（图 0-6）。我国古代对火的使用水平很高，殷商时期陶窑火力已能达到 1200℃，炼炉温度可能更高。到西周炼炉温度可能达到 1300℃以上，这就使炼铜原料中易还原的赤铁矿炼出生铁成为可能。在湖北铜绿山遗址附近，曾出土含铁 5.44% 的

铜锭[13]，虽然年代可能较晚，但对于上述推论还可参考。

　　这样的技术推论，可从文献和古物两方面得到印证：

　　《国语·齐语》曾记载管仲向齐桓公（公元前 685～643 年）建议的一段话："美金以铸剑戟，试诸狗马，恶金以铸钼、夷、斤、锄，试诸壤土。"恶金可能是生铁，把生铁叫恶金，说明其不足珍贵，且用作生产工具，显然不是高炉初期水平所能达到的，应经历一段时间。

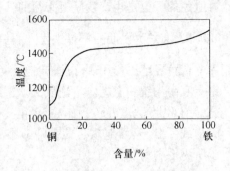

图 0-6　铜铁合金相图[16]

　　成书于战国中期的《左传》曾记载公元前 513 年晋国铸铁的事件。江苏六合程桥一号墓出土的春秋末年的铁球[17]，是铸件[18]，时间和《左传》记载相符，说明公元前 6 世纪已有高炉，虽然还不能作为铸刑鼎的证明。山西天马—曲村（属古晋国）出土的春秋早—中期（公元前 8～6 世纪）的铁器，足以证明晋国是我国高炉发源地之一[4]。值得重视的是我国出土铁器中有大量农具和武器，只有高炉产品数量和质量都达到相当水平，才会有铁农具出现，说明当时生产数量巨大、成本较低，农民已能买农具耕耘。

　　依古代传说写成的《吴越春秋》和《越绝书》，虽然成书较晚，但干将、莫邪的故事在战国时代的《庄子》、《韩非子》和《荀子》等书中均已出现过，说明这些故事由来已久。这些传说有两点值得注意：

　　（1）欧冶子、干将同师学冶，既炼铜，又炼铁，炼铜以铸铜剑，炼铁以铸铁剑。

　　（2）"昔吾师作冶金铁之类不销"[19]。"使童女童男三百人鼓橐装炭，金、铁乃濡，遂以成剑。"[20]，说明炉子既可炼铜，又可炼铁。

　　大约在二书成书的汉代，炼铜炉和炼铁炉还有相似之处，所以当时的文人做出了这样的描写。这些传说也反映了高炉起源于炼铜炉。

0.2　高炉冶炼的发展

　　高炉出现于西周末年，大约在公元前 8 世纪[8,21]。

0.2.1　战国到西汉，高炉容积扩大期

　　春秋战国之际，我国社会剧烈变动，富国强兵政策需要大量铜铁，冶炼生产受到重视。《管子》有"官山海"、"今铁官之数"等记载。秦统一后政府也设铁官管理生产，著名历史学家司马迁的祖先就是铁官[22]。公元前 119 年汉王朝颁布盐铁官营的法令，全国设铁官四十九处[23]。封建政府认为"盐铁、均输，万

民所戴仰而取给者"[24]。因此，在封建社会上升时期，官营冶铁业"财用饶、器用备"[24]，高炉得到较快的发展。

春秋时期高炉较小，产量低，消耗大。这可以从"一鼓铁"的量中作出大致的判断。战国时期，高炉有了发展。河北兴隆出土的战国中期的铁范，冶铸已很精良[25]。湖南出土的战国铁铲，"铲的厚度仅 1~2 毫米左右，外形细致端正，壁薄，显示了战国铸铁技术已达很高水平"[26]。能铸薄件，需要铁水有足够的温度，说明战国时期的高炉远远超出了初级阶段的发展水平。

公元 490 年发现的公元前 2 世纪的炼铜炉，"高一丈，广一丈五尺"[27]。已经发掘的高炉遗址表明，到西汉时期，重要冶铁基地的高炉已经很大。巩县铁生沟的高炉，直径 1.6 米[28]；河南夏店遗址的汉代高炉，直径约 2 米[29]；承德发现的汉代高炉，直径约 3 米[30]。可见自战国到西汉这五百年间，高炉向大型化发展，达到了当时送风机械所能容许的最高水平。

0.2.2 强大的生产组织和质量管理

中国的铁器生产由政府管理，由来已久。它不仅管理生产，而且重视质量，所管各厂生产器件上用专门标志，标明所产厂家，以保证质量。图 0-7 是汉代铁

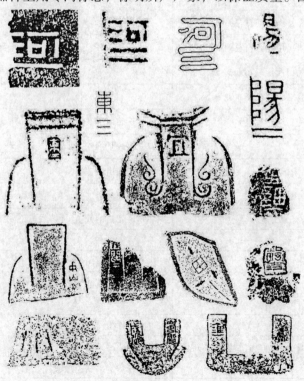

图 0-7 铁器及铸范上的铭文

器及铸范上的铭文，经考古学家李京华的多年研究，考证出铭文的意义：铭文代表所属生产厂家、产地及所属主管铁官，表0-5是李京华的研究结果[31]。

表0-5 汉代铁官所在地与冶铁遗址、铁官作坊标志对照表

郡国名	铁官所在地和产铁址	已发现的冶铁遗址		铁官作坊标志
京兆尹	郑（陕西渭南县东北）			
	蓝田县㉖			田
左冯翊	夏阳（陕西韩城县南）			夏阳
右扶风	雍（陕西凤翔县南）	陕西凤翔南古城遗址㉗		
	漆（陕西邠县）			
弘农郡	宜阳（河南宜阳县）	宜阳故城冶铁遗址㉘		宜
		灵宝函谷关冶铁遗址㉙		弘一
		新安孤灯冶铁遗址㉚		弘二
		渑池火车站冶铁遗址㉛		渑池
河东郡	安邑（山西运城东北）	山西夏县禹王城冶铁遗址㉜		东三
	皮氏（山西河津县）			
	平阳（山西临汾县西南）			东二
	绛（山西侯马市西南）			绛
太原郡	大陵（山西汾县东北）			陵
河内郡	隆虑（河南林县）	林县正阳地冶铁遗址㉝		内一
		鹤壁市故县冶铁遗址㉞		
		淇县付庄冶铁遗址㉟		
		温县西招贤冶铁遗址㊱		
河南郡		郑州古荥镇冶铁遗址㊲		河一
	洛阳（河南洛阳市）			
		梁	汝州市夏店冶铁遗址㊳	河二
			汝州市范故城冶铁遗址㊴	
	密（河南密县）			
		巩义市铁生沟冶铁遗址㊵		河三
颖川郡	阳城（河南登封县告成乡）	登封告成冶铁遗址㊶		阳城
		登封铁炉沟冶铁遗址㊷		川
		禹州市营里冶铁遗址㊸		

郡国名	铁官所在地和产铁址			已发现的冶铁遗址	铁官作坊标志
汝南郡	古西平	古西平东部	今西平县	西平县杨庄冶铁遗址㊹	
				西平县赵庄冶铁遗址㊺	
				西平县付庄冶铁遗址㊻	
		古西平西部	今舞钢市	舞钢市许沟冶铁遗址㊼	
				舞钢市沟头赵冶铁遗址㊽	
				舞钢市翟庄冶铁遗址㊾	
				舞钢市圪垱赵冶铁遗址㊿	
				舞钢市铁山庙铁矿址(51)	
				舞钢市尖山铁矿址(52)	
				确山县郎陵城冶铁遗址(53)	
南阳郡	宛（河南南阳市）			南阳市北关瓦房庄冶铁遗址(54)	阳一
		鲁阳		鲁山县北关望城岗冶铁遗址(55)	
				鲁山县马楼冶铁遗址(56)	
				南召县东南冶铁遗址(57)	
				方城县赵河冶铁遗址(58)	
				镇平县安国城冶铁遗址(59)	
				泌阳县冶铁遗址(60)	阳二
				桐柏张畈冶铁遗址(61)	比阳
				桐柏县王湾冶铁遗址(62)	
				桐柏县铁炉村冶铁遗址(63)	
				桐柏县毛集铁山庙冶铁遗址(64)	

0.2.3 鼓风设备和椭圆高炉的发明

早期高炉的鼓风设备是橐。写于公元前 4 世纪的《墨子》有"橐以牛皮"的记载[32]。牛皮做成的橐，能经受较大的压力。汉代的著作《淮南子》说道："故罢马之死也，剥之若橐。"[33] 说明鼓风用的橐像剥下来的马皮。较完整的形象见于汉画像石[34]（图 0-8），王振铎依汉画像石复原，使我们了解了橐的全貌[35]。依据汉画像石推算，汉代的橐容积约 0.23 立方米，每分钟鼓风量 2～3 立方米[36]。《吴越春秋》所述"使童女童男三百人鼓橐装炭"，反映了汉代高炉鼓风的规模。

图 0-8 汉画像石（局部）

随着炉子的扩大、加高，用橐鼓风的风力显得不足。直径3米以上的高炉，风量已经吹不到中心，中心的炉料不能熔化，形成严重的炉缸堆积，高炉不可能正常生产。大约在汉代，经过多年实践，证明大直径炉缸并不能多出铁，原因就在风力不足。由于椭圆短径比同样面积的圆的半径为短，工匠们在长期观察之后，创造了椭圆高炉，从距离中心较近的两侧鼓风，克服了风力吹不到中心的困难（图0-9）。

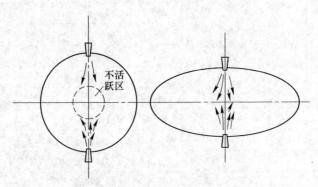

图0-9　圆形与椭圆形炉缸鼓风效果比较

河南鹤壁发现的汉代冶铁遗址中，有13座椭圆高炉，炉体宽2.2～2.4米，长2.4～3米，最大的一座炉缸面积5.72平方米，其中一座残高2.99米[37]，当年完整时一定更高。江苏利国驿发掘的东汉时期高炉也是椭圆的[38]。

高炉断面由圆到椭圆，在鼓风能力较弱的古代，是强化高炉的重大创新。

河南古荥镇遗址的汉代高炉，经复原，尺寸如图0-10所示[36,39]。

古荥高炉体现了汉代冶铁技术的新水平：

（1）它是椭圆形的，说明人们已经认识到炉缸工作与送风机械的关系。

（2）炉子下部炉墙向外倾斜，与水平所形成炉腹角为62°。如果炉墙是直壁，在风力不大的情况下，风量大部分就会沿炉墙上升，煤气沿炉墙经过最多，不能在中心部分很好地利用，浪费了煤气，多消耗了燃料。古荥高炉的炉腹炉墙外倾，边缘炉料和煤气接触较充分，可以弥补这个缺陷（图0-11）。这种高炉下部炉墙外倾是高炉发展史上一大跃进，反映了人们对冶金炉认识的深化。

（3）随着高炉加高，煤气穿过高炉的阻力也增加。高度增到4米以上，用橐鼓风已相当困难。这个矛盾阻碍高炉发展。冶铁工匠经过长期实践，发现炉料粒度整齐能减少煤气阻力，于是炉料整粒工作发展起来。在河南巩县铁生沟遗址中，还保留着经过破碎筛分后粒度整齐的块矿和筛除的粉末[28]。这种整粒技术在我国冶金发展中作为成功的经验保留下来。以后，在宋、元的冶铁遗址中，还能见到大量筛除的粉末存在[36]。20世纪50年代，整粒技术在国外得到空前发展，为高炉强化做出重要贡献。

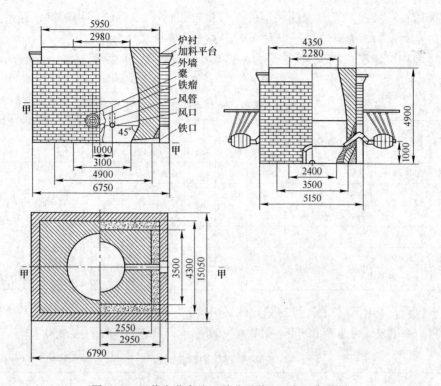

图 0-10 汉代古荥高炉（约公元前 200 年）复原图

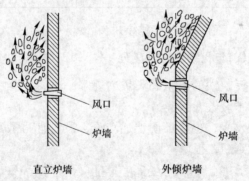

直立炉墙   外倾炉墙

图 0-11 炉墙对煤气分布影响示意图

0.2.4 熔剂的使用

古代炼铁，由于炉渣中的二氧化硅过高，渣子较黏，给高炉操作带来困难。至迟到西汉，我国已发明在炉料中配入石灰石起助熔作用，使渣中的二氧化硅和氧化钙结合，降低炉渣熔点，改善高炉操作，虽然当时还不了解熔剂的原理。使用石灰石作熔剂，还能降低生铁的含硫量，改善生铁质量。汉代巩县铁生沟遗址中保留有石灰石，炼出的铁和钢的含硫量都很低[28]。炼铁使用熔剂，是冶金史上的重大发明，为高炉进一步发展奠定了技术基础。

表 0-6 是汉代古荥和张畈的古代高炉炉渣，从中看到加入 CaO 后的炉渣成分。

表 0-6　古荥和张畈古代高炉的炉渣

编号	采样日期	地点	颜色及形状	分析成分/%							注　释
				SiO$_2$	Al$_2$O$_3$	CaO	MgO	FeO	MnO	S	
渣 1	1976 年 9 月	张畈	玻璃	50.3	8.3	24	6.5	1.14		0.04	
渣 4		张畈	绿，玻璃	24.2	18.5	20.8	5.18	0.97		0.06	2000 年 1 月化验
渣 5		古荥	玻璃	21	17.2	24	3.45	0.69		0.15	
渣 6		古荥	黑，微孔	50.2	13.4	21.6	4.75	0.55		0.16	
渣 7	1976 年 9 月 29 日	古荥	黄亮，石头	50.74	13.07	24.3	5.95		0.85	0.024	2008 年 5 月化验

汉代高炉生产水平，从古荥容积约 44 立方米的高炉看，日产生铁约 570 公斤❶，一年大约可生产 60 吨。据物料平衡推算，具体生产指标见表 0-7[8,21,39]。

表 0-7　高炉的吨铁消耗　　　　　　　　　　　　　（kg/t）

炉料名称	木炭	矿石	石灰石
消耗量	7850	1995	130

上述指标是两千年前的高炉实践结果。

0.2.5　我国公元以前年代铁的化学成分

铁的成分充分反映铁的质量和高炉冶炼水平。表 0-8 中的铁、硫含量很低，一方面由于主要用木炭做燃料，另一方面也是炉温充足、炉况大体顺行的结果。从铁中含碳和硅的水平，也能证明上述结论，虽然有两条数据例外（黑体字），这两条，从含碳量判断，很像块炼铁。

表 0-8　炼铁成分

样品地址	样品年代	样品名称	样品铁种	样品成分/%				
				C	Si	Mn	P	S
天马—曲村	前 8 世纪	铁器残片	生铁	4.5	<0.1	0.25	0.55	0.01
		铁片残片		4.4	0.124	<0.1	0.29	0.02

---

❶　当年推算古荥高炉产量，对鼓风设备橐的漏风率估算太低（刘云彩，用物料平衡法研究古代冶金遗址，1983）。当时考虑橐在高炉旁边，按漏风率 10% 计算。现在虽无实验数据，但 10% 太低，推算出 580m^3/h 的风量太高，算出的日产 570kg 也太高。留待将来有实际模拟测算再做结论。

样品地址	样品年代	样品名称	样品铁种	样品成分/%				
				C	Si	Mn	P	S
临潼残铁	前3世纪		生铁	3.88	0.13	0.12	0.607	0.028
大冶铜绿山	前3世纪	铁耙	块炼铁	0.1	0.1	0.06	0.113	0.004
		铁钻		0.06	0.06	0.05	0.12	0.009
	前3世纪	铁锤	生铁	4.3	0.19	0.05	0.152	0.019
		铁斧		1.25	0.13	0.05	0.108	0.016
		铁锄		**0.07~2.98**	**0.08**	**0.01**	**0.1**	**0.008**
莱芜窖藏	前206~100年	农具铁范	生铁	4.4	0.16	0.05	0.35	0.02
				4.25	0.18	1.2	0.28	0.028
铁生沟遗址	前206~23年	铁块	生铁	1.288	0.235	0.017	0.024	0.022
		铁块		**0.048**	**2.35**	**微量**	**0.154**	**0.012**
		生铁板		4.12	0.27	0.125	0.15	0.043
		铁铲		2.57	0.13	0.16	0.489	0.024
		铁块		4	0.42	0.21	0.41	0.07
		铁片		3.8	0.22	0.09	0.48	0.04
		铁鎯		1.98	0.16	0.04	0.29	0.048
古荥遗址	前206~23年	积铁	生铁	3.97	0.28	0.3	0.264	0.078
				4.52	0.19	0.2	0.239	0.111
				1.46	0.38	0.14	0.121	0.025
				0.73	0.07	0.06	0.057	0.034
				3.53	0.16	0.15	0.378	0.065
		铁鎯		1.79	0.14	0.05		0.05
		生铁		4	0.21	0.21	0.29	0.091
		生铁板		3.95	0.15	0.09	0.22	0.052
		铁鎯		3.3	0.16	0.19	0.21	0.06
		浇口铁		4.2	0.07	0.05		0.012
		浇口铁		3.8	0.12	0.05	0.29	0.02
南阳	前206~23年	浇口铁	生铁	4.19	0.14	0.09	0.486	0.069
		铁锸		2.42	0.15	0.55	0.445	0.028
北京	前206~23年	铁圈	生铁	4.45	0.1		0.238	0.075
满城汉墓	前18~104年	铁锭	生铁	4.05	0.018	0.03	0.217	0.063

注：数据取自《中国科学技术史·矿冶卷》第408~463页[4]。

0.2.6　东汉到明朝——新技术创造期

高炉容积扩大，特别是椭圆高炉出现后，风口增加了，送风的橐也相应增加，需要人力很多。以古荥44立方米高炉为例，有四个橐，需要十二个人同时操作。如果半数轮换，要十八个人。一天两班，仅鼓风一项就要三十六名工人。鼓风大量占用工人，迫切要求新的动力出现。公元31年南阳太守杜诗推广、倡导使用水排，"铸为农器，用力少，见功多，百姓便之"，[41] 经过两百年，三国时韩暨"乃因长流水为水排，计其利益，三倍于前"[42]。水力鼓风的发展，大量节省人力，对冶金工业发展作用巨大。

水力鼓风在魏晋南北朝继续使用[42,43]，到宋朝还见记载[44]。元朝，水力鼓风已经少见，所以王祯说水力鼓风"去古已远，久失其制度，今特多方搜访，列为图谱，庶冶炼者得之，不惟国用充足，又使民铸多便，诚济世之秘术，幸能者述焉"[45]（图0-12）。

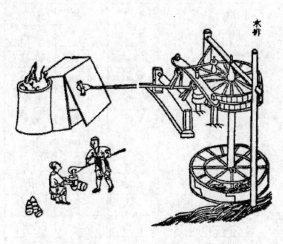

图0-12　王祯《农书》中的水排

宋代发明了结构较坚固的木风扇。风扇由木箱和木扇组成（图0-13）[46]，刚性较皮橐好得多，操作既方便，风量也较大，而且漏风少。杨宽是历史学家，他多年研究中国古代冶铁历史，著作丰富，贡献很多。图0-13右侧是杨宽对曾公亮给出的风扇图的修正[47]。轻便的风扇，一人可操作两个（图0-14），较大的风扇需二至三人操作[48]。风扇在宋、元流行较广，到清初尚有应用[49]。

从战国到西汉，生铁产量渐增，木炭耗量太大，寻找木炭的代用品成为迫切的需要。煤在冶铁上应用，就是这种背景下促成的。我国用煤历史悠久，文献上明确记载炼铁用煤首见于《释氏西域记》："屈茨北二百里有山，夜则火光，昼日但烟，人取此山石炭，冶此山铁，恒充三十六国。"[50] 岑仲勉考证，《释氏西域

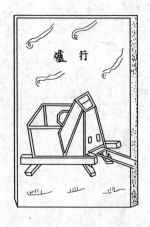

曾公亮《武经总要》中的风扇

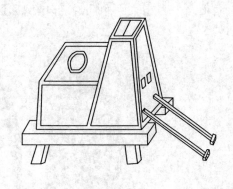

杨宽复原图

图 0-13 宋代木风扇

记》出于晋朝道安之手[51]，是公元 4 世
纪的作品。那时我国西北炼铁是从中原
地区传去的。《汉书·西域传》记载：
"自宛以西至安息国，……其地无丝漆，
不知铸铁器。及汉使亡卒降，教铸作它
兵器。"可知中原地区炼铁用煤更早。公
元 1078 年苏东坡任徐州地方官，在《石
炭》一诗中述说用煤炼铁的好处："南山
栗林渐可息，北山顽矿何劳锻。为君铸
作百炼刀，要斩长鲸为万段。"[52]到明
代，煤继续用于炼铁[53]。

图 0-14 西夏壁画打铁图中的
风扇（临摹）

但用煤炼铁局限性很大。煤在炉内受热容易碎裂，使炉料透气性变坏，破坏
高炉顺行；煤中含硫一般较高，用煤炼铁常常引起生铁中硫含量升高，降低生铁
质量。因此，后来用焦炭取代煤。

明代，焦炭炼铁较为普遍。成书于 1650 年前后的《物理小识》曾叙述炼焦
及用焦炭炼铁的过程："煤则各处产之，臭者烧熔而闭之成石，再凿而入炉曰礁，
可五日不绝火，煎矿煮石，殊为省力[54]。"出版于 1665 年的《颜山杂记》也有
焦炭和用焦冶炼的论述[55]，是书作者孙廷栓曾于康熙二年（1663 年）请山西冶
铁工匠到青州（今山东省潍坊地区）用焦炭炼铁[56]。

古荥高炉，推测炉身内倾。至迟至宋代，高炉内型已发展到具有现代高
炉的基本特征。河北省矿山村发现的宋代高炉，仅存半壁，高约 6 米，外形

呈圆锥形，很像现在的土高炉，炉底周圆小于炉腹，炉腰最粗，炉身至炉顶逐渐缩小[57,58]。按照片测量各部比例和尺寸，参考北方土高炉，绘出复原图（图0-15）。

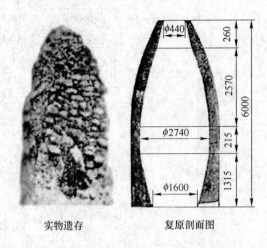

实物遗存　　　　　　复原剖面图

图0-15　矿山村宋代高炉

现代高炉的炉身角一般在80°~85°之间。高炉炉身内倾的意义在于使煤气分布合理，改善矿石的还原和换热过程，节省燃料；减少下降的炉料对炉墙的摩擦，有利于炉料顺利下降，并延长炉墙寿命。炉身内倾是技术上的重要创造，是高炉发展史上又一次飞跃。这一创造，推测早在汉代已经出现；以当前遗址的材料分析，在我国至迟完成于11世纪[57~59]。

中国炼铁生产，到明朝加快了发展。从汉到宋，由于鼓风设施的限制，高炉内径很难超过3米，炉子扩大的趋势在东汉以后已经停止。随着炼铁生产的发展，更多的小型高炉建立起来。河南鲁山汉朝的小高炉，内径只有0.87米[60]。安徽繁昌唐宋时期的高炉，内径约1.15米[61]。黑龙江阿城13世纪冶铁遗址的高炉，炉缸内径约0.9米[62,63]。到明朝，由于新式的木风箱出现，小高炉得到迅猛发展。成书于1622年前后的《涌幢小品》详细描述了明政府的重要冶铁基地——河北遵化的高炉构造："遵化铁炉，深一丈二尺，广前二尺五寸，后二尺七寸，左右各一尺六寸，前辟数丈为出铁所"[64]。这里的"深"，是指从高炉炉底到炉喉的高度。明尺一尺相当现在0.933尺[6]，此炉内型高度合3.73米。炉前出铁场有好几丈长，可见高炉产量很大。成书于1690年前后的《广东新语》，对佛山高炉的描述反映了另一种类型："炉之状如瓶，其口上出，口广丈许，底厚（周）三丈五尺，崇半之，身厚二尺有奇[49]。"据推算，炉缸内径2.1米，炉喉内径1.2米，高5.6米（图0-16）。其形状和解放前云南流行的大炉相似[65]。

由风扇演变产生风箱（图0-17）[53]。风扇推压时送风到炉内，拉开时无风，所以风扇多半成对，"一开一阖"，保证风量不断流入。风箱双向进风，往返都有风产生，风量的稳定性提高了。风箱是木结构，刚性强，由于只有活塞在木箱中往复运动，风箱较风扇和橐的运动部件少，能够做得更严密牢固，漏风较少，效率较高。风箱产生的风压可大到 300 毫米水柱[66]。由于风压较高，炉料粒度可以小一些，而风向炉内穿透更深，炉缸温度因之升高，能炼出含硅较高的灰口铁，铸件可以更薄。风箱使高炉产量成倍增长，而且炉缸缩小后一扫大炉缸中心呆滞的弱点，高炉中心活跃，容易顺行，操作更有把握。

图 0-17　宋应星《天工开物》
炼铁图中的风箱

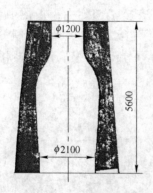

图 0-16　佛山清代高炉复原剖面图

我国历来重视高炉的原料准备。汉代高炉要求整粒，而矿石破碎筛分相当费力。人们在实践中发现矿石经过火烧易于破碎，因而采用了焙烧的方法。明代 1570 年前后写成的《徽州府志》有焙烧矿石的明确记载："既得矿石，必先烹炼，然后入炉"[67]。这里焙烧矿石显然为了改善矿石的冶炼性能，成为冶炼前的一道工序。

明代在提高冶炼水平上做了许多有意义的工作。水洗矿石选矿（图 0-18）的广泛使用[53]，是原料加工上的重要成就。

高炉第二种熔剂萤石的应用，是钢铁冶金发展史上的重大进步。明代已经使用萤石炼铁。《涌幢小品》有详细的描述："遵化铁炉，……俱以石砌，以简千石为门，牛头石为心，黑沙为本，石子为佐，时时旋下。"

图 0-18　宋应星《天工开物》
中的洗矿图

"妙在石子产于水门口，色间红白，略似桃花，大者如斛，小者如拳。捣而碎之，以投入火，则化而为水。"

"石心若燥，沙不能下，以此救之，则其沙始销成铁；不然则心病而不销也。如人心火大盛，用良剂救之，则脾胃和而饮食进，造化之妙如此。[64]"

这段生动的文字，叙述了炼铁炉用石砌成，经常用的矿石是小块的磁铁矿（"黑沙为本"），以萤石为辅助料（"石子为佐"）；描写了萤石的形状、特征和冶炼性能，指出萤石熔点很低，放到炉子里很易化成水，说明了萤石的作用在于消除炉子不顺（"沙不能下"）的弊病。没有丰富的高炉冶炼经验，对冶炼过程没有深刻的理解，写不出这样的文字。这段文字可能出自明代冶金学家傅浚之手。

"傅浚，福建南安人，字汝原。弘治进士，官至工部郎中，正德中督遵化铁厂。有《铁冶志》"[68]。遵化铁厂是明朝的主要冶铁基地，明政府制造军器需要的铁，完全取自该厂。"正统初，谕工部，军器之铁止取足于遵化收买。后复命虞衡司官主之"[69]。

傅浚（图 0-19）以工部郎中在正德年间（1506~1521 年）亲自主持当时我国最大的炼铁厂遵化铁厂生产，总结了丰富的实际经验，写成世界上第一部炼铁著作《铁冶志》，书共两卷[70]，在明末清初十分流行。

《涌幢小品》和《春明梦余录》[71]关于遵化铁厂的记述完全相同，朱国祯和孙承泽都是文人官员，不懂炼铁生产，对炼铁进程写得那么准确、生动，而且两人的记述一字不差，很可能同是抄自当时流行的《铁冶志》。

17 世纪，《广东新语》对佛山地区高炉生产有详细的记载："铁矿既熔，液流至于方池，凝铁一版，取之。以木揢搅炉，铁水注倾，复成一版。凡十二版，一时须出一版，重可十钧。一时

图 0-19　傅浚（河南省文物研究所 王今栋作画）

而出二版，是曰双钧，则炉太旺，炉将伤[49]。"按上述记录计算，日产十二版，折合 2150 公斤，双倍是 4300 公斤。可以看出，高炉容积虽较汉代容积小二点四倍（18/44m³），产量较汉代高三点八倍以上。由此可知，从汉到清初，高炉容积单位产量提高了数倍或更多[72]。

0.3　我国古代炼铁和欧洲炼铁比较

恩格斯在评价铁器对人类发展进程作用时指出："首先，我们在这里初次看

到了带有铁铧的用家畜拉的耕犁；有耕犁以后，大规模耕种土地，即田间耕作，从而食物在当时条件下实际上无限制的增加，便都有可能了；其次，我们也看到，清除森林使之变为耕地和牧场，如果没有铁斧和铁锹，也是不可能大规模进行的"[73]。人类最早炼铁在近东和东地中海地区，这一成就开启了人类迈入铁器时代的新纪元。我国高炉的发明，使铁的生产率空前提高。对推动生产，特别是农业生产，贡献巨大。

0.3.1 我国高炉炼铁的重要创造

我国高炉在长期的生产实践中，积累了丰富的经验，并有多项重要创造（表0-9）。

表 0-9 中国古代高炉技术的主要贡献[8,72]

序号	年 代	贡 献
1	约公元前 8 世纪	出现世界上第一批高炉
2		发明石灰石作高炉熔剂
3		炉料破碎、筛分，整粒入炉
4	公元前 3 世纪至 1 世纪	出现第一批椭圆高炉
5		炉腹角约 62°，炉身角内倾
6		大高炉容积约 44m³，有 4 个风口送风
7	公元 31 年	水力鼓风
8	至迟公元 4 世纪	高炉用煤炼铁
9	公元 1510 年前后	发明第二种熔剂——萤石
10	公元 1520 年前后	炼铁学专著《铁冶志》问世
11	公元 1570 年以前	发明铁矿石焙烧处理
12	公元 1637 年以前	发明活塞式风箱，风压达 300 毫米水柱
13	公元 1650 年以前	发明焦炭，使用焦炭炼铁

0.3.2 欧洲高炉发展

从我国古代冶铁遗址中看到许多高炉，其中汉代古荥的高炉群中，最大的一座是椭圆高炉，容积约 44m³。这是迄今为止，在我国也是世界发现的 2000 多年前冶铁遗址中最大的高炉。欧洲竖炉在块炼铁时期已经出现，大约公元 4~5 世纪，东英格兰的块炼铁竖炉，高约 1.6 米，直径 0.3 米，内型成直筒状[74]。因炉温较低，虽然设有鼓风设备，炉渣依然不能从炉内流出来。13 世纪，匈牙利有的高炉用水力鼓风，1463 年意大利才把水力用于高炉[74]。到 16 世纪，部分欧洲地区的高炉已显示出它的优越性，虽然块炼铁在当时的欧洲依然大量生产。

值得注意的是我国古代高炉，炉缸直径相对较欧洲大，这是由于我国古代鼓风设施，比欧洲强大所致，也是中国古代生产大型铸件的技术原因。图 0-20 ~ 图 0-23 是 17 ~ 18 世纪典型的欧洲高炉剖面和全景图，从图中可以了解欧洲的高炉特点和生动形象[75]。正如英国冶金史专家泰利柯特指出："我们必须承认，无论是铸铁的观念还是若干技术细节都是从东方传到欧洲的"[74]。欧洲高炉发展，得益于中国高炉的古老经验。

我国 2000 多年前发明的椭圆高炉，在西方也同样经历过。1850 年美国建成两座椭圆高炉，英国建成一座。不久以后，当时主要欧洲产铁国家瑞典和俄国，为解决鼓风能力不足，也相继建成椭圆高炉。当时欧美，把椭圆高炉当成新的创造[76]。

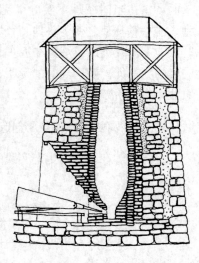

图 0-20　17 ~ 18 世纪的欧洲高炉
（约 15 ~ 20m³ 容积，小炉缸）

图 0-21　法国高炉（内容积 20 ~ 23m³，大高炉）

1622 年，英国人达德利（D. Dudley）申请焦炭专利[74]，得到批准，这是欧洲高炉使用焦炭的标志，此前已有部分高炉使用焦炭。欧洲高炉使用焦炭的时间和中国相当，但欧洲是在拥有专利的基础上，由于专利的原因，技术的成功不仅

图 0-22　高炉出铁（铁水流动性很好）

图 0-23　欧洲 17～18 世纪高炉加料平台（有计量天平）

获得直接工作收益，而且受专利保护，使技术本身变成财富，促使有才华的人们有积极性参与开发、创新，推动技术不断进步。达德利之后，欧洲焦炉日新月异，不断推陈出新；而中国，在 19 世纪从外国引进前，炼焦技术基本原地踏步。

　　1755 年，英国工厂主达尔比（A. Darby）利用蒸汽机带动鼓风装置给高炉送风[74]，开启了用机械动力推动高炉生产的先河，使高炉生产走向机械化的第一步。

0.3.3　欧洲炼铁水平后来居上

　　我国高炉虽然诞生早于欧洲 2000 多年，创造了许多世界纪录，但主要是靠实践经验积累，是工匠世代相传的成就。正如著名科技史专家华觉明指出的："传统铸造业的工匠大都是文盲或半文盲，繁重的劳动和超经济剥削，剥夺了他们学习文化和接触科学知识的可能。而科技界、教育界既从来不知道这种传统工艺的存在，客观上也没有那种社会需要与社会条件，来促使和允许人们去发掘、研究这些民族科学遗产并引用于现代工业生产。"[77]华教授的论述主体是正确的，历史上也有少量知识分子参加到生产中，如明朝《铁冶志》的作者傅浚，他曾主持明王朝最大的官营钢铁企业"遵化铁厂"并有所创造，但由于"客观上也没有那种社会需要与社会条件，来促使和允许人们去发掘、研究这些民族科学遗产并引用于现代工业生产"，没有形成文化传承的主流、得不到充分发展，不发展，必然被淘汰；而发展，必须有科技人才的加入。欧美炼铁生产，吸引很多学者参加，到18世纪，由于生产与科学研究结合，炼铁迅速走上科技轨道，使基础科学和工艺生产结合，推动生产迅速发展。而我国传统炼铁继续以代代相传的经验传承方式，缓慢前行，未能走上科学发展的大路上，因而落后，这是沉痛深刻的教训。

我国传统炼铁，未能把基础科学，特别是化学引进来。欧洲高炉大量生产以后，吸引很多著名化学家参加研究。1781年瑞典化学家贝格曼（T. Bergman，1735～1784年）给出世界第一个生铁的化学成分，1839年艾别尔曼（J. Ebelmen）和本生（R. Bunsen）等著名化学家亲自研究高炉煤气成分和高炉还原状况，从而开始了建立高炉热平衡的基础工作[78]。一旦我国的传统手工业与西方的洋工业相撞，必然衰落、失败。

0.3.4 高炉生产水平的变迁

我国早期炼铁遗址中，古荥保存物料比较全面，依遗存物料做的物料平衡比较可靠[79]。各时期的数据，汇成表0-10。

表0-10 我国高炉生产水平比较

年　代	高炉容积 /m³	年产量 /t	单位炉容 年产量 /t·m⁻³	燃料比 /t·t⁻¹	历史燃料 消耗比较	单位容积 年产量比较 /t·m⁻³	资料来源
公元前后	0	44	110①	0.25	7.85	15.99	1	[79]
17 世纪	~1650	18	770	42.78			171.12	[8]
1900 年	1900	248	12995	52.4	1.1	2.68	209.6	[80]
1980 年	1980	1200	85600	71.33	0.53	1.08	285.32	首钢数据
2003 年	2003	4036	3269379	810.1	0.491	1	3563.6	宝钢数据

① 见 12 页下注。

从表0-10看到，自汉代到明末清初（公元前后～1650年前后），高炉容积一般很少扩大，汉代拥有的大高炉，后来很少出现，可是高炉单位容积产量，提高了百余倍，每吨铁的燃料消耗下降了16倍。因为这2000余年，高炉容积一直受鼓风能力束缚，没有扩大。

汉阳铁厂（图0-24）是我国第一个引进的英国洋装备。高炉容积立即扩大，产量和消耗都大幅下降。汉阳铁厂第一位中国工程师是吴健（图0-24），他1902～1908年在英国谢菲尔德大学冶金系学习，获硕士学位回国，1909～1912年在汉阳铁厂任工程师，这是首位中国炼铁工程师。1913～1923年任汉阳铁厂厂长，这是首位由中国人担任的汉阳铁厂厂长。此前，工程师和厂长都由洋人担任[90]。

汉阳铁厂高炉群(1908年)　　吴健(最早的中国钢铁工程师和厂长)

图0-24　汉阳铁厂

进入20世纪，特别是二次世界大战以后，高炉容积不断扩大。图0-25是我

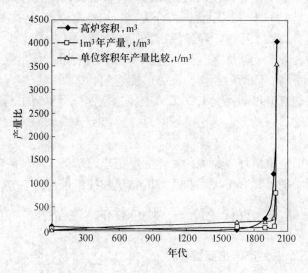

图0-25　高炉生产指标变化

国高炉容积变化情况。高炉空前发展，生产效率登上高峰。消耗下降，生产成本大幅降低，高炉生产的竞争力，达到前所未有的水平。由此也带来高炉生产的深重危机。

随着高炉容积扩大，高炉有效高度随之增高，5580m³高炉的有效高度已达35m。为了保持高炉透气性良好，要求所用的矿石及焦炭，必须有很高的强度。这样，不仅原料加工变得复杂，而且增大了主焦煤的使用比例。由于高炉自身的发展，给高炉带来空前的危机：

（1）生产的烧结矿、球团矿，必须满足大高炉的要求，否则造成严重的粉尘污染和大气污染。焦炭生产造成严重的大气、水及粉尘污染。

（2）主焦煤比例较少是世界普遍状况，使高炉后续发展产生危机感。

（3）高炉规模大，铁、烧、焦生产设备庞大、复杂，生产流程过长，增加了投资，提高了生产费用。

钢铁生产的长流程，遇到空前挑战，各种新流程、新方法，不断涌现，炼铁革命在悄悄地进行。

0.3.5　高炉最早出现在中国的原因

大约四万年前，北京周口店附近的"山顶洞人"已经用赤铁矿作颜料和装饰品[81]。赤铁矿是最易还原的铁矿石，赤铁矿进入人类生活，经过长时间的接触，为人们所认识，预示着日后冶铁术的发明。

西安半坡遗址出土的六千年前的陶窑，说明当时我们的祖先已经熟练地掌握了火的使用[82]。商代硬陶的烧成温度已达1180℃[83]，这种高温为金属冶炼准备了良好的条件。而商代炼铜技术的进步，对高炉的出现更具有决定意义。

纯铜熔点是1083℃。铜中含铁成分愈高，熔点也愈高。炼铜炉在初始阶段温度较低，原料中的铁不可能大量还原出来。随着炼铜炉加高、扩大，炉料在炉内经过充分预热，炉温逐渐提高，如超过1300℃，就有可能炼出生铁。我国古代对火的使用水平很高，殷商时期陶窑火力已能达到1200℃，炼炉温度可能更高。到西周时期，炼炉温度可能达到1300℃以上，这就使炼铜原料中易还原的赤铁矿炼出生铁成为可能。在湖北铜绿山遗址附近，曾出土含铁5.44%的铜锭，虽然年代可能较晚。

高炉在中国最早出现，是中国文化深厚积累的结果。对高温的使用和窑炉的发展，在殷商时期已具有出现炼铁高炉的物质和技术条件。

0.4　直接还原——块炼铁的"复活"[88,89]

0.4.1　直接还原铁生产的主要国家

高炉出现后，在世界范围迅速发展。但在缺少焦煤地区，直接还原法一直存在。高炉越发展，不用炼焦煤的炼铁方法越得到重视，几十种新的方法被开发出来。1970 年以后，直接还原铁（DRI）的产量开始显著增长。1970 年全世界直接还原铁产量仅仅 73 万吨，到 2004 年已达到 5460 万吨。图 0-26 是全世界 DRI 产量占生铁产量的比例；表 0-11 是世界及主要直接还原铁生产国家的产量。

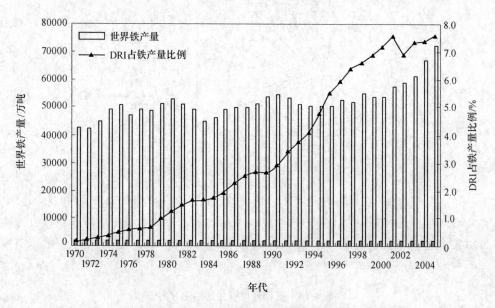

图 0-26　DRI 产量占世界生铁产量的比例

表 0-11　世界及主要国家直接还原铁产量　　（万吨）

年　代	1985	1995	2000	2001	2004
墨西哥	161	370	583	367	654
特立尼达	23	105	153	231	236
委内瑞拉	256	472	669	618	783
埃　及		85	211	237	302
南　非	42	95	153	156	163
伊　朗		323	474	500	641
沙特阿拉伯	99	213	309	288	341
印　度	9	428	544	559	937
全世界	1116	3115	4252	3795	5460

0.4.2　直接还原铁生产的主要方法

2004 年全球 DRI 产量 5460 万吨，其中印度产 957 万吨，占第一位。委内瑞拉、墨西哥、伊朗产量分别为第二、三、四位。表 0-11 中 8 个主要生产 DRI 国家，或是石油生产大国，或是缺少主焦煤，由于这种特殊条件，DRI 产量有所增长。主要气基和煤基生产方法所占比例见图 0-27[84]。

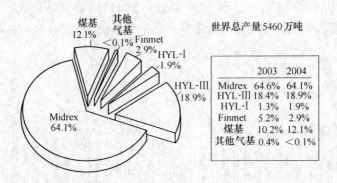

图 0-27　2004 年主要生产 DRI 方法的产品比例[84]

从图中看到，2004 年气基的 Midrex 法及 HYL-Ⅲ法，分别占总产量的 64.1% 及 18.9%。1970 年煤基产量大约占 6%，尽管近些年煤基生产比例逐年攀升，到 2004 年仅占 12.1%，说明气基生产依然占绝对优势。表 0-12 是现在直接还原铁生产的主要方法。

表 0-12　直接还原铁生产的主要方法

生产设施		流化床	竖　炉	回转炉	转底炉
还原剂	气　基	Finmet（ICH）	Midrex HYL-Ⅲ HYL-Ⅰ		
	煤　基	Circofer		SL/RN DRC DAV Codir	Fastmet Comet
反应温度/℃		700 ~ 950	700 ~ 1000	1000 ~ 1100	1200 ~ 1400

取代高炉，必须克服高炉的缺点。表中各方法，气基的污染较轻，与高炉比较有明显的优势；不需焦炭，克服了高炉所遇到的困难。但成熟的气基法是使用竖炉的 Midrex 和 HYL-Ⅲ，它们必须使用块矿；而且气基生产主要以天然气为还原剂，这些方法适用于盛产石油国家。随着石油、天然气价格攀升，这些方法也将受到挑战。有朝一日，石油和天然气价格下降或有更先进的方法出现才可能会取代高炉，高炉的路还很长。

气基流化法使用粉矿，是战胜高炉的较好方法。矿粉通过流化床还原，省掉了造块工序，沿流化的路走下去，是有希望取代高炉的方法。

煤基方法不需焦炭，且煤的资源较多，比气基有更广阔的使用天地。但它的污染虽比高炉系统好许多，依然较气基法严重。回转窑是煤基还原最通用的工具，但它对煤的要求较高，不能使用粉矿，也具有高炉的主要缺点。

转底炉法虽然需要造球，但由于料球放在转底炉内相对静止，炉料不需很高强度，铁矿粉与煤粉混合加粘结剂压成球，干燥后装入转底炉，在1400℃以上高温还原，渣铁分离。这是直接还原法的革命，自"块炼铁"以来，第一次直接还原铁，实现了渣铁分离。

1999年在日本神钢建成350kg/h的转底炉试验厂，日本叫第三代炼铁法（Tmk3），实际是Fastmet法的延续[85]。

0.4.3 转底炉法

煤基DRI生产，过去主要是SL/RN法，主体设备是回转窑。转底炉（图0-28）试验厂投产后，它的优点很快表现出来：

（1）设备简单，节省投资，炉内的球团矿随炉子转动，料与炉体没有相对运动，没有摩擦和挤压，无需建设烧结厂或球团厂。

（2）铁矿粉与煤粉混合加粘结剂压成球，干燥后装入转底炉，在1400℃以上高温还原，渣铁分离。这是直接还原法的革命，自"块炼铁"以来，第一次直接还原铁实现渣铁分离。

转底炉法投资很低，仅相当于高炉系统（铁、烧、焦）的60%～70%。生

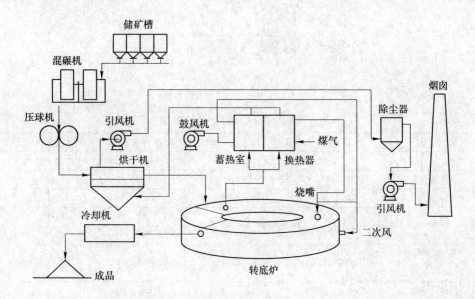

图0-28 转底炉法流程

产成本较高炉系统低 20% 以上。我国煤炭资源丰富，此法适用我国，有一定前景[86]。

它的缺点是炉料靠辐射加热，料层很薄，由此带来的问题难以克服。

0.5 熔融还原——炼铁二次革命

人们一直研究解决钢铁生产流程太长的问题，熔融还原是不少人的愿望。

0.5.1 Corex 法

熔融还原已研究多年，真正用于工业生产的只有 Corex 一种方法。图 0-29 和表 0-13 取自杨天钧在无锡"全国炼铁年会"（2004）上的报告[87]。表 0-13 是已生产的 4 座 Corex 炉的实际指标。

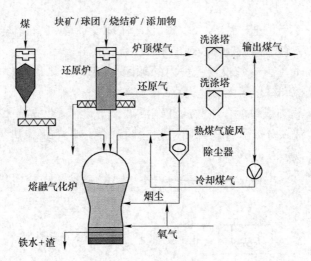

图 0-29　Corex 熔融还原流程

表 0-13　Corex 炉生产指标

指　标	浦项制铁①	印度金达尔 1 号炉	金达尔 2 号炉	南非萨尔达哈
产量/t·h⁻¹	80～100	100～105	100～110	85～95
铁水温度/℃	1480～1530	1460～1520	1470～1530	1480～1520
燃料比/kg·t⁻¹	1000～1100	1000～1100	980～1060	1080～1120
焦比/%	0～10	10～15	10～15	10～13
块矿/%	0	0～20	0～20	78～83
耗氧量(99% O₂)/m³·t⁻¹	560～580	500～550	500～550	580～600
粉矿/kg·t⁻¹	0	100～200	100～170	0～100

① 浦项制铁数据截止于 2003 年 4 月，2003 年 5 月开始 Finex 流程。

从上表看到，Corex 法炼铁用焦炭很少，解决了主焦煤缺少的矛盾。与高炉比较，环境污染也明显改善（表 0-14）。

表 0-14　高炉与 Corex 工艺环境污染比较[81]

项　目	废气污染/$g \cdot t^{-1}$（铁）			CO_2 排放	污水污染			
	SO_2	NO_2	烟尘	$kgCO_2/t$	酚	硫化物	氰化物	氨水
高炉目标	100	310	810	1700	60	120	15	600
Corex	53	130	114	1450	0.04	0.01	1	60
比高炉减少/%	96.2	89.3	89.5	23.7	99.96	99.99	95	93

Corex 法缺点突出：

（1）设备庞大、复杂，投资高，建设投资大，较高炉投资高 15% ~ 25%。图 0-30 是主体设备尺寸比较。

（2）耗氧量很多，约 $550m^3/t$。

（3）大部分必须使用块矿，所以 Corex 法是"半截革命"，很难与高炉竞争。

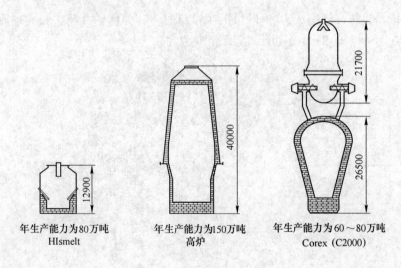

年生产能力为80万吨　　　　年生产能力为150万吨　　　年生产能力为60~80万吨
HIsmelt　　　　　　　　　　　高炉　　　　　　　　　　　　Corex（C2000）

图 0-30　主体设备尺寸比较

0.5.2　Finex 法

2003 年浦项开发的 Finex 法、年产 60 万吨铁水的 F2000 炉投产。把 Corex 法与流态化技术结合在一起，矿粉用 Corex 炉产生的煤气，在流化装置里还原，然后进入熔融气化炉炼成铁水（图 0-31）。

Finex 法克服了高炉的主要困难，如果流化床还原能顺利过关，可能有前途。

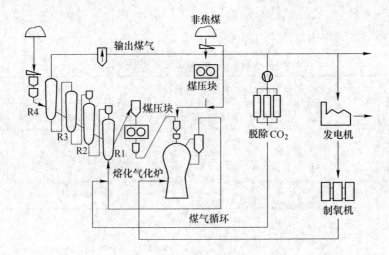

图 0-31　Finex 流程图解[87]

0.5.3　HIsmelt 法

　　HIsmelt 法，已完成 10 万吨级的生产试验[87]，但 80 万吨实验，不成功。图 0-32 是 HIsmelt 的生产流程图。

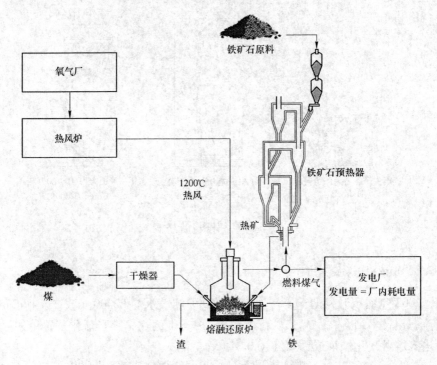

图 0-32　HIsmelt 生产流程图

HIsmelt 法优点突出：

（1）设施体积较小（见图 0-28）。

（2）矿粉及煤粉直接喷吹入炉，无需造块。

（3）矿石不受限制，可以用精矿粉，也可用（处理）钢铁生产废料。

（4）主要是用高温热风，可以用富氧提高冶炼效果。

（5）污染较轻。

这是较好的炼铁方法。它的唯一缺点是渣中含铁较高，如使用贫矿，由于渣量大，铁损失将增加。它的生产费用（制造成本）较低，建设投资较少（表 0-15），是高炉有力的竞争者，但技术未过关。

表 0-15　HIsmelt 和高炉投资及生产成本比较

炼铁方法	年产量	总投资（百万）	单位投资	吨铁操作成本
	万吨	人民币元/美元	美元	人民币元/美元
高炉	90	1530/185	200	1000/120
HIsmelt	90	580～827/70～100	100	695～785/84～95

0.6　结　　语

（1）我国古代发明的高炉，是对人类物质生产的伟大贡献。汉代古荥一座容积约 44 立方米的高炉，日产生铁约 570kg❶[8,21]；同时代的罗马块炼炉，每天一座炉子的产量约 50 磅熟铁（块炼铁）[10]。25 座罗马炼炉的产量总和，还没有一座古荥高炉产量多[79]。

（2）高炉的路还很长。虽然高炉生产面临焦煤短缺、生产流程过长和环境污染等问题，但改善的潜力很大。

（3）新的炼铁方法不断涌现，会有更好的技术、流程逐渐取代高炉。这一进程是漫长的，比石油退出燃料舞台更长。直接还原中的转底炉法由于采用较薄料层影响生产效率，如不克服，难成大器。

（4）熔融还原正在革高炉的命，是有希望和高炉竞争的方法，尚待继续开拓前进，开发路程还很漫长。

参考文献

[1]　柯俊. 中国大百科全书（矿冶卷）[M]. 北京：中国大百科全书出版社，1984：753.

---

❶　见 12 页下注。

［2］荷马. 伊利亚特［M］. 傅东华，译. 北京：人民文学出版社，1958：425-451.

［3］白云翔. 先秦两汉铁器的考古学研究［M］. 北京：科学出版社，2005：41-43.

［4］韩汝玢. 中国科学技术史·矿冶卷［M］. 韩汝玢，柯俊，主编. 北京：科学出版社，2007：344-389.

［5］傅棣朴. 春秋三传比义（下册）［M］. 北京：北京友谊出版公司，1984：513.

［6］吴承洛. 中国度量衡史［M］. 上海：商务印书馆，1937.

［7］郭沫若全集·历史篇，第三卷［M］. 北京：人民出版社，1984：194-207.

［8］刘云彩. 中国古代高炉的起源和演变［J］. 文物，1972（2）：18-27.

［9］刘云彩. 铁的诞生［J］. 首钢科技，1988（1）：62-66.

［10］L. Aitchison. A History of Metals［M］. London，1960：199-212.

［11］T. R. Anantharaman. Iron and Steel Heritage of India［M］. Dehli，1997：1-28.

［12］刘屿霞. 安阳发掘报告［J］. 1933（4）：681-698.

［13］铜绿山考古发掘队. 文物，1975（2）：19-25.

［14］高时显，吴汝霖，辑校. 山海经笺疏，四部备要本.

［15］卢本姗. 科技史文集，第13辑：11-13.

［16］H. H. 穆拉契，编. 有色冶金手册，第2卷，第1分册：74.

［17］江苏省文物管理委员会，等. 考古，1965（3）：105-115.

［18］黄展岳. 文物，1976（8）：68.

［19］袁康. 越绝书·记宝剑.

［20］赵晔. 吴越春秋·阖闾内传.

［21］刘云彩. 高炉的起源和发展［J］. 首钢科技，1988（2）：54-59.

［22］司马迁. 史记·太史公自序.

［23］班固. 汉书·地理志，汉书·五行志.

［24］桓宽. 盐铁论·本议，盐铁论·水旱.

［25］郑绍宗. 考古通讯，1956（1）：29-35.

［26］华觉明，等. 考古学报，1960（1）：73-87.

［27］萧子显. 南齐书·刘俊传.

［28］河南省文物工作队. 巩县铁生沟［M］. 北京：科学出版社，1962.

［29］倪自励. 文物，1960（1）：60.

［30］罗平. 考古通讯，1957（1）：22-27.

［31］李京华. 中国古代冶金技术研究［M］. 郑州：中州古籍出版社，1994：158-165.

［32］墨子·备穴篇.

［33］引自太平御览，卷905.

［34］山东省博物馆. 文物，1959（1）：2.

［35］王振铎. 文物，1959（1）：43-44.

［36］《中国冶金史》编写组，等. 汉代冶铸技术初探［J］. 考古学报，1978（1）：1-24.

［37］河南省文物工作队. 河南鹤壁市汉代冶铁遗址［J］. 考古，1963（10）：550-552.

［38］南京博物院. 利国驿古代炼铁炉的调查及清理［J］. 文物，1960（4）：46-47.

［39］刘云彩. 古荥高炉复原的再研究［J］. 中原文物，1992（2）：117-119.

［40］范晔. 后汉书·杜诗传.

［41］陈寿. 三国志·韩暨传.

［42］引自郦道元. 水经注，卷 16.

［43］太平御览，卷 833.

［44］苏轼. 东坡志林，卷 4.

［45］王祯. 农书，卷 19.

［46］曾公亮. 武经总要，前集卷 12.

［47］杨宽. 中国土法冶铁炼钢技术发展简史［M］. 上海：上海人民出版社，1960：71-87.

［48］高林生，等. 中国古代钢铁史话［M］. 北京：中华书局，1961.

［49］屈大均. 广东新语，卷 15.

［50］引自郦道元. 水经注，卷 2.

［51］岑仲勉. 中外史地考证［M］. 北京：中华书局，1962：213.

［52］苏轼. 苏东坡集，前集卷 10.

［53］宋应星. 天工开物，卷下.

［54］方以智. 物理小识，卷 7.

［55］孙廷铨. 颜山杂记，卷 4.

［56］刘耀椿，等. 咸丰青州府志，卷 12.

［57］陈应祺，等. 光明日报，1959 年 12 月 13 日.

［58］唐云明. 考古，1959(7)：369.

［59］任志远. 文物参考资料，1957(6)：84.

［60］赵全垠. 新史学通讯，1952(11).

［61］胡悦谦. 文物，1959(7)：74.

［62］孙占文. 黑龙江日报，1963 年 3 月 26 日.

［63］黑龙江省博物馆. 考古，1965(3)：124-130.

［64］朱国祯. 涌幢小品，卷 4.

［65］黄展岳，王代之. 考古，1962(7)：368-374.

［66］刘志超，唐有余. 钢铁，1959(6)：183.

［67］汪尚. 徽州府志，卷 7.

［68］减励解，等. 中国人名大辞典［M］. 上海：上海书店，1980：1132.

［69］龙文彬. 明会要，卷 57.

［70］张廷玉，等. 明史·艺文志.

［71］孙承泽. 春明梦余录，卷 46.

［72］刘云彩. 中国古代冶金史话［M］. 天津：天津教育出版社，1991：51-53；台湾：台湾商务印书馆，1994：61-63.

［73］恩格斯. 家族. 私有制和国家的起源. 见：马克思恩格斯选集，第四卷［M］. 北京：人民出版社，1973：22.

［74］R. 泰利柯特. 世界冶金史［M］. 华觉明，等译. 北京：科学技术文献出版社，1985：139-400.

［75］K. G. Hildbrand. Swedish Iron［M］. Sodertalje，1993：43-70.

[76] М. А. Павлов. М еталургия Чугуна，Ⅲ，Стр. 33.

[77] 华觉明. 中国古代金属技术——铜和铁造就的文明[M]. 郑州：大象出版社，1999：568.

[78] М. А. Павлов. Сборник трудов по теори до доменной плавки[M]. Москеа，1957：Стр. 22-252.

[79] 刘云彩. 用物料平衡法研究古代冶金遗址[J]. 中原文物，1984(1)：70-73；首钢科技，1983(6)：56-62.

[80] 汪敬虞，编. 中国近代工业史资料，第二集，上册：483.

[81] 贾兰坡. 旧石器时代文化[M]. 北京：科学出版社，1957：44-45.

[82] 考古研究所，西安半坡工作队. 考古通讯，1956(2)：29.

[83] 周仁，等. 考古学报. 1964(1)：1-25.

[84] Midrex Technologies Inc. 2004 World Direction Reduction Statistics.

[85] O. Tsuge 等. Successful Iron Nuggets Production at ITmk3 Pilot Plan[C]. Ironmaking Proceedings，2002：511-519.

[86] 孔令坛，等. 煤基热风转底炉炼铁法. 北京科技大学，2004.

[87] 杨天钧. 炼铁新流程的进展[C]. 无锡：全国炼铁生产技术暨炼铁年会文集，2004.

[88] 刘云彩. 炼铁生产的过去、现在和未来[J]. 中国冶金，2005(3)：1-6.

[89] 刘云彩. 炼铁生产的演变. 见 2006 年中国非高炉炼铁会议论文集[C]. 沈阳：中国金属学会，2006：23-26；首钢科技，2006(2)：1-4, 9.

[90] 方一兵. 汉冶萍公司与中国近代钢铁技术移植[M]. 北京：科学出版社，2011：1-94.

1   高炉生产概论

1.1   炼铁在钢铁企业中的地位

现代钢铁联合企业生产，原料、炼铁、炼钢、轧钢等，任何一个部门不正常，都会给生产带来损失，好像在一个链条上，任何一环断裂，都会使生产失常。但炼铁生产，与众不同，它的重要作用，不是由于它位于生产各工序的前边，而是由于它在钢铁企业中起到特殊作用：

（1）炼铁生产，消化外部的各类影响。只要高炉生产出合格的铁水供应炼钢，以后的生产就很少受外部影响。在联合企业中，生产1t钢材，大约需要3～4t原料、燃料、辅助材料，这些原材料，主要是高炉消耗的。因此，外部对钢铁企业生产的影响，主要是对高炉。高炉生产正常，实际化解了外部的不利作用。

（2）铁水的特点。铁前的各生产部门，所需原料、燃料，像高炉一样，可以储备；而炼钢则不同，铁水是很难大量长期储备的。炼钢也不能靠储备铁水，长期生产。所以高炉生产的失常，必然造成钢铁企业的生产被动。

（3）煤气生成和供应。高炉一方面消耗大量燃料，同时又生产大量高炉煤气，供各部门使用。高炉所耗燃料，一般仅利用65%～75%，其余能量，以使用方便的煤气形式，输送给其他使用单位，一旦高炉失常，煤气供应减少，必然给用户带来不利影响。

（4）炼铁系统的成本。炉体系统生产成本约占钢铁产品的60%～70%，"高炉—转炉"生产流程中，炼铁系统工序能耗占整个钢铁制造流程总能耗的70%，这就决定了只有高炉稳定均衡生产，钢铁企业才能取得较好的效益。

聪明的企业家，总是全力保持炼铁生产稳定、正常，创造条件使高炉生产稳定、正常，以获取钢铁企业的最大效益。

1.2   决定高炉生产水平的条件

决定高炉生产水平的主要因素是炉料、设备和操作。

第一位是炉料：20世纪50～60年代，当时我国聘请的苏联专家常说，原料是决定性的，原料对高炉生产水平的影响占70%。实践经验表明，原、燃料质量对高炉的影响是最主要的，特别是焦炭，虽然很难用百分比衡量。

1995年2～3月，首钢多座高炉管道、悬料不断，有时处理管道、悬料也很困难，因焦炭质量很差，放风容易灌渣，图1-1是3号高炉频繁管道、悬料及坐料的情况。

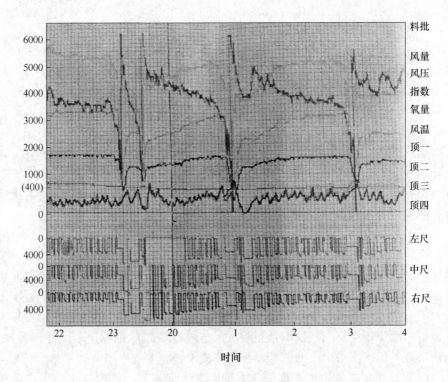

图 1-1 管道、悬料及坐料

从图中看到，不论坐料前后，管道行程不断，坐料很难，担心风口灌渣；虽然放风比较彻底，但依然不能消除管道。特别是第 1、2 次坐料后，料尺深度已到 4m 和 3m 多，炉料相对位置已彻底改变。如果焦炭较好，必然暂时消除管道。从图中看到，管道一直存在。显然焦炭不提高质量，坐料不会起作用。

由于管道不断，必然导致风口大量破损和炉缸堆积，将在第 2 章讨论；频繁管道，导致炉温波动，将在第 4 章讨论。管道的处理将在第 7 章讨论。

其次是设备：设备和操作的重要性是相辅相成的。如上部砌筑硅砖的热风炉及现代热风系统出现，才可能提供 1300℃ 的高风温；没有合理的操作，即便有好的热风炉及热风系统，高炉也用不上高风温，依然发挥不了设备的全部效能。一般地说，设备重于操作，设备不断提升、进步，才有现在的现代炼铁装备，设备进步是炼铁前进的物质基础。

无钟炉顶出现，很快取代了双钟、四钟等装料设备，无钟可以准确地把炉料分布到炉喉内任何位置，这是以前百年来所有装料设备都无法实现的。由于无钟的优秀功能，煤气流控制水平空前提高，对稳定炉况、提高煤气利用率，都有重要贡献。无钟的料罐下密封阀密封方式的改变，使提高炉顶压力设施简化，密封更好，所以无钟出现后，高炉炉顶压力普遍提高，由此导致冶炼进程加速，效果十分显著。无钟与大钟相比，无钟加工、安装、搬运都有优势，为大钟所不及。

软水闭路循环和铜冷却壁的应用，高炉寿命明显提高，特别是缺水的我国北方，软水解决了缺水的燃眉之急。采用软水和铜冷却壁，生产运行稳定、安全，维修量也因之减少。铜冷却壁和软水闭路循环发展之快，都是空前的。

1.3　高炉操作的任务

高炉生产过程中，高炉操作所起的作用，是多方面的。在一定的生产条件下，充分发挥设备能力，合理利用原料、燃料，使高炉生产稳定地、持久地保持在高产、低耗、高效益的水平上，是高炉操作的首要任务。高炉顺行，是生产稳定、高效益的前提。只有高炉顺行、稳定，才能为下步工序炼钢提供它所想要的、成分稳定的铁水，才能使钢铁企业得到最大的效益。

1.3.1　高炉顺行、稳定

操作，对原材料消耗影响很大。高炉顺行，可以避免萤石、锰矿等洗炉料的无为消耗，由于从不洗炉，不仅节省了大量焦炭，还延长了高炉寿命；同样，高炉内型合理的变化，没有烧穿的威胁，也省掉了含钛矿物等的补炉材料的无为消耗。

通过操作，控制煤气流分布，提高煤气利用率，对降低焦比、保护炉墙、减少高炉热损失，均有重要作用。

高炉可能达到的强化水平，决定于多种因素，不论多么好的炉料条件、多么好的装备，没有优秀的操作者驾驭，要达到生产最佳水平是不可能的。在一定的物质条件下，强化可能达到的水平，决定于操作。

优秀的高炉专家，总是把高炉顺行摆在第一位。在日常操作中，一贯保持顺行、稳定，把事故消灭在萌芽状态，在此基础上，争取最佳冶炼水平。

也有另一类专家，他们精于事故处理，不畏事故，对高炉进程中出现的塌料、悬料视而不见，甚至夸耀处理事故快、损失小，并以此为荣。不把顺行放到首位，不把预防事故放到首位，不论有多高的事故处理能力，都不是优秀的高炉专家，只能算是蛮干的猛将。

第三类高炉专家，重视高炉顺行，但不重视稳定。他们总是不满足于已达到的生产水平，利用一切机会增加风量，或者增加焦炭负荷，直到高炉难行为止。他们还不懂得，仅仅有顺行是不够的，必须保持长期顺行，也就是稳定。

稳定，还有更深的涵义，不局限于高炉进程稳定，还应当在组织生产中，贯彻执行稳定方针。炼铁生产，应在公司范围内平衡，有节奏地、稳定地进行。仅顾眼前效益，生产大起大落，不能达到较高水平，也得不到较好的经济效益。有的高炉采用如"一班攻，两班守"短期强制加风的办法来提高生产水平，是不聪明的，这种操作后果，往往破坏高炉顺行。

1.3.2　合理使用炉料

合理使用炉料，也是高炉操作的重要课题。每一个厂、每一个车间，都有自己的炉料条件，正确地制订炉料加工标准，合理地搭配比例，是充分发挥炉料作用的重要举措。科学的配料，是控制炉渣成分、优化炉料冶金性能的基本方法。而正确的炉渣成分，是高炉正常冶炼的基础。炉渣成分对铁水质量的影响有决定性作用。控制了炉渣成分，也就控制了铁水成分。优化的炉料会提高炉料的透气性，促进矿石的间接还原。

1.4　高炉顺行、稳定的前提

高炉顺行、稳定的前提包括：

(1) 炉料质量。高炉强化水平，决定于炉料质量。炉料不佳，不可能有高水平的强化。"精料"，是高炉头等大事。炉料不好，要达到高水平是不可能的；保持顺行，也相当困难。聪明的高炉专家，总是用操作技巧适应炉料变化，不追求达不到的水平；虽然得不到高水平，却能保持高炉顺行、稳定，这是难能可贵的，也是在不利条件下的最佳选择。

以设计大师项钟庸为首的专家起草的国家《高炉炼铁工艺设计规范》（GB 50427)[1,2]中，明确炉料应达到的标准（表1-1~表1-5），从此高炉炉料有了明确的规定。

表 1-1　烧结矿质量要求

炉容级别/m³	1000	2000	3000	4000	5000
铁分波动/%	≤ ±0.5	≤ ±0.5	≤ ±0.5	≤ ±0.5	≤ ±0.5
碱度波动	≤ ±0.08	≤ ±0.08	≤ ±0.08	≤ ±0.08	≤ ±0.08
铁分和碱度波动达标率/%	≥80	≥85	≥90	≥95	≥98
FeO/%	≤9.0	≤8.8	≤8.5	≤8.0	≤8.0
FeO 波动/%	≤ ±1	≤ ±1	≤ ±1	≤ ±1	≤ ±1
转鼓指数(+6.3mm)/%	≥68	≥72	≥76	≥78	≥78

注：碱度为 CaO/SiO_2。

表 1-2　球团矿质量要求

炉容级别/m³	1000	2000	3000	4000	5000
铁分/%	≥63	≥63	≥64	≥64	≥64
转鼓指数(+6.3mm)/%	≥86	≥89	≥92	≥92	≥92

炉容级别/m³	1000	2000	3000	4000	5000
耐磨指数(-0.5mm)/%	≤5	≤5	≤5	≤4	≤4
常温耐压强度/N·球⁻¹	≥2000	≥2000	≥2000	≥2500	≥2500
低温还原粉化率(+3.15mm)/%	≥65	≥80	≥85	≥89	≥89
膨胀率/%	≤15	≤15	≤15	≤15	≤15
铁分波动/%	≤±0.5	≤±0.5	≤±0.5	≤±0.5	≤±0.5

注：不包括特殊矿石。

表 1-3　入炉块矿质量要求

炉容级别/m³	1000	2000	3000	4000	5000
铁分/%	≥62	≥62	≥64	≥64	≥64
热爆裂性/%	—	—	≤1	≤1	≤1
铁分波动/%	≤±0.5	≤±0.5	≤±0.5	≤±0.5	≤±0.5

表 1-4　原料粒度要求

烧结矿		块矿		球团矿	
粒度范围/mm	5~50	粒度范围/mm	5~30	粒度范围/mm	6~18
粒度大于50mm/%	≤8	粒度大于30mm/%	≤10	粒度9~18mm/%	≥85
粒度小于5mm/%	≤5	粒度小于5mm/%	≤5	粒度小于6mm/%	≤5

注：石灰石、白云石、萤石、锰矿、硅石粒度与块矿粒度相同。

表 1-5　焦炭质量要求

炉容级别/m³	1000	2000	3000	4000	5000
M_{40}/%	≥78	≥82	≥84	≥85	≥86
M_{10}/%	≤8.0	≤7.5	≤7.0	≤6.5	≤6.0
反应后强度 CSR/%	≥58	≥60	≥62	≥65	≥66
反应性指数 CRI/%	≤28	≤26	≤25	≤25	≤25
焦炭灰分/%	≤13	≤13	≤12.5	≤12	≤12
焦炭含硫/%	≤0.7	≤0.7	≤0.7	≤0.6	≤0.6
焦炭粒度范围/mm	75~20	75~25	75~25	75~25	75~30
大于上限/%	≤10	≤10	≤10	≤10	≤10
小于下限/%	≤8	≤8	≤8	≤8	≤8

　　能做到上述要求，高炉顺行有了物质条件，为高炉创造高生产水平奠定基础。以后有关章节，将具体讨论炉料的作用。

　　(2) 保持正常炉型。炉缸堆积或高炉烧穿，都会给生产带来灾难性后果。炉墙烧穿或炉底升高，对高炉生产同样是灾难。炉型不正常，不论过厚或过薄，都会破坏正常冶炼，使生产水平大幅下降。

　　保持正常合理炉型，是生产稳定的前提。

　　(3) 活跃的炉缸。热风通过风口进入炉缸，燃烧从这里开始。焦炭燃烧产生空间，炉料才能下降。由于燃烧产生热量和煤气，冶炼反应得以进行。所以，炉缸是高炉冶炼进程的发动区，说它是高炉的发动机，并不过分。炉缸又是渣铁的储存区。炉缸失常，不仅损失产量，而且降低铁水质量。炉缸严重失常，容易产生大量低质量铁。

活跃炉缸，是高产、低耗、优质所必须的。

（4）适应的煤气分布。煤气作为热能和化学能的载体，对炉料还原、加热，起重要作用。煤气分布，首先是炉缸的煤气合理分布，风速和高炉容积相匹配；"上、下部调剂相接合"，是高炉达到最佳操作的基本原则。适应，是互相的。高炉是一个整体，"上部"与"下部"，都是高炉操作的一部分，两者必须互相适当。

（5）稳定的炉温。炉温，指充足的炉缸温度及合适的铁水成分，一般用铁水含硅量及铁水温度来衡量。没有测温装置的高炉，一般以渣、铁流动好坏判断。温度波动过大，不仅损失产量和燃料比，而且给后步工序炼钢带来损失。炉温过低，是高炉事故的温床。

（6）正确的炉渣成分。正确的炉渣成分，是铁水质量和良好炉渣流动性的保证。炉渣成分决定于配料，也受炉温波动影响。如果炉料成分波动，保持炉渣成分稳定，只能靠及时调剂维持，这是相当困难的操作。炉渣成分出错，很容易出现质量事故。

基于上述分析，高炉过程分三部分：炉体状态、顺行状态和热状态。具体操作、调剂、控制思路见图1-2。

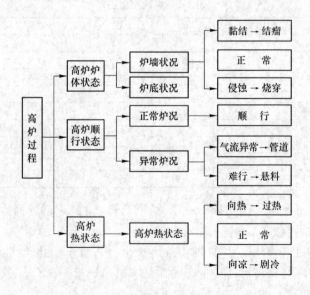

图1-2 高炉过程操作分类[3]

本书以后各章，将按上述思路分析、处理、操作。

参考文献

[1] 中国冶金建设协会. GB 50427—2008，高炉炼铁工艺设计规范[S]. 北京：中国计划出版社，2008.

[2] 项钟庸，王筱留，等. 高炉设计——炼铁工艺设计理论与实践(第2版)[M]. 北京：冶金工业出版社，2014.

[3] 杨天钧，徐金悟，刘云彩，张宗民，等. 首钢2号高炉冶炼专家系统的开发与应用[J]. 炼铁，1998(6)：31-34.

2 活跃炉缸

郑州古荥镇冶铁遗址有两座 2000 年前汉代的高炉，在高炉附近先后发现 15 块积铁（图 2-1），其中最大的一块重约 20t[1]。汉代鼓风设施能力低下，大容积高炉的炉缸不活跃，铁水很容易凝结。2000 年前的冶炼工匠已认识到鼓风不能深入炉缸，于是采用椭圆炉缸，以便鼓风向炉内延伸。实质上，这是最早的高炉鼓风调剂。

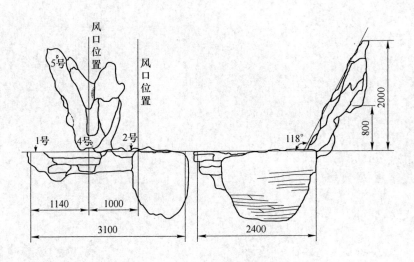

图 2-1 古荥 1 号高炉炉前坑内的积铁尺寸

人们从长期实践中认识到，炉缸不活跃，扩大高炉不会带来高产。在以后的千余年里，由于鼓风能力的限制，我国高炉容积一直较小，再也未发现炉缸直径 3m 以上的大高炉。

高炉炉缸是高炉生产的"发动机"，焦炭及燃料在这里燃烧，生成还原性气体 CO 和 H_2，沿料柱上升，还原含铁炉料，产生金属铁。铁水在炉缸里积累、流出，最终完成生产过程。而焦炭燃烧产生的空间，为炉料持续下降，创造了条件。所以炉缸，是高炉冶炼进程的起点，又是冶炼终点。

炉缸工作，非常重要，一旦失常，必给生产带来严重影响。

2.1 焦炭燃烧区与鼓风动能

2.1.1 焦炭燃烧区

+·+

炼铁术语：燃烧区

高炉从风口送风，吹动焦炭在风口前燃烧。不同时期、不同人、从不同方面进行此项研究，对此区域有不同命名。

焦炭在风口前发生燃烧的区域，叫燃烧区或燃烧带。燃烧区的化学反应主要是：(1) $C + O_2 = CO_2$；(2) $CO_2 + C = 2CO$。有氧存在的空间叫氧化带，主要发生反应 (1)；氧消失后 CO_2 也消失，燃烧结束。因在高炉生产过程确定 CO_2 完全消失很难，因此一般确定以 1% 或 2% 定为燃烧区边界的标准，即当 CO_2 降到 1% 或 2%，就是燃烧区的边界。

焦炭在燃烧区燃烧过程，焦炭旋转运动，有人由此命名焦炭燃烧区域叫循环区或回旋区。

本书用焦炭燃烧区和回旋区两名词。

+·+

鼓风气流吹动焦炭运动，在风口前形成燃烧区。早在 19 世纪，就有人通过风口实测高炉燃烧过程[2]，对燃烧过程做出重要贡献的是两位年轻的美国矿山局 (US Bureau) 专家：贝尔 (Sir Lowthian Bell) 和约翰逊 (J. E. Johnson)。他们于 1922 年在高炉上实测，首次发现了风口前的焦炭燃烧区[3]。多年来很多炼铁教科书引用此图。他们通过风口和专门的炉腹下部风口取样，测定风口燃烧区的垂直剖面图（图 2-2）。

以前苏联巴甫洛夫 (М. А. Павлов) 为首的研究组，从 1934 年到 1947 年深入广泛地测定、研究高炉过程，对燃烧区多有贡献。他们研究燃烧区的深度范围，以风口前燃烧区内的 CO_2 2% 为燃烧区边界，实测表明，各类送风参数对燃烧区的影响巨大[2]。

1952 年，艾略特 (J. F. Elliott)、布坎南 (R. A. Buchanan) 和瓦斯塔夫 (J. B. Wagstaff) 用高速摄像机，以每分钟 800～3000 帧画面的速度实拍风口前的燃烧区，首次得到风口前焦炭燃烧的活动画面（图 2-3）[4]。

图 2-4 是伯恩斯 (C. Burns) 实拍风口前焦炭在回旋区运动的轨迹[5]。

图 2-5 是前苏联关于回旋区研究的示意图。它形象地画出风口前回旋区的工作状态并结合回旋区内的煤气成分变化描写回旋区[6]。图 2-5 的上半部是回旋区

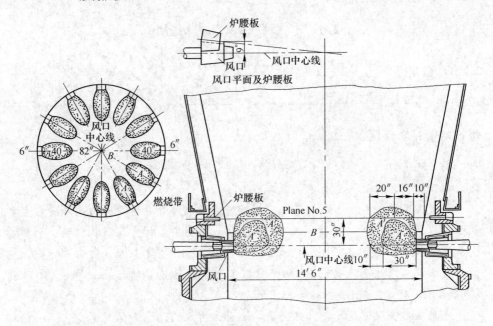

图 2-2 燃烧区的形状尺寸

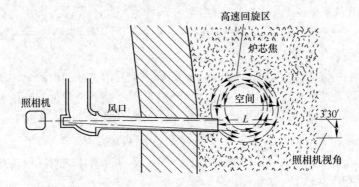

图 2-3 用高速相机实拍风口前回旋区示意图[4]

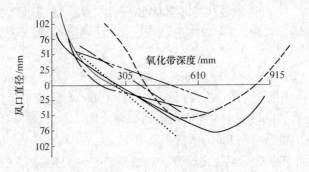

图 2-4 风口立体摄影观察在燃烧区内焦炭运动轨迹

的垂直剖面：鼓风从风口吹入，推动焦炭
移动、旋转、燃烧；燃烧产生的煤气和鼓
入的风在此区会合，形成高温煤气，煤气
成分在图 2-5 的下半部"记录"下来。在
风口的前端，焦炭等燃料和风中的氧快速
反应，使氧急剧下降，产生 CO 和 CO_2。
在接近回旋区末端 CO_2 含量最高的地方，
温度最高，一般接近 2000℃，再向炉内延
伸，氧和 CO_2 完全消失，达到燃烧区边界。
在回旋区空间，氧和 CO_2 有两个相对峰值，
这是燃烧区里最强的氧化空间。

图 2-5 的图解，和高炉解剖回旋区的
结果一致[7]；也和诸多实测及模型研究结
果一致。

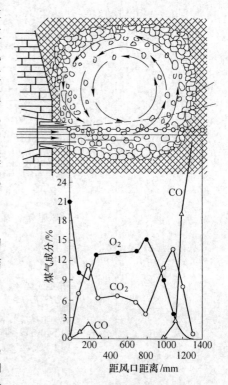

图 2-5 回旋区中焦炭运动、
燃烧与煤气成分变化

2.1.2 鼓风动能与回旋区

图 2-6 是鼓风动能和回旋区的关系。
图 2-6 上部数据是依据美国的不同作者和
不同高炉实测的结果；下部是用圆形和椭
圆形风口，直吹、下斜 22°及上扬 22°试验
的结果[4]。

图 2-6 表明，鼓风动能越大，回旋区越大。从下半部模型试验比较，同等鼓
风动能，下斜风口的回旋区直径，大于上扬风口的回旋区，这是现在普遍采用下
斜风口的理论基础。图 2-6 全面地反映了鼓风动能和循环区的关系。不同高炉的
测量结果，规律相同；图 2-6 中的冷态模型试验，不论风口形状如何，规律和高
炉测定一致。

鼓风动能是推动回旋区形成的动力：

$$E = \frac{1}{2}mv^2 = \frac{1.293 \times 1.033^2 \times Q^3 \times T^2}{2 \times 9.81 \times 60^3 \times 273^2 \times n^2 \times f^2 \times P^2} = 4.368 \times 10^{-12} \frac{Q^3 T^2}{n^2 f^2 P^2}$$

$$(2-1)$$

式中　m——鼓风质量，kg；

　　　v——风速，m/s；

　　　Q——风量，m^3/min；

　　　T——风温，绝对温度，$T = 273 + T_b$（实际风温）；

　　　P——送风绝对压力，$P = 1.033 + P_h$（热风压力），kg/cm^2；

n——风口数；

f——风口面积，m^2。

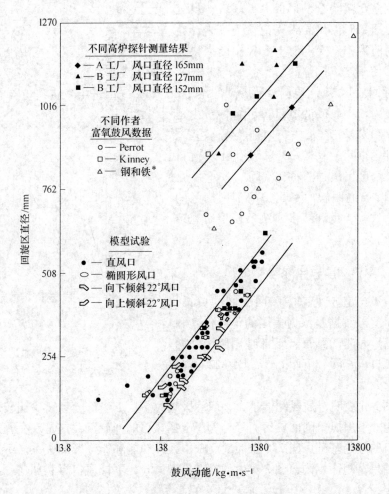

图 2-6　鼓风动能和回旋区的关系

（ ＊富氧数据中的 "钢和铁" 是德国期刊 Stahl und Eisen, 1947, 66 ~ 67：277 ）

式 (2-1) 表明，风量的影响最大，高炉实测的结果，确实如此。图 2-7 是实测一例[2]。

从图中看到，回旋区边界（CO_2值）随风量增加，回旋区迅速向炉缸中心方向扩大。风量 1200m^3/min，回旋区深度约 800mm；当风量 3400m^3/min，回旋区深度超过 2000mm。

所以，高炉操作应把风量放在最重要位置（除高炉炉况顺行以外）。一旦较长时间高炉风量离开经常的使用范围，应采取相应措施，保持合理风速。忽略这

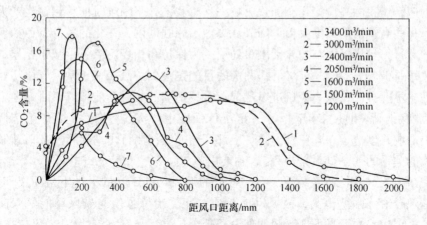

图 2-7　不同风量风口平面 CO_2 变化

点，必给生产带来灾难性后果，实践经验证实了这点，高炉操作者必须重视高炉鼓风量。

2.1.3　鼓风动能与风速

很多炉缸燃烧区实测和大量模型研究，均证明鼓风动能和实际风速对于回旋区的作用是一致的，图 2-8 是利用高炉生产实际数据计算的风速和鼓风动能。可以看到，风速和鼓风动能两者的关系一致。所以，生产高炉经常用风速代替鼓风动能，检查、确定风量调剂范围和控制水平，是可靠的。

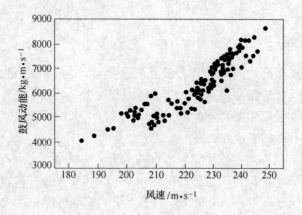

图 2-8　风速和鼓风动能的关系[7]

2.2　下　部　调　剂

鞍钢依据多年的实践经验，1961 年明确提出下部调剂，这是高炉操作的伟大创造，对我国高炉操作有深远影响。当时我国处于困难时期，钢铁生产大幅减产，一些高炉冶炼强度大幅下降。在高炉冶炼强度巨大变化的条件下，如何保持高炉顺行，是当年面临的异常困难处境。为保持高炉稳定顺行，鞍钢积累、创造了"下部调剂"经验[8]。"下部调剂的目的是达到炉缸工作正常，气流初始分布合理。主要方法是调整风口进风状况，维持适当的鼓风动能和风口回旋区。"[8]

"鞍钢高炉通过多年高、中、低冶炼强度生产实践，揭示了高炉下部调剂规律，形成并创造了一套完整的高炉下部调剂方法，制订出世界第一部风速和鼓风动能的关系的《下部调剂规程》，主要内容有：

（1）在一定冶炼条件下，有个合适的鼓风动能，它的大小不是固定不变的，而是随着冶炼强度提高，鼓风动能相应减小，冶炼强度与鼓风动能呈双曲线关系。这个相关关系是下部调剂的理论基础。

（2）每个高炉都有一个合适的鼓风动能，炉子越高，鼓风动能越大。小高炉炉缸直径小，容易吹透中心，大高炉炉缸直径大，不易吹透中心，必须采用较高的鼓风动能。

（3）矮胖多风口的高炉，炉内阻力降低，可维持较高的鼓风动能，否则相反。

（4）原料品位高、粉末少、粒度均匀的高炉，炉料透气性改善，可维持较高的鼓风动能，否则相反。

（5）高炉冶炼过程要保持适宜的理论燃烧温度。根据鞍钢多年蒸汽鼓风和高炉喷吹燃料的实践，合理的理论燃烧温度为 2000 ~ 2300℃，大高炉要维持偏高些。"[9]

2.2.1 风量水平

如果说炉缸是高炉的发动机，鼓风就是实际动力。风量是高炉最活跃的参数。高炉接受风量的能力，主要决定于料柱透气性，而料柱透气性决定于焦炭和炉料强度、粒度组成和煤气分布。

高炉风量有两种表示方法：

（1）每立方米高炉容积接受的风量的水平，叫风量比，m^3/m^3。

（2）每平方米炉缸面积接受的风量水平，叫风量系数，m^3/m^2。

用炉缸面积或高炉容积衡量高炉风量水平，波动范围均较大，这是高炉冶炼千差万别的必然结果。比较两者，风量比的波动更大，特别是小高炉，风量比从 $1.0m^3/m^3$ 到 $2.8m^3/m^3$（图 2-9）；同样高炉群，用风量系数衡量，约为 35 ~ 55m^3/m^2，受高炉容积影响较小，（图 2-9）。

不论风量比还是风量系数，都没有考虑风中氧气的数量。实际上，氧气的作用很大，两个系数中均未得到反映。

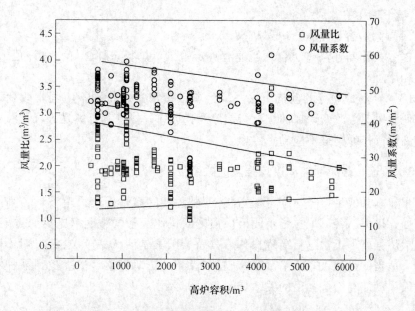

图 2-9　高炉容积和风量比、风量系数的关系

高炉风量多少，很大程度受制于冶炼条件，主要还是依据生产需要和炉料条件。高炉工作者常说："有什么料，就有多少风"。炉料决定风量，是很有道理的。

2.2.2　风速或鼓风动能的确定

风速或鼓风动能是下部调剂决定性参数。有合理的风速或鼓风动能，就拥有合理的回旋区，是高炉稳定顺行的重要条件。图 2-10 是顺行高炉的实际风速。

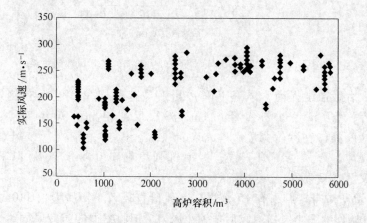

图 2-10　高炉容积与高炉风速的实际数据

从图 2-10 中看到：

（1）高炉容积越大，风速越高。

（2）对于每座高炉，合理风速有一定范围，炉料条件越好，允许范围越宽；反之相反。

（3）在高炉顺行的前提下，不应经常改变风速，特别不应经常改变风口面积来调整风速。改变风口面积，必然停风换风口，停风本身就是破坏连续生产进程，高炉操作原则是不应随意停风。

2.2.3　风速、鼓风动能和冶炼强度的关系

早年（1960~1962 年）我国经济调整，期间高炉生产大幅波动，高炉冶炼强度变化极大。各厂均总结不同冶炼强度的操作经验。鞍钢率先找到对策："在不同冶炼强度下正常进行冶炼操作，其首要因素是活跃整个炉缸"。对不同冶炼强度下适当的鼓风动能，鞍钢高炉工作者经过长期摸索，初步找到某种定量关系。鼓风动能与冶炼强度的关系如图 2-11 所示[8]。

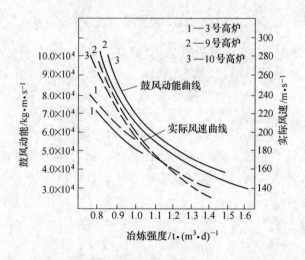

图 2-11　鞍钢高炉冶炼强度与鼓风动能、实际风速的关系

随着冶炼强度提高，风速下降，几乎是普遍规律，但也有例外。首钢 1 号高炉容积 576m³，炉缸直径 6.1m，炉缸尺寸相当于 900m³ 高炉，1960 年前后，这座高炉在冶炼强度 1.1~1.7t/(m³·d) 的范围内，鼓风动能和冶炼强度的规律，和其他高炉一致；但冶炼强度在 1.0t/(m³·d) 以下时，规律完全相反（图 2-12）。

1 号高炉炉身矮胖，有 15 个风口，风口直径较小，最大仅 110mm。降低冶炼强度开始连续缩小风口，以后虽缩小风口，但收缩很慢或减风同时保持风口不动，风速和鼓风动能连续降低，因炉料强度和正常水平相近，尽管风速很低，高

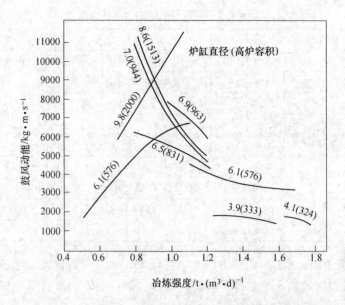

图 2-12 不同冶炼强度的鼓风动能

炉一样顺行。开始未认识到合适鼓风动能或风速允许在较大的范围操作，在降低冶炼强度的过程，缩风口次数太多，造成损失（图 2-13 中圆圈）；在提高冶炼强度的过程，已经认识到合适风速是一条宽带，允许风速在一定范围操作，所以恢复、提高冶炼强度，改变风口次数减少（图 2-13 中三角形）。

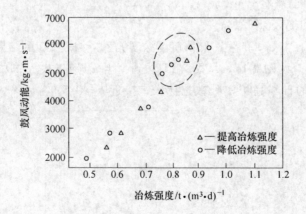

图 2-13 首钢 1 号高炉冶炼强度变化时的鼓风动能变化情况

2.2.4 回旋区长（深）度

鞍钢曾系统研究风速、鼓风动能和高炉回旋区深度的关系，表 2-1 是研究结论[10]。

表2-1　不同容积高炉的回旋区深度

炉缸直径/m	4.7	5.2	5.6	6.1	5.55	6.80	7.2	7.7	9.8	9.4
回旋区深度/m	0.784	0.949	0.950	0.90	0.902	1.118	1.033	0.965	1.302	1.211
A_1/A	0.556	0.596	0.563	0.503	0.541	0.547	0.508	0.44	0.46	0.47
燃料比/kg·t^{-1}	582		680	587	611	562	632	526	513	564
利用系数/t·(m³·d)$^{-1}$	2.16		1.227	1.97	1.822	2.12	1.40	1.863	1.87	1.534

炉缸直径/m	10.0	11.0	8.8	9.8	9.8	10.3	11.6	12.5	13.4
回旋区深度/m	1.11	1.28	1.36	1.20	1.41	1.29	1.45	1.70	1.88
A_1/A	0.392	0.411	0.520	0.43	0.493	0.45	0.438	0.47	0.48
燃料比/kg·t^{-1}	545	562	505	491	495	520	526	444	431
利用系数/t·(m³·d)$^{-1}$	1.59	1.56	1.92	1.90	2.342	2.24	1.84	2.00	2.29

当时，回旋区测定用两种方法：以直径25mm的钢棒自风口迅速插入，至遇到阻碍、难以继续插入之处即是回旋区深度界限；如以炉缸煤气取样分析结果推定，则CO_2 2%处为深度界限。

冈部侠儿研究日本高炉生产与回旋区深度的关系[11]，用式（2-2）计算回旋区深度：

$$n = \frac{d^2 - (d - 2L)^2}{d^2} \tag{2-2}$$

式中　　d——炉缸直径，m；

　　　　L——回旋区深度，m。

他们分析日本高炉的生产和回旋区深度关系，如表2-2的结果[12]；比较n值与燃料比关系，见图2-14。从图2-14看到，当$n = 0.5$时，高炉实际燃料比最低。从表2-2的日本高炉实际数据比较，接近$n = 0.5$的高炉，除燃料比以外，

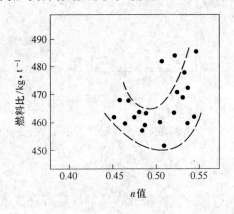

图2-14　日本高炉n值与燃料比的关系

还有利用系数、焦比等指标，也有的高炉计算 n 值，与 0.5 比较，相去甚远。

表 2-2 日本部分高炉的回旋区深度与生产关系

高炉	炉缸直径/m	风口数	风口直径/mm	回旋区深度/m	n	燃料比/kg·t⁻¹	焦比/kg·t⁻¹	利用系数/t·(m³·t)⁻¹	鼓风动能/kg·m·s⁻¹
A	6.80	14	150	0.997①	0.500②	662	662	0.80	1274
B	8.80	18	160	1.36	0.520	505	452	1.92	6974
C	9.35	24	150	1.16	0.435	561	540	1.35	3524
D	9.40	20	120×4 160×16	1.35	0.490	566	555	1.32	5493
E	9.50	27	149	1.16	0.428	523	495	1.87	3782
F	9.80	27	144	1.41	0.493	495	442	2.34	7469
G	9.80	28	145	1.20	0.430	491	431	1.90	5119
H	10.0	28	140	1.29	0.450	520	464	2.24	6521
I	10.3	28	150	1.26	0.430	529	470	2.28	6361
J	11.5	34	140	1.37	0.420	521	466	2.14	7346
K	11.6	34	140	1.45	0.438	526	489	1.84	7362
L	11.7	28	150	1.51	0.450	489	423	2.86	11016
M	11.8	34	142	1.75	0.510	515	470	2.37	11434
N	12.4	36	140	1.17	0.337	548	535	1.28	3402
O	12.5	30	150	1.70	0.470	444	392	2.00	11281
P	13.4	35	130	1.88	0.480	431	365	2.29	14110

① 实测 1.4；② 实测 0.655。

我国金松、张红霞等用冈部侠儿的方法分析部分高炉，用式 (2-2) 以 $n = 0.5$ 算出最佳回旋区深度 L：

$$L \approx 0.15d \tag{2-3}$$

他们选取顺行稳定、生产较好的高炉，定义实际回旋区深度为最佳回旋区，减去风口伸入炉缸内的长度（风口伸入长度设定为 0.4m），叫实际深度，部分高炉按式 (2-3) 计算，回旋区最佳深度及实际深度见表 2-3[13]。

表 2-3 部分高炉回旋区深度统计

高炉	炉缸深度/m	最佳深度/m	实际深度/m
宝钢 1 号高炉	13.4	1.96	1.56
宝钢 2 号高炉	13.4	1.96	1.56
宝钢 3 号高炉	14	2.05	1.65

高　炉	炉缸深度/m	最佳深度/m	实际深度/m
宝钢 4 号高炉	14.2	2.12	1.68
宝钢 2 号高炉第二代	14.5	2.12	1.72
宝钢 1 号高炉第三代	14.5	2.12	1.72
宝钢 3 号高炉第二代	14.5	2.12	1.72
鞍钢箱 1 号高炉	12.4	1.82	1.42
鞍钢箱 2 号高炉	12.4	1.82	1.42
鹿岛 3 号高炉第一代	15	2.2	1.8
大分 4 号高炉第二代	14.9	2.18	1.78
千叶 5 号高炉第二代	15	2.2	1.8
君津 4 号高炉第二代	14.5	2.12	1.72
君津 3 号高炉第三代	14.5	2.12	1.72
上钢一厂高炉	11.1	1.62	1.23
济钢 1750m³ 高炉	9.5	1.39	0.59
梅钢 4070m³ 高炉	13.3	1.95	1.55
宁钢 2500m³ 高炉	11.2	1.64	1.24

2.2.5　回旋区的作用

回旋区的研究还在深入，有些问题尚不清楚。回旋区大小与高炉强化关系密切。图 2-15 是焦炭流入回旋区的示意图[14]，类似的图解也被高炉解剖所证实。从图中看到，炉芯焦流入回旋区的主要通道与回旋区大小有关。生产证明，风速高，回旋区较大，高炉生产率高（图 2-16）[17]。

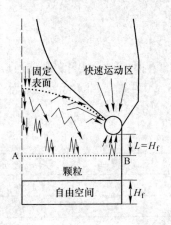

图 2-15　回旋区焦炭的主要流入区

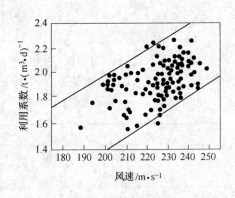

图 2-16　风速和高炉产率的关系

有一点是清楚的，回旋区大小受初始煤气分布约束。当回旋区过深，初始煤气流中心过分发展，炉顶温度很高，边缘过重，高炉不能稳定顺行。这种由于回旋区过深导致的中心气流发展，除改变回旋区外，其他措施难以纠正。

同样，当回旋区过浅，初始煤气流沿边缘发展，高炉边缘"管道"不断，煤气利用率很低，高炉难以维持稳定顺行。用装料手段或其他方法，也很难奏效。改变回旋区深度，是破解煤气初始分布的有效方法。

2.2.6 风口长度

风口长度的作用很明显。过长，把初始煤气流导向中心；过短，促使边缘煤气流发展。我国有些高炉长期发展边缘，是炉墙寿命极短、煤气利用很差的重要原因。当年在冶金部工作的著名炼铁专家刘琦（后任冶金部钢铁司司长）多次在多种场合，提出加长风口："笔者曾多次强调，加长风口对'吹透'中心更为有效并且也更容易为高炉所接受。我国传统风口长度取炉缸直径的5%。如300~420m³高炉为230~270mm；620~750m³高炉为310~350mm。高炉强化后，风口明显偏短。笔者主张，根据目前我国高炉的实际强化水平，风口长度与炉缸直径的比例：容积大于2500m³的高炉可选用5%~5.5%；1200~2500m³的高炉选用5.5%~6%；不大于1200m³的高炉选用6%~6.5%。容积小、强度高者选用上限。近年，一些高炉在强化过程中，加长风口，取得非常好的效果。如莱钢750m³高炉，风口长度从370mm加长到450~460mm，现在，利用系数已超过3.0t/（m³·d）"[15]。刘琦早年的建议和后来金松、张红霞等的推荐结论是一致的（表2-4）[13]。

表2-4　张等的推荐风口长度

高炉容积/m³	推荐风口长度/mm
≥2500	(5%~5.5%)d
1200~2500	(5.5%~6%)d
≤1200	(6%~6.5%)d

注：容积小、强度高的选上限；d为炉缸直径。

按我国设计大师吴启常的统计，高炉容积和炉缸直径的关系如图2-17所示[16]。

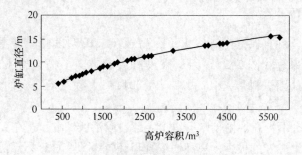

图2-17　高炉容积与炉缸直径的关系

按表 2-4 的设定，用图 2-17 的关系，算出不同容积的风口长度见表 2-5。

表 2-5 推算的不同容积高炉的风口长度

高炉容积/m³	500	1000	1500	2000	2500	3000	3500	4000	4500	5000	5500	6000
炉缸直径/m	5.2	7.6	8.9	10.5	11.2	12	12.7	13.5	14	14.6	15.5	15.5
风口比[①]/%	6		6	5.5			5					
风口长/mm	310	450	534	578	612	660	635	675	700	725	775	775

① 指风口长度与炉缸直径之比。

表 2-5 推算的数据，对于 4500m³（$d \geqslant 14m$）以上的高炉，显然风口过长。目前还没有使用大于 700mm 长度风口的高炉操作是成功的。有一座曾使用 700 ~ 730mm 的高炉，因中心煤气流过分旺盛，经长期观察、分析，最后改成 625mm 风口。

八钢 2500m³ 高炉，风口长度由 470mm 改成 520mm，取得很好效果[13]。包钢 2500m³ 的 6 号炉，风口长度由 550mm 改成 600mm，效果也不错[19]。沙钢三座 2500m³ 高炉，风口长度由 475mm 改成 580mm，也很成功[20]。

济钢 1750m³ 高炉，风口长度由 550mm 改成 600mm，效果很好。以后济钢放弃了 550mm 风口，大量使用 600mm，对侵蚀严重部位，使用长度 630mm 风口[21]。

邯宝 1 号高炉 3200m³，计 32 个风口，风口直径 130mm、长 643mm，实际风速 263m/s。为"吹透"中心，2012 年 2 月 15 日起，陆续换长度 663mm 的长风口，到 2012 年 10 月 29 日，长风口已到 29 个，但炉况顺行变差，焦比升高，认识到风口过长，又部分改回 643mm 风口，最后保留 8 个长风口，其余换回 643mm 风口[22]。

以当前认识水平判断，风口长度确定，还离不开经验，理论给出的长度范围，仅可参考。需要加长就加长，需要缩短就缩短。涟钢曾以"抑制边缘，打开中心"的思路，将风口换成 270mm，后因边缘过重，炉墙结厚，不得已将风口缩到 240mm，炉况得以好转[13]。

2.2.7 风口角度

风口安装，一直保持中心线水平，虽然风口模型试验早就指出，风口上扬，会导致回旋区缩短（图 2-6），因从来没有人安装向上扬起的风口，所以没有人特别注意。自从因炉料带入 Zn 过多，引起风口上翘以后，人们才意识到，风口上翘的危害。

此前，已有不少高炉将风口下斜 3° ~ 5°，以活跃炉缸；现在大高炉多数将风口下斜 5° ~ 7°。大于 7° 的极少；小高炉炉缸半径较短，炉缸容易活跃，特别是强化的小高炉，经常冶炼强度超过 1.5 $t/(m^3 \cdot d)$，炉缸异常活跃，不需要下斜风口。

2.2.8　堵风口操作

在高炉日常操作中，有时不得已，需要堵风口。

由于各类原因需要长时间慢风操作，为保持基本风速，需要堵部分风口；有时由于炉缸局部高温，有烧穿威胁，需堵相应风口；有时因设备原因，料面偏斜或定向管道，也用堵风口方法处理。有的高炉，因长期铁口深度过浅，堵铁口临近的风口，以维护铁口深度。有时某风口连续烧损，因风口漏水导致风口前局部渗透性很差，换上新风口后，临时堵24小时，以改善局部状况。总之，有许多"理由"，倾向堵风口。

其实，短期的临时困难，一般不应用堵风口的办法解决。因为堵风口需要停风，会给连续生产带来中断和损失。只有长期的需要，才可权衡后堵风口，如炉缸烧穿威胁、长期慢风、定向管道等，在没有更好的办法时可以采用堵风口措施。

堵风口，除直接中断生产造成损失外，长期堵风口，会在风口上部结成一条纵向的鼻梁型的"结厚"。这类结厚从炉腹起，向上延伸 1~2m，下厚上薄，就像"鼻子"贴在风口上部的炉墙上。曾有一座 1036m³ 的高炉，仅有一个铁口，出铁时间紧张，20世纪50年代炮泥质量不好，铁口维护困难，经常深度不足，不得已将铁口上边的1号风口堵上，此后铁口合格率大幅提高。有一次高炉中修，发现风口上有很窄的一条结厚，因又窄又短，对高炉生产影响较小。中修后不再长期固定堵风口，从此规定：如必要堵风口，一个月后必须改变位置，轮换堵风口避免局部结厚。

堵风口的相邻风口附近，容易出管道。

2.2.9　理论燃烧温度

理论燃烧温度范围较宽，一般在 2000~2300℃。理论燃烧温度很重要，特别是喷吹煤粉时，必须保持足够的理论燃烧温度。理论燃烧温度不足，不仅导致炉缸温度过低，而且影响炉芯焦炭温度。图 2-18 显示不同容积高炉，理论燃烧温

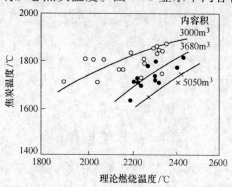

图 2-18　焦炭温度和理论燃烧温度之间的关系

度和炉芯焦温度关系[17]。高炉容积和理论燃烧温度对炉芯焦温度影响很大，具体传热机理目前尚不清楚。焦芯温度直接影响炉芯区的透热性和透气性，活跃炉缸，非常重要。

过去，有很多经验公式计算理论燃烧温度，现在因所有高炉均由计算机计算理论燃烧温度，相当容易、及时，已经没有人再用不可靠的经验公式。

2.3　合适风速（鼓风动能）的经验判断与调剂

炉缸工作，虽然已经研究百余年，但尚有一些问题未能量化处理。当炉况失常时，是否由风速不当引起，有时需要从操作观察中确定。此外，高炉煤气分布，除风速外，还受软熔带形状和炉料分布的影响，后两方面的作用，有时很难与风速作用区别，特别是初期，高炉炉况开始由正常转向失常，征兆并不明显。

关于下部调剂和上部调剂的相互作用，将在第 3 章讨论。这里仅就重要参数做简单的说明（实际，也受软熔带形状和装料制度的影响）：

（1）铁水。风速偏低，初期难以从铁水状态判定，除非风速很低高炉出铁时间较长，才能观察。大高炉基本连续出铁，观察铁水相当方便，特别是拥有自动测量铁水温度的高炉；小高炉间断出铁，打开铁口后，附近的铁水先流出。风速过低，铁水温度由高到低，越出越凉，即铁水由白热变暗、变红；风速过高，铁水温度由低到高，越出越热，铁水由发暗发红到白亮较热。

对于连续出铁的大高炉，上述现象不明显，当倒换铁口出铁时，也能看到前述现象，只是差别较小。

（2）料速和料尺。风速过低，料速不均匀，有时伴有小塌料；风速过高，出铁时料速快，出完铁铁口堵上后，料速开始减慢，料速与出铁，呈周期性变化。对连续出铁的大高炉，料速变化不明显，但料尺规律和小高炉相似，下料不均匀，有时伴有塌料。

（3）风口及其破损。风速过低，经常有"生降"发生，从风口有时可看到，黑色的小焦块在风口前跳动，风口不显凉，容易灌渣，严重时大量烧坏风口，破损部位在风口上部或端面；风速过高，在炉温正常情况下，风口显凉，但不易灌渣，严重时大量烧毁风口，烧坏部位在风口下缘里口（详见 2.4）。风速过低或过高，均应调剂风口面积。一般操作条件，高炉使用风量或风温，均在要求的上限，改变风口面积，是最有效的方法。

2.4　风口烧损和预防

风口烧损是高炉常见的事故，直接带来的损失不多，间接影响有时很大。更换损坏的风口必须停风，在炉况不顺时，可能引起其他事故；烧损的风口向炉缸漏水，有时也会导致不良后果。一般正常情况下，更换一个风口，大约损失高炉日产量的 1/20~1/30。所以，有些高炉坏一个风口并不立刻更换，适量减水，等待停风机会或再有坏风口一起更换。表 2-6 是首钢炼铁厂 2008 年停产以前 14 年风口破损统计。

表 2-6 首钢炼铁厂最后 14 年风口破损统计

年　份	1 号高炉	2 号高炉	3 号高炉	4 号高炉	5 号高炉	全　厂
2007	6	113	8	停产		131
2006	2	32	10	5	停产	49
2005	14	20	15	17	1	67
2004	89	55	17	39	10	210
2003	70	28	36	47	13	194
2002	0	2	0	2	17	21
2001	14	7	12	12	13	58
2000	30	4	28	20	8	90
1999	27	33	56	20	1	137
1998	43	32	62	36	13	186
1997	49	55	58	65	27	254
1996	34	74	77	45	21	251
1995	97	27	205	110	15	454
1994	37	73	139	46	17	312

表 2-7 是宝钢 2 号高炉 1994 年 1~10 月破损风口的分类。宝钢坏风口共分四类：熔损、开焊、磨损和曲损。开焊是风口制造的质量问题；磨损是喷煤喷枪和吹管的设计不当；曲损是渣皮脱落导致的风口破损；熔损是烧坏的。开焊和磨损，是设备设计和制造问题，应相应提高质量；而熔损和渣皮脱落是高炉冶炼问题，是本节重点讨论的课题。

表 2-7 宝钢 2 号高炉（1994 年 1~10 月）风口破损分类[18]

项　目	熔　损	开　焊	磨　损	曲　损	小　计
数量/个	21	24	6	8	59
比例/%	35.6	40.7	10.2	13.5	100
平均寿命/d	183	130	170	103	平均 149

当然，各厂破损风口的分类不尽相同。表 2-8 是包钢的分类，包钢包括龟裂和二套上翘两项，其中龟裂可并入风口制造质量一类。至于风口调剂，是更换位置和尺寸，风口并未损坏。从表 2-8 看出，风口破损主要是烧熔。

表2-8　包钢6号高炉风口更换数量及比例[19]

年　份	熔　损		磨　损		焊　缝		龟　裂		处理二套上翘		调长度		合计
	数量/个	比例/%	数量/个	比例/%	数量/个	比例/%	数量/个	比例/%	数量/个	比例/%	数量/个	比例/%	
2007	28	49.1	17	29.8	6	10.5	1	1.7	5	8.8	0	0	57
2008	44	62	4	5.6	8	11.3	0	0	15	21.1	0	0	71
2009	46	73	0	0	3	4.7	1	1.6	10	15.9	3	4.7	63
2010	56	71.8	0	0	4	5.1	2	2.6	6	7.7	10	12.8	78
2011	51	71.8	2	2.8	5	7.0	2	2.8	3	4.2	8	11.3	71
2012	54	78.3	0	0	2	2.9	0	0	5	7.2	8	11.6	69
合　计	279	68.2	23	5.6	28	6.8	6	1.5	44	10.7	29	7.1	409

现在已有专门生产风口的厂家，风口质量已有很多改进，烧熔成为主要问题。

2.4.1　风口烧熔的原因

风口烧熔的部位本身，提供了烧损的原因。当风口烧损在端面或风口外缘上部，基本是回旋区较短，边缘气流发展造成的。回旋区较短，初始煤气流大量沿炉墙上升，导致边缘管道时有发生，风口前"生降"不断。铁水直接滴落到风口上部或与端面接触，轻则将风口上部或端面侵蚀，形成麻坑；重则将风口烧穿，形成空洞（图2-19）。

风口端面　　　　　　　　　　　　　　　风口上面

图2-19　风口破损部位

图2-19中风口端面的烧损，有的已经烧熔，有的尚未烧透，留下麻坑；4个风口上面烧损，铁水滴落到风口上部，有的已经烧透，成了空洞，有的尚未烧透，留下麻坑。端面也有烧熔痕迹，只是尚未烧透。

风速过高或中心煤气流过分发展，回旋区向中心延伸，中心煤气流旺盛，严重时也烧坏风口。其特征是风口烧损部位在风口内圆下方，因风速过高，在风口射流下方。压力较低，铁水易在风口内圆下部"少量汇集"。图2-20是烧损部位示意图。

不论风速过低或过高，长时间都会导致炉缸堆积，导致风口大量破损。

渣皮脱落一般是煤气边缘过重引起的。所以渣皮脱落导致的风口破损，首先是风口上部受脱落渣皮的挤压，风口上部变形，严重时风口被压入炉内。第3章将仔细讨论渣皮脱落及由此导致的风口破损。

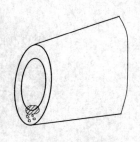

图 2-20　风口下部
内圆破损示意图

2.4.2　风口破损的处理

风口破损，首先观察破损部位，初步判定回旋区状况及煤气流分布。

如系边缘发展，应考察原因：

（1）焦炭强度，决定炉芯焦透气性和高炉接受风量能力。焦炭强度低接受风量能力低，因此，风速低、回旋区较短，导致边缘发展。

（2）是否长期慢风，导致风速过低。

（3）是否装料制度错误，导致边缘过分发展？

（4）如已炉缸堆积，应处理炉缸堆积。

（5）是否风口过短。

如系中心发展，应考察原因：

（1）是否风口过长？

（2）是否风速过高？

（3）是否风量过大？

（4）是否中心加焦过多？

（5）是否边缘过重？

不论哪类原因，应针对原因，相应处理。全面判断、调整煤气流分布将在第3章讨论。

烧损风口，应判断烧坏程度，如漏水严重，应及时更换，特别是小高炉。有的高炉，习惯控制水量，以减少水漏向炉缸。这类操作对小高炉相当冒险，往往因风口漏水，严重炉冷。有时由于减水过量，不仅漏水量未减少，反而容易风口烧出，形成更严重的事故。图2-21是减水过量未及时更换的风口烧坏的"惨状"。

图 2-21 减水过量未及时更换的风口

2.5 炉缸堆积和预防❶

在高炉日常生产过程中，最常见的炉缸失常是炉缸堆积。炉缸堆积初期，对生产造成的影响较小，往往容易被忽略；一旦炉缸堆积比较严重，如再延误必将对高炉生产带来严重损失，我国很多炼铁厂曾有过惨痛的教训[23~27,32~38]。

2.5.1 炉缸堆积的征兆

炉缸堆积的征兆和表现如下：

(1) 风压、风量及料速的变化。炉缸堆积首先从风量、风压的变化上反映出来：出铁堵口后，风量逐渐降低，风压逐渐升高；打开铁口后，风量逐渐增加，风压逐渐下降。如此周而复始，形成周期性的波动。在风量、风压变化的同时，下料速度也同步发生变化，出铁时料速加快，堵口后料速减慢。高炉越小，表现越明显；对于大高炉，出铁基本连续、甚至两铁口同时出铁，因此出铁对料速的影响不甚明显。

发生炉缸堆积，高炉憋风、憋压是共同特征。沙钢 1 号高炉（380m³）表现为：出铁前风压升高，下料较慢；出铁后风压下降，下料加快[23]。马钢新 1 号高炉（2500m³）表现为出铁前风压易突然升高。1995 年 10 月中下旬，在炉缸工作正常时，风量为 4000m³/min，出铁间隔 80min，风压不上升；而发生炉缸堆积后，出铁间隔大于 50min 后，出现了憋风或风压先下行后陡升的现象[24]。

(2) 铁水及炉渣特点。出现炉缸中心堆积时，出铁过程中铁水温度逐渐降低；炉缸边缘堆积的炉况则相反，随着出铁过程的进行，铁水温度逐渐升高。但是，只要是发生炉缸堆积，不论中心堆积还是边缘堆积，铁水 [Si] 含量和

---

❶ 本节主要参考《高炉失常与事故处理》（张寿荣、于仲洁等编著）一书中作者撰写的第 3 章 "炉缸堆积"。

［S］含量的波动均超过正常水平，而且铁水［S］含量偏高。

炉缸堆积，除渣铁化学成分波动外，铁水、炉渣均变黏稠，炉渣带铁较多，放渣时易烧坏渣口。在边缘堆积时，很难放出上渣，而中心堆积时则容易放出上渣。大型高炉，由于铁水温度经常在1500℃左右，铁水流动性一般影响较小。沙钢1号高炉发生炉缸堆积时，同一炉铁，前后温差增大，渣铁流动性变差，渣口放渣易带铁，渣口和渣槽易烧坏，炉缸安全容铁量变小。1999年12月5日中班第一炉铁，因打开铁口稍迟，17：25渣口中缸、大缸之间跑渣铁，烧坏大套，造成休风16h，损失很大。

（3）炉底、炉缸温度下降。炉缸堆积的另一个特征是炉底温度不断下降。如属于炉缸边缘堆积，除炉底温度下降外，炉缸边缘温度、炉缸冷却壁水温差及热流强度也同时降低。

马钢新1号高炉，最初因炉身下部局部结瘤、炉缸边缘堆积，崩料、坐料频繁，炉底温度下降，炉芯4层（炉底第4层中心）温度从10月上旬的545℃下降至11月4日的501℃，如图2-22[24]所示。

图 2-22　马钢新 1 号高炉炉底炭砖第 4 层温度变化趋势（1995 年）

沙钢1号高炉正常生产时炉缸砖衬上层温度分别为584℃、506℃、461℃和489℃，失常后下降到541℃、483℃、421℃和433℃；炉缸下层温度则由正常时的414℃、475℃、444℃和345℃下降到402℃、456℃、395℃和319℃[23]。

（4）煤气分布特点。中心堆积时边缘煤气流发展，即边缘煤气CO_2含量很低或边缘煤气温度很高；边缘堆积则相反，边缘煤气温度较低，中心煤气温度较高。

（5）风口工作及风口破损。炉缸堆积时，风口圆周工作不均匀，部分风口有"生降"现象，能看到未充分加热的黑焦炭从部分风口前通过。边缘堆积时风口前很少涌渣，中心堆积时风口前易涌渣，严重时常因灌渣而烧坏吹管。

2002年1月，邯钢7号高炉（2000m³）出现炉缸堆积，24日以后风口大量破损，至 30 日高炉坏风口达到 17 个[25]。水钢 2 号高炉（1200m³），曾因炉缸堆积引起风口频繁烧坏，最终造成炉况严重失常。恢复炉况共用 44 天时间，恢复期间共损坏风口 158 个，风口二套 18 个，风口大套 1 个。这座高炉炉况恢复的艰难程度及风口、冷却设备损坏之多，在全国大、中型高炉炉况失常恢复处理事例中是少见的[26]。另外，1990 年 1~3 月，本钢 5 号高炉炉缸堆积期间，风口大量破损，共损坏风口 222 个[27]。

（6）高炉顺行较差。炉缸堆积时，高炉顺行变差，情况严重时管道、崩料不断，渣皮脱落、悬料等时有发生。由于崩料、悬料，经常亏尺加料，顺行不好，高炉不可能维持全风操作。

上面所列炉缸堆积现象，在发生初期并不明显，即使炉缸堆积已较严重，也不是所有特点均充分明显表现，这也是炉缸堆积难以及时发现的原因。当风口频繁烧坏时，已经处于炉缸严重堆积状态，必须坚决处理。

炉缸堆积，多半发生在高炉中心部位，特别是由于慢风引起的堆积更是如此。有的高炉炉料条件较好，特别是焦炭强度好，这时的堆积一般发生在炉缸边缘。在炉缸堆积初期，高炉透气性及透液性都好，高炉风量容易保持正常全风水平。因此，很多炉缸堆积的常见特征，特别是与风量有关的现象很不明显。但是，这种情况下必然有几项堆积特点表现出来，如炉底温度降低、渣中带铁及风口破损等。

大高炉每天出铁时间接近或多于 1440min，即随时有一个或两个铁口出铁。在此情况下，高炉产生的铁水和铁口排出的铁水大体上保持平衡，从风量与风压的关系以及料速等参数，看不到出铁的影响，或者出铁的影响很小。但炉缸堆积的特点还是能从出渣铁情况反映出来：各铁口排出的渣铁比例不同，有时一个铁口出铁很多，而另一铁口打开就排渣，说明炉缸工作不均匀。如上述情况经常出现，就是大高炉炉缸堆积初期的重要表现，必须及时处理。

2.5.2 炉缸堆积的主要原因

2.5.2.1 炉芯带的特点

高炉解剖研究表明，炉内软熔带以下主要由固体焦炭和滴落的渣铁组成，因主要处于炉缸中心区，通常称为炉芯带或滴落带。图 2-23 是炉缸工作的示意图。风口前端是回旋区，焦炭及喷吹燃料在这里燃烧，大量焦炭从回旋区上方进入，

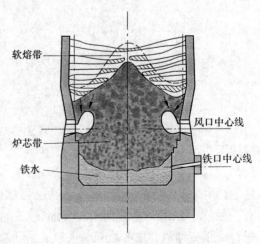

图 2-23 炉缸工作示意图

补充燃烧的焦炭；而炉缸中部的焦炭，长期以来人们认为它是不动的，习惯于称它为"死料柱"[28]。通过多年的研究，已经明白中部的焦炭、从风口以下到炉底，缓缓地进入回旋区，有机械运动，也有化学反应，对反应进程，目前尚未完全清楚。"走"完这段路程，大约需要一周到一个月，虽然从炉底到风口回旋区最远不过几公尺。近年日本高炉解体调查表明，"死料柱"在炉缸的铁水熔池内是漂浮的，"死料柱"内的焦炭有的颗粒很细，"死料柱"内铁水"有效的"流动区域非常小，仅位于铁口水平面附近[29]。软熔带以下是炉芯带，炉芯带充满固体焦炭，这部分焦炭称为炉芯焦。炉芯带的空隙度大约在43%~50%之间。炉芯带的空隙中有部分滴落的铁和渣，向下流动。回旋区燃烧生成的煤气，穿过炉芯焦向上运动。铁水和炉渣在下边汇聚，一部分铁水沉到炉底，将炉芯带的焦炭浮起来，另一部分下降的铁水和炉渣，存于炉芯焦中，在出铁或放渣时穿过炉芯焦流出。随着铁水流出炉缸，炉芯焦下沉，因此炉芯焦受出铁影响不断升降。铁水和炉渣能顺利地穿过炉芯焦，是铁渣流出炉缸的保证。

2.5.2.2 炉缸堆积的本质

高炉解剖证明，矿石在900℃左右开始软化，1000℃左右开始软熔，1400~1500℃开始滴下（图2-24）[28]。由于矿石成分不同，滴下温度也不相同，1400℃左右是滴下温度的下限。在风口区以下，焦炭和喷吹燃料燃烧后的灰分进入炉渣，炉渣成分改变，引起熔化温度的变化。根据高炉终渣性能研究，风口区以下的炉芯焦温度低于1400℃时，炉渣难以在炉芯焦中自由流动。这种情况下，炉渣或铁水不断地滞留在炉芯焦中，使后续滴落的铁渣不能顺利穿过和滴落，由此形成炉缸的不活跃区。由于渣铁只能在温度较高的区域正常通过，此时不活跃区炉缸透液性较差。如透液性较差区域扩大，就会形成炉缸堆积。显然，炉缸堆积与炉凉不同，与炉缸冻结也是两回事。

炉缸堆积，是炉缸局部透液性变差的结果，透液性不好，煤气较难穿过。日本一座高炉通过风口测温、取样，在炉缸不活跃或堆积的情况下，得到图2-25和图2-26的结果[31]。

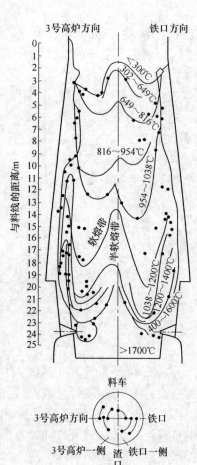

图2-24 软熔带温度分布
（用测温片测定）[30]

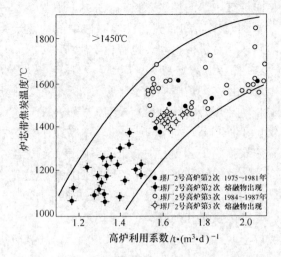

图 2-25　高炉利用系数与炉芯带焦炭温度的关系

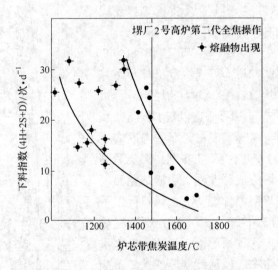

图 2-26　炉芯带焦炭温度与下料指数的关系

从图 2-25 和图 2-26 看出，当炉芯焦温度低于 1450℃ 时，高炉利用系数下降，所取试样中有黏稠的熔融物出现，表明炉芯带的透气性及透液性遭到了破坏[31]。

富田幸雄等测量风口水平炉芯焦的阻力发现，与炉底温度关系密切[32]。他们从直径 120mm 的风口插入直径 82.6mm 的探测棒，得到炉芯焦的阻力和炉底温度关系如图 2-27 所示。图 2-27 说明，炉芯带阻力增加，由于炉芯带更紧密，透液性和透气性也必然变差。

2.5.2.3　炉缸堆积形成的原因

炉缸堆积属于比较严重的失常炉况，其形成有多种原因，现分述如下。

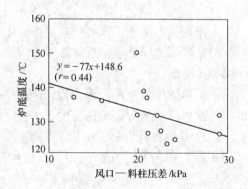

图 2-27 炉芯焦的阻力与炉底温度关系

A 焦炭质量影响

实践证明，高炉炉缸堆积，大多是因焦炭质量变坏引起的。质量低劣的焦炭，特别是强度差的焦炭，进入炉缸后产生大量粉末，使炉芯带的透气性变差，鼓风很难深入炉缸。这使炉缸中心部分温度降低，渣铁黏稠，形成"堵塞"。如杭钢 3 号高炉，因外购焦炭质量波动大，粉末多，粒度偏小（小于 25mm 的达40%），导致发生严重的炉缸堆积[33]。广钢 4 号高炉，焦炭反应性（CRI）34.15% ~ 36.95%，焦炭反应后强度（CSR）53.35% ~ 50%，与国家标准相差甚远[34]。柳钢 300m³ 高炉，M_{40} = 68% ~ 72%，M_{10} 高达 12%，灰分达 16% ~17%，再加上大量地使用地装焦，炉缸严重堆积[35]。水钢 2 号高炉，1996 年 1月，由于公司资金紧张，焦化厂小窑煤用量增加，使焦炭强度恶化，最低时M_{40} = 72.4%，M_{10} = 11.8%。焦炭质量变坏后，高炉逐渐形成炉缸堆积，风口频繁烧坏，最终造成炉缸堆积严重，炉况严重失常。而风口频繁损坏，大量向炉缸漏水，又进一步加剧了炉缸堆积[26]。

宣钢 8 号炉开炉初期，燃料供不应求和质量差，入炉料粉末增加。特别是进入 1990 年冬季，因焦炭水分含量高、波动大，部分筛孔冻堵，使入炉焦粉量增加（表 2-9），造成高炉崩料、悬料频繁，加之长期固定堵 3 个风口操作，使炉缸堆积更趋严重[36]。

表 2-9 宣钢 8 号高炉炉料质量变化

炉料	指 标	1990 年				1991 年				
		9 月	10 月	11 月	12 月	1 月	2 月	3 月	4 月	5 月
焦炭	转鼓指数/%	81.56	80.93	80.57	81.27	80.92	80.66	78.80	78.28	79.16
	水分/%	6.11	7.43	7.08	9.09	9.29	8.44	8.82	7.18	6.20
	<25mm/%	—	—	6.5	—	—	—	—	5.81	5.99
烧结	<5mm/%	—	7.60	8.01	—	5.22	5.68	7.44	7.11	3.57

　　B　长期慢风操作

　　高炉长期慢风，又不采取技术措施，很容易造成炉缸中心堆积，高炉容积越大越容易发生。慢风的结果是风速降低、回旋区缩短，向炉芯带中部渗透的风量减少，引起炉芯带中部温度降低。

　　设备故障往往是高炉慢风操作的直接原因，特别是一些炉役末期的高炉，水箱或冷却壁大量漏水，漏水后降低部分区域的温度，也会导致炉缸堆积。

　　1990 年 1 ~ 3 月，本钢 5 号高炉面临的生产形势极为严峻。由于断水、慢风等原因造成的炉缸严重堆积，迫使 5 号高炉的正常冶炼秩序濒于崩溃[27]。2004 年 7 月份以后，太钢 2 号高炉炉缸侧壁 3 号热电偶一度达到其历史记录 681℃，高炉被迫限产，风量由正常时的 800m³/min 降到 750m³/min。由于没有及时调整送风制度，风速降低，高炉事实上处于长期慢风状态，结果造成了炉缸堆积[37]。

　　马钢新 1 号高炉（2500m³）于 1994 年 4 月 23 日点火开炉。因烧结矿供应不足、质量欠佳，高炉本身设备、电气问题较多，高炉长期处于慢风状态。开炉一年半以后，炉况顺行还未完全过关，例如 1995 年 9 月就发生炉凉 4 次；10 月下旬至 11 月初因炉身下部局部结厚，炉缸边缘堆积，崩料、坐料频繁[24]。杭钢 3 号高炉 1991 年 9 ~ 11 月扩容大修后，炉容由 255m³ 扩大到 302m³，炉缸直径由 4200mm 增大到 4700mm，但风机仍用 750m³/min（铭牌风量），实际长期慢风[33]。广钢 4 号高炉从 2004 年 5 月份开始，上料设备接连不断出现故障，还受许多外围因素的影响，不得不减风甚至休风处理，加上焦炭质量变差，长时间的累积，造成炉缸堆积[34]。

　　宣钢 8 号高炉投产后因炉料供应不足，被迫长期慢风，加上操作经验不足，在慢风条件下未采取措施，导致炉缸中心堆积[36]。

　　C　煤气分布不合理

　　煤气分布不合理，边缘或中心过轻（发展）或过重（堵塞），都可能引起炉缸堆积。边缘过轻，煤气向炉缸中心渗透的少，炉芯带中部温度低；反之，中心过轻，边缘煤气量少，边缘炉料得不到充分加热、还原，下降到炉缸，引起炉缸边缘温度低。杭钢 3 号高炉顺行时，煤气分布是两条通路，基本是双峰曲线。由于慢风，中心气流不足，未及时调整装料，导致炉缸中心堆积。炉缸堆积消除后，煤气 CO_2 曲线变化明显，图 2-28 是杭钢 3 号高炉炉缸堆积前后，煤气分布的变化。煤气中心过重，是该高炉发生炉缸中心堆积的重要特征。

　　梅山 2 号高炉炉缸中心堆积前后，也有类似表现，堆积前煤气两条通路，堆积后煤气中心重（图 2-29）[38]。

　　D　高炉顺行不好，或经常发生塌料、渣皮脱落

　　高炉顺行不好，或经常发生崩料、渣皮脱落，造成炉料下降不稳定，或炉料未能充分加热及还原，进入炉缸，破坏了炉缸热状态的稳定性，最后导致炉缸堆

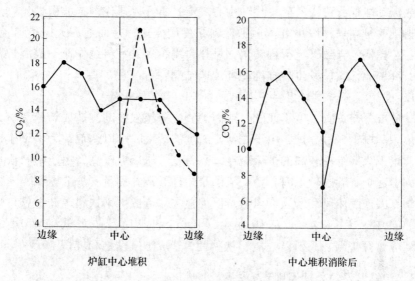

图 2-28　杭钢 3 号高炉炉缸堆积时 CO_2 曲线

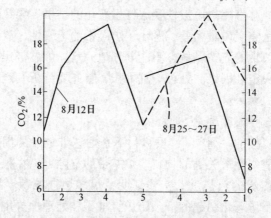

图 2-29　梅山 2 号高炉炉缸堆积前后煤气曲线对比（1987 年）

积。更严重的情况是高炉结瘤，高炉顺行严重破坏，风量锐减，在此情况下，炉缸堆积很容易发生。

　　前面已经提到，马钢 2500m³ 高炉开炉后顺行较差，炉身下部局部结厚，炉缸边缘堆积，崩料、坐料频繁。安钢 5 号高炉，由于亏料线时间长，料面深，布料混乱，煤气流分布被打乱，炉况很难稳定。12：25 悬料，料线 800mm，放风坐料后，风压 50kPa，料线不明。后逐渐加风、放料，至 14：10 再次悬料前料线一直不明。第二次坐料后，炉况已严重恶化：每次出铁仅 20～30t，下渣 10t 左右，料线不明，风口呆滞，风量小，顶温低，透气性差，压差高，风压、风量仅能维持在较低水平。频繁的悬料、坐料，使料柱透气性很差，风压加不上，风量小，鼓风动能低，边缘气流不足，中心气流打不开，造成炉缸堆积[39]。

柳钢 3 号高炉，1996 年不顾原燃料条件的变化，片面地靠大风量追求产量，增加正装比例，导致管道行程频繁，悬料、塌料多，亏料线作业，最终炉况严重失常，高炉北部方位发生炉缸堆积和炉墙结瘤[35]。

E 炉渣成分与炉缸温度不匹配

炉渣成分与炉缸温度不匹配，或因炉渣成分超限波动，造成炉渣黏稠，导致炉缸堆积。柳钢 3 号高炉，由于烧结矿碱度波动大，难以调剂，为保证生铁的成分、质量，只好维持较高的炉渣碱度。高碱度炉渣熔点较高，由于炉料质量变坏等原因引起炉缸温度较低时，该炉渣的难熔性导致并加重了炉缸堆积[35]。梅山 2 号高炉，因连续休风和慢风，风量难以加上去，造成炼钢铁料出铸造铁，炉温高（[Si] 0.9% ~ 1.5%），炉渣碱度高（1.15 ~ 1.20），铁水低硫（0.010% ~ 0.013%），高炉温、高碱度，渣、铁黏稠，造成炉缸粘结和堆积[38]。

2.5.3 炉缸堆积的处理原则和方法

炉缸堆积是炉芯带焦炭透液性及透气性恶化的结果。导致透液性及透气性恶化的原因，或者是焦炭质量太差，恶化了炉芯带的透气性，或者是炉芯带温度降低，导致进入炉芯带的渣铁黏稠，不能顺利地滴落。炉芯带焦炭强度及温度，是处理炉缸堆积的决定性因素。处理炉缸堆积，首先要分析其产生原因，再针对性地进行处理。

2.5.3.1 提高焦炭质量

焦炭是高炉料柱的"骨架"，虽然它不是炉芯带唯一的固体物料，却是影响炉芯带透液性和透气性最关键的物料。炉芯带的空隙度，在很大程度上取决于焦炭质量，特别是焦炭的热强度。实践证明，很多炉缸堆积、特别是炉缸中心堆积，是由于焦炭质量恶化引起的。预防炉缸堆积和处理炉缸堆积，使用优质焦炭非常必要。有些厂对焦炭质量的重要性认识不够，在处理好炉缸堆积以后，为降低生产成本再次使用劣质焦炭，往往使已处理好的炉况重新恶化，炉缸堆积再次发生。水钢 2 号高炉炉况恢复期间，焦炭质量差，风口到铁口区间被焦末填充，每次高炉休风卸下破损风口便有大量碎焦末滑下。从风口、南渣口、铁口所取焦炭样筛分，小于 10mm 的粉末占 62.5% ~ 72.9%。风口带以下的焦炭破碎到这种程度，在该厂高炉 30 年的生产历史中从未有过。正是由于焦炭质量太差，才导致炉缸严重堆积。在高炉恢复前期，未充分认识到炉缸堆积的严重程度，认为只要有炉温基础，炉况恢复就可加快，结果导致风口打开又坏、换后又坏的恶性循环。风口破损后，不可避免地向炉缸漏水，加剧炉缸的堆积，更增加了炉况恢复的难度。处理因焦炭质量差导致的炉缸堆积，主要措施是尽快改善焦炭质量，停用强度差的焦炭，用强度好的焦炭置换炉缸堆积的碎焦炭，以形成新的炉缸炉芯带，逐步提高焦炭层的透气性和透液性，避免风口的频繁破损，逐步扩大送风面积。

2.5.3.2 利用上下部调剂处理炉缸堆积

炉缸堆积初期，如煤气分布已显示出边缘或中心过轻（发展）或过重（堵塞），应通过分析查明原因，用上下部调剂进行处理。判断炉缸堆积处于初期的征兆主要有：

（1）风口未出现连续烧坏；

（2）炉底温度未出现大幅度下降；

（3）顺行未严重恶化，崩料、管道不频繁。

炉缸堆积初期的处理过程如下：

第一步：将风口实际风速与其正常值比较，看是否在正常波动范围内。如实际风速与正常值相差不大，可不动风口；如风速过低，而风量水平接近正常水平，可缩小风口；如风量水平低于正常水平很多，应临时堵风口，以提高风速；如恢复正常风量困难，应调整风口。

第二步：执行第一步后，如不动风口，应立即采取布料调剂。按边缘、中心煤气分布的实际状况，做出全面的分析，准确确定煤气分布的真实支配因素，通过煤气分布（现在拥有煤气径向分布测定的高炉很少）、十字测温（炉喉径向温度分布）、炉顶温度、炉喉温度、炉喉红外成像等显示手段，各风口"生降"的实际分布，以及炉身温度分布（热电偶测量结果、冷却壁水温差分布或冷却器水温差分布）参数，进行综合判断，慎重得出处理决定，再调整装料制度。

上部调剂，对扩大矿石批重要十分慎重，中心堆积决不能扩大批重，边缘堆积，在风量水平较低时，也不宜扩大批重，因为大批重情况下加风非常困难。如需对风口采取措施（第一步有动作），则应观察 2~3 个班（16~24h）后再进行上部调剂。布料改变后，如顺行尚可，可观察 2~3 个班；如顺行严重恶化，应立即改回原状态或适应当时状态应变。

如果上部调剂一天以后炉况未向好的方向发展，则应采取其他措施，不要失去炉缸堆积初期处理的宝贵时机。梅山 2 号高炉处理炉缸堆积时，集中（偏）堵风口（2~10 号）9 个，缩小进风面积 50%，由 0.2865m² 缩至 0.143m²。针对当时炉缸工作从北到西部位粘结比较严重、坏风口较集中情况，决定堵死该部位的风口[38]。太钢 2 号高炉处理炉缸堆积时，针对风口面积过大造成的鼓风动能不足，将 2 号高炉风口面积由 0.101m² 缩小到 0.097m²，以维持足够的鼓风动能，吹透中心[37]。马钢新 1 号高炉处理炉缸堆积，采取上部疏松边缘，下部捅开堵死的风口，改变溜槽角度，疏松边缘等措施。具体调节过程如下：

11 月 2 日 10：00　　　11 月 4 日 1：10　　　11 月 5 日 9：00　　　11 月 6 日 19：10

$C_{32221}^{87651} O_{2332}^{9876} \rightarrow C_{133221}^{987651} O_{2332}^{9876} \rightarrow C_{133211}^{987651} O_{1432}^{9876} \rightarrow C_{232211}^{987651} O_{1432}^{9876}$

11 月 7 日 16：00　　　11 月 8 日 0：20

$\rightarrow C_{133211}^{987651} O_{1432}^{9876} \rightarrow C_{133221}^{987651} O_{2332}^{9876} \rightarrow C_{33311}^{87651} O_{2332}^{9876}$

由于判明新 1 号高炉为边缘堆积，故洗炉前和洗炉期间把堵死的风口捅开：11 月 1 日把 4 号、26 号风口捅开，11 月 6 日把堵死的 12 号风口捅开[24]。

梅山 2 号高炉，矿石批重从 15t 渐次扩大到 23t，溜槽角度由复风初期的 29.6°/26°（矿/焦），逐次平移到 33.6°/33°。从煤气分布曲线看出，边缘和中心逐步提高，9 月 5 日边缘和中心的 CO_2 分别为 16.5% 和 4.9%，接近正常的煤气分布[38]。

2.5.3.3　减少慢风、停风及漏水

前面已经论述慢风会导致炉缸堆积，慢风的原因各不相同，主要包括：

（1）高炉炉役末期，设备失修，故障频繁，经常伴随冷却系统大量漏水。

（2）匆忙投产的新高炉，设备试车不充分，遗留设备缺陷较多。

（3）高炉存在重大设备隐患，如高炉有烧穿威胁，上料系统缺陷，供料速度不足等。

（4）生产系统有缺陷，如铁水处理能力不够，或炼钢能力不足；炉料因天气或其他原因供应不足等。

（5）炉况失常，高炉不接受风量。如顺行很差，经常慢风，高炉结瘤，各类操作因素限制高炉全风操作。

（6）炉料质量差，不论是烧结矿或焦炭，一旦炉料质量恶化，都会迫使高炉慢风。

不管存在哪类缺陷，都应及时解决。一时解决不了的，应采取相应措施，预防炉缸堆积。不能全风操作的高炉，应保持足够的风速，预防高炉炉芯带温度过低。漏水会加重炉缸堆积，必须坚决杜绝。要加强风口监视，一旦发现风口损坏，立即减水，同时组织人员更换。操作问题应充分研究，果断处理。风量是高炉生产的生命，是高炉生产的第二要素（第一位是炉料质量），失去风量，就失去了生产的主动权。维持全风，是高炉操作的头等大事。

2.5.3.4　严重堆积时，用锰矿洗炉

出现连续烧坏风口，必须洗炉。20 世纪 70 年代，首钢 1 号高炉由于炉料质量差，风口大量烧坏，严重时每月烧坏 40 多个。采用锰矿洗炉后效果很好，表2-10 所列为当时处理炉缸堆积时的铁水成分。

首钢高炉用锰矿洗炉经过多年改进，基本操作要点如下：

（1）控制铁水 [Mn]1.0% ~1.5%。

表 2-10 首钢 1 号高炉处理炉缸堆积的铁水成分（1977 年 10 月）

日期	铁水	01:00	03:15	05:33	08:07	10:32	13:05	15:25	17:46	20:20	22:36
27 日	[Si]/%	0.3	0.4	0.34	0.54	0.94	1.11	1.06	1.28	1.28	1.17
	[Mn]/%	—	—	—	1.22	1.38	0.63	—	1.96		
28 日	[Si]/%	0.91	0.84	0.72	0.77	0.78	0.72	0.72	0.64	0.51	0.66
	[Mn]/%	—	—	1.73	—	1.44					

（2）铁水 [Si] 0.8% 左右，小于 1.0%。铁水 [Si] 过高，比较黏稠，不利于处理炉缸堆积；[Si] 太低，锰的回收率太低。当铁水 [Si] 0.8% 左右，锰的回收率大约 50% 或稍高。锰的回收率可取 50%，计算加入的锰矿量。渣中含锰取决于渣量，如渣量 500kg/t，渣中含锰约 2% ~ 3%。根据本钢的经验，加锰矿洗炉，适当地把握铁水 [Si] 很重要。如果不适当地提高铁水 [Si]，有可能使炉缸发生粘结而加剧风口破损[27]。

（3）洗炉期间，及时放渣，以减少高锰炉渣对炉缸内衬的侵蚀。

（4）当风口不再损坏，高炉风量自动增加，或透气性指数自动提高到正常水平时，可停加锰矿。

国内有些炼铁厂也有使用锰矿或萤石洗炉的经验。马钢新 1 号高炉，1995 年 11 月 4 日至 7 日，锰矿加入量为 1.13 t/批（矿批 50t），铁水 [Mn] 为 0.75%。炉渣二元碱度 CaO/SiO₂ 降至 1.03 左右，三元碱度 (CaO + MgO)/SiO₂ 降至 1.29 左右，铁水 [S] 为 0.024%，平均 [Si] 为 1.20%[24]。

邯钢 7 高炉，2002 年 1 月 24 日后出现炉缸堆积，风口大量破损。至 1 月 30 日，高炉堵风口达 17 个，其余 11 个送风，风量仅 1600m³/min。为尽快恢复炉况，首先用锰矿洗炉。2 月 1 日中班锰矿下达，炉况改善，风量增加，风口逐渐捅开。28 日风口全开，风量到 3200m³/min，随即取消了锰矿。这次洗炉比较成功，铁水中硅、锰含量均为 0.8% ~ 1.0%，炉渣 CaO/SiO₂ 1.0 ~ 1.05，见表 2-11。2002 年邯钢曾 3 次用锰矿洗炉，控制 [Si] 0.7% ~ 0.9%，[Mn] 0.8% ~ 1.0%，CaO/SiO₂ 1.1 ~ 1.15。每次锰矿下达后，风口破损逐渐消除，渣铁流动性明显改善，铁水温度基本维持在 1450℃ 以上，炉缸工作状况改善，均取得了满意的效果[25]。

表 2-11 邯钢 7 号高炉处理炉缸堆积期间渣铁分析

日 期	[Si]/%	[Mn]/%	CaO/SiO₂	铁水温度/℃
2002-01-31	1.68	0.15	1.05	1418
2002-02-01	1.33	0.37	0.96	1385
2002-02-02	1.75	0.68	1.00	1436
2002-02-03	0.86	0.95	1.03	1459

日　期	[Si]/%	[Mn]/%	CaO/SiO$_2$	铁水温度/℃
2002-02-04	0.82	1.30	1.04	1447
2002-02-05	0.70	1.02	1.02	1477
2002-02-06	0.83	1.12	1.06	1468
2002-02-07	0.73	·1.29	1.05	1484
2002-02-08	0.72	0.83	1.03	1491
2002-02-09	0.47	0.17	1.07	1480

广钢 4 号高炉曾用萤石洗炉处理炉缸堆积。从 2004 年 7 月 23 日开始，每批炉料（矿石批重 8500kg）加入 100kg 萤石，洗炉一直持续到 10 月中旬。萤石洗炉取得一定效果，11 月、12 月风口破损数量和悬料次数都明显减少。炉渣流动性很好，甚至连续几炉铁可以不用清理下渣；风量增加，达到了全风水平。在此情况下，决定停用萤石洗炉。但从 2005 年 1 月开始，炉况出现反复，风口破损数量和悬料次数又大幅度上升，不得已再次使用每批料加 100~200kg 萤石洗炉。这次炉缸堆积的主要是焦炭粉化引起的。萤石洗炉虽然对消除边缘粘结有利，但大量萤石入炉并未根本解决炉缸堆积问题，反而由于加洗炉料，容易造成风口烧坏[34]。

宣钢计划洗炉期间，控制 [Mn] 1.5±0.2%；[Si] 0.7%~1.1%，不低于 0.7%。炉渣二元碱度 CaO/SiO$_2$ 1.04±0.02，三元碱度（CaO+MgO）/SiO$_2$1.25±0.02。洗炉后炉况恢复应达到以下标准：

（1）洗炉期间，渣中 FeO 含量会升高；洗炉完成后，渣中 FeO 含量应降到 0.5% 以下。

（2）出铁前后，料速基本稳定，风量、风压基本稳定。

（3）中心煤气流增强，十字测温中心点温度升高。

（4）透气性指数提高，风量自动增加。高炉接受风量能力提高。

（5）铁水流动性改善，不再粘铁水罐。

（6）达到以上标准时，停加锰矿。

从 4 月 9 日中班起增配锰矿洗炉，洗炉 2 天后炉况开始好转，表现为中心气流自然疏通，渣铁流动性改善，在同样风压下的风量明显提高，且风压、风量关系和料速趋于稳定，风压和风量及透气性指数的班标准偏差逐班减小，趋于稳定，煤气利用改善（参见图 2-30 和表 2-12）。因此，13 日中班停止洗炉，减少了锰矿配比；15 日中班全部去掉锰矿，结束了长期配加锰矿的操作。

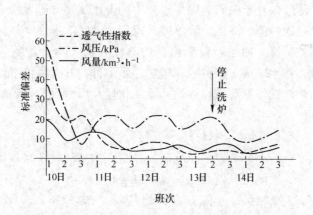

图 2-30　洗炉前后宣钢 8 号高炉鼓风参数变化（班标准偏差）

表 2-12　宣钢 8 号高炉洗炉期间的参数变化（1991 年 4 月）

日期	班次	风压 /kPa	风量 /km³·h⁻¹	透气性 指数	[Si] /%	[Mn] /%	炉渣 CaO/SiO₂	CO₂ /%	崩料 /次	悬料 /次
10 日	1 班	191	110	214						
	2 班	171	109	209	1.29	1.08	1.08	17.3	4	1
	3 班	214	113	213						
11 日	1 班	213	118	221						
	2 班	219	128	231	1.11	1.65	1.05	17.3	1	0
	3 班	224	132	238						
12 日	1 班	220	127	232						
	2 班	228	128	223	0.60	1.50	1.04	17.2	0	0
	3 班	216	130	244						
13 日	1 班	217	127	232						
	2 班	217	127	241	0.74	0.88	1.03	17.6	1	0
	3 班	211	118	238						
14 日	1 班	220	129	238						
	2 班	217	132	251	0.65	0.48	1.05	18.1	1	0
	3 班	216	131	250						

　　从宣钢集中加锰矿洗炉，处理 8 号高炉的炉瘤和炉缸堆积事故是成功的，主要表现在：结束了长期堵风口操作，实现了全风口作业；炉况基本稳定，崩料和悬料明显减少；送风制度和装料制度得到改善；生铁含硅量降低；煤气利用和风温提高；高炉产量增加，燃料消耗降低[36]。

　　锰矿洗炉的效果优于萤石，因为锰矿中的金属锰部分进入铁水，降低铁水黏度，另一部分进入炉渣，降低炉渣黏度。特别是含锰铁水能穿过炉芯带，使滞留其中的渣、铁被稀释，而萤石仅能稀释炉渣，对铁水没有直接作用。含有 CaF_2 的炉渣一般浮在铁水表面，不可能穿透炉芯带下部，其稀释作用远不如 MnO。

　　氟化钙对炉缸的侵蚀与破坏，远高于氧化锰，而萤石在处理炉缸堆积中的作用，远不如锰矿。

2.5.3.5　改善渣铁流动性

　　炉缸堆积要严防高硅铁、高碱度渣操作，因为高硅时铁水黏稠，炉渣碱度高时炉渣黏稠，渣、铁同时黏稠必然加重炉缸堆积。

　　杭钢 3 号高炉曾因硫负荷升高，迫使炉渣碱度升高（ $CaO/SiO_2 = 1.32$ ，$(CaO + MgO)/SiO_2 = 1.56$ ），渣流动性变差，导致炉缸堆积[33]。本钢 5 号高炉曾分析其长期炉缸堆积时期的生产数据，总结出铁水含硅量与风口破损存在明显的关系，见表 2-13[27]。

表 2-13　本钢 5 号高炉铁水含硅量与风口破损的关系

日　　期	[Si]/%	风口破损/个	渣口破损/个
2 月 1 ~ 10 日	1.002	38	14
2 月 11 ~ 20 日	1.032	32	17
2 月 21 ~ 28 日	1.241	41	11
3 月 1 ~ 10 日	1.031	38	11
3 月 11 ~ 20 日	0.724	20	19
3 月 21 ~ 31 日	0.644	7	11

2.5.4　预防炉况失常的措施

　　（1）保证炉料质量，特别是焦炭的热强度；加强原燃料的槽下筛分，减少粉末入炉。

　　（2）尽量全开风口，维持全风量操作。如因外部不可避免的原因而慢风，要分析可能的慢风时间，如时间过长，应采取措施，保持应有的风速。

　　（3）注意煤气流分布，应保持合理的煤气通路。

　　（4）保持高炉稳定顺行，做到炉料质量与风量水平相适应，高炉操作应把顺行放在首位。

　　（5）加强对炉身下部和炉腰温度的监测，防止结瘤。对炉底温度和炉缸状态加强观察，若有炉缸堆积应果断处理。加强操作管理，提高技术水平，特别注意保持高炉热制度的稳定。

　　（6）强化设备维修，全力减少非计划休风。严防向炉内漏水，发现风口破损应及时更换，若不能及时更换，也应采取控水措施。

参考文献

[1] 张振明. 古荥镇汉代冶铁遗址[M]. 扬州：广陵书社，2009.

[2] И. З. Козловч. Процессы восстановления и окислия в мощных доменных печах ленинград. 1951：Стр. 179-228.

[3] Ralph H. HW eetser. Blast Furnace Practice[M]. 1968：143-157.

[4] J. F. Elliott, R. A. Buchanan, J. B. Physical conditions in the combustion and smelting zones of a blast furnace[J]. J. of Metals, 1952, July：709-717.

[5] 转引自 M. Я. 奥斯特罗乌霍夫 Л. З. 霍达克. 高炉风口前焦炭燃烧过程的新研究. 见：王筱留译. 高炉冶炼的研究[M]. 北京：冶金工业出版社，1960：263-276.

[6] Л. М. Цылев, М. Я. Остроухов, Л. З. Ходак. Процесс горения кокса в доменной печи москза. 1960：Стр. 18-67.

[7] B D Pandey, US Yadav, UK JHA. Control of raceway parameters for improved blast furnace performance[J]. Steel Times International, 1999, January：36-37.

[8] 成兰伯，刘真，王志刚，龙春安. 高炉合理气流分布的调剂. 见：周传典主编. 鞍钢炼铁技术的形成和发展[M]. 北京：冶金工业出版社，1998：156-159.

[9] 高光春，苗增积. 高炉上下部调剂的规律. 见：周传典主编. 鞍钢炼铁技术的形成和发展[M]. 北京：冶金工业出版社，1998：125-127.

[10] 高光春. 下部调剂. 见：成兰伯主编. 高炉炼铁工艺及计算[M]. 北京：冶金工业出版社，1991：218.

[11] 原载：冈部侠儿（川铁技研）：铁钢协共同研. 第 39 回制铣部会资料. p. 27. 本书转引自[12].

[12] 衫崎孝继，太田 奖，等. 高炉の适正な羽口本数の算定式[J]. 铁と钢，1979(14)：23-29.

[13] 李刚义，周宏军，金松. 昆明冶金高等专科学校学报，2011(30)：16-19.
     张红霞，金松. 八钢 2500m 3 号高炉送风制度的演变[J]. 炼铁，2011(3)：24-26.

[14] 高桥 洋志，等. 高炉コールドモデルにおける炉芯充填粒子の更新运动[J]. 铁と钢，2001(5)：169-175.

[15] 刘琦. 刘琦炼铁论文集[M]. 北京：冶金工业出版社，2007：157.

[16] 吴启常. 高炉内型. 见：项钟庸，王筱留主编. 高炉设计——炼铁工艺理论设计与实践（第 2 版）[M]. 北京：冶金工业出版社，2014：343～356.

[17] Iwanaga. 风口焦性质和炉芯控制[J]. 国外钢铁，1992(2)：8-13.

[18] 朱仁良. 2 号高炉风口破损的分析[J]. 宝钢技术，1995(2)：7-9.

[19] 梁荣利，王志岩，侯志龙. 包钢6#高炉风口使用情况分析[J]. 包钢科技，2013(6)：4-7.

[20] 杜屏，赵华涛，魏红超，田口整司. 沙钢 2500m³ 高炉风口烧损的原因及对策[J]. 炼铁，2013(2)：47-50.

[21] 潘协田. 济钢 2 号 1750m³ 高炉炉缸侧壁温度异常升高的处理[J]. 炼铁，2010(5)：27-29.

[22] 魏宏强. 邯宝 1 号高炉炉墙结厚的处理[J]. 炼铁, 2014(2): 37-39.

[23] 余城德. 沙钢 1 号高炉（380m³）炉缸堆积处理[J]. 江苏冶金, 2001(2): 22-23.

[24] 王平, 薛朝云. 马钢 2500m³ 高炉炉墙结厚与炉缸堆积的处理[J]. 炼铁, 1996(3): 17-20.

[25] 杨春生. 邯钢 2000 m³ 高炉炉缸堆积的处理[J]. 炼铁, 2008(1): 35-37.

[26] 王琳松, 吴福云. 水钢 2 号高炉炉缸严重堆积的处理[J]. 炼铁, 1997(4): 18-22.

[27] 范春和, 金东元. 5 号高炉炉缸堆积的成因及对策[J]. 本钢技术, 1992(1): 16-20.

[28] 神原健二郎, 等. 高炉解体调查と炉内状况[J]. 铁と钢, 1976(5): 535-546. 译文见: K. Kanbara, et al. Discussion of blast furnace and their internal state[J]. Trans. ISIJ, 1977: 371-380.

[29] Kaoru Nakano, et al. The 5th International Congress on the Science and Technology of Ironmaking (ICSTI'09)[C]. Shanghai, China. Oct. 20-22, 2009: 1156-1160.

[30] 神原健二郎, 等. 高炉の解体调查[J]. 制铁研究, 1976: 37-45. 译文见:（首钢）科技情报, 1978, 1: 9-22.

[31] 芝池秀治, 等（王薇译）. 新日铁 2 号高炉第 3 代长期高效率操作[J].（首钢）科技情报, 1990 年; 原文见: 制铁研究, 1989: 57-68.

[32] 富田幸雄, 等. 高炉炉芯活性度检出技术の开发[J]. 日新制铁技报, 1997(75): 11-18.

[33] 潘一凡. 杭钢 3 号高炉炉缸堆积原因分析[J]. 钢铁, 1994(2): 8-11.

[34] 曹希荣, 蒋胜雄. 处理广钢 4 号高炉炉缸堆积的实践[J]. 冶金丛刊, 2005(1): 19-21.

[35] 莫朝兴. 柳钢 300m³ 高炉炉墙结瘤和炉缸堆积的处理[J]. 重庆钢铁高等专科学校学报, 1997(2): 11-14.

[36] 张聪山. 宣钢 8 号高炉长期炉况不顺的处理[J]. 宣钢科技, 1991(3): 17-21.

[37] 靳正平. 太钢 2 号高炉炉缸堆积原因分析及处理[J]. 2006(2): 58-60.

[38] 刘加麻. 梅山 2 号高炉处理炉缸堆积的操作实践[J]. 梅钢科技, 1990(2): 7-13.

[39] 吴昊. 安钢 5 号高炉炉墙粘结及炉缸堆积的处理[J]. 冶金设备管理与维修, 2007, 25: 9-11.

3　料柱结构与控制煤气分布

炼铁专家：张寿荣

张寿荣，1928 年 2 月生于河北定县，1949 年 7 月天津北洋大学冶金系毕业，1949 年 9 月~1956 年 5 月任鞍钢炼铁厂值班技术员、组长、技术科长、厂长助理。1956 年 5 月~1965 年任武钢生产筹备处、炼铁厂生产科长、技术科长、中央试验室炼铁室主任。1965 ~1980 年任武钢炼铁厂工程师、副总工程师。1980 年 4 月~1994 年任武汉钢铁公司副总工程师、副经理、总工程师、教授级高级工程师。1990 年获得全国五一劳动奖章。1995 年当选为中国工程院院士。

长期从事钢铁厂设计、建设、生产和技术工作。进行过高炉布料、造渣、喷吹和长寿的研究。参加鞍钢恢复生产，推行高炉炉顶调剂法和低锰炼钢铁的冶炼使鞍钢中国领先。在 1955 年全国第 2 次高炉会议上，他代表鞍钢作《炉顶调剂总结》报告，首次提出"上部调剂"和"下部调剂"的理念，对我国操作发展产生重要影响。1957 年参加武钢一期工程建设，使国内第一座 $1000m^3$ 以上大高炉顺利投产；研制成功用 $1513m^3$ 设备建 $2516m^3$ 的四高炉、并提出炼铁系统技术进步总规划。80 年代起研究高炉长寿技术，1991 年建成集当代炼铁先进技术于一体的武钢 $3200m^3$ 高炉，长寿技术已在武钢其他高炉进一步发展。著有《张寿荣文选》《武钢高炉长寿技术》等，主编《高炉失常与事故处理》《高炉高效冶炼技术》等。

高炉是逆流反应器，煤气由下部上升穿过料层，炉料从上部下降与煤气作用，完成加热、熔化、还原、渗碳等冶炼过程。炉料顺利下降，煤气合理分布，是高炉正常冶炼的保证。

布料的作用，是通过不同的装料方法，改变煤气流分布，并影响软熔带的形状。双钟布料的装料方法单调，改变炉料分布受到限制，调节煤气流相当不便。无钟布料则相当灵活，可将炉料布到炉喉的任何位置，因此调剂高炉煤气流分布，相对方便。

3.1 高炉料柱结构

高炉解剖表明，软熔带大体将高炉分成两部分：软熔带以上是固体料柱，叫做块状带；软熔带以下固体部分基本是焦炭。高炉料柱结构如图3-1所示。

布料操作是高炉基本操作制度中较经常变动的操作。高炉外部条件变化，或高炉生产方针改变，一般都需要改变装料制度，是工长、炉长、作业长经常思考、操作的重要内容，是冶炼工程师、厂长经常研究、决策的课题。

3.1.1 炉料特征

炉料在炉喉内的分布基本是矿石和焦炭的分布。矿石层和焦炭层对透气性的影响，许多冶金学家曾经进行过研究。表3-1是斯切潘诺维奇（М. А. Стефанович）曾研究[1,2]的炉料特性。

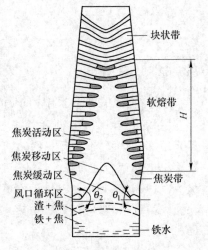

图 3-1 高炉料柱结构

表 3-1 炉料的物理性能

炉料	堆密度 /kg·m⁻³	孔隙度 /%	孔隙计算直径 /mm	粒度组成/%							
				>80 mm	80~60 mm	60~40 mm	40~25 mm	25~10 mm	10~0 mm	10~3 mm	3~0 mm
焦炭	500	47.0	32	19.4	35.9	36.1	7.4	0.3	0.9		
烧结矿	1695	42.6	3.9		3.8	10.2	14.9	40.2		26.9	4.0

用表3-1的炉料按不同的层状布料方式，在相同的气流速度条件下进行计算，矿石的阻力比焦炭大10~20倍。显然在层状分布的炉料中，矿石层与焦炭层厚度之比在很大程度上决定了煤气的流通量。斯切潘诺维奇以料层截面上压头损失相等为分析的出发点，模拟高炉炉喉条件，在温度为300℃、压力为122.5kPa、料层截面的平均气流速度为1.75m/s的条件下，分析了炉料不均匀分布对煤气分布的影响（见图3-2）。

图3-2说明了矿石层和焦炭层对煤气流分布的重大作用。矿石层的透气性差，焦炭层的透气性好，因此矿石和焦炭在炉喉水平面上各点的比例就成为影响煤气流分布的重要因素。布料调剂主要就是通过不同的布料方式改变矿石和焦炭在各处分布的比例。矿石和焦炭在炉喉内边缘与中心分布之比，表明了布料的基本特征，高炉最常用的矿石负荷，实际表明了炉料透气性的重要特征。

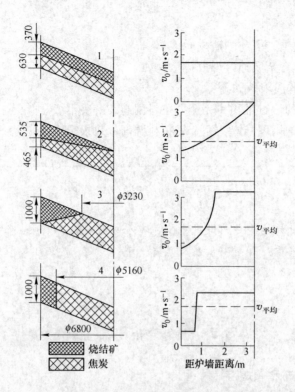

图 3-2　炉料分布对煤气速度分布和压头损失的影响

各种炉料分布的压头损失：1—7.41kPa；2—6.61kPa；3—4.51kPa；4—2.41kPa

3.1.2　高炉布料的作用

高炉布料的作用如下：

（1）布料能改变高炉产量水平、改善顺行。炉内料柱的空隙度大约在0.35～0.45 之间。上升的煤气对炉料的阻力约占料柱有效重量的 40%～50%。煤气分布是不均匀的，对下降炉料的阻力差别很大。利用不同的煤气分布，减少对炉料的阻力，从而保持高炉稳定、顺行。有了顺行，就有可能提高冶炼强度，增加产量。

（2）降低燃料消耗。通过布料，改善煤气利用，是布料的重要目标。

（3）通过布料能延长高炉寿命。边缘气流过分发展，必然加剧炉墙侵蚀。通过布料控制边缘气流，既保护炉墙又改善煤气利用，是合理装料制度的前提。

（4）通过布料，预防、处理一些类型的高炉冶炼进程中发生的事故，这些类型包括：

1）高炉憋风、难行；

2）处理炉墙结厚；

3）边缘过重，引起的渣皮脱落；

4）增加有害杂质通过煤气排除高炉。

布料作用的局限性如下：

（1）严重的炉缸堆积，完全靠布料调剂，解决不了。

（2）严重的炉墙结厚，完全靠布料调剂，效果很小。

炼铁术语：

批重：一批料的重量叫做批重，也有人叫做料批，本书一律叫做批重：矿石一批叫做矿石批重，焦炭一批叫做焦炭批重。

软熔带：高炉解剖发现软熔带，也有人译为软融带。本书采用软熔带。

3.2 炉料分布和煤气分布

3.2.1 炉料分布和软熔带

模型实验和高炉解剖研究均已证明，炉料在高炉内的分布直到熔化前，都是保持炉喉的层状结构。在炉喉部位焦炭层和矿石层的堆角通常为30°以上。高炉解剖测定发现，到炉身下部以后堆角降低到10°上下，矿焦的层状结构基本不变[3]。炉料堆角在下降过程趋向平坦的原因，一是由于从炉喉直到炉身下部，高炉断面逐渐扩大，料层发生横向位移（在垂直于高炉中心线的炉内平面内），使料层变薄；二是由于风口回旋区的焦炭燃烧，边缘料速较中心料速相对加快。炉料在炉内的层状分布如图3-1所示。

显然，不是一批料，而是整体料柱在对高炉起作用，由此可以看到布料对高炉进程的重要作用。

与固体炉料比较，软熔带有一定的塑性，孔隙度小，透气性差，对煤气阻力较大。斧胜也依据高炉解剖的实际状况，建立高炉透气阻力模型进行研究，利用模型计算的结果：如果矿石层透气性指标是1，焦炭层为13，软熔层只有0.2～0.25，三者透气性指标之比为：软熔层∶矿石层∶焦炭层 = 1∶4∶52[4]。

软熔带的组成有两部分，即固体焦炭和熔融的矿石。焦、矿相间，上升的煤气大多通过阻力较小的焦炭层。图3-3所示为高炉下部：炉缸、软熔带和块状带。

软熔带中的焦炭层是煤气的主要通路，因此也称为"气窗"。由图3-1和图3-3可知，软熔带越高，气窗面积越大，煤气阻力也越小。由图3-1可知，软熔

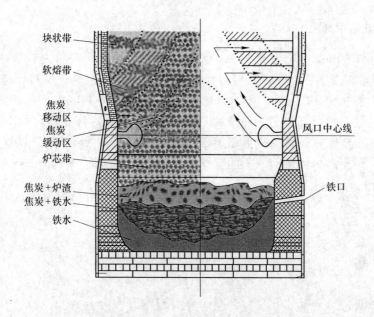

块状带
软熔带
焦炭移动区
焦炭缓动区
炉芯带
焦炭+炉渣
焦炭+铁水
铁水
风口中心线
铁口

图3-3 炉缸、块状带、软熔带示意图

带越高，高炉中心的焦炭层体积越大，中心部分气流越发展，即形成表3-2中的Ⅲ型煤气分布。如炉料分布平坦，气窗面积为零，此时软熔带的阻力最大，高炉顺行难以维持。这时的煤气分布是平坦型。如果高炉风口以上炉墙附近主要是焦炭，边缘煤气必然发展，成为Ⅰ型煤气分布，即边缘发展型。Ⅱ型煤气分布的软熔带呈W形，煤气通路面积很大，边缘和中心都是良好的煤气通道，形成双峰形煤气分布。四种类型的煤气分布作用不同，在表3-2中已有详细对比，以下将深入讨论软熔带对高炉行程的影响。

表3-2 各种煤气分布类型的操作结果比较

煤气分布类型	装料制度	煤气曲线形状	煤气温度分布	软熔带形状	煤气阻力
Ⅰ	边缘发展型	⌢⌢	⌣⌣	⌣⌣	最小
Ⅱ	双峰形	⌢⌢	⌣⌣⌣	⌣⌣⌣	较小
Ⅲ	中心发展型	⌣⌢	⌢⌢	⌢	较大
Ⅳ	平坦型	⌢	⌣⌣	⌣	最大

煤气分布类型	对炉墙侵蚀	炉顶温度	散热损失	煤气利用程度	对炉料要求
Ⅰ	最 大	最 高	最 大	最 差	最 低
Ⅱ	较 大	较 高	较 大	较 差	较 低
Ⅲ	最 小	较 低	较 小	较 好	较 高
Ⅳ	较 小	最 低	最 小	最 好	最 高

3.2.2 软熔带高度

从操作上降低高炉燃料比，扩大高炉间接还原区，是行之有效的，图 3-4 是高炉实践的结果[5]。从图中看到，间接还原区比例越高，燃料比越低。间接还原区一般在 960℃ 以下。高炉软熔带形成于 1200～1400℃，高炉解剖证明，软熔带外侧与块状带相连，约 1200℃，其内侧与滴落带相连，约 1400℃。要想扩大间接还原区，必须降低软熔带高度。图 3-5 是"新日铁"两座高炉解剖的结果，两座高炉停炉前一天的操作数据见表 3-3。图 3-5 和表 3-3，也证实了这点。

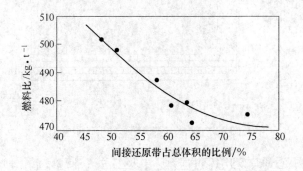

图 3-4　间接还原区与高炉燃料比关系

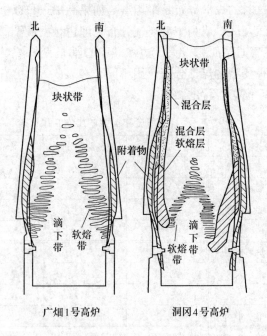

图 3-5　高炉软熔带

表 3-3　停炉前最后一天的操作数据

厂别	日期	产率		操 作 参 数						负荷
		日产/t	利用系数 /t·(m³·d)⁻¹	风量 /m³·min⁻¹	风温 /℃	风压/ 风量	湿分 /%	富氧 /%	顶压 /kPa	
广畑	22	3289	2.34	2300	941	0.9	32	0.96	900	2.97
洞冈	24	2268	1.77	2039	980	0.61	16.5	1.99	58	3.94

厂别	燃料/kg·t⁻¹			铁水/%			炉渣		煤气/%	
	焦比	重油	燃料比	Si	S	Mn	渣量 /kg·t⁻¹	CaO/ SiO₂	CO₂	CO
广畑	471	31	502	0.80	0.038	0.62	265	1.12	19.2	23.4
洞冈	387	78	465	0.52	0.039	0.60	267	1.22	19.0	22.7

从表中看出，两座高炉差别极大，广畑 1 号高炉，高产量、高顶压、高炉温、透气性好、高燃料比；而洞冈 4 号高炉，中等产量、中等炉温、常压、低燃料比。高炉解剖发现，广畑 1 号高炉中心气流发展，软熔带高度占解剖料柱高度的 75%，洞冈仅占 28%[5-8]。表 3-3 包括首钢实验炉的解剖数据[9]。

广畑 1 号高炉透气性好的另一原因是软熔带的焦炭层较厚，焦窗面积大。表 3-4 是广畑 1 号高炉解剖实测的软熔带各层的厚度。最后几层因矿石熔损和高炉放积铁，受到破坏，表中列出 17 层。表 3-4 中软熔带各层的厚度，从上到下大体上逐渐变薄。矿融层 3~5 层（原报告中缺 1~2 层焦窗厚度）的平均厚度 0.28m，而 15~17 层的厚度，平均 0.19m；同位置的焦窗厚度分别是 0.44m 和 0.17m，分别占软熔层厚度的 61% 和 47%。

首钢实验炉解剖结果，最上三层软熔层平均厚度 0.16m，5~7 层平均厚度是 0.08m，上层焦窗平均厚度 0.12m，5~7 层焦窗平均厚度 0.1m，上层和下层焦窗平均厚度分别占软熔层厚度的 42% 和 55%。实验炉容积 23m³，解剖实测料柱高仅 4.28m[10,11]。

以上数据均在高炉冷却后测定的，比生产状态收缩很多。

表 3-4　广畑 1 号高炉和首钢实验炉软熔带各层厚度　　　　　　（m）

炉 别	广畑 1 号高炉			首钢实验炉		
软熔层	3~5 层平均 厚度	15~17 层 平均厚度	3~17 层 平均厚度	1~3 平均 厚度	5~7 平均 厚度	1~7 层平均 厚度
矿融层厚度	0.28	0.19	0.26	161.67	78.25	114
焦窗厚度	0.44	0.17	0.29	115.00	95	104
总 厚	0.73	0.37	0.55	276.67	173.25	218
焦窗厚度/ 总厚	0.61	0.47	0.51	0.42	0.55	0.49

表 3-5 是三座高炉的软熔带数据。表中冷却后高度，是指高炉打水冷却后，以炉喉上沿为基准的料面高度。三座高炉软熔带结构清楚，主体是"倒 V 型"。广畑 1 号高炉的料柱高度和软熔带高度是依据文献中的图形推算的，虽然参考一些相关报告，可能存在误差。表中给出的料柱高度是指高炉停炉后解剖前测得的高度，不是生产状态的料柱高度。

表 3-5   三座高炉软熔带的高度和层数

厂 别	炉喉焦层厚度/m	炉腰焦层厚度/m	料柱高/m	软熔带高/m	软熔带层数	平均每层带高/m	三层平均带高/m		软熔带高/料柱高
							上部	下部	
首钢实验炉	0.31	0.13	4.28	1.7	10	0.17	0.27	0.17	0.4
广畑 1 号高炉	1.07	0.51	20	15	20	0.75	0.73	0.37	0.75
洞冈 4 号高炉	0.47	0.24	21.5	6	21	0.29	0.47	0.24	0.29

高炉料柱的阻力主要在高炉下部高温区，如图 3-6 所示[12]。上升的煤气，经软熔带的焦窗，初次分配，所以炉内煤气分布，与软熔带的形状和焦窗面积，密不可分。下部焦窗面积，决定于焦炭批重和焦炭分布。稳定的高炉进程，必须保持稳定的煤气分布，因此焦炭的批重，应尽量稳定。在高炉日常调剂中，避免变动焦炭批重，变负荷应通过改变矿石批重实现。

软熔带高度在很大程度上受中心气流的影响。广畑 1 号高炉软熔带过高，它的中心煤气流异常发展，高炉透气性极好，高炉容易接受高风量；主要缺点是燃料比过高。通过控制中心气流能够有效的控制，但软熔带过低，必然导致边缘气流发展，不仅侵蚀炉墙，而且使燃料比大幅升高[6,7]。

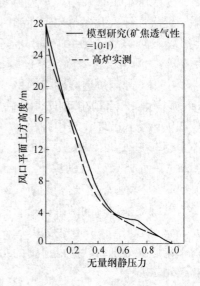

图 3-6   沿高炉高度分布的炉内静压力

3.3   观察与判断煤气流分布

3.3.1   径向煤气流速和煤气温度

高炉内煤气流分布，当前还没有简单易行的直接观察方法。早在 1929 年，美国以肯尼和福尔纳斯为首的小组，在公称 700t 的高炉上实测，结果见图 3-7[13]。从图中看到，在接近料面的炉内，煤气流速和煤气温度的径向分布趋势是一致的，可以用温度描述煤气流速。实际，煤气温度，也可以描述煤气成分，如图 3-8 所示[14]。我们现在观察煤气流分布，主要依靠径向温度，一般高炉均安装炉喉十字测温，它是观察煤气分布的主要工具。

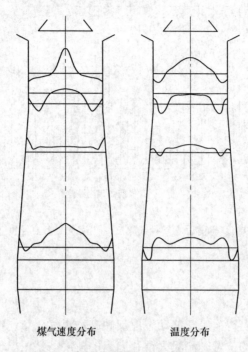

| 煤气速度分布 | 温度分布 |

图 3-7　高炉实测煤气流速和相应温度

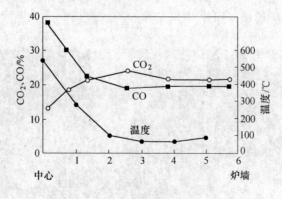

图 3-8　煤气温度和成分的分布

在文献［15］中，王晓鹏等也是用十字测温判定煤气分布，并依此调整装料。图 3-9 是他们实验开始和实验一段时间后的径向煤气温度变化结果。实验前后比较，边缘煤气温度变化巨大，从 260～290℃ 降到 160～180℃。矿石和焦炭外移的结果，中心温度不仅没降低，反而稍有升高。这是因为焦炭虽有提高高炉透气性的作用，而它的堆积位置，还影响矿石在料面上的滚动，当焦炭堆尖限制矿石向高炉中心滚动时，虽然焦炭落点外移，高炉中心依然可能比较发展。

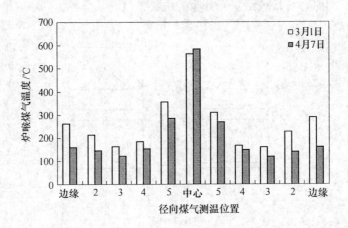

图 3-9 实验前后煤气径向温度（十字测温各点温度）变化

3.3.2 直接观察

3.3.2.1 炉顶成像

炉顶成像已相当普遍，它能动态地反映高炉煤气分布。在生产过程中直接看到煤气流离开料面的位置、流股大小和向上的速度。甚至出现管道的方向、位置以及碎料喷溅的情形，都能看到。图 3-10 是梅钢展现的高炉边缘发展、中心发展和局部管道的炉顶成像照片[16]。

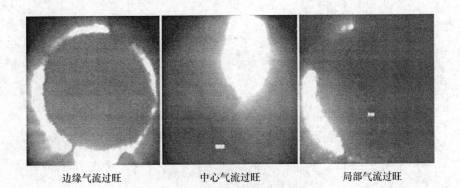

边缘气流过旺　　　　　中心气流过旺　　　　　局部气流过旺

图 3-10 炉顶成像的直接记录

这方面尚需不断总结，特别是中心流股占高炉直径的比例、在什么冶炼条件下是合适的，还需很长的研究、积累过程。

类似的直接观察，利用停风的机会，打开人孔，观察炉顶料面，也能帮助判断边缘或中心的煤气分布。如边缘发展，炉喉一圈或有火红的或暗红的炉料。如中心发展，则料面中心区有火红或暗红的区域；区域越宽，中心发展越严重。

3.3.2.2 风口

当今，许多风口已经安装自动显示风口前工作状况的设施，观察风口已经比较容易和经常。

边缘发展时，多数风口活跃、明亮，但圆周不均，有的风口前有黑色焦炭飞舞，有"生降"发生。当炉温偏低时，风口前有时涌渣、易灌渣。边缘发展严重时，风口大量损坏，由于边缘发展，渗透性差，坏的部位，多在风口上部或端面。

中心发展时，风口工作不匀，虽然炉温正常，但风口显凉。虽然炉温低时个别风口前有时也涌渣，但不灌渣。严重时也坏风口，坏的部位与边缘发展不同，多在下缘或下缘（里）内口。

3.3.2.3 铁水

高炉容积日渐增大，出铁时间越来越长，有些大高炉，每天出铁时间已经超过 1440min，即有时两个铁口同时出铁。所以观察铁水也很方便、及时。煤气分布对小高炉影响较大：首先，小高炉出铁时间短，有渣口，经常放上渣，因此上下渣的不同，容易看到；其次，小高炉铁水温度水平，较大高炉低，铁、渣颜色和流动性，也容易辨别。

边缘发展的铁水表现：炉温相对稳定时，开始铁水温度显高，越出越显低，前后差别明显；严重时铁水黏稠，铁水罐结壳。铁水物理热不足，严重时渣中 $FeO > 0.5\%$，上渣带铁较多，易坏渣口。如果有两渣口，两渣口上渣温度显示不一致；上渣与下渣比较，上渣热下渣显凉。上渣口很容易打开，上渣易放，上渣率很高。

中心发展的铁水表现：铁水物理热不足，严重时硅高硫高，脱硫率很低，较正常炉况，低 10% 左右。两次铁间，硅波动较大。上渣率低，严重时渣口难开，开后空喷，放不出上渣。渣中带铁，渣口易坏。

上述现象，对大高炉影响较小。

3.3.3 仪表综合判断

从仪表显示中观察，数据连续、形象，经过相关参数组合判断，得出结论。如判断边缘状态，通过炉顶温度、十字测温、炉喉温度，以及炉身、炉腰、炉腹各层的测温点，各层冷却壁壁后测温点，与正常炉况时的数据比较，结合风量、风压、透气性指数、料尺等相关数据，得出边缘煤气流的判断。将在以后相关各节（章）中结合具体炉况讨论。

判断中心煤气流分布，也同上述方法，边缘温度应比边缘发展时低很多，各类参数的反映明显不同。表 3-6 是煤气分布判断表。

表 3-6 煤气分布判断

鼓风动能大小		过 小	正 常	过 大
炉缸工作情况		边缘发展，严重时中心堆积	炉缸活跃	中心发展，严重时边缘堆积
直接观察	停风观察料面	炉喉一圈有火红的或暗红的炉料	一般不明显，有时中心部分有微红现象	料面中心区有火红或暗红的区域。区域越宽，中心发展越严重
	炉顶成像	边缘煤气流较强	边缘无明显气流，中心气流明显	中心煤气流股强大且较宽
仪器显示记录	热风压力	压力偏低，易出现管道，风压曲线死板，常突然升高，有尖峰	风压较稳定，由于加料和炉温影响，有微小的平滑波动，除热风炉换炉外，无锯齿状波动	出铁、出渣前压力偏高，有时差 5~10kPa；出铁后，压力降低，波动周期和出铁时间一致。大高炉连续出铁，出铁影响不明显
	风 量	边缘发展初期易接受风量。如风量小，长期发展造成中心堆积，堆积后不接受风量	风量稳定，风量曲线波动微小，无尖峰。人为风量在较大范围里变化，对炉况无显著影响	炉况不顺，减风后好转，加风易塌料
	料 尺	下料不均匀，常有一个料尺或两个料尺反映塌料。严重时深深陷尺	均匀、稳定，变化平缓，无锯齿曲线	下料不匀，出铁前料慢，出铁时显著加快。这个征兆和炉缸局部堆积是一致的，要注意结合其他征兆区别
	炉顶温度	带宽波动大，有时分叉，顶温高。这些现象在风量小时不明显	正常，波动小，不分叉；各点温差 <50℃	带窄，各点温度差小，但温度波动大，与正常炉况明显不同
	炉喉温度	高于正常水平	正常 分布正常	低于正常水平
	炉喉径向温度	边缘温度较高	分布正常	边缘温度低，中心温度很高
煤气	煤气分布	边缘轻，易出管道；典型的Ⅰ型煤气分布。塌料则堵塞，易出现难行，堵塞严重时易悬料	边缘较重，中心轻。呈Ⅲ型煤气分布	不稳定，一般边缘重，中心轻
	煤气利用	很差，煤气 CO_2 值很低	较好，煤气 CO_2 较高、煤气利用率较高，稳定	变化很大，不稳定
炉渣	炉渣温度	两渣口不一致；上渣热下渣较凉	上、下渣温度接近，温度充沛	下渣比上渣显热

鼓风动能大小		过 小	正 常	过 大
炉渣	上渣率	上渣率高，易放上渣	上、下渣比例易控制，按需要放渣操作	上渣率低，严重时渣口难开，开后空喷，放不出上渣
	渣的成分	带铁，严重时坏渣口，渣中 FeO 高，经常大于 0.5%	一般不带铁，FeO <0.5%	大量带铁，严重时渣口大量破损
铁水	铁水温度	开始铁水温度显高，越出越低，前后显示温差明显	铁水温度充足，前后温差较小	铁水物理热不足，严重时硅高硫高
	铁水含 Si	铁水显黏稠，粘铁罐，严重时铁水罐结壳	硅较稳定，脱硫率高	两次铁间硅波动较大，脱硫率很低，一般较正常水平低 10% 以上
风口	风口前情况	多数风口活跃、明亮，但圆周不均，有的风口有"生降"	明亮、活跃、均匀	工作不匀，相对显凉
	灌渣情况	有时涌渣、易灌渣	炉温正常，不会灌渣	虽有时也涌渣，但很少灌渣
	风口破损部位	边缘发展，渗透性差，严重时坏在风口上部或端面	很少坏	下缘多，内口多

3.3.4　由非正常炉况判断煤气分布

正常炉况，判断煤气分布比较容易；失常炉况，特别是初期，各类现象、参数表现不很明显，难以确定炉况走向。而初期判断非常重要：当炉况尚未严重失常，改变煤气分布，比较容易；高炉尚未严重失常，尚未造成损失。这是关键时期，很多高炉严重失常，都是没能把握初期走向，导致重大损失。特别是工长、炉长、作业长等现场操作者，应不断积累数据、经验，通过实践，增长、提高操作本领。

3.4　适应高炉冶炼条件的煤气分布

3.4.1　选择适应冶炼条件的煤气分布

决定煤气分布类型主要依据高炉状态和炉料条件。

在表 3-2 的 4 类煤气分布中，Ⅰ型边缘发展，不可取。Ⅳ型，高炉难以顺行，也行不通。在Ⅱ、Ⅲ型煤气分布中，Ⅲ型最好。当炉料条件好、炉况顺行时，煤气分布尽可能向Ⅳ型接近，去争取最低的消耗和最高的煤气利用率；当炉料条件不好或炉况不顺时，应向Ⅱ（W 型）型靠拢，使煤气有较大的通路，保持高炉顺行。关于第Ⅳ类煤气分布的优点，想象是煤气利用可能很好，但高炉煤气通路被堵塞，炉况很难顺行，实际不可能采用。

3.4.2 确定相应的炉料分布

按选定的煤气分布类型，决定炉料分布。用炉料的批重、径向负荷以及送风制度，达到要求的煤气分布。

无钟布料的炉顶径向炉顶温度分布是有规律的，余琨在分析无钟布料操作时，举出四座稳定高炉的炉顶煤气温度分布曲线（图3-11）[17]，实际指出了炉料分布的特点：

（1）中心温度高，500~650℃，中心煤气畅通，有利于高炉顺行。

（2）第2、3、4点，即中间地区，温度接近并较低，有利于煤气利用。

（3）边缘温度少高于第2点，有利于高炉顺行。

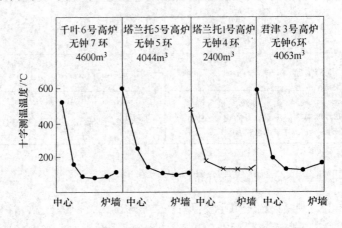

图3-11 炉顶煤气温度分布

这三条特点是无钟布料稳定的产物，实质是Ⅲ型煤气分布的特点，是生产实践的较好的标准。Ⅲ型煤气分布，既有较大的煤气通路，又具有较高的软熔带气窗面积，是高炉顺行、低耗的煤气分布形式。总结无钟布料，多环、平台、炉顶煤气温度分布特点，是取得好的生产效果的捷径。

3.4.3 料线和批重

无钟布料通过溜槽角度的变换，可使炉料顺利地布到炉喉料面的任何位置，不需改变料线。

在软熔带，高炉煤气几乎全部由焦窗通过，焦炭批重在很大程度上，决定焦窗的厚度。软熔带区域的透气性，决定于软熔带的高度和焦窗的厚度。为控制高炉高温区高度，软熔带高度受到限制，焦窗厚度对改善料柱透气性，十分重要。

保持软熔带各层的焦窗厚度，尽量将焦炭沿炉喉径向均匀分布；保持稳定的焦炭批重，也是稳定焦窗面积的重要手段。大量中心加焦，一方面使中心气流过分发展，降低了煤气利用率；同时也减薄了焦窗厚度，因为中心区域焦炭，仅仅影响最上部的焦窗，对增加大部分软熔带中的焦窗厚度没有贡献。

高炉炉喉断面积最小，炉腰最大。炉料在下降过程中，料层变薄，炉料必然横向（径向）移动、从高炉中心向边缘移动。显然，移动数量决定于炉腰面积和炉喉面积之比：

$$r_m = \frac{D^2}{d_1^2} \tag{3-1}$$

式中，r_m 为炉腰、炉喉面积比；d_1 为炉喉直径；D 为炉腰直径。

图 3-12 是由 150 座高炉实际尺寸，用式（3-1）算出的炉腰、炉喉面积比。

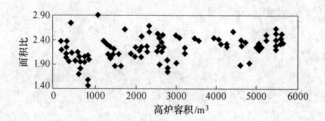

图 3-12　炉腰、炉喉面积比

从图 3-12 看到，炉腰面积较炉喉面积大 1.4 ~ 2.9 倍，由此推断，炉料从炉喉降到炉腰，料层厚度至少减薄 1.4 ~ 2.9 倍。当炉料进入高温区，其体积因冶炼进程，变化很大，特别是矿石，因软化、还原反应，体积缩小很多，杜鹤桂等对实验炉解剖研究结论：矿融层在软熔区域的平均收缩率在 35% 左右[9]。

高炉解剖证明，软熔带中焦窗的厚度低于炉腰处焦层的厚度，软熔带下层焦窗的厚度低于上层的厚度。而焦窗是煤气通道，我们还没有办法测量软熔带下部焦窗厚度，按现有顺行高炉的数据估算，在炉腰处的焦层厚度，下限大约是 0.2m，见图 3-13。

过去强调矿石批重的重要作用，实际焦炭批重对软熔带焦窗的厚度，有重要影响。炉腰处焦炭层厚度较接近软熔带焦窗厚度，不同高炉的炉喉、炉腰面积比，差别很大（图 3-12），用炉喉面积度量软熔带焦窗厚度，容易失误。

由此可得出以下结论：

（1）软熔带高度和形状影响高炉煤气分布，从而影响顺行、燃料比和高炉寿命。

（2）控制中心气流，是控制软熔带高度的有效方法。大高炉炉喉径向中心

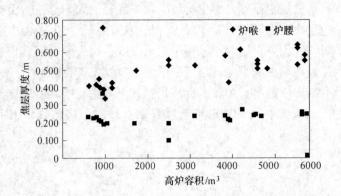

图 3-13 炉腰处焦炭层厚度

煤气温度应控制在 450 ~ 600℃ 上下。

（3）为保持软熔带焦窗厚度（指高炉纵向）稳定，应尽量保持焦炭批重稳定，日常负荷改变，应以变化矿石批重为主。

（4）焦炭批重下限，应能保证软熔带下部焦窗有足够厚度，按已有的实践经验，炉腰处焦层厚度下限，大约 0.2m 上下。

3.4.4 利用装料制度改善顺行

高炉有时失常，顺行受到破坏。原因不明或炉料变坏时，应及时调整装料制度，维持高炉顺行。经常使用的方法是实施 II 型煤气分布。为此将炉料布到炉喉的中间地带，即将炉料落点布到离高炉中心和炉墙有一定距离的中间地带。图 3-14、图 3-15 是这种操作类型高炉的布料实例。

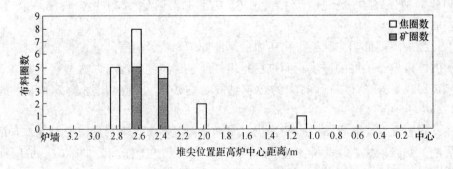

图 3-14 堆尖位置与布料圈数关系图（高炉容积 1780m³）

图 3-14 中的 1780m³ 高炉，为应对炉料强度波动，焦炭和矿石均布在炉喉半径中部，矿石又布在焦炭中间，形成高炉边缘及中心两股强大的煤气流，实质是 II 型（W 型）煤气分布。由于边缘比较发展，炉衬每 1 ~ 2 年喷补一次。煤气利

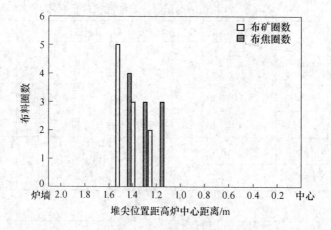

图 3-15 堆尖位置与布料圈数关系图（高炉容积 480m³）

用较差，一般煤气利用率 46% 左右，它的燃料消耗较高。但应对炉料变坏、适应能力很强。

图 3-15 中的 480m³ 高炉，每两年喷补一次炉衬，应当说，喷补寿命一般仅维持一年，维持两年，已属不易。这座高炉利用系数在 4.2t/(m³·d) 左右，产量很高，效益很好，也因煤气利用较差，燃耗较高，燃料比在 540 kg/t 左右。

这些高炉，代表一种高炉操作类型，即牺牲高炉寿命和消耗，获得高炉顺行和高产。这类操作思路有部分道理：当外部生产条件变坏，特别是焦炭强度变坏时，可能维持高炉顺行，安度难关，从而避免重大损失。毕竟，高炉顺行是第一位的。

3.4.5 提高煤气利用率——由Ⅱ型煤气分布变Ⅲ型

首钢 2 号高炉容积 1780m³、炉喉直径 6.8m，2002 年 5 月 23 日开炉。开炉后，炉况稳定顺行，生产曾经相当辉煌。以后，在吨铁渣量 330kg 左右、风温可达到 1200℃ 以上的条件下，高炉煤气利用率仅 46% 上下，炉顶温度经常在 200℃ 以上。为应对炉料波动和变坏，长期保持高炉顺行，将煤气分布控制成Ⅱ型，取得预想的效果。试验前后的炉料分布和煤气分布见表 3-7 和图 3-16。可以看到，焦炭和矿石均布在炉喉半径中部，矿石又布在焦炭中间，形成高炉边缘及中心两股强大的煤气流。

3.4.5.1 炉料分布改变过程

13 日开始改变装料：

（1）每批炉料抽 1t 焦炭，每 5 批在 43°环位、从 62 批起入炉。

表 3-7 试验前后的炉料分布和煤气分布变化

日期	批重 W_K/t	炉料分布		煤气分布（十字测温）/℃						炉顶温度/℃	煤气利用率/%	负荷（K/J）
		α_K	α_J	边缘	2	3	4	5	中心			
3月13日	40	35 38 35 3 4 2	40 38 35 32 26 3 3 1 2 1	194	163	136	151	289	505	206	45.5	3.7
4月24日	45	8 7 6 5 4 5 3 2 2 1 1 1	8 7 6 5 4 3 4 3 3 2 1 1 1 1	132	143	127	176	301	590	175	50.3	5.5

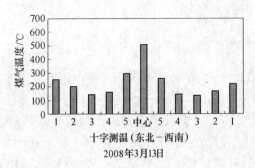
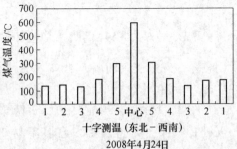

图 3-16 炉喉径向煤气温度分布

有的高炉炉喉不分区，布料角度没有固定的对应环位。调整装料，用角度和圈数变化实现，因此布料试验，角度变化很多，增加了试验难度；由于角度与炉喉面积没有相应关系，各炉之间可比性较差，布料试验主要靠自己摸索。经验表明，合理布料应按高炉炉喉直径大小，将炉喉按等面积分成 5~11 等份，固定各区对应的角度，使每一次实践都在有限的固定角度下进行，减少试验次数，提高了实践质量。

首钢 2 号高炉喉布料环位按等面积原则分 9 区（表 3-8）。

表 3-8 首钢 2 号高炉环位/角度对照表

布料环位	9	8	7	6	5	4	2	1
溜槽角度/(°)	47.5	45.5	43	40.5	37.5	34.5	31.5	27.5	22

（2）从 146 批炉料开始，矿、焦布料环位整体外移 1°，开始改变炉料分布的基础进程。14 日 9：30 第 68 批经过 24 小时后取消抽焦，同时将焦炭环位普遍外移 2°。15 日 4：00 矿焦继续外移，到 23：00 进入固定布料环位。具体改变过程见表 3-9。

表 3-9 布料改变过程

日期（2008 年）	矿石、焦炭改变步骤	料线深度/m	实际负荷
3 月 13 日	$\alpha_K{}^{35\ 38\ 35}_{3\ 4\ 2} + \alpha_J{}^{40\ 38\ 35\ 32\ 26}_{5\ 3\ 1\ 2\ 1}$	1.3	3.7
3 月 13 日 22：30	$\alpha_J{}^{41\ 39\ 36\ 33\ 27}_{5\ 3\ 1\ 2\ 1}$（焦外移 1°）	1.3	3.7
3 月 14 日 9：30	$\alpha_J{}^{43\ 41\ 39\ 36\ 33\ 27}_{3\ 3\ 3\ 1\ 2\ 1}$（焦外移 2°）	1.3	3.7
3 月 15 日 4：00	$\alpha_K{}^{37\ 40\ 37}_{3\ 4\ 2} + \alpha_J{}^{44\ 42\ 40\ 37\ 34\ 28}_{3\ 3\ 3\ 1\ 2\ 1}$（矿焦外移）	1.3	3.7
进入固定环位			
3 月 15 日 23：00	$\alpha_K{}^{6\ 5}_{4\ 5} + \alpha_J{}^{876543}_{333121}$	1.3	3.8
3 月 17 日	$\alpha_K{}^{765}_{144} + \alpha_J{}^{876543}_{333121}$	1.3	3.9
3 月 19 日	$\alpha_K{}^{7654}_{2331}$（焦角未动）	1.5	4.02
4 月 4 日	$\alpha_K{}^{76545}_{33121} + \alpha_J{}^{8765434}_{3321111}$	1.5	5.06
4 月 24 日	$\alpha_K{}^{876545}_{322111} + \alpha_J{}^{8765434}_{3321111}$（矿焦同角）	1.5	5.5

（3）经过 4 天的调整，顺行完全正常，煤气分布明显改善，炉顶温度下降，煤气利用率提高，十字测温边缘各点温度显著下降（图 3-16）。17 日 7：00 开始加负荷，16～19 日连续加负荷，每次加矿 1t，矿石批重由 40t 加到 43t，负荷由 3.7 增加到 4.02。19 日矿石继续外移，焦炭未动。20 日起继续加负荷，至 4 月 24 日矿石批重加到 45t，负荷由 4.02 加到 5.5。

3.4.5.2 实际结果

由于顺行改善，喷煤量和风温迅速提高，停用多日的小块焦，于 3 月 26 日开始启用。具体各月指标见表 3-10 和图 3-17。

表 3-10 首钢 2 号高炉各月操作指标

月份	日产量 /t	焦炭 /kg·t⁻¹	煤粉 /kg·t⁻¹	小焦块 /kg·t⁻¹	燃料比 /kg·t⁻¹	风量 /m³·m⁻¹	风温 /℃	炉顶温度/℃	煤气利用率/%
1	4125.06	429.9	71.4	0.8	502.1	3565	1044	201	44.68
2	4208.90	414.4	79.9	14.7	509	3660	1097	194	46.27
3	4353.55	426.3	72.3	3.1	501.7	3708	1108	192	46.66
4	4522.6	340.8	136.7	26.5	504	3677	1195	187	49.24
5	4594.77	344.9	130.6	36.2	511.7	3613	1201	182	49.46

表 3-10 的数据，除煤气利用率以外，均取自炼铁厂统计的生产月报。煤气利用率是每 5 分钟取一次数据，由全月平均得到的，比较准确。图 3-17 也是用每 5 分钟取一次数据的月平均值。

比较试验前后结果，炉顶温度由 200℃ 降到 180℃、大约下降 20℃；煤气利用率由试验前的 46% 提高到 49%，约 3%。4 月与 2 月比较，据生产月报数据，虽然燃料比变化不大，但 4 月的煤粉和小块焦用量，较 2 月多 68kg/t，实际上不

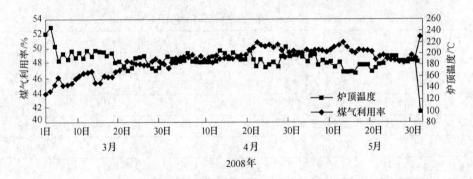

图 3-17 炉顶温度和煤气利用率的变化

仅焦比下降 68kg/t，从平均日产量分析，产量提高 7.5%，主要是燃料比下降的结果。按风中总氧量与产量估算，燃料比下降约 15～20kg/t，大体与煤气利用率提高水平相符，说明表中有关燃料比的数据不准。

高炉稳定状况的提高是试验的主要收获。

与试验前比较，矿石布料角度由 38°提高到 45.5°，外移 7.5°，矿石堆尖外移约 0.7m，焦炭外移 5.5°，约 0.6m（见表 3-7 和图 3-18），从而彻底改变了炉料堆尖落到炉喉中间地区的不良后果。

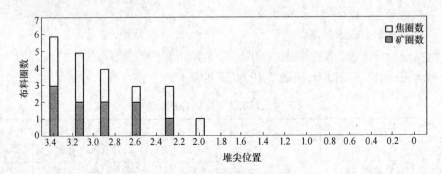

图 3-18 实验后炉料分布

3.4.5.3 结论

高炉煤气分布，在很大程度上受炉料分布左右。合理布料十分重要。

（1）应将炉喉按等面积原则，依炉喉直径大小，分成 5～11 等份，炉料按规定的有限位置布料。这样的布料结果，可以和不同的高炉实践比较，也可与本炉不同时期、不同布料方法进行比较。

（2）在正常条件下，不应将炉料堆尖布到炉喉半径的中间地区，这种布料，只可在炉料质量很差或炉况失常，作为处理手段，是"药"，不能当"饭"。矿石一般不要布到焦炭中间，布在中间，同样容易形成过分发展的"两条通路"，即边缘、中心两股煤气流过分发展，是较差的Ⅱ型煤气分布。

（3）长期使用的布料制度，在需要改变时，要有耐心。因高炉内型已与煤气分布相适应，煤气通道比较顺畅，改变需要"磨合"，需要时间。在改变布料试验的过程有时会严重影响顺行，不应频繁变动。有的试验一天改变几次，实际不可能看清楚改变布料的真实作用。

（4）保持高炉中心通路，非常重要。高炉越大，中心越重要。但中心集中加焦炭一般不可取。中心高温区域不能过宽，过宽则煤气利用变差，浪费高炉燃料。中心高温区域窄一些，既可保持高炉顺行，又能节约燃料。

（5）Ⅲ型煤气分布，是高炉的正常操作选择，是生产高效、低耗、稳定、顺行的基础。

3.5 炉料分布计算

炉料落点，决定炉料在炉喉内的分布，是布料的关键所在。

3.5.1 布料落点计算公式

导料管出口速度（c_0）的计算：

$$r = \frac{D - b}{4}$$

$$c_0 = \lambda \sqrt{3.2gr} \tag{3-2}$$

式中　D——导料管直径，m；

　　　b——炉料平均粒度，m，矿石取 0.02m，焦炭取 0.05m；

　　　r——导料管水力学半径，m；

　　　g——重力加速度，取 9.8m/s^2；

　　　c_0——喉管出口速度，m/s；

　　　λ——炉料系数，矿石取 0.4，焦炭取 0.9。

炉料离开溜槽速度（c_1）的计算：

$$c_1 = \sqrt{2g(l_0 - e/\tan\alpha)(\cos\alpha - \mu\sin\alpha) + 4\pi^2\omega^2(l_0 - e/\tan\alpha)^2\sin\alpha(\sin\alpha + \mu\cos\alpha) + c_0^2} \tag{3-3}$$

式中　c_1——炉料离开溜槽的速度，m/s；

　　　l_0——溜槽长度，m；

　　　e——溜槽倾动距，m；

　　　α——溜槽倾角，也就是当前布料角度，(°)；

　　　ω——溜槽转速，圈/s；

　　　μ——溜槽摩擦系数，矿石取 0.5，焦炭取 0.3。

落点（n）的计算：

$$n = \left\{ (l_0\sin\alpha - e\cos\alpha)^2 + 2(l_0\sin\alpha - e\cos\alpha)l_x + \left[1 + \frac{4\pi^2\omega^2(l_0 - e/\tan\alpha)^2}{c_1^2} \right] l_x^2 \right\}^{\frac{1}{2}} \tag{3-4}$$

式中 l_0——溜槽长度，m；

    c_1——炉料离开溜槽的速度，m/s；

    e——溜槽倾动距，m；

    α——溜槽倾角，也就是当前布料角度，(°)；

    l_x——炉料落点位置在 x 轴方向上的分量，m；

    ω——溜槽转速，圈/s；

    n——堆尖位置，堆尖距高炉中心的距离，m。

3.5.2 布料落点计算程序使用说明❶

本程序用于计算布料时炉料落点到高炉中心线的距离。程序共包含三个文件：

(1) 多环布料计算程序 . exe；

(2) config. ini；

(3) 多环布料落点计算结果 . txt。

三个文件必须位于同一文件夹内，程序方可运行。其中"config. ini"用于存储历史信息，若删除后，程序计算所用参数会恢复默认设置；"多环布料落点计算结果 . txt"记录程序计算结果，新的计算结果会覆盖以前的计算结果，因此建议每次计算完毕后拷贝该文件保存。程序主界面如图 3-19 所示。

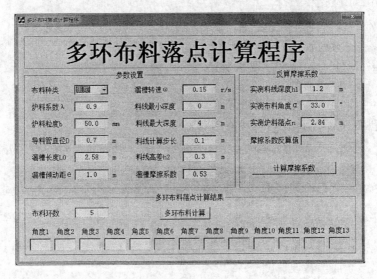

图 3-19　程序主界面

3.5.2.1 选择布料种类

在图 3-20 中所框区域的下拉框内选择布料种类为"矿石"或"焦炭"。

---

❶ 布料落点计算程序应作者要求，由北京科技大学祁成林老师和李峰光博士编制并编写说明。

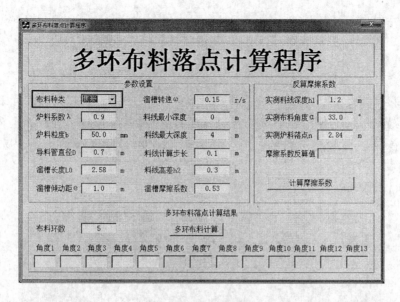

图 3-20 选择布料种类

3.5.2.2 输入计算参数

在图 3-21 中所框区域中输入计算所需参数，其中炉料系数建议采用默认值，溜槽摩擦系数可采用默认值或根据实测结果反算后输入。炉料粒度、导料管直径、溜槽长度、溜槽倾动距、溜槽转速、料线高差根据实际高炉参数输入。料线最小深度、料线最大深度、料线计算步长由计算要求决定。例如，想计算料线深

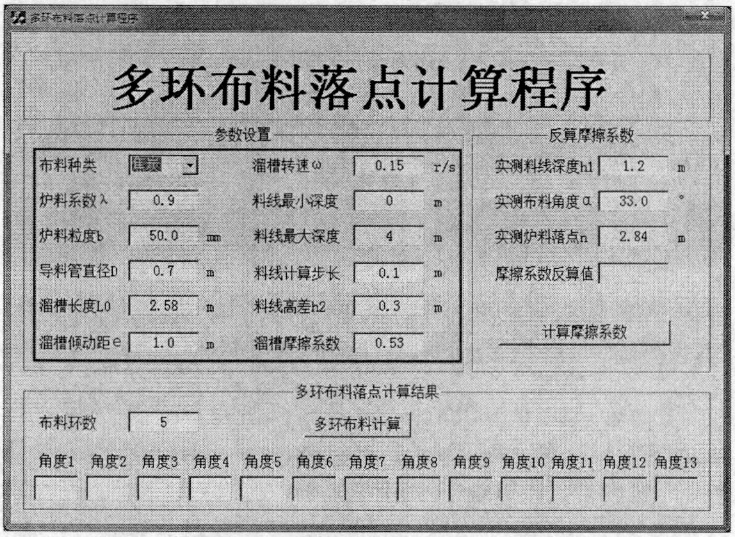

图 3-21 参数输入

度在 0~4m 范围内变化时的炉料落点，每隔 0.1m 计算一次，则一次输入 "0"、"4"、"0.1"，则计算结果中会显示料线深度为 0、0.1、0.2、0.3、…、3.8、3.9、4.0m 时的落点计算结果。

3.5.2.3 布料落点计算

输入各参数后，选择本次布料环数，例如布 5 环，则在图 3-22 中【布料环数】位置输入 5，则前 5 个布料角度编辑框变为可输入状态，在编辑框内输入 5 个布料 α 角后，点击【多环布料计算】按钮，即可得出并显示计算结果，如图 3-22 和图 3-23 所示。计算结果保存于程序文件夹内的 "多环布料计算结果.txt" 内，可拷贝出后打印。

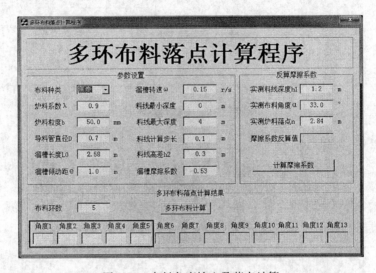

图 3-22 布料角度输入及落点计算

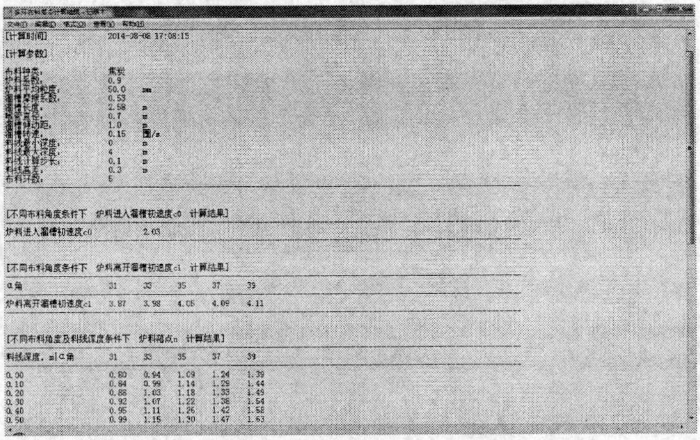

图 3-23 计算结果

3.5.2.4 溜槽摩擦系数的反算

在上述计算中，溜槽摩擦系数取值为经验值，基本可满足计算要求。有条件的高炉可根据炉料实际落点的测量结果反算溜槽摩擦系数，具体方法为：在图3-24中的框内输入实测料线深度、实测布料角度、实测炉料落点，点击【计算摩擦系数】按钮，即可得出溜槽摩擦系数计算结果，如图3-25中框内区域所示。该计算结果可用于固定高炉以后的落点计算。

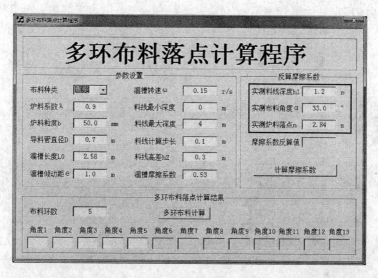

图 3-24　反算溜槽摩擦系数

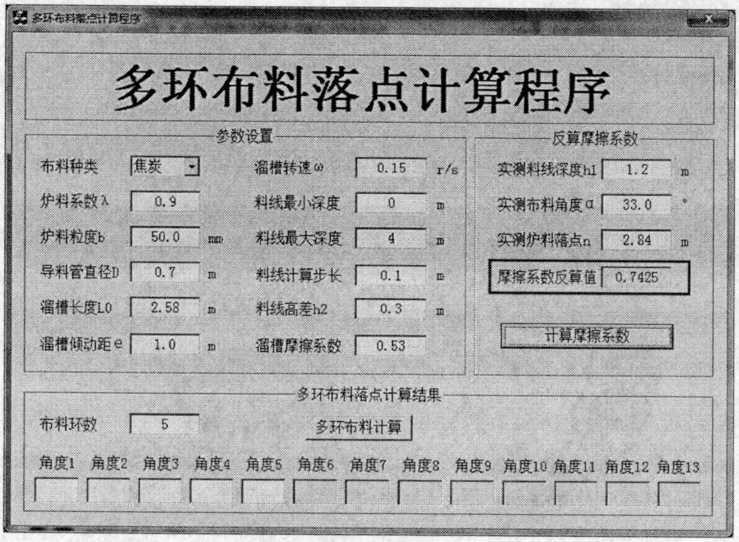

图 3-25　溜槽摩擦系数计算结果

3.6   边缘气流与中心气流调控

3.6.1   边缘煤气分布的危害

　　首钢 1 号高炉边缘发展，开炉后 5 年，炉腹、炉身冷却壁已烧坏 50 多块，因长期发展边缘，炉缸工作失常，中心堆积，炉喉测定的 CO_2 煤气曲线呈馒头形，气流分布很不稳定，边缘管道不断。图 3-26 是 9 月 1 日的煤气曲线，可见一斑。

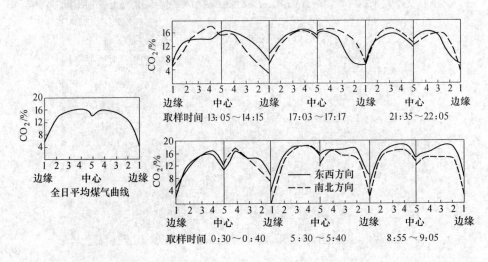

图 3-26　l 型煤气分布的气流波动

　　由于边缘管道不断，仅 9 月份一个月烧坏风口 44 个，因更换风口停风 34 次，累计停风 713min，高炉生产受到严重破坏。图 3-27 是 9 月一天的管道记录。

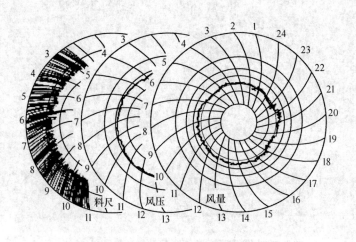

图 3-27　管道行程时的仪表记录特征

由于边缘长期发展，炉缸不活，吹管经常灌渣、烧出。9 月 6 日 11 时 57 分因灌渣 7 号吹管烧出，被迫紧急停风，造成 6 个吹管进渣，其中 1 号、15 号灌死，不得不更换。9 月 27 日因放风，13 号吹管进渣再次烧出，生产十分被动。9 月份一个月炉腹冷却壁烧坏 4 块。

炉缸不活跃，中心通路堵塞，高炉中心部分炉料温度偏低，进到炉缸后造成炉缸中心部分热负荷过重，使炉缸中心堆积。炉缸堆积后，高炉不接受风量，脱硫效果不好，炉温少许波动，铁水中硫含量升高，容易发生质量事故。1 号高炉1977 年一年里生产出格生铁 2566t，比全厂其他 3 座高炉出格铁的总和还多。由于边缘发展，炉顶煤气温度较高，影响炉顶装料设备寿命；同时，也加重了设备维修工作。

图 3-27 是典型的 I 型煤气分布的仪表记录。从图可以看出，风量、风压频繁跳动，炉温引起风量、风压逐渐变化，管道行程时风量、风压瞬间跳动且频繁，探尺记录反映，下料疏密不均，经常出现滑尺现象。

许多炼铁厂出现过 I 型煤气分布，吃尽苦头，应该坚决消除 I 型煤气分布。

3.6.2 中心煤气流控制

高炉必须活跃中心，特别是大高炉。打开中心通路有两类办法：中心加焦或改变料柱中心漏斗深度。1987 年，清水正贤等创造的中心加焦布料方法，为大高炉强化作出了重要贡献。中心加焦便于打开中心，促使中心气流发展；同时，推动炉缸焦芯的焦炭较快地更新，有利于炉缸活跃。由于中心气流活跃，相对抑制了边缘气流，保护了炉墙。他们特别指出，中心加焦量达到焦炭批重的1.5%，就能满足置换死料柱焦炭的需要[18]。

生产中遇到的问题是中心气流旺盛后，煤气利用率变差，有的高炉因中心加焦，煤气利用率下降 2% 以上，这是正常的高炉所不允许的。合理的中心气流，中心通道既能保证中心气流畅通，又能保证煤气能量充分利用，因此通道"面积"不应太大，如图3-28所示[18]。它形象地说明，中心加焦形成的中心通道很窄。

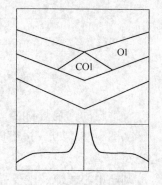

不论用哪类方法活跃中心，十字测温的中心点温度不应超过 700℃，经验表明，大高炉一般控制在 450 ~ 600℃ 之间。

下面以一座大高炉的实际操作，讨论高炉中心加焦的得失。

高炉容积 5700m³，炉喉直径 $d = 11.2$m，其他　图 3-28　理想中心加焦示意图具体数据如下（表3-11）：

矿石批重/t	焦炭批重/t	其中焦丁/t	料线深度/m
137	25.1	2.7	1.7

O	44.2 3	40.9 4	39 6	37.9 1	32.2 2	29 3		

C	44.2 5	43.9 3	39 2	37.9 2	32.2 2	29 1	25.4 2	22 3

表3-11 高炉生产指标

指 标	风量 /m³·min⁻¹	风温/℃	煤粉 /kg·t⁻¹	氧量 /m³·h⁻¹	综合负荷	顶压/kPa	顶温/℃
日平均	8689	1305	96.9	23894.38	3.28	2.72	129

指 标	实际风速 /m·s⁻¹	鼓风动能 /kg·m·s⁻¹	$T_{理}$ /℃	焦比 /kg·t⁻¹	煤比 /kg·t⁻¹	燃料比 /kg·t⁻¹
日平均	248	13965	2051	287	161	448

$5700m^3$高炉在当今世界上属于超大型高炉。炉缸直径15.5m，要求中心气流有足够水平。实际当时中心温度440℃，边缘温度在40~55℃之间（见图3-29）。高炉顺行时，风温1305℃，燃料比仅448kg/t，生产成绩显著。布焦最小环位是22°，距炉喉中心线还有2.06m，边缘平台宽度约1.7m，漏斗深度约2.5m。巨大的漏斗深度保证了高炉煤气中心通路。

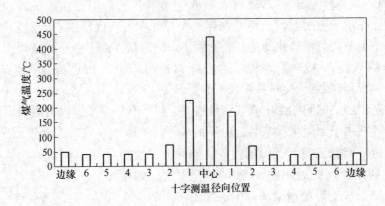

图3-29 炉喉径向温度分布（十字测温）

首钢自动化院研制的"专家系统"显示的炉料分布如图3-30所示。

从图3-30判断，边缘负荷3.8，中心负荷1.3。这个中心负荷，足以保证中心通路畅通。

判断中心气流，主要靠炉顶成像和十字测温。中心气流窄而强劲，流速较快、中心测温点温度较高（大高炉中心温度高于400℃），通路中的数据只可参

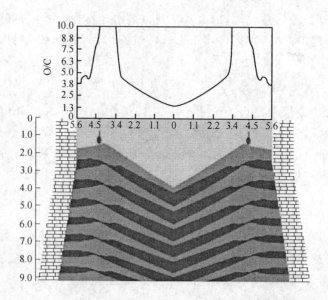

图 3-30 专家系统描述的炉料分布

考，具体高炉需要经验积累。

中心气流不足，高炉不稳定，如长期不足，必导致炉缸堆积。

中心气流不足，有时因内环的矿石阻挡了焦炭流向中心，导致中心过重，应具体分析，以免误判。

中心过分发展，必然边缘过重，这是跷跷板的两端，一端高，另一端必然低。

3.6.3 取消中心加焦

中心气流不足，炉料条件较差时，可以使用中心加焦以保持煤气中心通路；炉料改善或中心过分发展，就应减少或取消中心加焦。减少或取消中心加焦，首先要促使煤气边缘有足够通路，前已讨论，一般中心过分发展，必然边缘过重。下面举以实例：

"2011 年 8 月之前，几次停风时观察 2 号高炉料面，发现边缘无火，当时矿石批重 128t，负荷 4.1，矿和焦料线分别是 1.7m 和 1.6m，中心焦 5 圈，中心温度高（高时 1000℃），煤气利用率低，一般在 46% ~ 47% 左右，打水量大（最高全天 1000t 以上），煤气稳定性很差，偶尔出管道。判断应该是边缘过重，煤气主要靠走中心来维持炉况"[19]。当时的布料矩阵是：

$$O_{4\ \ 4\ \ 4\ \ 3\ \ 1\ \ \ 1\ \ \ 1}^{44\ 42\ 40\ 38\ 35.5\ 32.5\ 35.5} \quad C_{3\ \ 3\ \ 2\ \ 2\ \ 2\ \ \ 1\ \ \ 5}^{44\ 42\ 40\ 38\ 35.5\ 32.5\ 25.5\ 13.5}$$

"后缩小矿焦最大角度、提料线、降低边缘矿焦比（即增加边缘焦数量），从而保证边缘气流的开放"。2012 年 7 月，采用（打开边缘）布料矩阵，矿石的批重 175t（其中，A 矿 137t，B 矿 38t），负荷 5.32，料线分别是：矿$_A$ 1.3m、矿$_B$ 0m、焦 1.6m，布料矩阵是：

$$O_A \begin{smallmatrix}37&35&33&31&29&31\\2&2&4&1&3&2\end{smallmatrix} \quad O_B \begin{smallmatrix}37&35&33&31\\1&3&2&2\end{smallmatrix} \quad C \begin{smallmatrix}37&35&33&31&29&25&19\\5&3&2&2&2&1&3\end{smallmatrix}$$

"首钢京唐 2 号高炉于 2012 年 6 月 10 日取消中心加焦，初期煤气稳定性稍差，目前(2012 年 7 月)关系稳定、全风，炉温水平有所提高，煤气利用率上升到目前的 51% 以上"[19]。随着煤气利用率的提高，炉顶温度大幅下降，炉顶已无需打水。

很多取消中心加焦的高炉，普遍煤气利用率提高，上述实例是经过多次探索，经历较长时间，才取得初步成功。它给我们重要启示，抑制中心煤气流过分发展，必须首先开创边缘煤气通路。

中心加焦是调整煤气分布的一种有效方法，需要则使用，不需要就去掉，不能一律使用或坚决排斥。德国有一座 2032m^3 高炉，中心加焦占焦炭总量的 28.6%，全年平均焦比 315kg/t，其中包括小块焦 70kg/t，喷煤粉 176kg/t，全年燃料比 491kg/t，高炉顺行良好[20]。

3.7 渣 皮 脱 落

我国高炉渣皮脱落，最早发生于 1982 年。宝钢 1 号高炉投产后，也出现渣皮脱落，为此宝钢曾在 1987 年组织专门会议。近年，渣皮脱落频繁发生，成为困扰高炉正常生产的常见问题。鞍钢曾研究渣皮脱落，对冷却壁壁体温度的影响和对生产的多方困扰[20~22]。宝钢在 1987 年解决了渣皮脱落后，由于 3 号高炉第二代冷却壁破损，曾研究渣皮脱落给冷却壁带来的温度波动及稳定冷却壁温度提高寿命的措施[23~26]。

渣皮脱落经常发生在使用铜冷却壁的高炉。对不同条件的冷却壁热流强度和渣皮关系的研究，取得相当进展[27,28]。

3.7.1 渣皮脱落的特征

顺行稳定的冶炼进程，高炉内型稳定，炉墙厚度基本稳定。从计量数据判断，高炉各层热流强度波动较小，风量、风压关系也稳定；如果冶炼进程不稳定，则煤气分布失常，管道不断，结果，高炉热流强度波动很大，炉墙砖衬温度和冷却壁后温度也跟着变动。

高炉日常操作中，炉墙及冷却壁温度变动原因主要有两方面：

（1）边缘管道；

（2）渣皮生成及脱落。煤气边缘较重，炉墙容易结渣，结厚一定程度，渣皮自重和下降炉料摩擦，渣皮脱落。图 3-31 是渣皮脱落前后，冷却壁后的温度变化。

图 3-31 是同一水平标高（15.2982m）4 块炉腰冷却壁壁后温度变化。从图

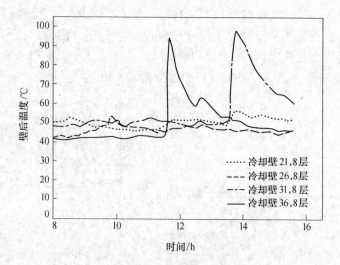

图 3-31　渣皮脱落时冷却壁后的温度变化特征

中看到，短短的几分钟时间里，温度急剧上升，而后缓慢下降；温度上升是渣皮脱落的结果，缓慢下降，是渣皮再结的过程，有时需要一个小时或几个小时，温度才能接近原水平。图中 36 号和 26 号冷却壁相隔约 2 小时先后渣皮脱落，这种温度变化特征，正是渣皮脱落所特有的。

图 3-32 是相邻 4 块冷却壁 33~36 号渣皮 3 次脱落和再结的过程。第 1 次渣皮脱落，4 块冷却壁变化不同：34 号、35 号冷却壁渣皮相继脱落，33 号冷却壁渣皮部分熔化，36 号渣皮无变化。脱落和熔化的渣皮再次粘结，经过两个多小时后，一起脱落，脱落的厚度不同。其中 35 号冷却壁渣皮最厚，33 号最薄。从

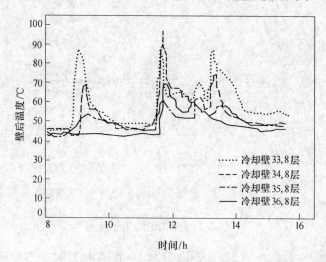

图 3-32　相邻冷却壁渣皮脱落

温度变化曲线分析，渣皮脱落和熔化有时共存，有时重复、连续发生。

在冶炼进程稳定的条件下，冷却壁温度比较稳定，图 3-33 是炉腹和炉腰冷却壁壁后温度变化曲线。图中 13~16 号是标高 15.31m 炉腹相邻的 4 块冷却壁，17~20 号是 8 层（标高 16.982m）炉腰相邻的 4 块。

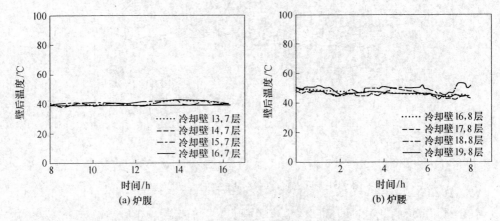

图 3-33　稳定时的冷却壁壁后温度波动

渣皮脱落和渣皮熔化的影响不同。前者在瞬间脱落，危害很大；后者经过较长时间熔化，熔化的渣随炉料一起下降，对冶炼进程影响较小。图 3-34 是典型的渣皮熔化和形成过程。

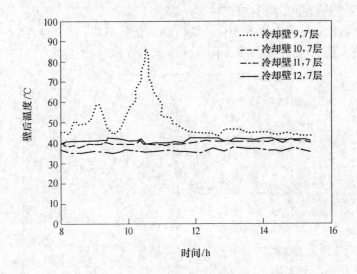

图 3-34　渣皮的熔化和形成

图中炉腹 9 号冷却壁，前 4 小时（从 8：00~12：00）渣皮厚度不停变化，从熔化到粘结，到再熔化再粘结；后 4 小时（12：00 以后）比较稳定。相邻的其他冷却壁相当稳定。因不是整体脱落，对炉况影响很小。

3.7.2 渣皮脱落与边缘管道

炉料恶化，料柱透气性变差或煤气分布失常中心较重，高炉常产生边缘管道。

渣皮脱落，只有在边缘较重的情况下，才会出现。在日常操作中，边缘管道容易判断：一旦管道出现，首先是风量增加，风压降低，透气性指数明显上升。就发生原因分析，两者成因相反，因此两者处理完全不同。表3-12列出渣皮脱落和边缘管道的区别。

表3-12 渣皮脱落与边缘管道的区别

各项内容	渣 皮 脱 落	边 缘 管 道
风口前状况	渣皮，紧贴风口缓慢下降，有时能看到风口被遮挡变黑，渣皮过后，又明亮	严重时，风口前大量焦炭"生降"（黑色焦炭），在回旋区跳动飞舞
冷却壁后温度	（1）首先急剧升温（几分钟以内，垂直升高）；后降温缓慢，下降到原水平或波动的接近原水平有时经过一小时或更长时间。 （2）沿高度同步升温冷却壁范围较小，有时同一水平相邻冷却壁升温较多（横向）	（1）在管道方向升温。 （2）同步升温冷却壁，多限于沿高炉高度方向（纵向）
塌 料	很 少	较 多
对风口作用	严重时，风口被下滑的渣皮压入炉内。但风口前端，一般不破坏。严重时吹管喷火、喷焦，停风不及时，会烧坏吹管、中缸，甚至弯头	风口前端上部被侵蚀成麻点或深坑；严重时风口前面或端面烧透成空洞

图3-35给出，高炉边缘发展、边缘管道经常发生所造成的风口损坏状态。在风口端面和上部有被铁水侵蚀的麻点和深坑，有的已经烧透成孔洞；渣皮脱落压入的风口，前部和端面一般完好无损，中部被下降的渣皮挤压、摩擦，严重变形或损坏。两者区别明显。

边缘管道烧坏的风口　　　　　　　　渣皮脱落压坏的风口

图3-35 边缘发展和渣皮脱落损坏的风口

3.7.3　铜冷却壁与渣皮脱落

中国使用铜冷却壁的时间不长，积累的经验不多。近些年高炉渣皮脱落较多，又多发生在使用铜冷却壁的高炉上。部分高炉工作者以为是铜冷却壁引起的渣皮脱落，这是误解。

渣皮脱落，与冷却壁材质关系不大。1982 年首钢 2 号高炉多次发生渣皮脱落，当时是铸铁冷却壁。新建的首钢 2 号高炉送风后，希望走加重边缘的操作方针，意图保护炉墙，延长高炉寿命。1987 年新投产的宝钢 1 号高炉，在精料的基础上，加重边缘操作，确保高炉长寿。在此过程，也发生多次渣皮脱落，当时宝钢使用的是铜冷却板。这两起是中国最早发生的渣皮脱落。加重边缘，防备炉墙被边缘气流侵蚀，是导致渣皮脱落的根本原因。两座高炉都是适当减轻边缘后，消除了渣皮脱落。

现在有些高炉虽然是铸铁或铸钢冷却壁，依然发生渣皮脱落[29]。

3.7.4　渣皮脱落的危害[21~30]

渣皮脱落，给高炉生产带来恶劣影响：渣皮一旦脱落，脱落部位的炉墙及冷却壁急剧升温，再次结上渣皮后，温度又降下来，如此炉墙及冷却壁热面温度急剧升降，产生很大的热震，使炉墙及冷却壁本体产生裂纹或侵蚀，甚至冷却壁损坏。

严重的渣皮脱落，使高炉边缘状态发生变化，影响煤气分布，破坏了原有的分布状况，从而改变、破坏冶炼进程。

脱落的渣皮下降，与深入炉缸的风口上部接触，轻者从风口前滑过，影响较小；重者将风口压入炉内，吹管严重跑风，高炉被迫停风。被压入炉内的风口，挡在吹管的前面，用一般的安装、拆除工具，很难从炉内取出，必须用切割工具将风口切成几瓣，才能取出。为此有时需要停风几小时。

由于风口压入，热风和焦炭从缝隙喷出，不仅烧坏吹管，有时连同烧坏中缸和弯头。当年首钢新建的 2 号高炉，1982 年 5 次渣皮脱落造成的破坏，见表 3-13。除第 1 次处理，因不得要领，花费时间很多，之后 4 次处理，共停风 18h51min。

表 3-13　渣皮脱落造成的损失

日期	风口号	开始漏风时间	常压时间	停风时间	损坏设备		
					风口	中缸	弯头
8 月 31 日	22	17：18 ~ 18：50			1		
	22	22：28	22：45 ~ 23：58	23：58 ~ 4：13	1		1

日期	风口号	开始漏风时间	常压时间	停风时间	损坏设备		
					风口	中缸	弯头
9月1日	22	5：50	6：05~8：15	8：15~12：52	1	1	1
	22	15：55	16：07~17：46	17：45~21：56	1	1	
9月2日	18	4：08	4：05~7：33	7：33~11：49	1	1	
累　计			7h20min	18h51min	5	3	2

渣皮进入炉缸后，使铁水温度下降，严重或处理不及时，会因铁水含 S 过高产生废品、甚至导致严重炉冷。

综上所述：

（1）渣皮脱落是边缘过重引起的。

（2）当边缘过重时，适当发展边缘，就能消除渣皮脱落。

（3）渣皮脱落与冷却壁材质关系不大，合理的煤气分布是关键。

（4）铜冷却壁有明显的优势，应继续积累操作经验，发展铜冷却壁的设备优势。

（5）高炉设计师，应在炉渣形成部位的冷却壁，加装测温装置，以便观察、测量结渣及脱落情况。

3.8　上下部调剂相适应

炼铁专家：樊哲宽

樊哲宽（1932~1995），1932 年 1 月 20 日生于江西省南昌市，新中国成立前在南昌化工学校学习，以后在南昌八一革命大学毕业，分到南昌市政府工作，1953 年调到华中钢铁公司，并到鞍钢学习、工作。对鞍钢多座高炉长期生产分析的基础上，在炼铁领域首先提出高炉布料批重和鼓风动能、冶炼强度的关系，并给出定量计算公式，为高炉操作和冶炼强化指出方向。1958 年调武钢，参加 1 号高炉开炉工作。以后在武钢中央试验室从事炼铁科研工作。20 世纪 80 年代后，在武钢从事技术经济问题研究，曾任技术经济研究中心主任等职。

早在 20 世纪 50 年代，我国著名炼铁专家李镜邨根据马鞍山炼铁厂的生产实践，提出"上下部相结合"的问题。他指出：炉顶调剂必须与送风制度相结合[31]。当时他们在高炉上增加风量，提高风温，同时缩小矿石批重，结果高炉中心气流过分发展，塌料不断。以后扩大矿石批重、改变倒分装，从上部抑制中心气流，结果塌料消除，高炉顺行。

成兰伯在总结鞍钢多年操作经验时指出：回顾 1958 年前，鞍钢高炉曾局限于上部调剂，常为应付高炉失常而疲于奔命。后来重视了下部调剂而强化了冶炼，"实践还表明，各操作制度互有影响，但合理的送风制度和装料制度，能统一气流和炉料逆向运动之间的矛盾，使气流分布合理，炉况稳定顺行，因此选择合理的送风制度和装料制度就更为重要"[32]。世界上首先给出矿石批重与高炉鼓风动能关系的是我国炼铁专家樊哲宽[33]，他给出以下公式：

$$W_K = V_K \rho_K A$$
$$V_K = 0.09t + 0.21$$
$$W_K = (0.09t + 0.21)\rho_K A \tag{3-5}$$

式中　W_K——矿石批重，t；

$\quad\quad V_K$——每平方米炉喉面积的矿石体积，m^3/m^2；

$\quad\quad \rho_K$——矿石堆密度，t/m^3；

$\quad\quad A$——炉喉面积，m^2；

$\quad\quad t$——冶炼强度，$t/(m^3 \cdot d)$。

樊哲宽在文献 [33] 中还给出鼓风动能与冶炼强度关系的计算公式：

$$E = (764t^2 - 3010t + 3350)d \tag{3-6}$$

式中　E——鼓风动能，$kg \cdot m/s$；

$\quad\quad d$——炉缸直径，m；

$\quad\quad t$——冶炼强度，$t/(m^3 \cdot d)$。

由式 (3-5) 及式 (3-6) 建立鼓风动能和冶炼强度的关系。

从公式看到，当冶炼强度提高时，批重应扩大，在当时鞍钢的条件下，可由公式具体计算出来。这些公式是依据鞍钢当时的冶炼条件统计得到的经验公式，可利用所述的方法，按自己的经验数据，进行统计，得到参考结果。

装料制度要与送风制度相适应。当高炉风速较低，炉缸风口循环区较小、炉缸初始煤气分布边缘较多时。对于大、中型高炉，此时装料制度不应过分堵塞边缘气流，应调剂装料制度，适当控制边缘、敞开中心，并以疏导中心为主，防止边缘气流被突然堵塞，破坏高炉顺行；如下部中心气流发展，只要高炉顺行，上部装料也应适当敞开中心，保持煤气流通畅。如下部中心过分发展，中心管道不断，也不能一次堵塞中心气流，而应适当疏导边缘以减轻中心过分发展，保持高炉顺行。这就是上部和下部的互相适应。总之，不论上部或下部，都不要形成直接对抗。

所以，当Ⅰ型煤气分布到Ⅲ型煤气分布改变时，在装料制度的选择上应有过渡，先由Ⅰ型过渡到Ⅱ型，再在Ⅱ型的基础上进一步提高风速，改变初始气流分布，扩大风口前的循环区，使其与上部调剂相适应。没有上部配合，单从下部调剂打开中心是困难的。1977 年 8 月，首钢 1 号高炉的煤气分布为Ⅰ型，为活跃中心，于 8 月 9 日将 4 个直径为 160mm 的风口换成 130mm 的小风口，风口面积由

0.217m² 降到 0.199m²，风速由原来的 100～105m/s 提高到 120～130m/s，鼓风动能由 49kJ/s 增到 68.6kJ/s，结果风口大量烧坏，煤气曲线依然为 I 型：

月份	风速 /m·s⁻¹	煤气（CO_2）/% 边缘	中心
7	100～105	6.3	13.5
8	120～130	6.4	13.5

关键在于，长期的 I 型煤气分布，炉缸不可能很活跃，中心堆积几乎是不可避免的。长期形成的炉缸堆积，想在一两天用下部或上部调剂的方法解决是不可能的。首钢 1 号高炉当时试图提高风速，快速解决炉缸堆积问题，就是对此认识不足的结果。由于缩小风口后全力加风，炉缸有效截面本来狭窄、铁水面上升很快，初期出现风口下部大量烧坏，特别是在出铁晚点的时候，仅 8 月 22～31 日就烧坏风口 8 个。

本钢 5 号高炉[34] 和武钢 3 号高炉[35] 都有一段并非偶然的经历，在改变装料制度使煤气分布由 I 型过渡到 II 型的过程中，都提高风速，正是下部与上部互相适应的结果。

依据高炉具体条件，确定煤气分布类型以后，就要通过装料制度实现既定的目标。究竟哪些参数是装料制度的决定环节，哪个在先，又怎样实现，应仔细研究。

参考文献

[1] М. А. Стефанович. Исследование доменного процесса, Издателвство академики наук. ссср. 1957：111-137. （М. А. Стефанович. 高炉冶炼新研究[M]. 北京：冶金工业出版社. 1960：120-158.）

[2] М. А. Стефанович. анализ хода доменного процесса. Металлургиз дат. 1960：5-56，85-90.

[3] 佐佐木宽太郎，等. 胡燮泉，译. 首钢科技情报，1978(1)：78-93.

[4] 斧胜也. 高炉软化熔融带的反应及研究. 阿日昆，等译. 包头钢铁公司，1980：57-59.

[5] E. Amadei. Blowing-in and operation of 10.6m³ blast furnace [C]. Ironmaking Proceedings，1979：140-148.

[6] Kenjirp Kanbara，et al. Dissection of blast furnaces and their internal state[J]. Transactions ISIJ，1997：371-400.

[7] 神原健二郎，等. 高炉解剖的调查. 制铁研究[J]. 1976(288)：37-45.

[8] 研野雄二，等. 高炉软化融着带的溶解に关する检讨[J]. 铁と钢，1979(10)：28-35.

[9] 杜鹤桂，刘秉铎，等. 高炉软熔带的研究[J]. 钢铁，1982(11)：40-53.

[10] 朱嘉禾. 首钢实验高炉解剖研究[J]. 钢铁，1982(11)：1-8.

[11] 高润芝，朱景康. 首钢实验高炉的解剖[J]. 钢铁，1982(11)：9-17.

[12] 杨天钧. 炼铁过程的解析与模拟[M]. 北京：冶金工业出版社，1991：315-344.

[13] S P Kinney, C C Furnas. Gas-solid contact in the shaft of a 700-ton blast furnace[J]. Trans. AIME. 1929：84-97.

[14] J. Kurishara, et al. Low fuel rate operation in a 4500m³ blast furnace with bell-less top at Chiba works[C]. Ironmaking Proceedings, 1980：113-122.

[15] 王晓鹏，王胜，陈军，等. 高炉煤气流分布的调整[J]. 炼铁，2009(1)：8-11.

[16] 顾平. 炉顶摄像系统在梅山 2 号高炉的应用[J]. 冶金丛刊，2006(2)：22-24.

[17] 余琨，等. 高炉喷煤[M]. 沈阳：东北大学出版社，1995：84-88.

[18] 清水正贤，等. コク-ス中心装入による高炉融化软着带と炉芯充そん构造の制御[J]. R & D 神钢制铁技报，1991，4，11-15. 车传仁. 高炉中心加焦及几个问题的探讨[J]. 炼铁，1992(4)：14-17.

[19] 张贺顺，陈艳波，王友良，等. 首钢京唐 2 号高炉取消中心加焦实践[J]. 炼铁，2013(1)：54-56.

[20] 刘云彩. 高炉布料规律（第 4 版）[M]. 北京：冶金工业出版社，2012：228-230.

[21] 王宝海，张洪宇，车玉满. 鞍钢铜冷却壁高炉的热负荷管理[J]. 炼铁，2008(2)：1-4.

[22] 赵正洪，田景长，李永胜. 鞍钢新 3 号高炉渣皮脱落研究[C]. 第七届（2009）中国钢铁年会论文集(1)，2009：667-670.

[23] 刘振宇，赵鹏. 鞍钢 2580m³ 高炉风口下沉原因分析及改进措施[J]. 鞍钢技术，2010(6)：42-44.

[24] 曹传根，周渝生，叶正才. 宝钢 3 号高炉冷却壁破损的原因及防止对策[J]. 炼铁，2000(2)：1-5.

[25] 周渝生，曹传根. 铜冷却壁在高炉上的安装和使用[J]. 世界钢铁，1999(3)：1-10.

[26] 徐南平，邬士英. 宝钢 3 号高炉冷却壁的热负荷测定研究[J]. 宝钢技术，1999(4)：15-18.

[27] 周渝生，曹传根. 国外高炉铜冷却壁的应用[J]. 炼铁，1999(6)：24-28.

[28] 刘增勋，李哲，柴清风，吕庆. 高炉铜冷却壁渣皮生长传热分析[J]. 钢铁，2010(8)：12-15.

[29] 刘增勋，吕庆. 高炉渣皮厚度的传热分析[J]. 钢铁钒钛，2008(3)：51-54.

[30] 王世达，顾爱军. 宣钢 6 号高炉铸钢冷却壁渣皮不稳原因剖析[J]. 宣钢科技，2007(1)：14-15.

[31] 李镜邨. 马鞍山高炉进程调剂的经验. 重工业部技术司编. 全国高炉生产技术会议汇编[M]. 北京：重工业出版社，1955：248-275.

[32] 成兰伯，刘真，王志刚，龙春安. 高炉合理气流分布的调剂. 见：周传典主编. 鞍钢炼铁技术的形成和发展[M]. 北京：冶金工业出版社，1998：156-159.

[33] 樊哲宽. 高炉鼓风动能问题的研究[J]. 冶金技术，1963(2)：29-32；见：杜鹤桂，主编. 中国炼铁三十年[M]. 北京：冶金工业出版社，1963：141-150；见：周传典，主编. 鞍钢炼铁技术的形成和发展[M]. 北京：冶金工业出版社，1998：160-163.

[34] 张文达，等. 钢铁，1980(4)：41-46.

[35] 武钢炼铁厂. 三高炉大批正分装试验小结，1978（内部资料）.

4 稳定炉温

炼铁专家：周传典

周传典，1920 年 2 月生于安徽省凤台县，1947 年毕业于西北工学院矿冶系。1949 年参加鞍钢炼铁厂恢复工作，先后任工长、炉长、副厂长等职。1958 年调武钢任副厂长、厂长，1963 年调冶金部，先后任处长、科办副主任、副部长、总工程师等。

日伪时期的鞍钢炼不出低硅铁，铁水含硅1.5%～2%，当年日本请教美国专家，美、日专家一直认定，鞍钢的矿石炼不出低硅铁，当年鞍钢炼钢厂用三座预炼炉脱硅后再送炼钢炉炼钢。1950 年 10 月起，高炉工长周传典带头在二高炉冶炼低硅铁，将 [Si] 成功降到 0.9%～0.5%，为铁水直接炼钢创造条件，由此将预炼炉改成炼钢炉，使钢产量猛增50%。1965 年受命组织钒钛矿冶炼攻关，他率领108 位专家、号称"108 将"，在较短的时间攻克世界冶炼难题，为攀枝花钢铁公司投产奠定基础。包钢白云鄂博铁矿含氟和碱金属很高，包钢投产后高炉长期不顺，1973～1977 年出任攻关组长，组织有关院校和包钢，共同攻关，使包钢生产转入正常。著有：《周传典文集》4 卷[1]和论文集等数种[2]。

+·+

炉温稳定，是高炉稳定的重要条件。炉温变化，不仅影响燃料消耗，而且影响鼓风量、直接影响产量。稳定炉温，控制要求的炉温水平，从而生产最经济的品种，是保持、创造高炉生产最佳经济效益的方法。

4.1 铁 水 特 性

4.1.1 铁水的熔点

铁水含有很多元素，其含量与炉料和操作关系密切。对于铁水熔点影响最大的是 [C]。图 4-1 是铁碳平衡图[3]。

图 4-1 显示，纯铁熔点 1538℃，随着铁水含碳升高，铁水熔点下降，当铁水含 [C] 4.2%时，熔点降到 1153℃，高炉工作者经常把此点温度作为铁水在炉

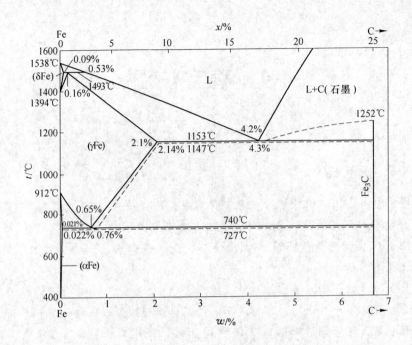

图 4-1   铁碳平衡图

缸内凝固的温度，是判断铁水对炉衬侵蚀的温度下限。铁水含碳量继续增加，熔点沿图中虚线升高，铁中碳以石墨形式析出。从图 4-1 看到，铁水中含碳到 6.7%，熔点升到 1257℃。石墨碳在铁水温度降低时析出，所以高温铁水在出铁过程，沿铁水沟析出石墨粉，含硅高的铁水特别明显，沿铁沟石墨飞舞。

4.1.2   温度对碳溶解度的影响

炉料入炉后逐渐下降，温度逐渐升高，铁的氧化物在下降过程逐渐还原。式 (4-1) 给出温度和铁中碳的溶解度的关系[4]：

$$w[C]_\% = 1.34 + 2.54 \times 10^{-3} t \tag{4-1}$$

式中 $w[C]_\%$——铁水含碳量，%；

t——铁水温度，℃。

按式 (4-1)，当铁水温度到 1600℃时，铁中 [C] 可到 5.4%，此时按图 4-1 推算，熔点约 1200℃。

4.1.3   不同元素对碳溶解度的影响[4]

碳的溶解度不仅与温度有关，还受铁中其他元素影响。式 (4-2) 给出一般生铁含碳量：

$$w[C]_\% = 1.34 + 2.54 \times 10^{-3} t + 0.04 w[Mn]_\% -$$

$$0.30 w[Si]_\% - 0.35 w[P]_\% - 0.40 w[S]_\% \tag{4-2}$$

图 4-2 和表 4-1 表示当各元素重量 1% 时的对铁水碳溶解度的改变值。

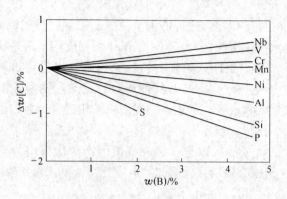

图 4-2 元素对铁中溶解度的影响

表 4-1 $w(B) = 1\%$ 对铁中碳溶解度的改变值

元 素	S	P	Si	Al	Cu	Ni	Co	Mn	Cr	Nb	V	Ti
碳增量[C]/%	-0.4	-0.35	-0.3	-0.25	-2	-0.07	-0.03	0.04	0.09	0.12	0.13	0.17
适用浓度/%	<0.4	<3	<5.5	<2	<3.8	<8	<1	<2.5	<9		<3.4	

铁水中 S、P、Si、Mn 经常影响铁水含碳量，这四元素可以调控，主要按炼钢对铁水的要求成分控制，很少顾及含碳量。其他元素的影响主要决定于入炉料的成分，实际铁水含碳量控制较难。

4.1.4 现代高炉铁中含碳量

铁中含碳量影响因素很多，有些影响研究较少，波动范围很大，早年因风温很低，铁水含碳有时小于 4%；现代高炉生产中，已知 [C] 含量 4% ~ 5.9%，具体可用 Ю. C. 尤斯芬和 M. A. 阿里德尔的经验公式计算[5]：

$$[C] = -8.62 + 28.8 \frac{CO}{CO + H_2} - 18.2 \left(\frac{CO}{CO + H_2} \right)^2 - 0.244$$

$$[Si] + 0.00143 t_{生铁} + 0.00278 p_{CO} \tag{4-3}$$

式中　CO，H_2——炉顶煤气中的相应含量，%；

　　　　$t_{生铁}$——出铁时生铁温度；

　　　　p_{CO}——炉顶煤气中 CO 分压，kPa。

4.1.5 铁水中的微量元素

铁中的碳来自燃料，含碳越高，消耗越多。碳升高 1%，需 10kg/t 纯碳，相当于消耗 12kg/t 焦炭。在炼钢工序中因铁水含碳高，要延长脱碳时间，对炼钢也有不利影响的一面。根据炼铁、炼钢全流程的需要，控制铁水的 [C] 在适当水平很必要。铁水温度虽能控制，但炼钢工序为加废钢，需要铁水有足够的温度水平，除温度外，炼铁工序入炉炉料，对铁的成分有重要影响，从图 4-2 和表 4-1 知道，它们也影响铁水含碳量及其他成分。我国本钢南芬铁矿是世界优质的铁矿石，所含微量元素极少，和瑞典的优质铁矿相近。瑞典以生产优质钢、特别是滚珠轴承钢闻名于世。当年本钢我国著名专家章光安一直提倡以本钢优质铁矿资源炼我国缺少的优质钢，以进口矿或其他国产矿代替南芬矿生产普通钢。表 4-2 是本钢铁水与我国其他钢铁公司的铁水成分及微量元素比较[6]。

表 4-2   国内八家铁厂铁中微量元素含量比较   (%)

铁 厂	化 学 成 分								
	Pb	Bi	Sn	Sb	As	Co	V	Cr	Se
本钢一铁	<0.0001	0.00002	0.000108	0.000208	0.00046	0.0008	0.0040	0.0050	<0.0001
本钢二铁	<0.0001	0.00004	0.000111	0.000206	0.00115	0.0025	0.0062	0.0046	<0.0001
A 钢	<0.0001	0.00003	0.000114	0.000344	0.00120	0.0038	0.0110	0.0086	<0.0001
B 钢	<0.0001	0.00002	0.00012	0.000428	0.00155	0.0028	0.0079	0.0077	<0.0001
C 钢	<0.0001	0.00002	0.0123	0.00031	0.00220	0.0036	0.023	0.0043	<0.0001
D 钢	<0.0001	0.00002	0.000134	0.00067	0.00105	0.0021	0.013	0.0150	<0.0001
E 钢	<0.0001	0.00004	0.000115	0.00271	0.0022	0.0018	0.015	0.0053	<0.0001
F 钢	<0.0001	0.00003	0.000134	0.0005	0.0025	0.0094	0.028	0.0047	<0.0001

铁 厂	化 学 成 分							ΣT
	Zn	B	Al	Cu	Ti	Ni	Mo	
本钢一铁	<0.0001	0.00073	0.0018	0.0028	0.052	0.0030	0.00033	0.0620
本钢二铁	<0.0001	0.00086	0.00087	0.0055	0.059	0.0063	0.00051	0.0715
A 钢	<0.0001	0.00074	0.0038	0.0113	0.086	0.0072	0.00093	0.1075
B 钢	<0.0001	0.00076	0.0017	0.0059	0.084	0.0052	0.00117	0.1019
C 钢	<0.0001	0.00085	0.0008	0.0040	0.138	0.0076	0.0028	0.1803
D 钢	<0.0001	0.00073	0.012	0.0035	0.193	0.0052	0.00035	0.2231
E 钢	<0.0001	0.00083	0.0012	0.0075	0.071	0.0023	0.00050	0.0965
F 钢	<0.0001	0.00091	0.0055	0.0101	0.091	0.0094	0.00097	0.1270

注：1. 表内数据同为 1979 年一次取样本钢钢研所分析结果；

2. $\Sigma T = Pb + Sn + Sb + As + Cr + V + Ti + Zn$。

4.2 铁水在炉缸的状态

铁水在炉缸中积累放出，它在炉缸中的状态基本是静止的，受出铁扰动但较微小。前苏联马格尼特高尔斯克钢铁公司利用大修机会，仔细测量积铁的温度和成分，从而"看"到积铁的状态[7]，将在第8章中详细讨论。

4.2.1 实测炉缸铁水状态

罗伯兹（V. W. Lobyz）等用同位素 P^{32} 从插入风口的管中，用压缩空气吹入炉缸，吹入时间在出铁前1、2小时[8]。出铁时，每分钟取一个铁样，用计数器测量放射性射线强度，结果强度不一致，有高峰值。说明铁水在炉缸中并未搅动混匀，虽然出铁时对铁水有少许搅动，影响不大。

4.2.2 铁水成分波动

铁水在炉缸中没有较大的混合搅动，但每次铁的成分波动必然存在，因为炉料有波动，操作条件有波动。表4-3是首钢1964年1月22日在生产铸造铁的高炉、结连6炉取样测定的结果。从出铁开始，每2分钟取样一个。铁水成分波动明显。铁水含硅量与铁水温度有关，正常炉况铁水温度差10℃以内；炉况不顺时，铁水温度波动有时到30℃。[Si] 波动最大到0.32%，是炉况不顺的一组铸造铁，极差0.3%，均方差0.11（表中第12735次铁）。图4-3是表4-4的波动图。图中，第12737炉铁成分波动最小，方差仅0.024，极差0.09。而第12735炉铁，方差0.11，极差0.32，是第12737炉次的3倍多。第13735次铁是炉温上升时期，而第12737次铁炉温是稳定的，因此波动很小。

表4-3 铁水成分波动　　　　　　　　　　　　（%）

样号	出 铁 炉 号											
	12726		12728		12735		12737		12740		12746	
	C	Si	C	Si	C	Si	C	Si	C	Si	C	Si
1	4. 16	2. 62	4. 19	2. 48	4. 28	1. 9		2. 49	4. 31	2. 22	4. 44	1. 95
2		2. 53		2. 5		1. 92		2. 47		2. 2		1. 96
3		2. 53		2. 37		1. 94	4. 39	2. 52		2. 24		1. 97
4		2. 56		2. 38	4	1. 92		2. 56	4. 39	2. 31	4. 54	1. 86
5	4. 3	2. 54	4. 39	2. 38		1. 97		2. 56		2. 42		2. 05
6		2. 53		2. 42		1. 99	4. 28	2. 53		2. 42		2. 04
7		2. 53		2. 42		2. 04		2. 53	4. 39	2. 42	4. 48	2. 04
8		2. 54	4. 38	2. 36	4	2. 04		2. 51		2. 34		1. 99

续表4-3

样号	出铁炉号											
	12726		12728		12735		12737		12740		12746	
	C	Si	C	Si	C	Si	C	Si	C	Si	C	Si
9		2.51		2.36		2.16	4.34	2.52		2.31		2
10		2.53		2.36		2.2		2.52	4.38	2.34	4.43	2
11	4.43	2.56	4.37	2.35		2.19		2.52		2.34		1.97
12		2.56		2.37	4.38	2.22	4.26	2.53	4.37	2.36		1.99
13		2.67		2.36		2.2						1.99
14	4.28	2.66				2.05					4.46	1.95
15					4.38	2.05						
16						1.94						
17						2.17						
18					4.24	2.15						
平均	4.31	2.56	4.33	2.39	4.34	2.06	4.26	2.52	4.37	2.33	4.47	1.98
方差 σ		0.049		0.047		0.11		0.024		0.066		0.056
炉前分析 [Si]		2.62		2.46		2.1		2.53		2.38		2.05
铁水温度/℃	1400~1410		1390~1400		1370~1400		1410~1420		1390~1400		1380~1400	

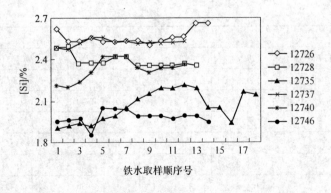

图 4-3　铸造铁波动图

炼钢铁因含 [Si] 较低，波幅较小，表 4-4 是 1975 年 7 月 25 日在首钢 3 号高炉实测的一例，与前述的铸造铁同样方法取样。

表4-4 炼钢铁的成分波动 (%)

样号	1	2	3	4	5	6	7	8	9
Si	0.57	0.595	0.5	0.585	0.545	0.64	0.655	0.68	0.67
S	0.05	0.05	0.028	0.045	0.042	0.042	0.05	0.034	0.035

样号	10	11	12	13	14	15	平均	均方差 σ
Si	0.615	0.685	0.73	0.715	0.615	0.655	0.63	0.062
S	0.032	0.032	0.027	0.045	0.029	0.027		

表4-4的炉次是"第16207炉"，10：37～11：05，共出铁204t，铁水含 Si 0.54%、S 0.037%。本次铁，开始含 Si 接近前次铁，越出越热，实际本次铁较前次铁含 Si 升高 0.08%。

4.2.3 铁水成分波动幅度的确定

各厂条件不同，铁水成分的自然波动也不同，应根据本厂操作条件确定控制波动幅度。有的厂，使用炉料长期稳定，铁水成分波动幅度很小，有些厂炉料成分波幅较大，铁水成分波幅也较大，因此依据本厂条件确定波幅，十分必要。依表4-3、表4-4测定的结果，铸造铁自然波幅一般均方差 0.024～0.066，最大 0.11，是炉况不顺时的结果。因此，日常操作应控制成分均方差小于 0.07，在此条件下更稳定的要求，必须改善炉料稳定水平，仅靠操作很难做到。有些高炉数学模型或专家系统，规定含硅控制在 $[Si] = A \pm 0.03\%$，容易脱离当时的条件，不可能 100% 实现，只有创造稳定的原料条件和操作水平，才可能满足上述要求。

4.3 控 制 炉 温

4.3.1 判断炉温的指标

铁水含 [C] 虽然对铁水凝固温度有决定性影响，但在高炉日常操作中，不能作为判定炉温的指标，由于 [C] 在铁水中除以 Fe_3C 形式存在以外，还以石墨碳形式存于铁水中。炉温高时出铁，石墨碳会沿铁沟析出，在出铁场飞舞，它在铁水中的存在比 [Si] 复杂。当炉温小范围变化时，铁水中 [C] 的变化尺度不如 [Si] 明显；更主要是铁水中 [C] 大范围变化，主要决定于炉料，炉料不变，小范围的炉温变化对 [C] 的影响，缺少长期的经验积累。

[Si] 一直是高炉日常操作的炉温判定指标，积累了丰富的经验。近些年，由于测量铁水温度比较普遍，铁水温度也成为判断炉温的重要指标，有的高炉已取代 [Si]，特别是用"专家系统"判断炉温，经常以铁水温度作为判定指标更方便、可靠。

4.3.2 炉温判断

生产的外部条件变化或生产组织变化等因素，都会导致炉温波动。高炉操作者的任务，应尽量保持波幅最小，及时发现炉温变化趋势，顺势及时调剂。表4-5是炉温判断表。表中前部分是仪表显示，后部分是工长观察。现代高炉操作，工长已很少直接观察，判断炉温基本依靠仪表测量和画面显示，用直接观察进行验证。这里保留此表，供年轻工长参考。

表4-5　炉温判断表

项　目		过　热	炉　热	正常炉温	炉　冷	剧　冷
仪表指示和记录	风　压	过　高	逐渐升高	正常水平	逐渐降低	不稳，波动很大
	风　量	不接受风量	逐渐减少	正常水平	逐渐增加	猛降，不接受风量
	风　温	不接受风温	提风温困难	正常水平	易接受风温	依炉况而定
	顶　温		升高、四点分散	正常水平	降　低	波动，互相重叠，很低
	料　尺	不整齐		料尺整齐		不整齐
	料　速	停滞、塌料、悬料	逐渐减慢	正常水平	逐渐加快	停滞、塌料、悬料
	煤气利用	坏	好	正常水平	不好	坏
	透气性指数	很　低	降　低	正常水平	升　高	波动很大
	顶　压			正常水平	有时有上尖峰	有上尖峰，悬料后顶压下降
	炉喉温度		升　高	正常水平	降　低	很　低
	炉身温度		升　高	正常水平	降　低	很　低
	炉腰温度		升　高	正常水平	降　低	很　低
风口	亮　度	白亮耀眼	白　亮	明　亮	较　亮	暗　红
	焦炭运动状况	不　活	活　跃	活　跃	较　活	不活，有生降
	窝渣状况	无	无	无	有渣在风口下部	涌渣，随时会灌渣
炉渣	渣水 温　度	很　高	充足，偏高	正　常	不足，偏低	极　低
	颜　色	白　亮	发　白	正　常	较　暗	暗　黑
	流动性	较粘	很好，发漂	正　常	很差，在沟中叠起（上坑）	不流，放不出渣

项 目			过 热	炉 热	正常炉温	炉 冷	剧 冷
炉渣	渣样	颜 色	黄 褐	白	正 常	绿→黑	黑
		外 形	褐石头	白石头状	正 常	绿玻璃→黑"面包"	黑"面包"
		FeO/%		<0.5	<0.5	0.5~1.5	>1.6
生铁	铁水	亮 度	明 亮	明 亮	明 亮	较 暗	暗 红
		温 度		较 高	正常水平	较 低	很 低
		流动性	较差，Si高时粘沟	较 差	正常水平	很 好	不流，在沟中凝固
		火 花	很少，大颗粒	高、少、颗粒	正常水平	低、多、碎	
	铁样	表面形状		有大凹心	有小凹心	凸 起	凸起，有小点
		断口颜色	黑 色	灰 色	正 常	白 色	白，有亮条
		石墨析出状况	有一层石墨	有细粒石墨	正 常	无石墨析出	
		含硅量	很 高	较 高	正 常	低	很 低

以表 4-5 所列各项，确定炉温趋势并及时调剂。

4.3.3 影响炉温的主要参数

各厂均有自己的炉温调剂参数和影响铁水含 Si 量的经验值，表 4-6 是首钢的经验值[9]。下面以实例说明用法，这些实例依然保留当年的陈迹，仅为介绍计算方法，已无示范意义。

表 4-6 首钢定量调剂参数系数表[9]

分 类	参数名称	变化量	影响焦比量	影响煤粉
矿 石	含铁量	±1%	±1.5%	
	粒度 <5mm	±5%	±1%	
	结矿比例	±10%	±2%	
	FeO%	±1%	±1.5%	
焦 炭	灰 分	±1%	±2%	
	水 分	±1%	扣 除	
	S	±0.1%	±1.2%~2%	
煤 粉	灰 分	±1%	±1.5%	
	重 量	±1kg	±0.7kg	
辅助料	石灰石	±1kg	±0.3kg	±0.735kg
	铁 废	±1kg	±0.22kg	±0.23kg
风	风 温	±10℃	±1.7kg	±2.1kg
	湿 度	±1g/m³	±1kg	±1.25kg
	风 量	±1m³/(min·m³)	±1.4kg	±1.75kg

分 类	参数名称	变化量	影响焦比量	影响煤粉
高 压	顶 压	(±0.1kg/cm²) ±10kPa	±6kg	±7.5kg
生铁成分	[Si]	±1%	Si<1.5%, ±40kg 1.51%~2.5%, ±60kg 2.51%~3.5%, ±85kg	
	[Mn]	±1%	±14kg	

【例1】 3 号高炉生产炼钢铁，当时条件如下：

矿石批重 W_K	焦炭批重 W_J	石灰石用量	湿 度	[Si]	风温	批料出铁
17.4t	5.25t	0.1t	23g/m³	0.95%	950℃	9.7t

当时炉渣碱度和铁水含 [Si] 量偏高，准备去掉石灰石并将 [Si] 降到0.75%。

调剂：

按表4-6中数据，每公斤石灰石耗焦炭0.3kg，[Si] 1%相当焦炭40kg/t 铁，故每批料可减焦炭：

$$(0.95 - 0.75) \times 40 \times 9.7 + 100 \times 0.3 = 107.6 kg/ 批$$

实际工长在 22：00 减焦炭50kg/批，次日 6：00 再减50kg/批，并将湿度由23g/m³减到20g/m³，炉料下达后，铁水含 [Si] 0.75%。当时开始实行定量调剂，工长操作谨慎，分两次减焦，中间浪费 8 小时，浪费焦炭：

$$64 批 \times 50 = 3200 kg$$

这 3.2t 焦炭，白白浪费，是操作不熟练的代价。

【例2】 如果将例1中的 [Si] 提到1.2%，怎样调剂?

调剂方法有三：

（1）提风温：

100℃风温，相当 17kg/t 铁的焦炭，将 [Si] 由 0.95% 提到 1.2%，需提风温：

$$(1.2 - 0.95) \times 40/1.7 \times 10 = 58.8 ℃$$

（2）如用煤粉提 [Si]：

$$9.7 \times (1.2 - 0.95) \times 40/0.7 = 138.6 kg/ 批$$

（3）去掉石灰石后，[Si] 提高：

$$100 \times 0.3/9.7/40 = 0.077\%$$

比较以上三个方案，首先去掉石灰石，既减少石灰石消耗，又节省焦炭；如风温尚有余量，用风温补充热量提高含［Si］量，充分发挥风温作用，也是合理的；如风温无余量，用煤粉补充。这样也经济、合理。

【例3】 11月17日，焦炭灰分13.45%，每批料加石灰石400kg，18日焦炭灰分上升到14.08%，石灰石增加到550kg/批，应当怎样调剂，才能保持炉温稳定？

解：

当时一批料出铁5.2t，焦比623kg/t，焦炭灰分增加0.63%，应加焦炭：

$$5.2 \times (0.63 \times 2\% \times 623) = 40.8 \text{kg/批}$$

石灰石增加150kg，应加焦炭：$150 \times 0.3 = 45$kg/批。故每批料应加焦炭85.8kg。

现代高炉已不直接用石灰石入炉，以上各例是介绍炉温调剂原理和方法，当前高炉日常炉温控制，主要是调剂辅助燃料、煤粉，如较长时间适应炉温，需改变炉料负荷。

4.3.4 各参数的作用时间

高炉容积很大，任何参数变动，都要经过一段时间表现出来。如提高风温50℃，一般要经过2小时，炉温才能上升。工长习惯把这段时间叫"惯性"。自动控制专家对惯性研究较仔细：当一个参数改变到对系统起作用的时间叫"响应时间"或"动态作用时间"。斯泰博（C. Staib）[10]和伍德（B. Wood）[11]在高炉动态控制上做了开拓性工作。图4-4是湿度和风温的"动态特性曲线"。当湿度

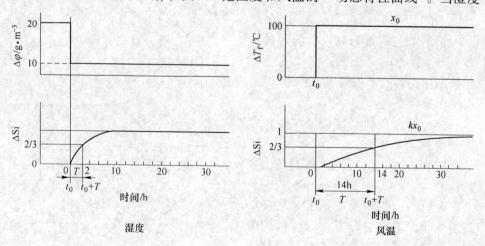

图4-4 湿度和风温动态特性曲线

从 t_0 时间减少 $\Delta \varphi g/m^3$，铁水中［Si］从 t_0 时间起开始升高，大约 2 小时升到全部作用的 2/3，这段时间叫"动态响应时间"，完全作用大约需 8 小时，这是非常仔细的考量，我们日常操作能感受到的就是 2 小时，即完全作用时间的 2/3，风温和湿度响应特性相似。

实际高炉操作的经验，风温作用大约 2 小时，和湿度一样。图 4-5 是高炉起作用时间的经验值，控制专家改变参数的图解叫"动态响应曲线"，表 4-4、表 4-5 分别是湿度动态特性曲线和常用参数响应曲线。

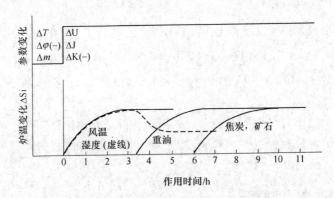

图 4-5 常用参数响应曲线

调剂参数改变的作用时间，各厂因操作条件不同，时间不一样，应根据自身条件，积累经验。矿石和焦炭作用时间经一个冶炼周期到达炉缸，再积累一炉次铁量，才完成炉温变化。图 4-5 给出，冶炼周期是 6 小时，炉料到达炉缸开始升温，真正起作用，需 2 小时以后，即 8 小时。

4.3.5 炉温控制的方法

炉温稳定是高炉高产、低耗的基本条件。优秀的高炉工作者总是把炉温控制在要求的下限附近。稳定炉温，有两个操作要点：

（1）综合负荷稳定，是炉温稳定的基础；

（2）料速稳定，是检测炉温稳定的标准。

高炉工长要经常注意小时综合负荷的变化，一般情况下，综合负荷稳定，炉温自然稳定。图 4-6 是首钢 1 号高炉 1978 年 3 月的生产实例。如果

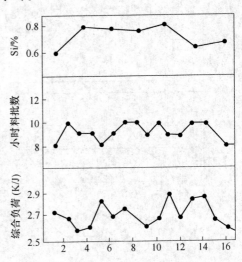

图 4-6 综合负荷与炉温的关系

第一小时发现综合负荷有变化，在第 2 小时应补上，使相邻两小时的平均综合负荷与正常负荷一致。有经验的工长，发现料速变化，注意观察，及时调剂。如料速慢，应预防炉温过热；如发现料速过快，也应及时调剂，防止炉冷。

比较炉温变化的后果，炉冷更严重：严重炉冷会导致出格铁、灌渣、甚至炉缸冻结等恶性事故。炉冷是事故的起点，预防炉冷是杜绝事故的重要措施。

4.3.6 料速变化

判断炉温趋势，料速变化是重要的检验标准。正常炉温，料速稳定，一旦炉温变化，料速必然改变。操作条件变化不大时，料速快，煤气中 CO_2 减少，CO 升高；料速慢则相反。

料速变化，在一定程度上反映了煤气利用程度，也能可靠的反映炉温变化。煤气利用和料速的关系，是高炉物料平衡确定的，煤气中 CO_2 变化，决定于高炉内氧和碳之比。O/C 高，煤气中 CO_2 高。而高炉中的氧和碳，来源于上部炉料和下部风口喷入。上部炉料中大约带入 70% ~ 100% 碳和 40% 左右的氧，其余由风口吹入。当鼓风量和喷煤量一定，下料快则入炉的碳增加，O/C 下降，CO_2 下降；下料慢则碳量减少，导致煤气中 O/C 升高，CO_2 增高。图 4-7 是料速和煤气成分关系的示意图。

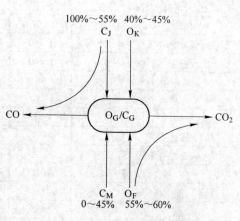

图 4-7 料速和煤气成分关系示意图

有经验的高炉工长，总是注意观察料速变化，在日常操作中，当料速异常变快时，应立刻采取措施控制料速，连续出现料速增加，应减风控制料速。

4.4 喷煤操作

高炉喷煤历史悠久，早在 1840 年 S. M. Banks 已获得专利，并于 1840 ~ 1846 年间在高炉上试过[12]。20 世纪 60 年代，再次在高炉上试验喷煤，1961 年美国汉那公司和法国沙士公司、1962 年英国斯坦顿公司和美国威尔顿公司、1963 年民主德国的东方冶金厂、1964 年苏联卡拉甘达钢铁公司等，作过高炉喷煤试验，不过均未能继续下去，因为当时，石油和天然气在这些国家更便宜[13]。

4.4.1 我国的喷煤

早年在法国勤工俭学的沈宜甲先生，将在比利时召开的国际炼铁会议的喷煤资料交给我国冶金部，冶金部安排鞍钢和首钢在高炉上实践。1964年4月30日，首钢1号高炉（容积576m³）正式喷煤，喷煤系统参考了国外高炉试验中暴露的缺陷，由首钢公司、北京钢铁设计院、北京钢铁学院共同开发的[14]。6月，鞍钢高炉喷煤系统也投入运转。同年12月，美国阿姆科公司阿什兰德厂的贝尔芳特高炉（容积1488m³）首次试验喷煤，到第8天，煤粉自燃，只听"扑扑"几声，浓烟滚滚，试验被迫中断。经过改造，于1965年1月再次喷煤，又到第8天，故伎重演，险些造成巨大事故，经全面改造，于1966年1月12日重新投产[15~17]。这是国外商业性高炉喷煤的第一家，此时我国已有多家炼铁厂正式喷煤[14]。表4-7~表4-9是首钢早期喷煤的实践结果和当时的原料条件。

表 4-7 早期首钢高炉喷煤操作

项 目		基准期4天	第1期6天	第2期15天	第3期15天	第4期12天
利用系数/t·(m³·d)⁻¹		1.97	2.18	2.55	2.59	2.65
冶炼强度/t·(m³·d)⁻¹		1.160	0.895	0.950	0.887	0.870
综合强度/t·(m³·d)⁻¹		1.160	1.220	1.485	1.499	1.585
喷煤量/kg·t⁻¹		0	150	210	236	270
喷煤率/%		0	26.6	35.9	40.5	45.2
实际焦比/kg·t⁻¹		587	412	375	344	328
实际替换比(焦/煤)			1.17	1.01	1.0	1.04
校正替换比(焦/煤)			0.94	0.82	0.83	0.90
风温/℃		1022	1055	1124	1150	1151
湿度/g·m⁻³		17.9	3.8	4.6	9.3	13.5
风中含氧/%		20.5	20.5	21.92	23.72	24.22
炉顶温度/℃		331	395	415	446	443
烧结矿比例/%		95.6	99.5	100	99.4	100
矿中含铁/%		51.71	50.20	53.09	52.78	52.82
石灰石用量/kg·t⁻¹		37.2	8.2	24.2	2.7	0.34
废铁量/kg·t⁻¹		0	45.7	16.4	57.0	33.7
生铁含Si/%		0.80	0.55	0.61	0.61	0.64
生铁含S/%		0.018	0.026	0.014	0.018	0.015
炉渣碱度(CaO/SiO₂)		1.06	1.035	1.03	1.01	1.00
混合煤气成分/%	CO	27.3	25.9	27.8	29.8	30.0
	CO₂	16.0	17.0	16.5	16.5	16.7
	N₂	55.33	54.81	52.02	50.08	49.1
	H₂	1.2	2.1	3.5	3.6	4.0
	CH₄	0.17	0.19	0.18	0.20	0.20
	CO/CO₂	1.71	1.52	1.69	1.82	1.80
直接还原度/%		51.9	47.5	50.9	51.5	51.2
渣量/kg·t⁻¹		640	640	558	571	517

表4-8 烧结矿成分（%）及入炉前过筛率

试验期别	Fe	Mn	S	P	FeO	SiO$_2$	Al$_2$O$_3$	CaO	MgO	残 C	CaO/SiO$_2$	过筛率/%
基准期	49.36	1.29	0.07	0.040	14.09	9.70	2.27	11.60	4.55	0.12	1.19	0
第一期	49.17	0.30	0.075	0.081	15.10	10.54	1.86	13.03	3.94	0.13	1.14	0
第二期	52.87	0.35	0.049	0.022	16.01	8.78	1.69	10.63	4.67	0.12	1.23	76
第三期	52.10	0.30	0.075	0.027	15.70	9.18	1.02	11.48	4.97	0.13	1.17	100
第四期	60.0	0.12	0.049	0.026	15.45	8.22	1.70	10.30	4.68	0.13	1.25	39.5

表4-9 焦炭及煤粉成分 （%）

分析项目		基准期	第一期	第二期	第三期	第四期
焦 炭	水 分	4.43	4.80	5.40	5.30	5.27
	固定碳	86.92	86.53	87.48	87.74	87.11
	灰 分	11.67	12.04	11.09	10.85	11.50
	挥发分	0.82	0.84	0.86	0.85	0.85
	硫	0.59	0.59	0.59	0.56	0.54
	转鼓指数/kg	326.5	334.0	324.8	317.0	/
煤 粉	水 分	0.60	0.77	0.95	0.65	0.59
	固定碳	78.40	77.56	77.11	76.17	76.59
	灰 分	12.39	13.80	14.52	15.05	14.40
	挥发分	9.21	8.27	8.03	8.24	8.52
	硫	0.43	4.37	0.34	0.54	0.49

 1965 年 8 月，苏联卡拉甘达厂在 1719m³ 的 2 号高炉喷煤，到 1970 年共喷煤9.5 万吨。苏联第一家喷煤高炉是顿涅茨厂的 2 号高炉，苏联报道很多，仅1972~1976 年我们见到的论文，已有 8 篇[18~21]，并出版了一本专著[22]，他们和美国人一样，很重视宣传。

 1973 年石油危机发生后，喷煤得到广泛重视，焦煤资源日渐缺乏，再加上焦炉产生的污染被深入研究后发现，焦炉泄漏的气体有致癌物质，引起人们极度不安。20 世纪 80 年代，形成世界范围的高炉喷煤建设高潮。各国相继开始喷煤：

国 别	中国	美国	苏联	日本	英国	德国
开始喷煤年代	1964	1964	1968	1981	1983	1985

 当年我国高炉喷煤最普遍，日本曾组团到美国、前苏联和中国洽谈，购买喷煤技术。他们和首钢交谈，要求考察喷煤设施。当年我国尚未开放，也不懂专利洽谈规则，对日本的合理要求，仅允许到高炉转一圈，未开放喷煤设施。日本专家说："你们说鱼很新鲜，放在口袋里不肯拿出来让我们看，我们怎么决策？"

最后他们从美国引进了喷煤技术，本来我们在高炉喷煤上有优势，是世界最普遍、喷吹量最高、经济效益最好的国家，不懂谈判丢掉了技术输出的机会。

4.4.2   煤粉的作用

煤粉的作用，主要是取代风口碳。随着喷煤率提高，煤粉取代风口碳的比例迅速上升。喷煤率达到45.2%，煤粉占全部风口碳比例的60.2%，煤粉在炉缸区放出的热量占炼铁总收入的35.99%，相应的焦炭在炉缸区放出的热量只有20.85%，详见表4-10和表4-11[23]。

表4-10   不同喷煤率的碳平衡   （kg/t 铁）

期　别			基准期	Ⅰ	Ⅱ	Ⅲ	Ⅳ
喷煤率/%			0	26.6	35.9	40.5	45.2
碳收入	焦炭带入		511.09	357.00	328.00	309.50	286.00
	煤粉带入		0	117.50	162.80	179.80	208.20
	石灰石带入		1.85	1.79	1.79	1.91	1.92
	烧结矿带入		0.38	0.42	0.41	0.39	0.40
	小　计		512.34	476.71	493.00	484.60	496.52
碳支出	生铁含碳		43.80	43.00	45.40	44.50	43.90
	炉尘中碳		3.08	4.05	6.10	5.16	4.44
	直接还原耗碳		109.71	102.08	111.44	105.27	102.18
	风口碳	总　量	356.55	327.58	330.06	329.22	346.00
		其中煤粉 kg	0	117.5	162.8	179.8	208.2
		其中煤粉 %	0	35.9	49.2	54.5	60.2
	小　计		513.32	476.71	493.00	486.60	498.52

表4-11   不同喷煤率的热收入

期　别 收入项目	基准期		Ⅰ		Ⅱ		Ⅲ		Ⅳ	
	kcal/kg	%	kcal/kg	%	kcal/kg	%	kcal/kg	%	kcal/kg	%
1. 焦炭燃烧放热	764	55.1	485	35.23	389	27.81	319.5	24.32	281	20.85
2. 煤粉燃烧放热	0	0	273.5	19.88	378	27.00	418	31.82	485	35.99
总的风口碳放热	764	55.1	758.5	55.09	767	54.81	737.5	56.14	766	56.84
3. 热风带入物理热	456	32.82	456	33.12	468	33.45	421	32.02	424	31.50
4. 成渣热	4.15	0.30	0.915	0.007	2.7	0.193	0.31	0.024	0.02	0.001
5. 甲烷生成热	2.92	0.21	2.91	0.213	3.03	0.217	2.98	0.226	3.04	0.226
6. 炉料带入物理热	160.5	11.57	159.0	11.55	158.5	11.33	152	11.59	153.9	11.43
总　计	1337.57	100.00	1377.33	100.00	1399.23	100.00	1313.79	100.00	1346.96	100.00

4.4.3 煤粉燃烧

煤粉在吹管里开始燃烧，图4-8是首钢1号高炉依据实测成分推算的煤粉燃烧量范围。当时煤粉粒度很细，小于0.088mm占87%左右；高炉风温1110~1150℃，富氧2%~4%，喷枪出口距风口前端1.12m，煤粉在吹管中的燃烧量约2%~18%之间。从煤枪出口到风口前端，热风通过时间平均为0.0103s（图4-8）。

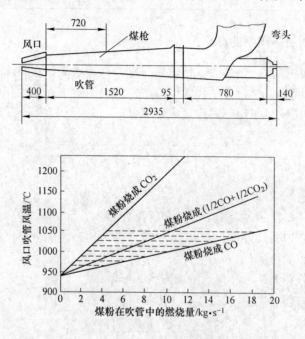

图4-8 煤粉在吹管中的燃烧量

随着喷煤率提高，煤粉容易出现不完全燃烧，我们曾在较短时间将喷煤率提高到49%以上（见表4-12）。实践表明："喷煤率超过47%以后，不完全燃烧现象严重。……，在风温1150℃，富氧4%~5%，其他冶炼条件相同，喷吹率由45.4%上升到49.1%，燃料比上升62kg；喷煤率达52.2%，燃料比升高81kg。""实践表明，富氧4%~5%，风温1100℃以上，喷吹率到45%，煤粉利用比较充分"[24]。

表4-12 不同喷煤量的燃料比

时 间	1966年4月	5月	6月2~8日	6月7日
利用系数/t·(m³·d)⁻¹	2.425	2.45	2.31	2.22
焦比/kg·t⁻¹	370	336	345	337
喷煤量/kg·t⁻¹	226	279	332	369
喷煤率/%	38	45.4	49.1	52.2

时　间	1966 年 4 月	5 月	6 月 2~8 日	6 月 7 日
燃料比/kg·t^{-1}	596	615	677	706
风中含氧/%	23.4	24.9	25.2	23.5
风温/℃	1144	1150	1150	1150
炉顶压力/kg·cm^{-2}	0.58	0.58	0.60	0.60

4.4.4　喷煤对冶炼周期的影响

随着喷煤率提高，炉料中含铁炉料的比例显著增加，相对地增加了含铁炉料和煤气的接触时间；煤粉大量代替风口碳，炉料的冶炼周期也相应延长。喷煤率对冶炼周期的影响，可由下式定量地计算：

$$\tau = \frac{24V}{\xi\left(\dfrac{1}{\rho_J} + \dfrac{K/J}{\rho_K}\right)i_\Sigma V_n(1-n)} \tag{4-4}$$

式中　τ——冶炼周期，h；

　　　　V——从料线到风口中心线的高炉工作容积，m^3；

　　　　V_n——高炉有效容积，m^3；

　　　　K/J——焦炭负荷；

　　　　ρ_K，ρ_J——分别为矿石和焦炭的堆密度，t/m^3；

　　　　i_Σ——综合冶炼强度，t/(m^3·d)：

$$i_\Sigma = \frac{(煤 + 焦)\,日耗量}{V_n}$$

　　　　ξ——炉料压缩系数。

式（4-4）中的炉料压缩系数，我们用实测方法得到的：第一次测定：8：20炉料中加锰矿 4t，隔 32 分钟再加 4t，从 12：35 起，连续放渣、取样，测量渣中的 MnO，14：50 和 15：20 测到 MnO 峰值，峰值的间隔和加入的间隔一致。由此得到冶炼周期是 6.5 小时，代入式（4-4），得到 $\xi = 0.9$。图 4-9 是实测的渣中MnO 的实测值；图 4-10 是煤粉的动态特性曲线。煤粉作用时间大约 4 小时。

4.4.5　用煤粉调剂炉温

知道煤粉调剂炉温惯性（滞后性）大，调剂应及早动手。错误操作，经常由于忽视了这点，这里举一个实例。首钢 3 号高炉 1036m^3，炼制钢铁，当时炉温较高，铁水含 [Si] 1.24%，工长万万没有想到会发生炉冷。当时正常负荷是3~3.05，由于思想麻痹，白班 10：00~16：00 的平均综合负荷是 3.18，并未引起重视。由于综合负荷过重，炉温连续下行，从 12：00 起，料速明显加快，此

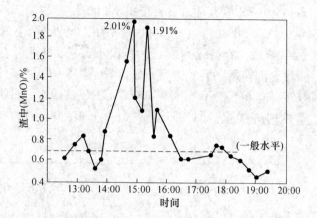

图 4-9 炉渣中 MnO 的变化

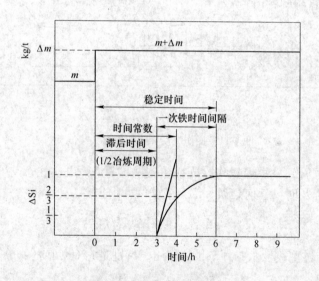

图 4-10 煤粉的动态特性曲线

时本应增加喷吹量，控制料速，到 18：22，铁水中［Si］一路下行：1.24%→0.9%→0.6%，18：00 料速已经提高到 11.5 批/h，炉温虽然不低，但下行趋势更严重。铁水中［S］由 0.017%→0.027%→0.048%，出格铁威胁极大，如不采取措施，出格铁不可避免。

21：00 出完铁，看到铁水含［S］0.06%，这时才采取提温措施：（1）煤粉由 3t/h→3.6t/h；（2）减风 5.7%。

以上措施，因减风过少，料速并未低于原来的正常水平，说明未起作用。煤粉惯性很大，需 3~4 小时以后起作用，连续两炉出格铁，是此次事故的代价。

　　还是这座高炉，1975 年 3 月 2 日，夜班 1：00 发现炉温下行，工长增加煤粉、重油喷吹量，从 1：00 的 5.05t/h 和 2.58t/h，增加到 5：00 的 6.25t/h 和 4.57t/h，这个喷吹数量一直持续到 14：00。由于煤粉、重油作用时间滞后，炉温依然下降，当煤、油作用以后，炉温开始上升，从 8：00 的 ［Si］0.42% 开始连续升高：0.42%→0.68%→0.69%→1.0%，不仅造成煤、油大量浪费，而且因炉温上升，产量损失严重。图 4-11 是 3 月 2 日 0：00 ~ 16：00 的操作过程记录。

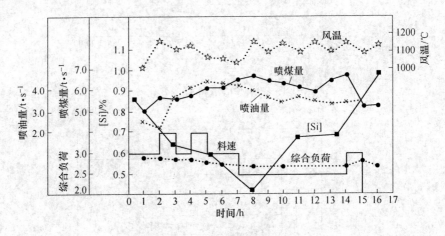

图 4-11　操作失误导致的炉温大幅波动

　　以上两例看到，炉温操作，既应重视防"冷"，也应注意防"过热"，要加强观察，措施及时，任何延误，都会带来巨大损失。

4.5　低硅铁冶炼

4.3 节已讨论过铁水中 ［Si］ 的作用，特别是它对焦比的影响：

［Si］含量	<1.5%	1.5% ~ 2.5%	>2.5%
影响焦比	40kg/t	60kg/t	85kg/t

　　所以降低制钢铁含硅量，不仅满足炼钢对铁水的要求，也是高炉工作者追求的目标。图 4-12 是首钢历年铁水含硅量的变化。和现在不同的是，当年首钢仅生产铁块为市场服务，经常生产铸造铁和高锰铁。

4.5.1　低硅铁生产

　　时代发展，对钢的质量要求日益提高。优质钢要求硫、磷很低，钢水脱硫、磷之前，需要脱硅。铁水含硅量，影响铁水温度，炼钢加废钢要求铁水温度充足，所以各厂以自身生产条件决定铁水含硅量水平。日本早年废钢较少，降低铁

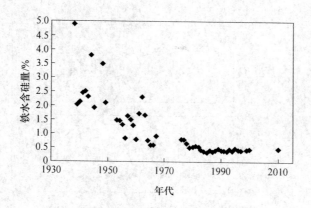

图4-12　首钢历年铁水含硅量

水含硅量较欧美积极，并走在前面。日本的"低硅铁专利"最多，仅浙江省冶金研究所主编的《国外高炉冶炼低硅铁专利文献汇编》就收集日本专利25篇[25]。

日本钢管公司福山2号高炉（2828m³）在1984年1月创造了月平均铁水含硅量0.15%的世界新纪录[26]；新日铁名古屋3号高炉于1985年11月实现了月平均0.12%[27]。

日本研究和实践证明，铁水的[Si]，源自SiO_2在炉缸被C还原、气化生成SiO进入铁水，被铁水中[C]还原成[Si]。控制SiO气化量是降低铁水中Si的有效方法。为此，降低铁水温度或提高炉渣碱度，抑制SiO_2，都是行之有效的：

$$(SiO_2) + C(固) \longrightarrow SiO(气) + CO(气) \tag{4-5}$$

$$SiO(气) + C \longrightarrow [Si] + CO(气) \tag{4-6}$$

图4-13和图4-14是水岛2号高炉冶炼低硅铁的实践结果[28]。水岛2号高炉第一阶段于1983年12月将铁中硅由0.4%降到0.25%，到1984年6~8月降到0.2%以下，这是降硅的第二阶段。第一阶段主要是抑制SiO气体的产生和减少熔化带体积的方法降硅，将理论燃烧温度降低到2200℃水平、冷却壁热负荷控制在较低的水平。

第二阶段在第一阶段的基础上，调整炉渣碱度，实际碱度提高0.03，渣中MgO增加2%，铁中[Si]降到0.2%以下，8月全月平均降到0.17%。

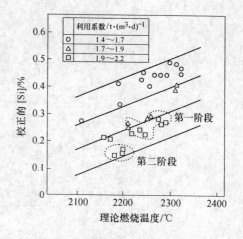

图4-13　校正的硅含量与理论燃烧温度关系

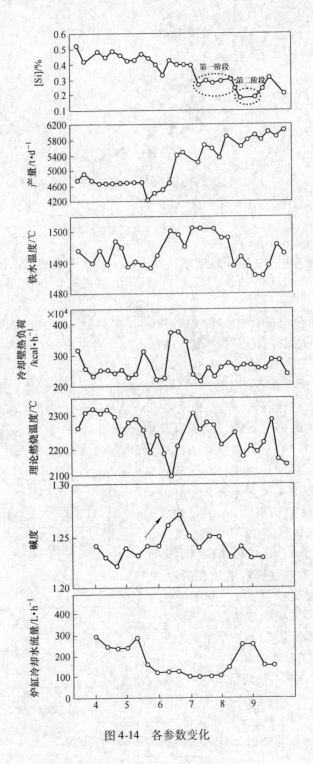

图 4-14 各参数变化

4.5.2 我国的实践

1980 年以后，我国也开始冶炼低硅铁，开始降硅卓有成效的是杭钢、马钢和唐钢。杭钢 1983 年 9 月月平均 [Si] 含量 0.22%，年平均 0.39%，均是国内一流水平[29]。表 4-13 是首钢 3 号高炉的实践结果，3 号高炉 1983 年 1 月的铁水温度实测数据整理得出[30]：

$$R_3 = 1.35 \pm 0.015, R_2 = CaO/SiO_2 = 1.1 \pm 0.10$$ 时

$$T_1 = 1394 + 125.6[Si] \tag{4-7}$$

按式（4-7）计算，[Si] 降低 0.1%，铁水温度降低 12.6℃。

表 4-13　3 号高炉降硅后指标的变化

时 间	[Si]/%	标准风速/m·s⁻¹	实际风速/m·s⁻¹	动能/kg·m·s⁻¹	风量/m³·min⁻¹	风压/MPa	透气性指数	综合冶炼强度/t·(m³·d)⁻¹	平均日产/t	焦比/kg·t⁻¹	综合焦比/kg·t⁻¹
1982 年 8 月	0.48	112	183	4845	1953	0.199	1588	1.036	2125	392	499
1982 年 10 月	0.47	114	183	5031	2047	0.208	1551	1.150	2333	384	507
1982 年 11 月	0.47	117	188	5480	2071	0.205	1593	1.184	2435	388	502
1983 年 1 月	0.43	115	180	4900	2069	0.214	1488	1.176	2424	386	499
1983 年 2 月	0.43	120	185	5550	2262	0.220	1497	1.221	2419	394	508
1983 年 3 月	0.42	128	190	6104	2260	0.222	1539	1.210	2439	402	509
1983 年 4 月	0.40	130	197	6623	2355	0.220	1624	1.225	2548	389	490
1983 年 5 月	0.36	130	190	6629	2390	0.216	1695	1.255	2605	396	496

随着低硅铁的冶炼，首钢炼钢厂采取很多有效措施，废钢用量不但没有减少，反而增加，并稳定在较高水平上（表 4-14）。依据首钢当时的条件，料场较小，炉料波动较大，不具备冶炼含硅量低于 0.3% 的铁水，以后较好的期间，稳定在 0.3% ~ 0.4% 的水平。

表 4-14　首钢炼钢厂当年的实际废钢用量

年 份	1978	1979	1980	1981	1982	1983	1984	1985	1986
炼钢铁水[Si]/%	0.86	0.50	0.53	0.57	0.53	0.44	0.40	0.35	0.40
炼钢厂废钢用量/kg·t⁻¹钢	67.77	76.41	83.05	114.41	123.34	133.03	132.91	132.41	134.88

4.6　炉缸冻结及处理

炉缸冻结，是指由于炉冷，铁渣黏稠或凝结，铁水不能从铁口流出来。现代高炉很少发生炉缸冻结，当年因设备简陋、检测仪表不足等原因，炉缸冻结时有

发生。

4.6.1 炉缸冻结的原因及类型

1984 年冶金部徐矩良、刘琦两位专家主编的《高炉事故处理一百例》中，炉缸冻结列为第一章，共 19 例[31]。这 19 例是当时我国著名的钢铁公司发生的，可归纳为四类：

类别	操作失误	设备故障	漏水	长期休风
次数	4	5	4	6

其实，上述四类互相关联。

操作失误引起的冻结，主要指因操作原因引起的严重炉冷，如连续管道、深塌料导致的炉缸冻结或称量错误导致的冻结。

设备发生故障，被迫意外停风，生产被迫中断。有的厂因风机故障，被迫停风数天或数十天；或上料设备故障，长期停风，高炉密封不严，或冷却系统冷却强度未能及时降低，高炉热量大量耗散，造成炉缸冻结。

向炉内"浇水"，不论什么原因，都会消耗大量热量。漏水，不仅是水箱或冷却壁，曾有一座 576m³ 高炉，因炉顶温度太高，被迫炉顶打水，交班后，工长未向下班交代，仅在交接班记录上记了一笔："因顶温过高，炉顶打水"，接班工长看到记录，以为瞬间打水，并未引起重视，也未检查炉顶打水截门，连续浇了 7 小时水，直到铁口放不出铁，风口局部涌渣、灌渣，才意识到问题严重，但为时已晚！

长期休风或长期封炉，也有冻结发生：虽然休风或封炉有准备，和设备故障引起的长期休风不同，但计划与实际不符，或比预计的时间延长，或相应的操作不当，造成炉缸冻结。

表 4-15 所列冻结类型，实际也是炉缸冻结的主要原因。

表 4-15 炉缸冻结及类型

厂名	炉号	容积/m³	冻结日期	处理用时/天	冻结原因	冻结分类
本钢	5	2000	1978 年 1 月 22 日	5	管道 + 塌料	1
鞍钢	3	831	1971 年 1 月 12 日	4	炉冷 + 塌料	1
包钢	3	1800	1972 年 6 月 26 日	10	炉冷 + 设备故障，连续休风	1 + 2
济钢	2	100	1981 年 1 月 5 日	5	出铁事故休风 + 管道	1 + 2
水钢	2	1200	1979 年 1 月 30 日	9	焦炭强度差、炉冷 + 操作错误	1
鞍钢	1	568	1975 年 3 月 12 日	7	冷却壁漏水	3

厂名	炉号	容积/m³	冻结日期	处理用时/天	冻结原因	冻结分类
鞍钢	11	2085	1974 年 7 月 14 日	7	休风 32 小时检修 + 漏水，16 小时后查出	4
包钢	2	1513	1978 年 6 月 19 日	10	检修 37 小时 + 漏水	3 + 4
太钢	3	1200	1981 年 9 月 26 日	8	漏水	3
鞍钢	6	936	1975 年 3 月 1 日	8	因地震无准备封炉 25 天、封炉不严，料线下降 7 米	4
安钢	2	255	1979 年 8 月 8 日	51	因设备故障无计划停风 19 天	2
鞍钢	10	1513	1958 年 12 月 6 日	7	上料设备故障 + 频繁休风	2
武钢	2	1436	1979 年 5 月 24 日		封炉 71 天	4
首钢	4	1200	1975 年 3 月 11 日	10	停风 19 天检修 + 连续停风	4 + 1
武钢	4	2516	1974 年 10 月 16 日	10	中修 8 个月，炉缸有残铁 700～800t，残渣 100～200t，熔料 20t	4
水钢	1	568	1974 年 7 月 24 日	10	封炉 22 天	4
济钢	2	255	1977 年 4 月 25 日	12	漏水 + 休风	3
马钢	11	300	1973 年 9 月 1 日	5	设备故障，停风 8 小时	2
湘钢	2	750	1977 年 8 月 1 日	8	设备故障 + 炉冷	2 + 1

4.6.2 称量错误导致的炉缸冻结

我国自主建设大高炉初期，装备水平，特别是自动检测设施，包括计量元件和管理软件，都经历一段探索、积累过程。鞍钢 11 号高炉是我国自己设计施工的第一座自动化程度最高的大高炉。1986 年 3 月 3 日鞍钢 11 号高炉 17：58～23：22，长达 5 小时 24 分装入 27 批共计 2106t 烧结矿，未装焦炭，这是中班操作失误引起。中班工长接班后，于 16：30 出铁，以后压差升高，透气性指数下降，工长以为炉况不顺，减风、减煤，并执行错误程序（此上料程序有缺陷，只加矿不加焦，没有约束执行条件），只加矿石不加焦炭。直到 23：00 前后，才发现使用错误上料程序。此时无焦炉料估计已降到炉身下部（图 4-15）。

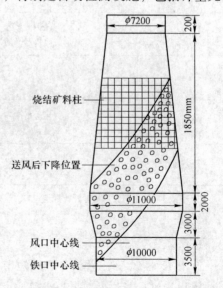

图 4-15 装错料与送风后炉料下降位置示意图

　　11 号高炉容积 2025m³，是国内自主设计的大型高炉。2106t 无焦冷料，如落入炉缸，必将全炉冻结。如何处理，意见分歧，经会议讨论决定[32,33]：

　　第 1 步，以少量风口送风，排除渣铁，替换冷料；

　　第 2 步，从选定风口，将冷料"吹出"；

　　第 3 步，切开炉皮，扒出冷料。

4.6.2.1　送风换料

　　从 4 日 3：45 开始，用 19、20、21 三个风口送风，其余堵死，见表 4-16。因炉冷，风口不断灌死，再开风口，到 4 日 12：20，终因 5 号吹管烧穿，被迫停风，送风的三个风口灌死，送风换料结束。从发现错料到吹管烧穿，共加净焦 17 批、166t。

表 4-16　风口工作状况

时间	高炉风口									
	18	19	20	21	22	1	2	3	4	5
3:45	×	○	○	○	×	×	×	×	×	×
								×		
4:00	×	○	○	○	×	×	○	×		
						(自动吹开)				
4:45	×	○	○	○	○	×	○		×	×
				(自动吹开)				×		
6:30	×	⊗	⊗	⊗	⊗	×	○		×	×
		(高炉风口自动灌渣)								
6:40	×					×	○	○	×	×
								(人工打开)		
11:00	×					×	○	○	○	×
								(人工打开)		
12:26	×					×	⊗	⊗	⊗	⊗
							(自动灌渣)		(烧穿)	

　　注：×、○、⊗ 分别表示堵、开、灌渣风口。

4.6.2.2　吹料不成功

　　卸下 15 号风口、弯头，焊死短节，以 15 号风口位置当出料口，用 13、16 号两风口送风，先后断续共吹 8 次，计用于吹料时间 5 小时 49 分，吹出烧结矿 9.8t，焦炭 28t。本想吹出来更多冷矿，结果反而把最需要的焦炭大量吹出，吹料结果见表4-17。

表 4-17 各次吹料情况

序号	时 间	送风风口号	吹料风口号	最高风压/MPa	风量/m²·min⁻¹	风温/℃	吹出物量/t
1	4 日 23：30 ~ 23：55	13.16	15	0.08		冷风	吹出少量焦炭和烧结矿
2	5 日 1：10 ~ 2：01	13.16	15	0.12	800	600	焦炭 15t 烧结矿 5t
3	3 日 16：09 ~ 16：15	13.16	15	0.14		500	焦炭 10t 烧结矿 4t
4	5 日 20：30 ~ 21：00	13.16	160 ~ 180mm	0.20	0	600	吹出少量焦炭
5	5 日 22：04 ~ 23：15	13.10	拿掉风口	0.165	1100	730	吹出焦炭 1t
6	5 日 23：53 ~ 24：00	13.16	15	0.23	1200	720	少量焦炭
7	6 日 1：09 ~ 1：26	13.16	15	0.23	1200	700	焦炭 1t 烧结矿 0.2t
8	6 日 2：11 ~ 4：13	13.16	15	0.20	1000 ~ 1150	670	焦炭 1t 烧结矿 0.3t

4.6.2.3 单风口送风换料

吹料不成功, 当时徐同宴等提出[32]: 高炉下部 (炉缸死料柱) 有焦炭 (炉芯焦) 可用 (图4-16), 可以利用单风口送风, 燃烧这些焦炭, 加热、熔化上部炉料。

停风时发现, 部分风口前有空间, 决定在有空间的 3 号风口前, 加入焦炭 2t 多, 在 13、14 号风口空间加 13 块铝锭, 完成以上工作后于 3 月 6 日 15：30 送风, 用 15 号风口作临时出铁口, 用 16 号风口送风, 风压 0.02MPa, 风温 500℃, 风量无显示, 但观察风口前活跃, 以后 13、17 号风口吹开, 于 22：40 停风堵 13、17 号风口, 保持 16 号风口送风, 以维持初步形成的通道。7 日夜班, 依然风压 0.02MPa, 观察见风口前有大块滑落, 不涌渣。7：40, 14 号风口吹开, 风压依然保持 0.02MPa, 风量升到 529m³/min。13：00 打开临时出铁口, 出铁 30t。17：10 打开 17 号风口, 风口工作正常, 风压 0.04MPa, 风量 650m³/min, 多次打开渣口, 无渣流出。规定间

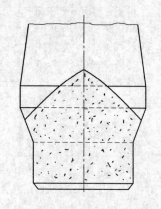

图 4-16 高炉下部焦炭堆示意图[32]

隔4~8小时，开一个风口，"以微弱的气流冲刷料柱，使之层层剥落，保持已形成的通道，防止突然塌落堵塞"[33]。

7 日由临时铁口出铁共 105t，期间每 1~2 小时出一次。全天加焦 134t，渣口无渣。

8 日 13、16、17 号三个风口工作，风压 0.05MPa，风温 840~850℃。9：30~11：00 休风，烧开 18、19 号风口并堵泥（内有残渣铁，0.8~1m），17：00 打开 18 号风口，共 4 各个风口工作。临时铁口尚无渣流出，到 20：35 打开西渣口，出渣 30t。23：20，打开 19 号风口，到此时，已加焦炭 532t，相当于装错料的焦炭量。从 8 日 17：25 开始，加第一车矿石，此后按开炉加料方法，开始加料。相当于从新开炉，详见表4-18。

表 4-18　焦炭负荷变化过程

时间	烧结矿批重/t	锰矿批重/t	硅石批重/t	焦炭批重/t	焦比/t·t⁻¹	装料制度	料线/m
3 月 8 日19：00	3.9	0.30		9.57	4.57	2A + B A = JJJ，B = JJJK	2.5
22：10	7.837	0.20		8.507	1.888	2A + B A = JJJ，B = JJKK	2.0
3 月 9 日	9.400	0.20		8.294	1.538	3A + 2B A = JJJ，B = JJKK	1.5
	11.50	0.25	0.125	7.957	1.219	A + B A = JJJ，B = JJKK	2.5
3 月 10 日	14.100	0.30	0.125	7.656	0.990	2A + 3B A = JJJ，B = JJKK	1.5
3 月 11 日	23.200	0.50	0.3	10.620	0.802	全 A 倒分装 JJJ1.5m，KK0.2m	1.5
	23.300	0.50	0.2	9.45	0.711	全 A 倒分装 JJJ1.5m，KK0.5m	1.5
	25.400	0.50	0.1	9.45	0.633	全 A 倒分装 JJJ1.5m，KK0.5m	1.5
	25.400	0.50	0.1	8.76	0.605	全 A 倒分装 JJJ1.5m，KK0.5m	1.5
3 月 12 日	29.350	0.55	0.1	9.54	0.571	全 A 倒分装 JJJ1.5m，KK0.5m	1.5
	29.45	0.50		9.54	0.569	全 A 倒分装 JJJ1.5m，KK0.5m	1.5
	32.40	0.60		9.54	0.518	全 A 倒分装 JJJ1.5m，KK0.5m	1.5

10 日 8：00 ~ 12：00 休风，处理 15 号风口的临时铁口并做渣口临时铁口，从此将临时铁口下移到渣口平面。到 13 日，恢复正常，前后历时 12 天，损失产量 23000t。这是我国钢铁工业发展过程的代价。

4.6.3　炉缸冻结的处理方法

上述实例，包括了几乎所有的炉缸冻结处理方法，对如此严重、从无先例的冻结事故中探索和处理很成功。上述实例中包括：

（1）尽量快速恢复。为此，应尽力减少风口灌渣、烧出，以减少停风时间，减少热损失和生产损失。

（2）全力维持少量或单独风口送风，使料面下降，补加足够的净焦，以替换冷料，改变炉内严重不足的热量。

（3）尽量排除冷铁、冷渣。

炉冷，则灌渣很难避免，而低温炉渣经常夹带铁水，一旦灌渣，经常烧断吹管，被迫突然停风，因而导致风口全部灌渣。这类灌渣，处理时间很长，损失的不仅是时间，还有热量。为减少灌渣损失，应尽量减少工作风口数量，减少被灌渣的风口吹管数量。

加快用焦炭替换冷料，最好的办法是用单一风口送风，在此风口前形成燃烧区，使料柱局部下降，以最小的体积，使后续的焦炭到达风口。所以，从换料的目的出发，单一风口处理炉缸冻结，也很必要。

高炉铁口距风口有相当距离，有渣口的高炉，可用渣口作临时铁口，以减少冷渣、冷铁排除口与风口的距离，这是处理炉缸冻结的有效方法。将渣口三套及渣口取出，在前端用氧气或其他工具将附近的渣铁凝结物清除一个空间，内填焦炭；将临近风口烧通形成通路。在新填的焦炭外面渣口处，用炮泥填上，用小铲挖出安装临时铁口的空间，将临时铁口装上。

临时铁口是用炭砖或耐火砖做成渣口三套的尺寸，安装后，按铁口要求，砌成砖套和泥套（图4-17），外部与渣沟相接，按出铁主沟要求，作临时撇渣器、铁沟，烘烤后使用。

更严重的冻结，如上例所述，从风口平面出铁。现代大高炉，不设渣口，万一冻结，风口可能是不

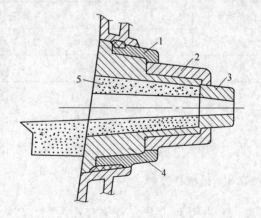

图 4-17　临时铁口示意图

1—渣口大套；2—渣口二套；3—炭砖或耐火砖临时铁口；
4—环形砌砖；5—临时铁口泥套

得已的选择，当然现代高炉冻结的几率很小。选择风口出铁风险极高，风口变成临时铁口的方法，同渣口处理相同，只是风口距铁口 4~5m 高，临时铁沟距炉前工作平面很高，需作专门平台安装出铁装置。拉下风口，按风口尺寸用炭砖或耐火砖制成外形同风口一样的临时铁口，"内径 80~90mm，用焊好的支架顶住。二套、大套内砌好耐火砖，并垫好炮泥烘烤。大套外设钢架、铁沟，砌砖、填泥、铺沙；争取与炉前出铁沟或铁罐相连。鹅颈管焊堵盲板"[33]。

4.6.4　净焦量

冻结应加多少焦炭，由冻结情况决定。鞍钢夏中庆给出参考量，参考价值很高[33]。

表 4-19 说明，当加焦容积大于炉缸容积，则处理顺利，小于炉缸容积、仅有炉缸容积一半的时候，处理失败。这是非常重要的经验教训。

表 4-19　加焦数量与炉况恢复

炉　别	加焦炭		炉缸容积 /m³	$\dfrac{焦炭容积}{炉缸容积}$	炉况变化
	t	m³			
鞍钢 1 号	88.8	197.3	72.5	2.722	炉温迅速回升恢复顺利
鞍钢 3 号	21.8	48.4	101.3	0.476	失　败
鞍钢 3 号	65.4	145.3	101.3	1.435	炉温回升，恢复顺利
鞍钢 3 号	88.0	195.6	101.3	1.931	炉温回升，恢复顺利
鞍钢 6 号	28.3	62.9	126.9	0.496	失　败
鞍钢 11 号	160	335.6	274.7	1.294	炉温回升，恢复顺利
梅山 1 号	67.5	145.6	134	1.086	炉温回升，恢复顺利

4.7　改铁操作

一般炼铁厂经常生产炼钢铁，有时为市场需要，改炼铸造铁。

4.7.1　炼钢铁改铸造铁

20 世纪 50 年代，首钢有铁无钢，高炉经常按市场需要，不停地改变铁种。经验表明，改铁先改变炉渣碱度，然后改变炉温，即"先碱后硅"。

【例1】　1 号高炉原作炼钢铁，平均含硅 0.8%~0.9%，炉渣碱度 1.05 左右。几次改炼含硅 2.0% 的铸造铁，碱度要求 0.9。当时配料如下：

配比	批重/kg		配料比/kg				负荷	每批出铁量/t
	焦炭	矿石	烧结矿	海南岛矿	锰矿	石灰石		
原配比	2760	9100	10500	1400	0	500	3.18	5.15
新配比	?	10500	8700	1800	180	0	?	5.63

（1）按碱度 0.9 计算，新配比应将烧结矿减到 8700kg/批，生矿加到 1800kg/批。依含 [Mn] 要求，应加锰矿 180kg/批，取消石灰石。

（2）铁中 [Si] 由 0.9% 提高到 2.0%，按"首钢定量调剂参数系数表"计算，焦比应提高：$(2-0.9) \times 60 = 72$kg/t。

（3）铁中 [Mn] 提高 0.7% 左右，焦比升高：$0.7 \times 14 = 9.8 \approx 10$kg/t。

（4）去掉 500kg/批石灰石，节约焦炭：$500 \times 0.3 = 150$kg。

（5）原配料比的焦比是：$2760/5.45 = 506$kg/t（5.45 是出铁量，t/批）；新配料比的焦比应为：$506 + 72 + 10 = 588$kg/t。

（6）新配料比每批焦炭：$588 \times 5.63 - 150 = 3160$kg；负荷为 $10500/3160 = 3.32$。

具体加料顺序如下：

13：30 96 批 加原配料 20 批（无石灰石），降低碱度；

16：10 113 批 加净焦 3 批，提炉温；

16：40 116 批 加改铁料、改变碱度和负荷。

冶炼结果如下：

日 期	5月5日				5月6日			
时 间	13：15	16：40	19：12	22：05	0：40	3：00	5：39	11：50
[Si]/%	0.86	0.83	1.25	0.96	1.07	1.90	2.08	1.88
CaO/SiO_2	1.053	1.058	1.08	1.06	1.005	0.95	0.985	0.885

纵观这次改铁，炉渣碱度经过 11 小时下降，到 14 小时后达到要求水平；炉温从净焦入炉算起，经过 11 小时，达到要求水平。

【例2】 3 号高炉 1966 年 10 月改铁。

（1）配料比如下：

时 间	焦炭/kg	烧结矿/kg	庞家堡矿/kg	海南矿/kg	锰矿/kg	负 荷	备 注
原配料比	2400	9300	700	0	200	4.14	5A+15B
23：20	3000						加3车净焦
23：25	3000	8750	0	1250	200	3.33	酸料20批
23：55	3000	9300	0	700	150	3.33	7A+13B

从 325～329 批（23：25-23：55），每批料加净焦 1 批，计 5 批净焦。

（2）炉料成分如下（%）：

矿　名	Fe	SiO$_2$	CaO	S
烧结矿	52.8	10.06	9.4	0.035
海南矿	58.8	13.05		
庞家堡矿	51	15.6		

（3）冶炼结果如下：

日　期	时　间	[Si]/%	[S]/%	[Mn]/%	CaO/SiO$_2$
24 日	22：26	0.68	0.017	0.68	0.93
	0：45	0.57	0.019	0.74	0.918
	3：30	0.73	0.017	0.90	0.954
	6：20	0.83	0.021	0.76	0.878
	9：13	1.39	0.019	0.78	0.90
25 日	11：50	2.51	0.011	0.80	0.95
	14：30	3.01	0.011	0.80	0.925
	17：12	2.44	0.010	0.72	0.917
	19：40	1.94	0.019	0.61	0.78
	22：15	2.1	0.016	0.72	0.802

4.7.2　铸造铁改炼钢铁

由铸造铁改炼炼钢铁，改铁前冶炼条件如下：

[Si]/%	[Mn]/%	CaO/SiO$_2$	矿石批重/t	焦炭批重/t	负荷
2.4	0.58	0.9	10	2.64	3.79

改铁操作如下：

（1）16：10，134 批，去掉生矿，炉渣碱度由 0.9 提高到 1.06；

（2）21：40，183 批，加负荷，焦炭批重由 2640kg 减到 2300kg，负荷由 3.79 加到 4.34，次日因炉温偏高，负荷加到 4.50，焦炭批重由 2300kg 减到 2150kg。冶炼结果如下：

日　期	16 日			17 日			
时　间	16：32	19：10	21：35	2：25	6：00	8：40	11：00
[Si]/%	2.58	3.32	3.22	2.77	2.02	1.17	1.20
CaO/SiO$_2$	0.91	0.873	0.915	0.975	0.94	1.03	1.075

这次改铁，提高碱度炉料入炉后 16 小时，炉渣碱度由 0.91 提高到 1.03；轻负荷料经 11 小时后，炉温由 3.22% 降到 1.2%。按表 4-6 "定量调剂参数系数表"计算，[Si] 由 2.5% 降到 0.8%（Si 下降 1.7%），应加负荷 20%～25%，实际仅加 14%，所以炉温偏高，于次日 15：20 再加负荷 7%，炉温才达到要求，白白浪费 30t 焦炭。

4.7.3　改铁总结

（1）提前 4 小时，改变炉渣碱度。

（2）改变碱度 4 小时后，改变负荷。一般由铸造铁含 [Si] 2.5% 降到炼钢铁（炼钢铁牌号 P08，含 [Si] 0.8% 左右），改变负荷 20%～25%。改变数量，由基础炉况决定。

（3）为减少过渡铁水数量，炼钢铁改铸造铁，在改料之前，单独加焦炭 3～5 批。

改铁的动态过程见图 4-18。

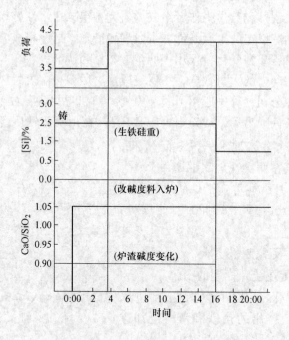

图 4-18　铸造铁改炼钢铁的动态曲线

4.8　调剂炉温的专家系统

4.8.1　高炉过程自动控制的开发研究

高炉数学模型开发始于 20 世纪 60 年代，第一次国际钢铁自动化会议上，有烧结、炼铁、炼钢等的过程论文 4 篇（B1 ~ 4）和实际控制论文 3 篇（B5 ~ 7）[34]。这次会议于 1965 年 3 月 29 ~ 31 日在荷兰阿姆斯特丹召开。

高炉最早的数学模型是从分析高炉热状态开始的，研究铁水含硅量变化。我国最早用统计方法研究高炉焦比变化的是东北工学院（前东北大学）应用数学教研组和鞍钢炼铁厂合作，用多元回归方法，统计 15 个参数对高炉焦比的影响，结果发现有几个参数与焦比的关系反常。从理论分析或实践经验比较，都与统计结果矛盾。作者们认为是"样本容量过小"引起的[35]。1963 年本钢研究所章光安也做过类似研究。

实际上，高炉参数，有些是自变量，有些不是独立地自变量，是因变量，与其他参数有复杂地内在联系；其次，数据采集时间过长，冶炼条件已经变化，也有严重影响，正如控制科学奠基人维纳指出的："在变化很多的条件下的长久统计游程的益处是有名无实的。"[36]

成功的统计模型，日本动手较早，日本钢管公司于 1960 年成立了由冶炼、仪表、自动化工程师和数学工作者组成的研究小组，在水江炼铁厂 1 号高炉上实验。他们首先创造稳定的生产条件，采取许多措施，把原料成分和物理性能稳定下来，尽量减少各参数变化，仅用一两个参数作为调剂手段。

他们统计生产中的大量数据，主要是风量、风温、湿度、风压、煤气成分和铁水含硅量，在公司计算中心用 IBM7070 型计算机寻找各参数与铁水含硅量的关系。初步完成条件模型后，1963 年 11 ~ 12 月，在川崎炼铁厂 5 号高炉上进行工业试验，因为这座高炉上，没装计算机，数学模型由工长在两次铁之间手算一次。

1962 年 11 月，在重新开炉的水江 1 号高炉上，安装了一套 HOC-300 型计算机，记录高炉操作信息。1964 年改造这台计算机后，使它具备了控制机功能。

图 4-19 是上述统计模型的图解。

将高炉反应区分成两部分，下部进入的有风和重油，排出的是铁和渣。上部进入的是炉料，排出的是煤气。图中① ~ ⑥是炉内冶炼反应。研制过程及实验结果见文献 [37, 38]。

工作是初步的，仅仅建立在统计基础上，局限性很大。当使用范围超出统计区域，原有的规律很难适用。此外，高炉生产条件常常变化，仅靠原有的数据得到的

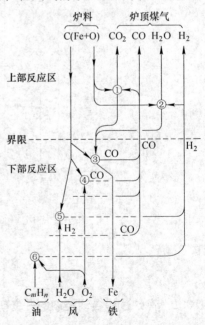

图 4-19 高炉冶炼进程的反应图解

结果，也有困难。

这次探索的意义在于开拓了计算机用于高炉的实践，在日本是第一家，属世界早期高炉开拓性试验。

统计模型，仅给出炉温判断，生产工作者更关心高炉在一定条件下的生产率。在高炉炉温判定的实践中，遇到的最大问题是，高炉参数变化后的作用时间在不同冶炼条件下完全不同。高炉工作者把这一现象叫"惯性"。法国钢铁研究院（IRSID）的学者编制了高炉动态控制模型，在一定程度上解决了"惯性"问题。斯泰博（C. Staib）等假定炉料从炉顶到熔化区经过6小时，以平均1小时溶解损失（直接还原）耗碳的变化量来修正从熔化区出来的碳量，在t时间内，焦炭储备层的碳量的变动，可以用公式计算出来，图4-20给出储备层焦炭量的变化，解释高炉炉温变化的原理。焦炭储备层的碳量减低，炉温向凉；增高则向热[39]。

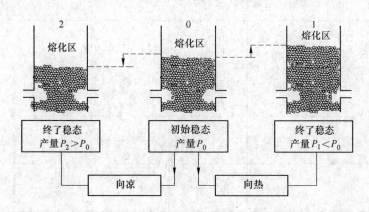

图 4-20　炉温变化与焦炭储备层的关系

作为高炉动态研究的起步，高炉现象用线性微分方程描述。假定已知高炉的状态方程是一阶线性微分方程：

$$T\frac{\partial y}{\partial x} + y = Kx(t) \tag{4-8}$$

式中　$y(t)$——高炉状态函数，可看做高炉系统的输出；

　　　$x(t)$——高炉可控参数，可看作高炉系统的输入；

　　　T，K——常数。

将上述状态方程经拉普拉斯变换，变换前后的 $x(t)$ 和 $x(s)$，都是系统的输入量，$y(t)$ 和 $y(s)$ 是系统的输出量。两者同样可描述高炉状态变化。上述两者的比值，即状态函数和输入参数的比值，定义为"传递函数"。物理意义，示意如下：

输入 $\xrightarrow{\begin{array}{c} x(s) \\ x(t) \end{array}}$ $\boxed{\dfrac{K}{ts+1}}$ $\xrightarrow{\begin{array}{c} y(s) \\ y(t) \end{array}}$ 输出

传递函数

斯泰博等对高炉经常应用的炉温调剂参数做了定量地研究，4.3 节图4-4、图4-5 的动态响应曲线是他们研究的一部分。伍德（B. Wood）整理了部分参数的传递函数，列于表4-20。

表 4-20 传递函数[11]

伍 德	$\dfrac{-0.058}{1+28s}$	$\dfrac{0.005}{1+6s}$	$\dfrac{0.014\mathrm{e}^{-8s}}{1+8s}$	$\dfrac{0.028\mathrm{e}^{-2s}}{1+11s}$	$\dfrac{0.05}{1+3.5s}$
Vidol	$\dfrac{-0.021}{1+s}+\dfrac{0.007\mathrm{e}^{-8s}}{1+1.5s}$	$\dfrac{0.004}{1+6s}$	$\dfrac{0.015\mathrm{e}^{-12s}}{(1+4.3s)^2}$		
Barlier	$\dfrac{-0.053}{1+3.4s}$	$\dfrac{0.0025}{1+6.2s}$	$\dfrac{0.015\mathrm{e}^{-8s}}{1+16s}$		
Staib	$\dfrac{-0.023}{1+2s}$	$\dfrac{0.002}{1+14s}$	增广 = 0.016	$\dfrac{0.02\mathrm{e}^{-14s}}{1+14s}$	
Rebeko			$\dfrac{0.016\mathrm{e}^{-4.5s}}{1+7.5s}$		$\dfrac{0.03}{1+2.25s}$
Botler		$\dfrac{0.003\mathrm{e}^{-4s}}{1+9s}$		$\dfrac{0.017\mathrm{e}^{-4s}}{1+16s}$	

1963 年法国模型在 Sidelor 公司 Homecourt 厂 4 号炉，1964 年在诺曼底公司蒙德维尔厂，以后又在隆巴斯厂 5 号高炉，进行动态模型试验，取得较好结果，详见文献 [38]。法国的静态和动态模型，均开创了高炉过程控制的新高度，特别是引入传递函数开展动态研究，给出很大的开拓空间，为以后的发展拓宽了道路。

4.8.2 高炉专家系统

20 世纪 70 年代，本钢、鞍钢、首钢等与有关部门合作，开始研制高炉模型。以预报铁水含硅量为基本内容。宝钢 1 号高炉从日本引进模型。1989 年以后武钢、首钢与北京科技大学合作开发人工智能高炉冶炼专家系统。当时判断高炉热状态的主要参数和对热状态的影响见表 4-21 和表 4-22[40,41]。首钢自动化研究院又继续开发研究，在首钢 2 号高炉于 2007 年 11 月同时与芬兰模型平行运转对比，因在芬兰模型基础上开发，实际首钢专家系统确有优势。

表 4-21 判断高炉热状态的主要参数

符 号	意 义	符 号	意 义
R_{Fe}	铁水生成率变化	Q_1	富氧量
Q_W	风 量	T_W	风 温
D_p	压 差	H_T	综合负荷
T_T	顶 温	CO	炉喉 CO 量
V_B	料 速	T_1	炉喉温度
Q_C	透气性指数	T_2	炉缸温度

表 4-22 各参数对热状态的作用

编 号	状 态 / 参 数	过 热	向 热	向 凉	剧 冷
1	铁水生成率变化	↑	↑	↓	↓
2	风 量	↓↓	↓	↑	↑↑
3	压 差	↑	↑	↓	↓
4	顶 温	↑	↑	↓	↓
5	料 速	↓↓	↓	↑	↓↓
6	透气性指数	↓	↓	↑	↓
7	富氧量	↑	↑	↓	↓
8	风 温	↑	↑	↓	↓
9	水箱温度	↑	↑	↓	↓↓
10	水箱水温差	↑	↑	↓	↓
11	风口前端温度	↑	↑	↓	↓
12	炉缸温度	↑↑	↑	↓	↓↓

注：↑↑为剧烈上升；↑为上升；↓为下降；↓↓为剧烈下降。

参考文献

[1] 周传典. 周传典文集 1~4 卷[M]. 北京：冶金工业出版社，2001.

[2] 周传典，建议与纪事[M]. 北京：冶金工业出版社，1997；(续集)2006.

[3] 陈家祥. 炼钢常用图表数据手册（第 2 版）[M]. 北京：冶金工业出版社，2010：99.

[4] 黄希祜. 钢铁冶金原理（第 4 版）[M]. 北京：冶金工业出版社，2013：452-453.

[5] E. Ф. 维格曼，等. 董学经，等译. 炼铁学[M]. 北京：冶金工业出版社，1993：193-194.

[6] 章光安，等. 本钢生铁性能的研究[J]. 钢铁，1983(3)：1-8.

[7] H. H. Баъарыкини др. 高炉炉底破损部分铁的温度和成分[J]. Сталь，1961(3)：198-200.

[8] V. W. Lyboz H. Weber. 靳树良，译. 冶金译述，1956(2)：14-18.

[9] 首钢炼铁厂. 炼铁工艺及时规程. 2006（内部资料）.

［10］C. Staib. Ironmaking Proceedings, 1976：66-84.

［11］B. Wood. Developments in Ironmaking Practice, 1972：146-151.

［12］杨天钧, 苍大强, 丁玉龙. 高炉富氧煤粉喷吹［M］. 北京：冶金工业出版社, 1996：1-10.

［13］石景山钢铁公司, 等. 高炉配煤粉试验［J］. 钢铁, 1966(2)：1-6.

［14］刘云彩. 首钢科技, 1979(试刊)：79-97.

［15］Ironmaking Proceedings, 1975：307-328.

［16］Iron and Steel Engineer, 1977(10):30-34；1976(8):51-52.

［17］Stahl und Eisen, 1978(23):1243-1244.

［18］Сталь, 1972(1):10-14；1974(7):587-589；1976(9):788-792；1976(11):979-982.

［19］Металлург, 1974(12):11-14.

［20］Известния ВУЗ Черная Металлургия, 1976(6):35-39.

［21］Металлургическая и горхорудная промышлин-ность, 1974(4):7-8.

［22］煤粉在炼铁方面的应用. 苏联, 1974, 1977 年首钢图书馆翻译.

［23］刘云彩. 高炉高喷煤率的实践［J］. 钢铁, 1981(6):7-11 + 封底.

［24］刘云彩. 从首钢高炉冶炼的实践看高炉操作的强化［J］. 钢铁, 1979(1):25-28.

［25］浙江省冶金研究所主编. 国外高炉冶炼低硅铁专利文献汇编. 1987（内部资料）.

［26］黄献春. 福山 2 号高炉创造铁水含硅量 0.15% 的新纪录［J］. 炼铁, 1985(5):30.

［27］车传仁, 低硅生铁冶炼浅评［J］. 炼铁, 1988(3):46-51.

［28］Toshio Uetani, 等. 铁水中硅含量的控制技术［J］. 国外钢铁, 1987(10):9-16. 刘凤岐, 译自：Ironmaking Proceedings, 1986：541-547.

［29］宋建成. 高炉炼铁理论与实践［M］. 北京：冶金工业出版社, 2005：257.

［30］苏少雄. 碳优质低硅生铁冶炼的若干问题［J］. 炼铁, 1989(4):7-11.

［31］徐矩良, 刘琦. 高炉事故处理一百例［M］. 北京：冶金工业出版社, 1986：1-90.

［32］徐同宴. 高炉炉缸焦炭迁移现象的分析［J］. 鞍钢技术, 1988(2):19-25.

［33］夏中庆. 高炉操作与实践［M］. 沈阳：辽宁人民出版社, 1988：256-269.

［34］International Conference on Iron and Steelmating. Automation, 1965.

［35］鞍钢炼铁厂, 等. 冶炼强度等因素影响焦比的统计分析. 鞍山市金属学会, 1964.

［36］N. 维纳. 控制论［M］. 郝季仁, 译. 北京：科学出版社, 1962：25.

［37］Y. Fujii 等. Iron Making Proceedings, 1967：57-65.

［38］K. Katsura, 等. International Conference on Iron and Steelmaking(I),1965：207-216.

［39］C. S taib 等. J. Metals, 1965 (1):33-39；165-170. C. S taib 等. Ironmaking Proceedings, 1967：66-84. C. S taib 等. International Conference the Science and Technology of Iron and Steel B-3, 1970（这篇原文是法文, 当时"文革"期间, 我们通过军管会请北京钢铁学院陈大受老师翻译的；陈教授还为我们翻译了一些德文文献）.

［40］杨天钧, 刘云彩, 等. 首钢 2 号高炉冶炼专家系统的开发与应用［J］. 炼铁, 1995(6):1-10.

［41］杨天钧, 徐金悟, 等. 人工智能高炉冶炼专家系统的开发［J］. 首钢科技, 1995(1):15-23.

5 控制炉渣成分

炼铁过程，与铁水伴生的是炉渣、煤气及煤气中的炉尘。炉渣来自炉料和所用燃料的灰分。炉渣对高炉生产过程的影响很多，特别是对铁水质量控制，作用极大。炉渣对高炉顺行的影响，表现在炉渣黏度和稳定性方面，非常关键。炉渣影响高炉寿命，它不仅对炉衬有侵蚀性，也能"修补"被侵蚀的炉衬。

组成炉渣的成分很复杂，为特殊目的配制的炉渣，具有特殊的功能，炉渣的主要功能有：

（1）脱硫；

（2）清理结瘤；

（3）修补炉衬；

（4）排出碱金属；

（5）处理炉缸堆积；

（6）富集炉料中的有用成分，以便从炉渣中提取或排除，如通过二步法富集锰，相当于"富选锰矿"。

早期炼铁，主要靠实践经验，对炉渣成分的认识经过长期实践积累，同时不断运用相关科学，逐渐深入研究，达到现在的水平。表 5-1 是 1928 年一些高炉的铁渣成分，表明早年世界先进高炉的实际状况。

表 5-1 1928 年部分高炉炉渣和相应的铁水成分[1]

国家	奥地利	比利时	捷克斯拉夫	法国	德国	罗马尼亚	日本	澳大利亚	印度	加拿大	美 国				
											1	2	3	4	5
铁水成分/%															
Si	0.1	0.5	0.5	0.7	0.58	0.7	1.57	1	1	1.05	0.91	1.2	1.9	1.5	2
S	0.05	0.07~0.1	0.02~0.1	0.09~0.12	0.035	0.015	0.04	0.034	0.035	0.3	0.037	0.3	0.035	≥0.035	0.08
Mn	2	1	0.7	1.1	2.16	3.3	1.13	2.07	1.6~1.9	1.63	2.36	1.64	0.32	1.5	1
炉渣成分/%															
SiO$_2$	34.4	28	28.6	31.5	33.05	37	33.52	35.38	28.27	37.2	36.7	33	35.5	28.9	29.6
CaO	29.9	46	44.8	44	45.5	37.6	47.9	40.25	32.13	42.1	46.2	48	49.02	49	41.24
MgO	12.1	2.75	5.8	3	4.89	6.15	1.78	1.92	14.72	2.74	2.55	5.2	0.56	3	3.78

国家	奥地利	比利时	捷克斯拉夫	法国	德国	罗马尼亚	日本	澳大利亚	印度	加拿大	美 国				
											1	2	3	4	5
Al_2O_3	12.1	18	15.7	13	8.16	11.6	14.21	18.45	21.15	14.3	11.5	11.8	12.64	10	16.14
MnO	4.2	1	1.4	1.2	2.82	6.4	0.54	—	1.04	—	2	0.8	—	—	0.78
$(CaO + MgO)/SiO_2$	1.22	1.74	1.77	1.5	1.52	1.18	1.48	1.19	1.66	1.2	1.33	1.61	1.4	1.8	1.66
风温/℃	300	800	810	679	560	627	625	635	607	593	616	621	728	593	760

表 5-1 列出 11 个国家 15 座高炉的铁水和炉渣数据，由于各高炉所用炉料产地不同、燃料不同，所以炉渣成分差别很大。当年已掌握用炉渣碱度，控制铁中的硫。利用三元相图知识分析炉渣组成和黏度，一些专家、教授已经实测炉渣黏度并合成炉渣，广泛深入开展研究工作。此后，生产一直延续这些经验和研究成果。

用碱度控制铁水中的硫并发展相图测量和研究；分子理论和离子理论相继发展，使复杂的炉渣组成，有更多依据，到目前为止，尚未实现用公式或模型直接确定合理炉渣组成，但已接近这一步。

5.1   铁水质量控制

5.1.1   铁中硫的危害

铁中硫，以 FeS 形态存在，它的熔点为 1190℃。FeS 不是化合物，在液态时是铁的固溶体，完全溶于铁水中。在固体铁内，FeS 溶解度很低，在 988℃仅 0.013%，见图 5-1。

铁水在凝固降温过程，富含硫的液体在 γ-Fe 晶体间析出，呈网格状分布，作为固体铁或钢材，一旦加热到 900~1100℃，"富硫的共晶体就又变成液态，这时对金属锭或材进行压力加工，就会引起这些富硫液相沿晶界滑动，造成金属锭或材的破裂。这就是通常所谓的'热脆现象'，也正是硫被称为有害元素的原因"[2]。

5.1.2   硫的分布及计算公式

硫来源于炉料和燃料，基于物平衡研究，得到硫在铁中存在的数量，很多炼铁教科书中，都有类似的计算公式[3,4]：

$$[S]_\% = \frac{0.1((S)_料 - (S)_气)}{1 + 0.001 L_S Q_渣} \tag{5-1}$$

式中　$[S]_\%$——铁中硫含量（质量百分数）；

　　　$(S)_料$——硫负荷，kg/t；

　　　$(S)_气$——随炉气逸出硫量，kg/t；

　　　L_S——硫在渣铁间的分配系数，$L_S = \dfrac{(S)}{[S]}$；

　　　$Q_渣$——吨铁渣量，kg/t。

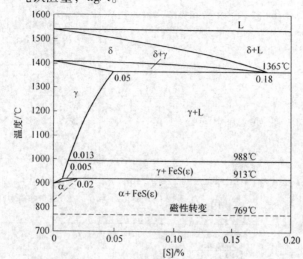

图 5-1　Fe-FeS 相图（靠近 100% Fe 的部分）

　　从式（5-1）看到，降低铁中硫，应减少炉料和燃料中的含硫量、增大渣量以增加"排硫量"。增加渣量，必导致炉料含铁量下降，不利于高炉冶炼，而且增加燃料消耗。实际炉料中的硫，主要来自燃料，所以增加渣量，又陷入增加硫含量的恶性循环。在绪论中已经提到，2000 多年前我国古代的生铁含硫很低，主要是用木炭炼铁，硫量带入的很少，尽管当时炉渣碱度很低[5]。

　　减少炉料和燃料的含硫量，受资源和物料采购成本约束。如何从高炉操作中降低硫，是操作的中心议题，提高硫在铁、渣中的分配系数 L_S、改善炉渣的性能，是提高炉渣脱硫能力的主要途径。很多专家结合理论分析或实践经验，给出分配系数的计算公式（表 5-2）[2]。这些公式，大体能估算出铁水含硫量。

表 5-2　炉渣分配系数的计算公式

公　式	备　注
$\dfrac{(S)}{[S]} = \dfrac{(S)_{Ca}}{[S]} + \dfrac{(S)_{Mn}}{[S]} = \dfrac{(CaO)}{K_1(FeO)} + \dfrac{[Mn]}{K_2}$ $\lg K_1 = \dfrac{5700}{T} - 3.72 + 0.05(SiO_2)$ $\lg K_2 = -\dfrac{3840}{T} + 1.17$	以质量百分数计算

公　式	备　注
$\dfrac{(S)}{[S]} = 2 + 10[\%\,Mn]$	炉渣：33%~44% CaO,16%~20% SiO₂ 金属：0~0.6% Mn
$\dfrac{(S)}{[S]} = n_S\left[2.6 + 1.6\,\dfrac{(CaO)_f}{(FeO)} + 11.0[\%\,Mn]\right]$ $n_S = $ 每 100 克炉渣所含不同组成物的摩尔数 $(CaO)_f = $ 每 100 克炉渣所含的自由 CaO 摩尔数 $= [(CaO) - 4(P_2O_5)](L-2)$ $L = \dfrac{(CaO) - 4(P_2O_5)}{(SiO_2)}$	炉渣组成物按每 100g 所含的摩尔数计算适用于平炉
$\dfrac{(S)}{[S]} = 1.4 + 16[(CaO) + (MnO) - 2(SiO_2) - 4(P_2O_5) -$ $(Fe_2O_3) - 2(Al_2O_3)]$	按每 100g 炉渣所含的摩尔数计算 FeO 3%~70%,Mn 13%~39%
$\dfrac{(S)}{[S]} = [0.5 + 2.25(FeO)] \times \left[\dfrac{4(CaO)' + 2.5(MnO)}{(FeO)} + 1\right]$ $(CaO)' = (CaO) - 2(SiO_2) - 3(P_2O_5) - (Al_2O_3)$	适用于平炉精炼期及电炉氧化期； 炉渣成分按每 100g 的摩尔数计算
$\dfrac{(S)}{[S]} = [0.5 + 2.25(FeO)'] \times \left[\dfrac{2.5(MnO)}{(FeO)'} + 1\right]$ $(FeO)' = \Sigma(FeO) + (CaO) + (MgO) + (MnO) - 2(SiO_2) -$ $3(P_2O_5) - (Al_2O_3)$	适用于平炉熔化期； 炉渣成分按每 100g 的摩尔数计算
$\dfrac{(S)}{[S]} = \left[1.23\,\dfrac{(CaO)}{(SiO_2)} - 0.92\right](1 + 5[Mn])$	以质量百分数计算
$\dfrac{(S)}{[S]} = 2 + 9.2\,\dfrac{(CaO)'}{(FeO)}$ $(CaO)' = (CaO) - (CaO)_{2CaO \cdot SiO_2} - (CaO)_{4CaO \cdot P_2O_5}$ $= (CaO) - 1.86(SiO_2) - 1.57(P_2O_5)$ $\dfrac{(S)}{[S]} = 2 + 13.2(CaO)'\dfrac{[Mn]}{(Mn)}$	以质量百分数计算 当 $(CaO)'\dfrac{[Mn]}{(Mn)} < 0.8$

　　实际炉渣硫的分配系数比较复杂，图 5-2 是硫的分配系数和炉渣碱度的关系。从图 5-2 看不出炉渣碱度和分配系数的明显关系，分析图 5-2 包括铁水含硅量、铁水温度和渣量的共 120 组数据，不像日常操作看到的炉渣碱度和铁水含硫量的密切关系。从图 5-2 看到随炉渣碱度提高，分配系数呈扇形分布，以低碱度为起点向高碱度方向散射，在低分配系数区域分部很少，愈向高分配系数愈密集，说明提高炉渣碱度有利于脱硫；此图也提示我们，炉渣碱度不是决定铁中硫唯一的因素，和日常操作实践中的感受完全不同。

　　曾把扇形分布的区域，用 5 条半射线分成 5 区，仔细比较分配系数和炉渣碱

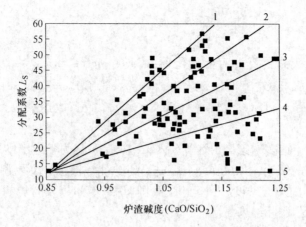

图 5-2 硫的分配系数和炉渣碱度的关系

度、渣量、[Si]、铁水温度的关系，还是看不到明显的规律，因为在操作中，炉渣的多种特性在某些条件下，有些影响更大。

表 5-3 是我国 26 座大高炉 2014 年的年（或月）平均的数据。它真实地反映了我国的实际水平。

表 5-3 部分大高炉的铁渣成分和硫分配系数（2014 年初）

类别	炉号	马 A	马 B	沙钢	太 5	太 6	迁 3	京唐 1	京唐 2	鲅 1	鲅 2	包 7	安 3	梅 5
	容积/m³	4000	4000	5800	4350	4350	4000	5707	5707	4038	4038	4150		4070
铁水	Si/%	0.42	0.44	0.27	0.57	0.56	0.49	0.26	0.25	0.50	0.47	0.54	0.41	0.42
	铁水温度/℃	1511	1514	1500	1513	1517	1516	1495	1500	1498	1487	1500	1504	
炉渣	R_2	1.14	1.13	1.21	1.21	1.20	1.19	1.16	1.21	1.20	1.12	1.20	1.24	
	R_3	1.37	1.37	1.45	1.39	1.37	1.44	1.40	1.40	1.41	1.43	1.51	1.38	1.46
	渣量/kg·t⁻¹	307	303	299	304	307	318	290	290	361	341	348	377	282
	L_S	41.00	39.26	34.27	41.45	42.87	53.19	16.47	16.40	44.50	38.70	51.50	24.63	44.64

类别	炉号	武 5	武 6	武 7	兴澄	唐钢 3	唐钢 4	济钢 4	鞍钢 1	鞍钢 2	鞍钢 3	邯钢 7	酒钢 榆钢
	容积/m³	3200			3200	3200		3200				3200	
铁水	Si/%	0.51	0.56	0.47	0.93	0.44	0.47	0.43	0.59	0.45	0.47	0.62	0.63
	铁水温度/℃	1489	1496	1498	1481	1515	1521	1528	1495	1507		1484	1504
炉渣	R_2	1.17	1.16	1.17	1.07	1.17	1.18	1.19	1.16	1.19	1.19	1.06	1.14
	R_3	—	—	—	1.31	1.42	1.43	1.45	1.36	1.39	1.38	1.29	1.31
	渣量/kg·t⁻¹	354.7	367.5	364.5	315	332	330	399	376	334	328	450.1	387.2
	L_S	36.92	33.93	36.15	24.17	47.8	44.76	27.67	50.45	43.2	43.6	32.27	30.19

5.1.3 炉渣碱度

高炉炉渣成分主要由四个氧化物：CaO、MgO、SiO_2、Al_2O_3 组成，此外尚有：MnO、FeO、TiO_2 等少量氧化物。碱度一般用 $R_2 = CaO/SiO_2$、$R_3 = (CaO + MgO)/SiO_2$、$R_4 = (CaO + MgO)/(SiO_2 + Al_2O_3)$ 三种方法表示，常用的是 R_2 和 R_3。

高炉脱硫，诸多专家推出计算公式，主要是从热力学导出结果，有些教科书给出部分有用的结论，如文献 [3，4]。高炉日常操作，主要用炉渣碱度控制：[S] 高，则提高炉渣碱度。图 5-3 是我国 2014 年部分大高炉的炉渣碱度（R_3）与铁中含硫量的实际结果。

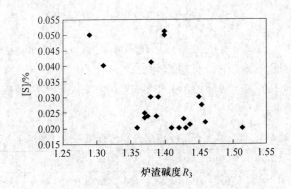

图 5-3 我国 2014 年部分大高炉的炉渣碱度（R_3）与铁中含硫量的图示

从图 5-3 和表 5-3 看出铁中含硫量与碱度的趋势。因铁中含硫还受温度、铁水含硅量、渣量等诸多因素影响，不是碱度唯一因素决定。温度越高，铁中[S] 越低。铁水和炉渣温度的影响面更大，温度高必然导致热量消耗增加、燃料消耗增高，应综合决策。日常操作中，以碱度调剂为主。

值得重视的是表 5-3 中，有两座大高炉的分配系数小于 20，虽然有炉外脱硫设施，但高炉脱硫效率太低，铁水中含硫过高（>0.05%），会侵蚀炉墙，影响炉缸寿命；也给炉外脱硫加重负担，究竟是否经济上合理，应从生产流程的全过程分析，做出判断。对于这类高炉提高高炉脱硫效率，很易实现：

（1）铁水含 Si 量由 <0.3% 提高到 >0.3%，平均控制在 0.3% ~0.4% 范围，铁水温度提高约 10℃ 左右；

（2）炉渣碱度提高到 1.2 以上，即提高分配系数又提高铁水温度。

以上措施，有可能省掉一般钢种炉外脱硫；高级钢种，也会减少炉外脱硫负荷。究竟成本上是否合理，应推算验证。至于用较低碱度降低碱金属的影响，在 $R_2 = 1.15$ 左右，对炉渣排碱，作用很小，可看做精神上的"支持"，不起实际作用。

5.1.4 硫分配系数的比较

图 5-4 是表 5-3 中的分配系数的图示。我国大高炉的分配系数，以 40 为界：高于 40 和低于 40 两种类型。高于 40 的，接近前苏联高脱硫效率的炉渣（1987年），见表 5-4；低于 40 的炉渣，接近欧洲 1998 年的炉渣类型，见表 5-5。

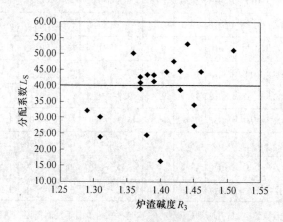

图 5-4 部分大高炉分配系数

表 5-4 1987 年苏联部分高炉铁、渣成分和分配系数

公司	炉号	高炉容积/m³	铁水成分/%		炉渣成分/%						炉渣碱度			L_S
			Si	S	SiO_2	Al_2O_3	CaO	MgO	FeO	S	R_2	R_3	R_4	
MMK	10	2014	0.54	0.017	36.94	11.07	41.05	7.83	0.18	0.84	1.11	1.32	1.02	49.41
HTMK	4	1513	0.64	0.019	38	13.5	40.3	6.9	0.39	0.66	1.06	1.24	0.92	34.74
	6	2711	0.61	0.019	39	12.1	43.4	5.6	0.39	0.66	1.11	1.26	0.96	34.74
ЧелМЗ	1	1719	0.82	0.028	40.09	10.81	35.74	11.59	0.26	0.71	0.89	1.18	0.93	25.36
OXMK	4	2002	0.85	0.015	38.4	9.3	45.8	4.6	0.58	1.04	1.19	1.31	1.06	69.33
КарМК	3	2700	0.7	0.018	36.57	15.54	39.43	7.5	0.55	0.89	1.08	1.1	0.77	49.44
	4	3200	0.83	0.02	36.6	15.8	39	7.8	0.56	0.87	1.07	1.09	0.76	43.5
KMK	5	1719	0.58	0.016	37.5	13.61	36.47	10.66	0.47	0.53	0.97	1.26	0.92	33.13
3CMK	1	3000	0.66	0.02	37.67	15.58	34.16	12.01	0.49	0.49	0.91	1.23	0.87	24.5
НПОТЧМ	3	2002	0.96	0.019	39.89	7.72	43.18	7.13	0.29	1.01	1.08	1.26	1.06	53.16
КомМК	1	3000	0.88	0.02	38.1	6.6	48.1	5.3	0.42	1.87	1.26	1.4	1.19	93.5
АзСТ	3	1719	0.84	0.033	37.9	8.08	43.4	4.47	0.78	1.74	1.15	1.26	1.04	52.73
	6	1719	0.88	0.032	38.14	7.02	46.9	5.06	0.85	2.06	1.23	1.36	1.15	64.38
EM3	1	1386	0.81	0.024	38.96	6.4	48.4	3.45	0.36	1.8	1.24	1.33	1.14	75
ЖМК	5	2300	0.85	0.022	39.52	5362	48.2	5.65	0.3	1.6	1.22	1.36	0.01	72.73

公司	炉号	高炉容积/m³	铁水成分/%		炉渣成分/%						炉渣碱度			L_S
			Si	S	SiO₂	Al₂O₃	CaO	MgO	FeO	S	R_2	R_3	R_4	
НЛМК	4	2002	0.68	0.02	38.1	8.3	42.2	10	0.38	1.14	1.11	1.37	1.13	57
	5	3200	0.7	0.021	38.9	8.3	41.8	9.52	0.4	0.84	1.07	1.32	1.09	40
	6	3200	0.72	0.016	38.1	9.44	39.5	9.6	0.52	0.56	1.04	1.29	1.03	35
ЧерМК	1	1007	0.7	0.016	41.1	9.2	40.5	10.4	0.44	0.83	0.99	1.24	1.01	51.88
	4	2700	0.69	0.017	40.4	9.8	40.7	10.3	0.41	0.8	1.01	1.26	1.02	47.06
	5	5580	0.67	0.016	39.7	9.4	40.8	10.8	0.47	0.82	1.03	1.3	1.05	51.25
КСТ	7	2002	0.94	0.027	38.52	8.2	46.7	5.9	0.38	2.03	1.21	1.37	1.13	75.19
	8	2700	0.85	0.029	38.7	7.9	47.6	4.82	0.37	1.96	1.23	1.35	1.12	67.59
	9	5000	0.8	0.022	37.4	7	46.9	6.2	0.3	1.79	1.25	1.42	1.2	81.36
ЗСТ	4	1513	0.63	0.027	38.94	5.94	47.72	5.73	0.24	1.48	1.23	1.37	1.19	54.81

注：此组数据是王筱留教授在前苏联考察时的笔记，感谢他当年复制笔记，供我使用。

表 5-5 欧洲 1998 年部分高炉铁、渣成分和分配系数

公司炉号		高炉容积/m³	渣量/kg·t⁻¹	铁水成分/%		铁水温度/℃	炉渣成分/%					K₂O+Na₂O	炉渣碱度		L_S
				Si	S		SiO₂	Al₂O₃	CaO	MgO	S		R_2	R_3	
林茨	A	2772	293	0.57	0.051	1465	39.07	8.64	38.06	9.37	1.1	1.8	0.974	1.214	21.57
	5	1268	272	0.97	0.066	1443	39.54	9.07	37.4	9.07	1.18	1.7	0.946	1.175	17.88
	6	1261	269	1.01	0.064	1440	39.34	9.3	37.49	9.05	1.12	1.65	0.953	1.183	17.50
多那维茨	1	1250	340	0.91	0.064	1424	41.78	12.53	35.66	9.98	0.8	1.94	0.854	1.092	12.50
	4	1273	340	0.74	0.059	1432	38.02	12.03	32.84	9.14	0.84	2.1	0.864	1.104	14.24
罗特洛基	1	1196	203	0.42	0.082	1476	37.2	8.8	39.77	10.9	1.34	0.64	1.069	1.362	16.34
	2	1255	203	0.48	0.056	1456	37.27	8.8	39.82	11.2	1.48	0.67	1.068	1.369	26.43
施韦尔根	2	5513	272	0.33	0.03	1513	36.4	11.42	42.52	7.76	1.18		1.168	1.381	39.33
	1	4419	273	0.36	0.029	1511	36.35	11.49	42.25	7.94	1.18		1.162	1.381	40.69
	9	2132	282	0.41	0.04	1508	36.4	10.78	41.49	7.7	1.15		1.140	1.351	28.75
凤凰	3	1858	239	0.52	0.044	1504	36.6	11.31	41.99	6.51	1.38	0.59	1.147	1.325	31.36
威斯特发伦	4	1812	246	0.62	0.055	1498	37.06	12.39	41.78	5.32	1.31	0.76	1.127	1.271	23.82
	7	2120	254	0.45	0.038	1497		12.09	42.32	5.55	1.23	0.74			32.37
胡金根	A	2785	253	0.51	0.049	1499	37	10.3	39.8	9.8	1.27	0.71	1.076	1.341	25.92
	B	2581	248	0.49	0.047	1486	37.3	9.2	40.5	9.8	1.34	0.73	1.086	1.349	28.51

公司炉号		高炉容积/m³	渣量/kg·t⁻¹	铁水成分%		铁水温度/℃	炉渣成分/%						炉渣碱度		L_S
				Si	S		SiO_2	Al_2O_3	CaO	MgO	S	$K_2O + Na_2O$	R_2	R_3	
塞兹基特	A	2771	232	0.57	0.053	1486	37.4	9.5	36	12	1.48	1.08	0.963	1.283	27.92
	B	3023	234	0.58	0.055	1475	37	10.3	35.7	11.7	1.45	1.05	0.965	1.281	26.36
迪林根	4	2065	256	0.54	0.044	1473	37.9	11	40.5	7.8	1.23	0.98	1.069	1.274	27.95
	5	3067	262	0.5	0.039	1483	37.8	11	40.7	7.7	1.19	0.9	1.077	1.280	30.51
布莱梅	2	3198	214	0.57	0.042	1445	36.2	10.8	40.4	8.8	1.37	0.91	1.116	1.359	32.62
	3	1623	184	0.49	0.047	1448	36	9.9	38.3	11.1	1.55	0.98	1.064	1.372	32.98
艾森史腾史塔特	3	814	280	0.61	0.045	1438	35.5	9.6	39.1	10.5	1.38	0.86	1.101	1.397	30.67
罗森伯格	3	805	251	1.07	0.056	1454	36.1	9.3	38.7	11.3	1.77	1.01	1.072	1.385	31.61
霍戈文	6	2678	205	0.43	0.036	1517	32.1	16.8	36.5	10.9	1.27	(K_2O) 0.38	1.137	1.477	35.28
	7	4450	206	0.45	0.032	1511	32.1	16.8	36.5	10.9	1.3	(K_2O) 0.38	1.137	1.477	40.63

注：此组数据是 1989 年中国、欧洲炼铁厂厂长交流会上欧洲方面提供的资料。

当年前苏联和中国相近，和欧洲相反，对一般钢种强调高炉脱硫，很少炉外脱硫。表 5-6 显示的三个国家和地区部分高炉的分配系数分布，反映当年的操作差别。从表中不难看到，我国现在的高炉脱硫，尚有较大潜力。有些厂强调高炉利用系数，把高炉产量放在第一位，实际高系数不一定是低成本生产方式。有可能，适当放低产量，得到低消耗、长寿命、低成本的生产。提高炉渣脱硫能力，可能是低成本的一个有力措施。

表 5-6 三个国家和地区部分高炉的分配系数分布

国 别	L_S					
	< 20	21 ~ 30	31 ~ 40	41 ~ 50	51 ~ 60	> 60
中 国	7.7	15.4	30.8	34.6	11.5	0
欧 洲	20	48	32	0	0	0
前苏联	0	7.7	19.2	15.4	23.1	34.6

5.2 稳定的炉渣和黏度

5.2.1 稳定的炉渣

炉渣稳定，主要决定于炉渣成分和炉温。成分少许变化，很难避免；即使炉料和燃料成分稳定，也很难避免因操作带来的温度变化。为减少成分波动带来的不利影响，要求炉渣冶金性能稳定，特别是黏度稳定，即温度少许波动，炉渣黏度变化不大，这是炉渣在正常操作的温度范围内所必须的，也是高炉生产要求具有的性质。

炉渣研究历史很长，到现在为止已有丰富的研究成果指导生产，完全用公式或算法确定最好的炉渣成分，即将到来。

早期首钢使用白云石化的石灰石，渣中 MgO 较高。今天分析首钢历年的炉渣，有些炉渣成分不佳，但都是稳定渣，能够适应原、燃料成分波动或炉温不稳定的的条件下，炉渣依然能正常流动。

20 世纪 50~60 年代首钢石灰石生产基地在北京西郊龙泉雾，此矿分三层：一层是石灰石，二、三层是白云石化的石灰石（表 5-7），所以早期首钢炉渣 MgO 较高。从生产上认识到，当二、三元碱度（R_3）相同时，同量的 MgO 炉渣脱硫能力低于 CaO，但流动性和稳定性较好。

表 5-7 白云石化的石灰石

产 地	化学成分/%					
	CaO	MgO	SiO$_2$	Al$_2$O$_3$	P	S
龙泉雾一层	50.7	3.5	1.5	0.4	0.008	0.016
龙泉雾二、三层	39.35	13.7	2.4	0.4	0.006	0.032

当年首钢没有炼钢厂，生产的铁，除少量用于铸管以外，供平炉炼钢和侧吹转炉炼钢，因此铁水有部分高锰铁供转炉、高硅铁供铸造。铸造铁炉渣碱度较低，侧吹转炉铁的渣中含 MnO$_2$ 经常在 2% 以上，流动性极好。表 5-8 是不同铁种铁水和炉渣的主要成分，其中包括部分当年首钢的产品。

表 5-8 不同铁种的铁、渣成分

铁种	组数	铁水成分/%				炉渣成分范围/%								炉渣碱度	
		[Si]		[Mn]		SiO$_2$		Al$_2$O$_3$		CaO		MgO		CaO/SiO$_2$	
		最大	最小	最大	最小	最大	最小	最大	最小	最大	最小	最大	最小	最大	最小
炼钢铁	261	0.96	0.27	1.58	0.08	41.78	31.03	17.48	5.36	48.4	30	16.24	3.45	1.262	0.811
铸造铁	22	2.77	1.44	0.99	0.24	38.85	34.67	16.54	10.77	38.1	29.75	13.86	8.02	1.02	0.766
高锰铁	28	1.56	0.71	2.26	1.74	39.46	35.35	14.6	12.2	34.3	28.88	15.21	8.03	1.07	0.732

5.2.2 MgO 对炉渣黏度的影响

1931 年麦卡菲利（R. S. McCaffery）在纽约会议上，作《MgO 对炉渣黏度的影响》的专题报告，系统地介绍他们团队的研究结果[6,7]。麦氏对炉渣中的氧化镁的研究是经典的，多年来一直沿用、广为流传，我国第一部大学用的《炼铁学》[8]教科书和以后的经典教科书[9,10]、炼铁手册[11]中均有引用，图 5-5 是 MgO 对炉渣黏度的影响。

1955 年庄镇恶、汤乃武等在鞍钢试验高氧化镁炉渣冶炼："在炉渣含 MgO 为 18% 时，炉子比较顺行，MgO 为 10% 时与普通渣无任何差别"。"高氧化镁渣之有助于顺行可由炉渣的特殊性能来说明：(1) 渣的流动性较好，特别是(2)，在温度及炉渣碱度变化时炉渣黏度变化较小，换言之炉渣黏度是较稳定的"。"这些可由 McCaffery 的资料来说明。"[12]从图 5-5 看到，当 MgO > 15%，在 1400℃ 条件下，渣中其他成分对黏度影响较小，流动性均较好。

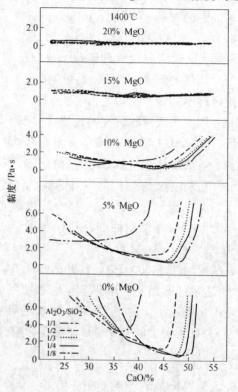

图 5-5 MgO 对炉渣黏度的影响

图 5-5 中 MgO = 15%，按 Al₂O₃/SiO₂ 的图中比例，解得炉渣成分见表 5-9。

表 5-9 MgO = 15% 时试验炉渣组成 （%）

炉渣成分		MgO	15					
		CaO	25	30	35	40	45	50
Al₂O₃/SiO₂	1:1	Al₂O₃	30	27.5	25	22.5	20	17.5
	1:2		20	18.3	16.7	15	13.3	11.7
	1:3		15	13.8	12.5	11.3	10	8.8
	4:4		12	11	10	9	8	7
	1:8		6.7	6.1	5.6	5	4.4	3.9
	1:1	SiO₂	30	27.5	25	22.5	20	17.5
	1:2		40	36.7	33.3	30	26.7	23.3
	1:3		45	41.2	37.5	33.7	30	26.2
	4:4		48	44	40	36	63	28
	1:8		53.3	48.9	44.4	40	35.6	31.1

从表 5-9 看到，CaO 25% ~50%，Al_2O_3 3.9% ~30%，SiO_2 53% ~17.5% 的范围内，MgO ≥15%，炉渣黏度变化较小。和鞍钢的冶炼实践是一致的[12]。

"2000 年 1 月下旬，威钢 2 号高炉（炉容 $200m^3$，3 号高炉炉容 $338m^3$），高炉渣中的 MgO 达 15% ~16%，炉渣流动性变差，脱硫能力下降，高炉每班都悬料 1 ~2 次，2000 年 2 月中旬，炉渣中的 MgO 含量高达 18% ~19%，炉渣黏度剧烈增大，炉渣自由流动困难，高炉已不能正常生产，最后采用添加石灰石和硅石，调整炉渣成分，才使高炉生产正常"[13]。这一实例，说明麦卡菲利的研究结论可能不全面。

陶少杰教授的研究结论是："Al_2O_3 = 15% ~ 25%、MgO = 15% ~30% 的炉渣，除 $(CaO + MgO)/(SiO_2 + Al_2O_3) ≤1.0(R_4 ≤1)$ 的少数炉渣外，都是比较难熔的。一般规律是：Al_2O_3 愈高愈难熔"[14]。陶的结论，除四元碱度（R_4）≤1 以外，也与麦氏结论不符。陶的测量组分较密，接近各类炉渣实际组分。

图 5-6 列出 Al_2O_3 = 15%、20%、25% 三组炉渣，在 1400℃、1450℃ 和 1500℃ 时的等黏度曲线。从图中看出，这类炉渣当 Al_2O_3 = 15% 时，$(CaO + MgO):(SiO_2 + Al_2O_3) = 1.0$，MgO = 17% ~25% 时的黏度最小，这类炉渣具有良好的流动性，1500℃时，黏度小于 0.2Pa·s。在 $(CaO + MgO):(SiO_2 + Al_2O_3) =$ 1.0 左右，等黏度线几乎与等 R_4 线平行，这时 CaO 和 MgO 含量的变动对炉渣黏度的影响较小。在此条件下，麦氏的研究结论是正确的。

"四元碱度的变化对炉渣黏度影响较大，特别当 $R_4 > 1.1$ 以后，炉渣黏度急剧上升"[13]。

5.2.3　McCaffery 黏度图分析

图 5-5 是麦氏试验结果，和后人研究结果有时差别很大，如陶少杰对于四元碱度（R_4）≥1 的结果，在高 MgO 含量范围和 McCaffery 研究结果不同。有些生产实践，也说明 McCaffery 的结论有问题。现将 MgO = 15% 和 MgO = 20% 的 McCaffery 试验按成分还原，炉渣组成见表 5-9 和表 5-10。

表 5-10　MgO = 20% 时试验炉渣组成　　　　　　　　（%）

炉渣成分		MgO	20					
		CaO	25	30	35	40	45	50
		CaO + MgO	45	50	55	60	65	70
Al_2O_3/SiO_2	1 : 1	Al_2O_3	27.5	25	22.5	20	17.5	15
	1 : 2		18.3	16.7	15	13.3	11.7	10
	1 : 3		13.7	12.5	11.25	10	8.7	7.5
	1 : 4		11	10	9	8	7	6
	1 : 8		6.1	5.5	5	4.4	3.9	3.3

续表 5-10

炉渣成分		MgO	20					
		CaO	25	30	35	40	45	50
		CaO + MgO	45	50	55	60	65	70
Al_2O_3/SiO_2	1：1	SiO_2	27.5	25	22.5	20	17.5	15
	1：2		36.7	33.3	30	26.7	23.3	20
	1：3		41.3	37.5	33.45	30	26.3	22.4
	1：4		44	40	36	32	28	24
	1：8		48.9	44.5	40	35.6	31.1	26.7

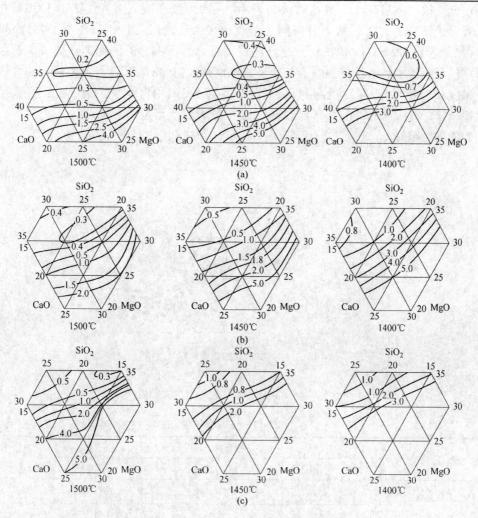

图 5-6 高氧化铝、氧化镁炉渣黏度（Pa·s）
Al_2O_3：（a）15%；（b）20%；（c）25%

在图 5-5 中，上述 8 组炉渣的黏度相近，成分差对黏度几乎没有影响，这与上述威钢的生产及陶少杰细致的试验均不相同，说明麦卡菲利的试验在 $MgO >$ 15% 时有误。在不同碱度范围，MgO 作用不同，不能一律判定作用一样，即使在不同炉渣成分。

5.2.4　炉渣中 Al_2O_3 和 MgO 比例的确定

图 5-7 是二元碱度与 MgO/Al_2O_3 的关系。图中 A、B、C 三处 4 点游离于密集区以外。其中 A、B 三点碱度很低，均小于 0.9，具体数据见表 5-11。由于碱度低，铁中硫很高（一般在 0.06% 左右），铁水温度偏低（约 1424 ~ 1450℃），需要炉外脱硫。这 3 例中有两例是奥地利多那维茨厂（Donawtz）1、4 号高炉（高炉容积 1250m³ 和 1273m³）生产的低磷铁，另一例是德国用高镁低磷矿石生产的低磷铁水。这是见到的最低碱度的炼钢铁，但 10 年以后不再用最低的炉渣碱度 0.811，炉渣碱度提高到 0.922（表 5-12），因用富镁矿，渣中氧化镁高达 13.5%，渣中 MgO/Al_2O_3 高到 1.668，这是资源特点形成的，不是出于冶炼需求。炉渣性能很好。

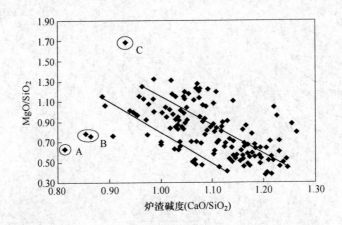

图 5-7　二元碱度和氧化铝、氧化镁的关系

表 5-11　低碱度炉渣

点位	数据年代	炉渣成分/%						炉渣碱度 CaO/SiO_2	渣量 /kg·t⁻¹
		SiO_2	Al_2O_3	CaO	MgO	MnO	P		
A	~1980	37	17	30	11	1.1	0.01	0.811	325
B	1998	41.78	12.53	35.66	9.98	1.61	0.005	0.854	340
B	1998	38.02	12.03	32.84	9.14	1.59	0.005	0.864	340

表 5-12　低磷富镁矿所控制的不同成分[15,16]

点位	铁水温度/℃	炉渣成分/%								CaO/SiO₂	MgO/Al₂O₃
		SiO₂	Al₂O₃	CaO	MgO	MnO	FeO	S	P		
A	1450	37	17	30	11	1.1	0.9	1.2	0.01	0.811	0.647
C	1500	38.5	8	35.5	13.5	0.26	0.26	1.5	0.01	0.922	1.688

表 5-13 是渣中 MgO/Al_2O_3 比例的适当区间（数据密集区）和允许下限。从图 5-6 的实际数据判断，比值低于下限，炉渣可能黏稠，不利于高炉顺行。

表 5-13　渣中 MgO/Al₂O₃ 的适当区域和下限

炉渣碱度（CaO/SiO₂）	0.9	1	1.1	1.2	1.25
适当比值（密集区）	1.30	1.06	0.82	0.58	0.46
下　限	1.06	0.84	0.62	0.40	0.29

依据上述经验数据，确定炉渣合适成分的规律有三条：

（1）炉渣二元碱度与 MgO/Al_2O_3 的关系，大体呈直线，碱度越高，比值越低。

（2）炉渣碱度与 MgO/Al_2O_3 的适当比值范围见表 5-13。

（3）密集区的 MgO/Al_2O_3 数据，可靠性比下限范围数据要高，可作为炉渣成分调剂的参考；下限比值，也是可行的方案选择，过去使用比例较少。

用经验数据规范炉渣成分是一个尝试，需要今后实践证明或实验室考验。从近年研究的结果看：

（1）"太钢原燃料条件下适宜的炉渣成分为：MgO 含量在 11% 左右，Al_2O_3 含量为 14% ~ 15%，（炉渣碱度）$R_2 \approx 1.20$"[17]。计算渣中 Al_2O_3/MgO，14/11 = 1.27；15/11 = 1.36，均高于适当范围。

（2）"在唐钢二炼铁现有条件下，稳定操作，保证炉缸热量充沛，控制碱度在 1.05 ~ 1.15 范围内、MgO 含量控制在 11% 左右，Al_2O_3 含量达到 14% 时，炉渣流动性能和熔化性温度是能够满足生产要求的"。"MgO 加入的作用主要是降低炉渣黏度，改善流动性，当增加渣中 MgO，以 11% 左右为宜"[18]。以上述数据计算：14/11 = 1.27，也高于适当范围。以上两例是否可将 MgO/Al_2O_3 降到 0.5 左右，尚需研究。

5.3　特殊功能炉渣

利用炉渣特性，实施高炉操作的一定要求，主要指：

（1）清理结瘤。

（2）补炉。

（3）排出碱金属。

（4）处理炉缸堆积。

（5）富集炉料中特定成分。

补炉和处理炉缸堆积已在第 8 章和第 4 章中详细讨论，本节不再重复。

5.3.1　清理结瘤

利用低熔点、高流动性炉渣清理炉墙结瘤，叫做"洗炉"。含 FeO、CaF_2、MnO_2 等低熔点化合物的物质，常用作洗炉剂。20 世纪 60 ~ 70 年代，连铸尚不发达，钢锭轧制前需在均热炉中加热，产生大量"均热炉渣"，它也是常用的洗炉剂，一般成分见表 5-14。

表 5-14　均热炉渣（铁鳞）成分　　　　　　　（%）

地　点	Fe	FeO	P	S	SiO_2	Al_2O_3	CaO	MgO
1989 年首钢	60.98	44.52	0.015	0.035	8.83	3.14	1.8	1.45
1989 年包钢	66.2	44.62			3.14	4.73	0.8	0.72

随着连铸发展，钢锭已被连铸坯代替，均热炉渣也随之消失，用它做洗炉剂已成历史。

萤石洗炉被经常使用。含 CaF_2 的炉渣，因使用含氟铁矿，被深入研究。前苏联曾出版专门手册，记录含氟炉渣的研究结果[19]。我国包钢因使用含氟的白云鄂博铁矿，曾深入广泛地研究含氟炉渣的冶炼特性，对洗炉也有指导意义[20]。图 5-8、图 5-9 是包钢研究结果的一部分。

从图 5-8 中看到，炉渣温度越低，CaF_2 影响越大；含 CaF_2 量越高，炉渣黏度越低；含 CaF_2 量 10% 以后，对黏度影响变小。实际高炉洗炉需要的含量远低于 10%。从图 5-9 中可以看出：含 CaF_2 1.14% 黏度降低较多；CaF_2 从 1.14% 降到 2.2%，黏度降低幅度较前者小很多；当含氟增加到 4.58%，尽管氟量增加一倍多，黏度降低有限。换句话说，在 1400℃ 条件下，含氟 1% ~ 6%，炉渣黏度相近。所以高炉洗炉的炉渣成分，含 F 无需很高。首钢洗炉的炉渣成分，一般含 F 1.5%，即相当于 CaF_2 3% 左右（图 5-10）[21]。

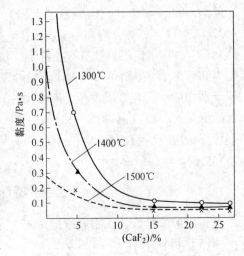

图 5-8　炉渣碱度 1.0 时 CaF_2 对黏度的影响

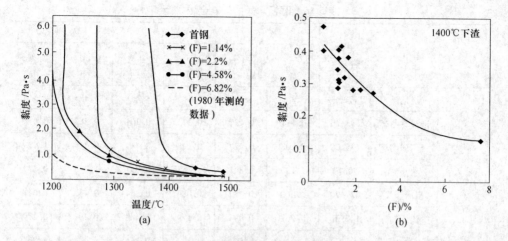

图 5-9 含氟量对炉渣黏度的影响

（a）不同温度下测定的黏度；（b）不同含氟量下测定的黏度

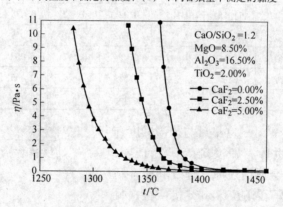

图 5-10 不同 CaF_2 含量下炉渣的黏度曲线

5.3.2 利用炉渣排出碱金属

碱金属对高炉生产危害严重，不仅侵蚀砖衬，也容易导致高炉结瘤。20 世纪 60~70 年代，包钢高炉结厚，炉料碱金属过高是主要原因。当年冶金部组织以包钢为首的全国专家攻关，解决了包钢的结瘤和一系列使用白云鄂博矿的冶炼问题，其中"炉渣排碱"方法后来为多家铁厂使用，为炉渣排碱做出重要贡献。

多数国家的高炉（包括我国）规定，入炉料带入的碱金属小于 3kg/t。由于资源条件或采购成本限制，有时超过规定，通过炉渣排出碱金属的经验十分有用。

碱金属在炉内循环，导致"富集"。表 5-15 是酒钢碱金属炉内富集的数量[22]。

表 5-15   酒钢 6 号高炉碱金属平衡

项　目		单耗 /kg·t⁻¹	K₂O		Na₂O		K₂O + Ka₂O	
			所占比例 /%	质量 /kg·t⁻¹	所占比例 /%	质量 /kg·t⁻¹	所占比例 /%	质量 /kg·t⁻¹
收入	烧结矿	1172.90	0.288	3.378	0.105	1.232	0.393	4.610
	进口球团矿	153.20	0.111	0.170	0.172	0.264	0.283	0.434
	自产球团矿	445.60	0.208	0.927	0.108	0.481	0.316	1.408
	块　矿	70.70	1.190	0.841	0.053	0.037	1.243	0.879
	自产焦炭	421.90	0.068	0.287	0.084	0.354	0.152	0.641
	煤　粉	146.00	0.062	0.091	0.129	0.188	0.191	0.279
	入炉合计			5.694		2.556		8.251
支出	炉　渣	474.10	1.150	5.452	0.478	2.266	1.578	7.030
	重力除尘灰	11.65	0.180	0.021	0.323	0.038	0.503	0.059
	布袋除尘灰	8.29	0.747	0.062	0.710	0.059	1.457	0.121
	环境除尘灰	0.96	0.447	0.004	0.192	0.002	0.639	0.006
	排出合计			5.539		2.365		7.216
富　集				0.155		0.192		1.035

碱金属炉内循环的富集量与炉渣碱度和温度有关。周世倬、许汝雄等研究证明："减少高炉内碱金属的还原、挥发和循环积累，使更多的碱金属随炉渣排走。实验（见图 5-11）证明，炉渣碱度愈低，碱金属的挥发率愈少，炉渣排碱愈多"[23]。

包钢实践表明，炉渣排碱主要决定于炉渣碱度。图 5-12 是实践结果，图 5-13 是炉渣碱度对不同时期、不同含碱量的影响[24]。

"1 号高炉 1980 年 3 月中旬碱负荷 7.63kg/t 铁，炉渣排碱率 74.06%，总排碱率 80.98%，炉况顺行；5 月上旬碱负荷 10.74kg/t，炉渣排碱率虽提高到 79.96%，

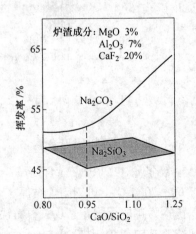

图 5-11   炉渣碱度对碱金属挥发的影响

总排碱率提高到 89.42%，但炉况却明显不顺，且炉墙出现显著结厚征兆。这一情况说明，冶炼不同碱负荷的炉料对高炉会造成不同的效果。"[24] 图 5-14 是包钢实践总结的铁水不同含 Si 量与炉渣碱度的关系。这和很多以后的研究结论一致：降低炉渣碱度是高炉提高炉渣排碱能力的有效措施。表 5-16 是韶钢 6 号炉的实践结果[25]。

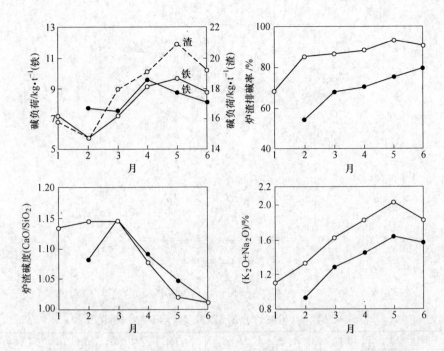

图 5-12　包钢 1 号（○○）、2 号（●●）高炉 1980 年上半年逐月炉渣排碱情况

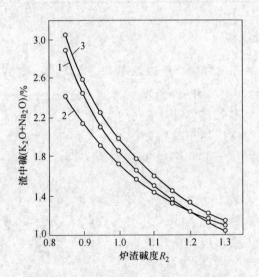

图 5-13　渣中含碱量与碱度的回归关系

（1979 年 12 月 24 日 ~ 1980 年 7 月 7 日，2 号高炉日平均）

$1—(K_2O + Na_2O) = 0.1431e^{0.0714/R'}$，$[Si] = 0.6\% ~ 0.8\%$，$5 ~ 13kg(K_2O + Na_2O)/t($碱负荷$)$；

$2—(K_2O + Na_2O) = 0.2313e^{0.0100/R'}$，$[Si] = 0.6\% ~ 0.8\%$，$7 ~ 9kg(K_2O + Na_2O)/t$；

$3—(K_2O + Na_2O) = 0.1720e^{0.0434/R'}$，$[Si] = 1.3\% ~ 1.2\%$，$9 ~ 7kg(K_2O + Na_2O)/t$

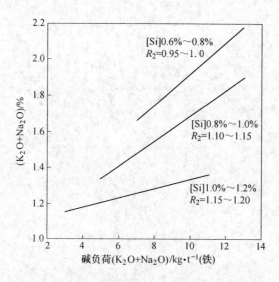

图 5-14 渣中含碱量与碱负荷、[Si]、R(炉渣碱度) 的关系 (2 号高炉)

表 5-16 韶钢 6 号高炉炉渣不同碱度条件下的排碱能力[25]

炉渣 R	0.80	0.95	1.00	1.10	1.20	1.30	1.40
(Na$_2$O + K$_2$O)/%	1.70	1.68	1.59	1.54	1.53	1.50	1.46

5.3.3 利用炉渣处理贫矿

金属锰在高炉冶炼过程中，进入铁水和进入炉渣的比例，叫做锰的分配系数。利用相应的冶炼条件，控制金属锰进入炉渣，以达到贫锰矿富集、提高品位的目的，是经常应用于贫锰矿冶炼高锰锰铁的方法，也叫"二步法"。

炉料中的磷，在高炉冶炼过程，全部进入铁水。炉料中的铁，99% 以上进入铁水。锰进入铁水的比例与很多因素有关，主要决定于炉渣碱度。图 5-15 是首钢 1962 年二步法冶炼锰铁的锰的分配系数，是借鉴 1958 年湖南资江铁厂的实践结果。从图中看到，炉渣碱度与分配系数关系密切，碱度小于 0.8，渣中的 MnO 急剧升高，碱

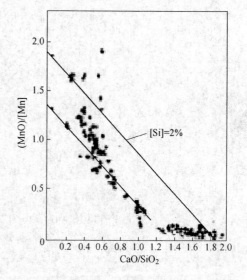

图 5-15 锰在铁渣中的分配系数与碱度的关系

度小于 0.6, 分配系数达到最大值。对 69 组铁水及炉渣成分进行相关分析, 得到
式 (5-2)[26]:

$$\frac{(MnO)}{[Mn]} = 2.2391 - 0.1744[Si] - 0.998\left(\frac{CaO}{SiO_2}\right) \tag{5-2}$$

式中 　(MnO)——渣中 (MnO) 含量,%;

　　　[Mn]——铁中锰含量,%;

　　　[Si]——铁中含 Si 量,%;

　　　$\left(\dfrac{CaO}{SiO_2}\right)$——炉渣碱度。

　　式 (5-2) 近似地描述分配系数和炉渣碱度的关系。从式中看出, 碱度对分配系数的影响比铁中 [Si] 大 6 倍, 所以一步冶炼, 关键在于控制炉渣碱度, 提高分配系数, 使锰大量进入渣中。但渣碱度低于 0.4 以后, 渣中 SiO_2 >40%, 炉渣黏稠, 高炉难以操作。1962 年 12 月 30 日, 炉渣碱度降到 0.3 以下, 一天中高炉坐料 25 次, 炉料几乎不坐不动; 由于炉渣黏稠, 带铁过多, 降低了炉渣质量。图 5-16 是炉渣黏度曲线。由图中看到, 低碱度渣熔点低。测量的大量渣铁温度表明, 当碱度低于 0.4 时, 渣温在 1240 ~ 1340℃之间, 虽然炉渣熔点低, 流动性依然不好, 黏度曲线没有明显的拐点, 很像熔融的玻璃。低碱度, 一方面炉渣黏稠, 另一方面炉渣温度很低, 因此过低碱度, 操作困难。在当时生产条件下, 碱度低于 0.4, 很难持久。

　　一步法冶炼中的炉渣含锰量除炉渣碱度外, 也取决于矿石中的锰铁比。图 5-17 是矿石含锰量与一步法渣中锰含量的关系。

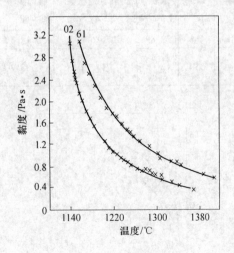

图 5-16　炉渣黏度曲线

编号	SiO_2	CaO	MgO	Al_2O_3	FeO	MnO	CaO/SiO_2
02	36.99	17.03	3.78	8.61	2.16	21.96	0.46
61	39.60	14.95	3.04	9.92	1.87	24.22	0.38

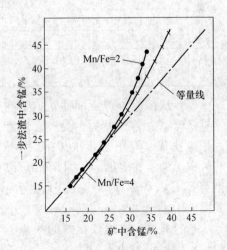

图 5-17　矿石品位与一步法
渣中锰含量的关系

一步法冶炼使用的炉料，成分见表5-17。表5-18是一步法和二步法冶炼铁渣成分。

表5-17 一步法冶炼的炉料成分 （%）

类 别	TFe	TMn	SiO$_2$	Al$_2$O$_3$	CaO	MgO	S	P	C
木圭锰矿	10.74	23.30	36.69	4.4	0.38	0.26	0.034	0.35	—
石灰石	0.2	—	1.73	0.74	42.3	10.40	0.004	0.04	—
焦 炭	0.79	—	0.63	5.68	0.81	0.16	0.65	0.048	83.93

表5-18 一步法和二步法冶炼铁渣成分

成 分	锰铁/%					炉渣/%							备 注
	Si	Mn	S	P	C	SiO$_2$	CaO	MgO	Al$_2$O$_3$	MnO	S	P	
一步法冶炼	3.01	27.9	0.016	1.61	5.88	39.17	16.78	4.64	8.68	28.71	0.402	0.002	CaO/SiO$_2$ =0.46
二步法冶炼	1.29	75.0	0.012	0.48	5.25	32.7	40.6	10.12	9.74	6.37			(CaO+MgO)/ SiO$_2$=1.50

表5-18中的一步法生产的锰铁，含磷很高，达到1.61%；一步法生成的炉渣，几乎不含Fe和P，含MnO 28.71%，一步法冶炼入炉的锰矿含Mn 23.3%（表5-17），产生的富锰渣含MnO 28.71%（一段时间）。二步法生产的锰铁含Mn 75%，生产指标见表5-19。

表5-19 一步法和二步法冶炼生产指标

指标	吨铁消耗/t			冶炼强度 /t·(m^3·d)$^{-1}$	风温 /℃	炉顶温度/℃	矿石含Mn/%	坐料（总次数/每日次数）	锰回收率 /%
	焦炭	矿石	石灰						
一步法	2.503	6.758	2.136	0.70	530	166	22.89	76/6.9	入铁14.3%
二步法	7.275	6.741 （富渣）	7.076	0.785	674	330	21.43 （富渣）	71/5.1	入铁85.7%

二步法冶炼所得全部锰铁，平均含锰75%，冶炼时间短，受过渡期产品影响明显，但用二步法想炼含Mn 80%以上的锰铁很难。从图5-18可以推算矿石中Mn/Fe与锰铁中含锰量关系。

通过对二步法冶炼锰铁的初步了解，可以加深对炉渣的认识，从炉渣碱度0.3到2.0，都有些基本理解，这是一般经历炼钢铁或铸造铁所无法涉足的。

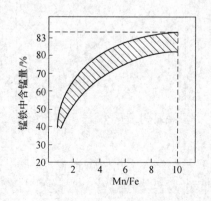

图5-18 锰矿石中的含锰量与铁中含锰量关系

参考文献

［1］F. Clements. Blast Furnace Practice［M］. Richard Clay and Sons Limited，1929：Ⅰ. 附录表.

［2］魏寿昆. 冶金过程热力学［M］. 北京：科学出版社，2010：187-188，189-190.

［3］王筱留，主编. 钢铁冶金学（炼铁部分）（第3版）［M］. 北京：冶金工业出版社，2013：144-145.

［4］那树人，主编. 炼铁工艺学［M］. 北京：冶金工业出版社，2014：122-126.

［5］韩汝玢. 中国科学技术史. 矿冶卷（韩汝玢，柯俊，主编）［M］. 北京：科学出版社，2007：344-389.

［6］R. S. McCaffery，J. F. Oesterle，O. O. Fritsche. Effect of magesia on slag vicosity［J］. Trans. AIME.，1932：120-140.

［7］R. S. McCaffery，J. F. Oesterle，O. O. Fritsche. Determination of viscosity of iron blast furnace slags. Trans. AIME.，86-120.

［8］林宗彩，周取定. 炼铁学［M］. 北京：商务印书馆，1952：235-242.

［9］北京钢铁学院炼铁教研组. 炼铁学（中册）［M］. 北京：冶金工业出版社，1960：261-262.

［10］东北工学院炼铁教研室. 现代炼铁学（上册）［M］. 北京：冶金工业出版社，1959：259-260.

［11］周传典，主编. 高炉炼铁生产技术手册［M］. 北京：冶金工业出版社，2002：125.

［12］庄镇恶，汤乃武，李道昭，刘德华. 高炉高氧化镁的冶炼问题［J］. 金属学报，1957（3）：219-235.

［13］梁中渝，胡林，邓能运，等. 威钢高炉炉渣物性的研究［J］. 中国稀土学报，2002（9）：87-89.

［14］陶少杰. 高Al_2O_3、高MgO渣性能的研究［J］. 钢铁，2007（1）：11-17.

［15］德国钢铁工程师学会，主编（王俭，等译）. 渣图集［M］. 北京：冶金工业出版社，1989：138.

［16］VDEh. SLAG ATLAS（2nd Edition），1995：216.

［17］郭豪，张建良，张华，等. 适宜太钢$4350m^3$高炉炉渣的成分［J］. 钢铁研究学报，2008（9）：58-60.

［18］耿明山，张玉柱，项利，等. MgO含量和碱度对高炉渣黏度的影响［J］. 河南冶金，2005（3）：7-8，22.

［19］А. А. Акбердин，等，Фнзические свойства расплавов системы CaO-SiO_2-Al_2O_3-MgO-CaF_2 справочник，Москва：Металлургия，1987（CaO-SiO_2-Al_2O_3-MgO-CaF_2 熔渣系统物理性质手册）.

［20］林东鲁，李春光，邬虎林，主编. 白云鄂博特殊矿采选冶工艺攻关与技术进步［M］. 北京：冶金工业出版社，2007：332-339.

［21］张贺顺，马洪斌，陈军. 首钢高炉造渣制度的几点认识［J］. 炼铁技术通讯，2011（4）：

12-14.

[22] 宪军, 王庆学. 酒钢高炉碱金属分析和控制措施[J]. 炼铁, 2014(6): 39-32.

[23] 周世体, 许汝雄, 余明扬, 许传智. 包钢高炉炉瘤及炉渣排碱实验研究[J]. 钢铁, 1982 (9): 1-8, 35.

[24] 张士敏. 高炉内碱金属的平衡[J]. 钢铁研究总院学报, 1982(1): 1-6.

[25] 伍世辉, 刘三林, 李鲜明. 韶钢 6 号高炉碱金属危害的控制[J]. 炼铁, 2009(1): 39-41.

[26] 刘云彩, 樊子秀. 处理贫锰矿的一个方法[C]. 1964 年中国金属学会年会论文; 首钢科技, 1981(1): 60-68.

6　出铁出渣

炉料在炉内冶炼过程，一部分以渣铁的形式落入炉缸；另一部分气化上升，从炉顶排出。渣、铁在炉缸里逐渐积累。图6-1是首钢3号高炉两次出铁间隔2.5h，铁、渣在炉缸积累过程的实例。

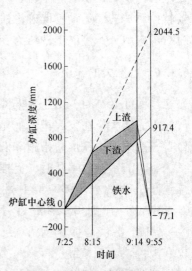

图 6-1　炉缸渣铁深度变化

假定炉缸是空的，完全被渣铁填充。前次铁堵口时间是7：25，到9：55出完铁堵口，在此期间落入炉缸的铁水厚度为917.4mm，炉渣1127.1mm，两者合计2044.5mm。图中的虚线分别表示铁和渣的积累深度。8：15开始放渣，时间坐标与渣铁积累线交点表示渣面相对高度，到出铁时堵渣口，计放出上渣749.2mm，图6-1中间的实线表示渣面变化。

9：14～9：55出铁，通过铁口排出的铁水和下渣合计，相当炉缸深度1372.4mm。从7：25到9：55这2.5h期间，进入炉缸的渣铁量为2044.5mm，排出的总量为2121.6mm，落入的量小于排出量，所以炉缸液面较前次铁低77.1mm。入和出不等是普遍的，由此产生炉缸液面波动。图6-2是

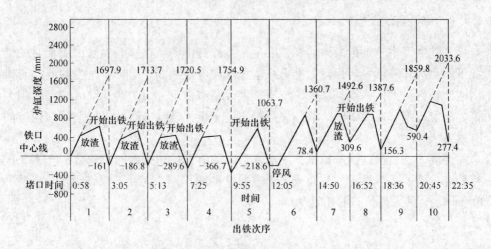

图6-2　炉缸液面深度变化

首钢 3 号高炉相邻 10 次铁间炉缸液面的变化。从图 6-2 可以看出当年的出铁放渣制度（1987 年），炉缸液面在不断变化，炉芯焦也不断升沉，因此上推力也在变化，这些变化对高炉操作有重要影响。

6.1　高炉上推力

杨永宜教授在他晚年的著作中曾指出炉芯焦（死焦堆）的作用："死焦堆不是绝对不动，出铁时它下沉；然后随着渣铁在炉缸中的积聚而慢慢上浮升高"[1]。杨教授对炉芯焦运动的明确论述，实际上提出了一个新的作用力，即死焦堆上升时对炉内料柱产生向上的压力，本书命名这个力为"上推力[2]"❶。

6.1.1　上推力的作用

当液面升高时，由于上推力的作用，料柱被压缩，料柱的孔隙度减少，对煤气的阻力变大，在仪表记录上显示风压升高、风量下降。出现这种情况，高炉操作者一般采取出铁出渣措施降低炉缸液面，减少上推力对料柱的压缩。

有时渣铁排放不及时，上推力升高，料柱透气性变差，破坏高炉顺行，甚至导致高炉事故。"1992 年 1 月 24 日，2 号高炉渣铁不能及时排出，风压由 0.31MPa 上升到 0.328MPa，风量减少了 100m³/min，此时仅将风压减到 0.315MPa（高于原风压水平），透气性指数未好转。39 分钟后渣铁仍不能正常排出，未再减风，导致悬料。两次放风坐料均因风口进渣、吹管发红而停止。排净渣铁停风后仍悬料，直至打开全部风口小盖使炉内压力由 0.11MPa 降到 0.03MPa 时才降下炉料，悬料长达 2 小时 41 分[4]"。由此可见，及时出铁出渣，非常重要。

6.1.2　保持高炉上推力稳定

高炉生产中，上推力波动经常发生，虽然这个波动在一般出铁出渣及时的情况下不会破坏顺行。要保持上推力基本稳定，应做到入炉的炉料产生的渣铁与排出的渣铁数量大体一致，保持炉缸渣铁液面基本稳定。因炉料连续入炉，做到上推力稳定，唯有连续出铁，从高炉顺行角度分析，连续出铁是保持上推力稳定的有效方法。

连续出铁，控制铁渣流量，使落入炉缸的渣铁量和排出的渣铁数量平衡，保持炉缸内液面基本稳定，从而减少上推力波动的作用。大高炉出铁速度一般 5 ~ 8t/min，有的大高炉有时超过 9t/min。

---

❶　20 世纪 80 年代一次金属学会炼铁年会上，作者发表《杨永宜力对高炉操作的影响》[3]一文，有人提出将此力命名"杨永宜力"不妥，于是改成"高炉上推力"[2]。

图 6-3 按出铁速度 5 ~ 8t/min，将高炉出铁制度分成三类：

第一类高炉，日产大于 7200t 的应当连续出铁。

第三类高炉，日产小于 3600t。这类高炉很难连续出铁。为减少上推力大幅波动，或者放上渣，或者增加出铁次数。不放上渣，出铁次数必然很频繁；频繁出铁，对铁水运输及炉前操作都会增加劳动量。对这类高炉，较好的办法是适量放上渣，控制上渣率不超过 80%，避免渣口烧坏；同时在保持每次铁有足够数量的前提下，增加出铁次数，以减少上推力波动，保证高炉稳定。为增加铁次，高炉设

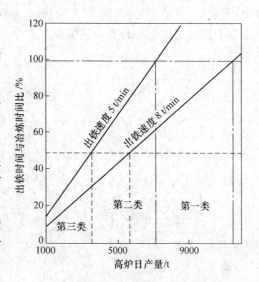

图 6-3 高炉日产量和出铁时间关系

两个铁口十分必要。双铁口不仅改善炉前工的劳动条件，而且在保持铁口要求深度、保证铁口充足的焙烧时间等，均有明显优点。炉缸破坏，一般从铁口水平开始加剧，保持铁口深度是减少炉缸破坏的重要措施。双铁口有利于高炉强化，我国 1000m³ 级的高炉，有相当部分只有一个铁口，这是不恰当的，它阻碍高炉强化，应利用大修机会，改成双铁口。

第二类高炉，日产铁 3600 ~ 7200t，产量介于一、三两类之间，出铁制度也介于两者之间。产量靠近上限的可以连续出铁，不必放上渣；产量靠近下限的，一般不可能连续出铁，和第三类相似，因此有些高炉放上渣。

出铁速度允许的范围较大，高炉容积越小，出铁速度也越慢，图 6-3 的划分是粗略的。总之，高炉按炉前操作可划分为三类，即：连续出铁、不放上渣和放上渣三大类。

6.2 出 铁

6.2.1 铁水在炉缸的运动

在图 2-2 和图 3-3 中，给出炉缸工作示意图。图中表明，炉缸铁水在"焦芯带"和"无焦区"积累。不出铁时，无焦区的铁水，基本静止不动，20 世纪 50 年代，德国曾用同位素测定，炉缸的铁水是静止的[5]（详见第 4 章）。现在高炉容积已经扩大，2000m³ 以上的高炉相当普遍，有的国家（如日本）全部高炉均大于 5000m³。由于连续出铁，铁水在焦芯带和无焦区的炉缸状态已经大不相同，

由于铁水、炉渣不断流出、不停运动，仅无焦区下部铁水比较静止，不受扰动。图 6-4 是模型试验和计算的研究结果。

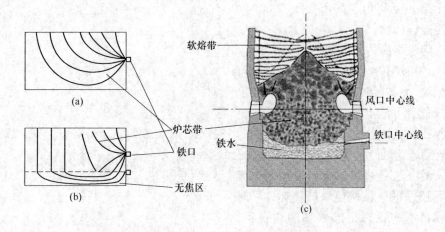

图 6-4   模型中炉缸铁水流动（左）和炉缸示意图[6,7]
(a) 炉芯焦接触炉底；(b) 炉芯焦"浮起"；(c) 炉缸工作示意图

图 6-4(a) 是炉芯焦接触炉底，（b）是炉芯焦浮起，铁渣穿过炉芯焦流向铁口的流线示意图。炉芯焦下形成"无焦区"，此区阻力很小，研究者命名"Coke free gutter"，杜鹤桂教授译名"管道流"，铁流沿阻力小的途径流动，当有无焦区时轨迹改变，如图 6-4(b) 所示。如果高炉死铁层较浅，炉芯焦接近炉底，铁水必然更多地通过炉墙附近，久而久之，炉墙被侵蚀成蒜头状（象脚状）。为减少炉墙侵蚀，必须减少铁水从炉墙附近流过。

沿炉墙流过的铁水，也叫"环流"，是象脚状侵蚀的主要原因。降低出铁速度和加深死铁层是减少环流的主要措施。

6.2.2   出铁速度

高炉出铁速度与高炉容积有关，图 6-5 是部分高炉的平均出铁速度[8]。

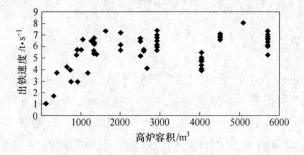

图 6-5   高炉出铁速度

现代大高炉的死铁层很深，有些达到 3m，因此出铁速度很快，有的平均速度达到 8t/min，一段时间超过 8t/min。控制出铁速度主要是控制铁口直径。首钢京唐一座 5700m³ 高炉铁口直径变化见图 6-6，初期开铁口用的钻头直径为 60mm，随着产量提高，直径扩到 80mm[9]。

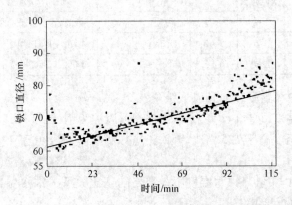

图 6-6　首钢京唐高炉出铁过程中铁口直径的变化

6.2.3　铁水黏度

现代高炉铁水温度大多在 1500℃ 左右，铁水流动性很好。图 6-7 是纯铁、生铁和钢的黏度曲线[10]。铁水黏度与含碳量有关，图 6-8 是含碳量与黏度的关系[11]。高炉铁水含碳量一般在 4% ~ 5% 之间，少量在此范围以外，相当于图 6-8 中曲线 6 ~ 8。

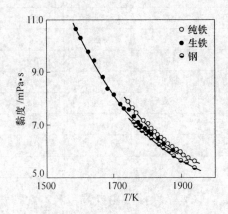

图 6-7　纯铁、生铁与钢的黏度

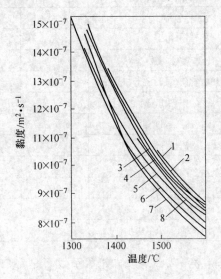

图 6-8　铁水黏度和含碳量的关系
[C]/%：1—0.00；2—0.47；3—2.64；4—2.81；
5—3.62；6—4.21；7—4.56；8—5.25

1980 年 2 月首钢曾测试铁水温度变化，铁水用 100t 铁水罐，由高炉送到炼钢厂或铸铁机，结果见表 6-1[12]。

表 6-1 铁水运输过程的温降

炉别	测量次数	高炉容积/m³	炉前铁水 Si/%			炉前铁水温度/℃			温降速率/℃·min⁻¹
			最高	最低	平均	最高	最低	平均	
1	28	576	0.62	0.2	0.44	1470	1340	1417	1.6
4	21	1200	0.82	0.27	0.49	1448	1385	1408	1.66

当年测量铁水温度，得到以下结论：

（1）铁水温度高于 1420℃，炼钢过程可以加废钢；

（2）铁水温度高于 1250℃，铸铁机可以正常铸块，低于 1250℃铸不出合格铁块；

（3）铁水含 Si 量与铁水温度不是严格的正比关系，铁水温度比铁水含 Si 量更好地显示铁水温度状态。

6.2.4 连续出铁

随着高炉容积扩大，连续出铁变为现实。表 6-2 是日本出铁变迁的一组数据[6]。

表 6-2 各高炉之间出铁数据的比较

高 炉	A	B	C	D	E
年 份	1968	1958	1965	1973	1980
炉缸直径/m	4.9	6.55	7.2	11.1	14.1
炉缸容积（铁口到渣口）/m³	18.9	80.9	107.9	343.5	663.6
铁口数	1	1	1	2	4
生铁日产量/t	760	890	1700	6200	10500
渣量/kg·t⁻¹	350	450	320	315	310
每天出铁次数/次	9	7	8	13	11
存积期时间/min	70	95	50	40	连续出铁
容积产量/m³·min⁻¹	0.150	0.198	0.322	1.16	1.96
炉缸充填系数 h_f	0.556	0.232	0.149	0.135	—

表 6-2 中的炉缸充填系数"是一个参数，它表示在前次出铁终了和本次铁开始放上渣或出铁之间的时间内，被存积的渣铁量所占的炉缸容积"。从表中看到，高炉容积扩大，日产量不断提高，终于连续出铁。连续出铁是高炉操作的一次飞跃，为控制上推力稳定创造了条件。随着连续出铁经验积累和堵口泥质量的提

高，开始减少出铁次数，表6-3是千叶6号高炉（容积5153m³）的出铁操作演变，从每天出铁13.9次，减少到10.9次[6]。

表6-3　高炉出铁操作的演变

日　期	1979年3月	1979年9月	1980年3月	1980年9月
每日出铁累计时间/min	1630	1540	1610	1500
每日出铁次数/次	13.9	11.8	10.7	10.9

6.3 出　　渣

6.3.1　炉渣在炉芯带内的流动

炉渣黏度是铁水的数十倍，在炉芯带内流动，受炉芯焦的影响。福武刚等研究炉渣在炉内的残留比，达到0.36[6]。留在炉内的炉渣，靠近铁口的一侧，渣面接近铁口水平，而远离铁口的一侧，渣面较高。日本根据高炉解剖的实际结果，绘出炉渣在炉内的分布图解于图6-9[13]。

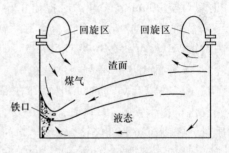

图6-9　炉内炉渣的残留液面

多铁口如果铁口布置在同一侧，炉内的炉渣分布必然不均匀。日本专家研究表明，渣面差距与炉缸直径有关。依据公式计算结果，炉缸直径11.5m，渣面差为1.5m；炉缸直径14.7m，渣面差达到2.5m[13]。长期的不均匀液面，在一般的情况下影响较小，当炉况不太正常，特别是炉冷时，由于炉渣黏稠，从滴落带下降的铁滴，穿过渣层的速度不同，必然影响到炉料均匀下降及煤气流均匀分布，由此导致局部方向气流发生变化。气流，或者如高炉工作者所说的"管道"，是炉衬的"杀手"。当然，管道给高炉带来的影响，远不止炉衬，这是众所周知的，这里不再讨论。所以高炉应沿圆周均匀的布置两个或多个铁口，出铁时，经常轮流或对称开口，尽量使炉芯带内的液面趋于平坦，这是减少"管道"的有效措施。

6.3.2　不放上渣

多年来高炉一直从渣口放渣，一旦炉缸失常，渣口破损严重，不仅影响生产，有时会导致渣口爆炸等恶性事故。随着高炉容积扩大和入炉品位的提高，出铁时间越来越长，渣量越来越少；而大高炉的炉顶压力也伴随容积提高，给通过渣口放渣带来困难，渣口破损经常发生，给生产造成不少损失。表6-4是部分炼铁厂渣口破损情况[2]。

表 6-4 1988 年七个炼铁厂渣口损坏情况

厂 别	鞍钢	武钢	本钢二铁	本钢一铁	首钢	攀钢	包钢	合计
渣口破损数量/个	1132	467	1014	143	255	169	164	3344
每个渣口寿命/t	6273	9046	2767		12331	12284	11973	6493

由铁口排渣,是解决渣口破损的根本方法。不放上渣,高炉不设渣口,省掉了渣口系列装置,包括渣口大套、二套、堵渣机、上渣沟等,使高炉平台更平坦,炉前操作更简单。早在 1971 年苏联切列巴维茨公司 4 号高炉不放上渣,到 1973 年苏联马钢、下塔基尔、新利佩斯克等厂的大高炉也不放上渣[14]。我国第一个不放上渣的是武钢 4 号高炉,1987 年 11 月起停止放上渣。此前武钢(1985年)放上渣损坏渣口 170 个,占全厂 43%。[15]

不放上渣的优点,也引起小高炉的青睐:"我们(伊犁钢铁厂)在 1988 年初本厂两座 20m³ 高炉开炉时提出了不放上渣的设想,并且积极大胆地实践。几年来,除 1988 年 8 月,2 号高炉在一次处理炉缸凉结事故时打开过渣口外,两座高炉第四代 3 年多的炉役期间一直没有放过上渣"。[16]

"(不放上渣)有利于生铁脱硫。不放上渣增加了铁滴穿过炉缸渣层的厚度,延长了渣铁脱硫反应时间,对炉内脱硫有利。1987 年我厂一、二类优质铸造生铁仅占全部生铁的 79.11%,而 1992 年已上升到 96.18%,极大地提高了产品的质量,提高了企业的经济效益"。[16]

"张钢 5 号高炉(420m³)2001 年 11 月点火开炉。设有 14 个风口,1 个铁口,1 个渣口。从开炉到 2006 年 5 月,5 号高炉一直进行放上渣操作,而且采用的是人工堵渣口。随着高炉冶炼强度的提高,渣口损坏频繁,影响了高炉的正常生产秩序,而且多次发生渣口堵不上的事故。针对这种情况,自 2006 年 6 月开始取消了放上渣操作,取得了较好的效果"。

"5 号高炉炉缸直径为 5.4m,铁口中心线到渣口中心线的高度是 1.3m,安全容铁量为 130.8t,按 2006 年 1~5 月份的最高日产量 1320t 算,每天 16 次铁,平均每次铁量为 82.5t,比安全容铁量少了近 50t,因此,从安全容铁量考虑取消放上渣是可行的。"[17]

6.3.3 稳定上推力

高炉实现连续出铁,为稳定上推力创造了条件。"连续出铁,控制铁渣流量,使落入炉缸的渣铁量和排出的渣铁数量平衡(相等),保持炉缸内液面基本稳定"。无焦区不变,上推力自然稳定。炉缸内渣铁界面高度在铁口炉内一侧附近,如图 6-4(c)所示,铁水和炉渣不间断地同时流出,由此判定渣铁界面稳定、上推力也稳定。图 6-10 是一座大高炉的出铁实例[9]。图中显示,渣铁同时流出,虽然两者流量有波动。

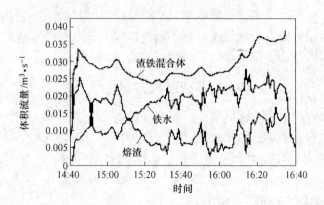

图 6-10 高炉出铁过程中铁水、炉渣、渣铁混合体体积流量的变化

按主沟渣铁分离器（通称"小坑"）后铁沟和渣沟的流动观察或测定，两者均不间断地有铁渣流过，渣铁界面基本稳定不动；其中有一个间断的，说明发生变动。以不间断的时间比例作为上推力稳定的指标：完全不间断，稳定率是100%；全间断，即铁水和炉渣均单留，有铁无渣或有渣无铁，稳定率是0。

间隔出铁，随着铁水流出，炉芯焦下降，无焦区缩小，如图6-11(a)所示。当铁渣界面高度接近铁口（b），铁渣同时流出。

设 S_F 为上推力波动率（%），则 S_F：

$$S_F = \frac{t_2}{t_\Sigma} \tag{6-1}$$

式中　t_2——渣铁同流时间，min；

　　　t_Σ——全部出铁时间，min。

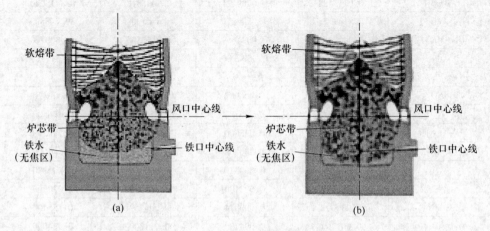

图 6-11 间断出铁的无焦区变化

操作时,确定一个值,依此值规定调整出铁速度,以保持界面稳定。

自动检测很方便,可在渣铁分离器后渣铁沟上分别安装测温装置,以渣、铁有无流量的温度差,确定两者的断流时间用式(6-1)计算。

6.4 出铁过程排出的气体

高炉出铁过程,铁水析出气体,因含量较低,测量困难,一般很少注意。但这些气体大多有害人体,应当引起重视。表6-5是前苏联甘切夫(А. В. Ганчев)等[18],按铁水条件用热力学模型计算出来的,计算条件有二:

(1)铁水成分:C 4.4%,Si 0.7%,Mn 0.5%,S 0.015%。

(2)铁水温度:1300~1600℃。

计算结果见表6-5。

表6-5 出铁过程排出的气体

分子式	有害气体排出量			
	1300℃	1400℃	1500℃	1600℃
	g/t 铁			
SO	0.166737	0.3536160	0.6870720	1.2450720
SO_2	0.1045824	0.1538944	0.2171008	0.2987968
S_2O	0.0226968	0.0289840	0.0356528	0.0424640
NO	0.0000442	0.0001849	0.0006666	0.0020881
S	0.1096192	0.2998496	0.7278721	1.5929920
NS	0.0014301	0.0036791	0.0084502	0.0175761
CS	0.0049293	0.0082302	0.0128088	0.0187280
CS_2	0.6224932	0.3815124	0.2428428	0.1582776
SiO	0.0030096	0.0401676	0.3958812	3.0080160
SiS	0.0086784	0.0818280	0.5860500	3.2756400
SiS_2	0.0153483	0.0709421	0.2685848	0.8415240
Mn	0.2199725	1.5524850	8.6845000	39.748500
MnO	0.0002353	0.0021659	0.0153800	0.0879760
Fe	0.1400336	0.9032800	4.7052320	20.517280
	10^{-6} g/t 铁			
NO_2	0.000001	0.000003	0.000021	0.000120
N_2O	0.004180	0.016700	0.059840	0.186600
CN	0.006300	0.028600	0.113620	3.788200
N_2C	0.132200	0.340800	0.788000	1.664000
C_2N_2	0.000234	0.000387	0.000598	0.000880
NCO	0.000533	0.002100	0.007050	0.020900
SiN	0.000001	0.000024	0.000752	0.155400
SO_3	0.001760	0.004720	0.011200	0.024800
Si	0.000004	0.000246	0.009240	0.233800

　　高炉冶炼是高温过程，有些元素或化合物在炉内变成气体，进入煤气或在炉内循环。有的高炉为出净渣铁，习惯喷吹铁口，一方面容易渣铁喷溅，带来炉前工作困难；同时从铁口大量喷出气体，这些气体对人体有害。有的厂炉料含铅较高，喷出的白色气体含铅较高，伤肝严重。所以一般出铁操作，不应喷吹铁口，严防喷出气体，伤害人体。

6.5　深刻的教训

　　保证铁口正常是炉前工作的核心。铁口失常，不仅无法正常出铁，而且会发生重大事故。1960年，首钢炼铁厂铁水罐空前紧张，出铁经常晚点，表6-6是3号高炉实况。

表6-6　1960年首钢3号高炉出铁实况

月　份	10月			11月	
时间（旬或日）	上旬	中旬	下旬	上旬	11~22日
铁水罐晚点/次	17	10	36	22	30
渣罐晚点/次	7	7	20	12	22
铁口合格率/%	90.4	78.5	43.4	62.5	13.3
高压堵口率/%	93.6	71	58.6	77	53.1
放风堵口/次	1	17	24		26

　　由于铁水罐晚点，铁水、炉渣经常出不净，炉缸铁渣存量很多，铁口很难维护。铁口过浅成为视而不见的危险"常态"。面对危险状态，本应停产部分高炉，缓解铁渣罐紧张局面，但因生产压力很大，难以完成生产计划，勉强硬撑，23日11：00，3号高炉因铁罐紧张，炉内已经积铁198t，三次出铁未见下渣，因铁罐已满，不得不堵。15：49，第5次出铁，铁口深度仅600mm，按规程要求3号高炉铁口深度应在1.7m以上。工长小心翼翼，放风出铁，三个铁罐已满，被迫16：03堵口。泥炮打泥350kg，担心铁口烧出，有意多打泥。泥炮未敢移开，在堵口位置加泥100kg时，发现泥炮泥缸冒烟。16：17，放风打泥，企图封上铁口，但泥炮电流过高，打不进泥。17：07，停风、放上渣，发现炮头已红，移开泥炮浇水、准备出铁。

　　17：00来了两个铁罐，然而铁口很浅，铁水汹涌，两个铁罐很快已满，而泥炮已坏，铁水继续漫流，将两个铁罐连同铁轨铸成一体。因运放铁水的铁轨铸死40余米，2号高炉也被迫停风。

　　公司紧急动员抢修，拆两个铁罐。3号高炉共停风19h7min，2号高炉停风6h10min。因又毁了两个铁罐，全厂铁罐更紧张，不得不全厂慢风操作。

　　这一事故，给我们的教训，不应仅限于铁口或炉前！

参考文献

[1] 杨永宜. 炼铁工艺与设计, 第 5 册[M]. 中国金属学会, 1985: 127.

[2] 刘云彩. 高炉内上推力对操作的影响[J]. 钢铁, 1988(12): 13-16.

[3] 刘云彩. 杨永宜力对高炉操作的影响[J]. 首钢科技, 1987(5): 58-60.

[4] 由文泉. 高炉排不净渣铁时的炉内操作[J]. 首钢科技, 1994(2): 63-65.

[5] V. W. Lobyz, H. Weber (靳树梁, 译). 冶金译述, 1956(2): 14-18.

[6] 福武刚, 等 (杜鹤桂, 等译). 高炉回旋区和炉缸工作文集[M]. 北京: 冶金工业出版社, 1986: 1-19.

[7] Campball P. Standish N. Diagnosing Blast Furnace Hearth Condition (预印本). 1984.

[8] 刘云彩. 高炉炉缸上推力的作用[J]. 钢铁, 1995(12): 1-4.

[9] 黄培正, 董亚锋, 侯全师, 沙永志. 首钢京唐特大型高炉渣铁排放探究[J]. 炼铁, 2014 (6): 47-49.

[10] 森田善一郎, 等 (杨克努, 摘译). 铁液与钢液的黏度[J]. 钢铁, 1982(2): 54-61.

[11] 陈家祥. 炼钢常用图表数据手册 (第 2 版)[M]. 北京: 冶金工业出版社, 2010: 526.

[12] 钱人毅, 等. 高炉炉前铁水测温情况. 1980 年 6 月 (首钢内部资料).

[13] N. Nakaruma, et al. Ironmaking and Steelmaking, 1978(1): 1-17.

[14] В. Л. Покрышин. 高炉不放上渣操作, Сталь, 1987(7): 15-17.

[15] 潘久椒. 高炉不放上渣的操作实践[J]. 钢铁, 1990: 13-14 + 26.

[16] 谭建明. 小高炉无渣口操作[J]. 炼铁, 1994(4): 38-39.

[17] 张兴才, 李华, 等. 张钢 420m³ 高炉取消放上渣操作实践[J]. 炼铁技术通讯, 2008 (5): 9-10.

[18] А. В. Ганчев 等. Известния ВУЗ Черная Металлургия, 1992(1): 13-14.

7 高炉基本操作

炼铁专家：蔡博

蔡博（1924~1991），1924 年 5 月生于长沙，1948 年毕业于莫斯科斯大林钢铁学院冶金系。1949 年回国，先在鞍钢技术处，后任炼铁厂副厂长和厂长。他把前苏联经验带回来，结合鞍钢实际，成功地运用和推广，对鞍钢炼铁生产迅速恢复和发展，起到加速作用。

旧中国没有操作大高炉的经验，提高技术人员的水平，是当务之急。他亲自翻译《怎样掌握高炉操作》，以活页的形式印成小册子，这是文图并茂，实用、具体的操作教科书。直到今天，它还是我国唯一的高炉操作专著❶。他身为厂长，能容纳不同的技术观点，并创造条件进行试验。"1956 年蔡博、成兰伯和另一拨人周传典、刘真分别在 5 号高炉和 6 号高炉作提高干风温度试验"，那时加湿鼓风已经风行全国。著名冶金学家叶渚沛的"三高"理论正在为高炉专家所认识，叶氏的高湿度论文不仅在中国，而且在苏联科学院出版的《巴尔金院士七十寿辰纪念文集》中发表，在这种背景下作降低湿度试验，要有相当勇气。

蔡博以他一贯的务实精神直言不讳，坦率地说出他的看法："一九五八年以来我们实际上普遍推行了一条以高炉容积小型化为总前提，放弃焦比，以追求冶炼强度的方针，即所谓'精料、大风、高温'的方针。这条方针风靡全国，实际上阻碍了全国重点企业大中型高炉的前进。"在文中蔡博沉痛地说："追溯这一时期的科研总结工作，我们不能不指出它们所染有的时代通病：经济建设上的'左'倾路线所打下的深刻烙印。"他的务实性格，使他能全面地观察、提出问题，这是他的过人之处。当时聂荣臻元帅（我国科学发展规划的负责人）对此评价："你对三十年来的炼铁科研总结很重要，这是我看到的第一份工业部门系统的科研工作总结，希望铅印出来发有关部门和中央领导同志参阅。"[1] 1984 年以后，他和王之玺院士等冶金界的前辈一起，研究我国钢铁工业发展战略，提出

---

❶ 《怎样掌握高炉操作》原是前苏联奥斯特洛乌赫夫和克拉萨夫采夫合作的《现代高炉值班工长的工作》一书的第四章。译文原载于：东北人民政府工业部计划处编.《炼铁资料》第一集，1951 年第 51-92 页；后出单行本，中央重工业部钢铁局编.《炼铁资料译丛》第 11 号.1953 年第 1 版。

"大船大港大厂"三位一体的建设原则，正确地指明我国钢铁的发展方向。"新中国现代炼铁技术的奠基人"[2]，是当之无愧的。

稳定、顺行，是高炉生产过程的最佳状态，是高炉获得最好指标的前提。顺行是高炉操作的最佳追求。如果说炉料是高炉稳定顺行的决定性因素，是第一位的，那么操作对高炉顺行、稳定的影响仅次于炉料。错误的操作会破坏高炉顺行，而低劣炉料很难维持高炉长期稳定顺行。实际高炉冶炼过程不断地变化，这些变化不是人为的，是伴随生产过程发生的。主要是：

（1）炉料发生变化，特别是焦炭质量变化；

（2）煤气分布发生变化；

（3）炉型发生变化；

（4）炉温变化；

（5）高炉设备在运行中发生故障。

高炉工作者应当及时发现变化，及时采取措施，保持高炉进程顺行、稳定。首先应及时发现微小的变化，要求高炉工作者，特别是工长、炉长，能熟练地辨别高炉的变化。认识高炉各类仪表提供的数据显示，是最主要的方法。

7.1 炉料下降运动

炉料稳定的下降，才能保持高炉顺行。炉料重力是下降的唯一动力。马哈涅克（Н. Г. Маханек）曾研究过炉料下降的动力[3]，图 7-1 是测量炉料有效重量（炉底压力）的示意图。图中有一座天平，天平的左端支架上有一个高炉炉型模型，支架与模型不连接；天平右端放称量砝码。图 7-2 是测量结果。从图 7-2 中看到，装料的重量随高炉高度增加而增加，但传到炉底的压力增加到一定程度后不再增加。料柱下降的力量受多种因素影响，仅从散料模型试验中就能看到"炉型"和炉料摩擦阻力的巨大影响。

格鲁金诺夫（В. К. Грузинов）提出炉料在炉内的垂直压力等于炉料重量减去炉料的内摩擦力和炉墙的摩擦力及煤气上升的阻力[4]：

$$F = Q_{LL} - (F_{LQ} + F_{LL} + P_{MQ}) \quad (7-1)$$

式中　F——炉料压力（或料柱剩余重量）；

　　　Q_{LL}——炉料重量；

　　　F_{LQ}——炉墙与炉料摩擦力；

　　　F_{LL}——炉料之间的摩擦力；

　　　P_{MQ}——上升煤气对炉料的阻力。

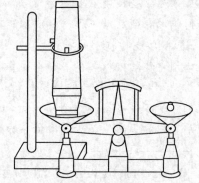

图 7-1　测量模型中散料炉底压力的装置

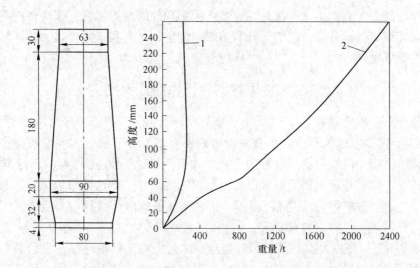

图 7-2 模型中散料炉底压力的测量结果

1—炉底压力；2—实际装料重量

巴巴雷金（Н. Н. Бабарыкин）等创造利用摩擦阻力法实测炉料下降的垂直力。图 7-3 是测量料柱下降力的装置[5]。

前苏联马钢高炉，当时炉料（焦炭和烧结矿）内摩擦角约 43°，通过图 7-3 装置用简森（H. A. Janssen）公式推算出料柱下降垂直力。许多学者得到的结果大体一致，杨永宜归纳在移动炉料（料柱）约是炉料（料柱）重量的 40% ~ 45%[6]；而马哈涅克等静态模型试验垂直下降力（原作者叫炉底压力）仅是料柱重量 10% ~ 15%，显然，炉料运动提高了下降力量，这是高炉顺行的重要保障。

提高炉料下降运动能力，首先是提高料柱剩余重量 F：

（1）降低炉墙阻力。从式（7-1）看到，减少炉墙对炉料的摩擦力 F_{LQ}，会提高料柱剩余重量 F。合理的炉型设计，是提高 F 的有效措施，保持正常炉型，防止炉墙结瘤，是提高炉料下降能力的重要措施。高炉一旦结瘤，炉墙阻力增加，这是炉瘤破坏高炉顺行的主要原因。

（2）降低煤气阻力。上升煤气对料柱的阻力 P_{MQ} 决定于煤气速度、分布和料柱透气性；前者取决于操作，后者取决于炉料质量。煤气阻力与

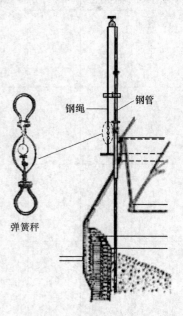

图 7-3 测量装置示意图

煤气速度的二次方成正比，因此，高炉应控制合理的冶炼强度，保持合理的煤气速度。控制煤气流分布，既能充分利用煤气能量，又有利于减少阻力，这是布料应有的重要贡献。

7.2 直接观察和操作曲线识别

高炉基本操作是指高炉值班工长在日常工作中，对炉况的分析、判断和处理。在第 2、3 章已就直接人工观察做过说明，以下各节通过实例说明操作曲线识别方法。操作曲线是高炉过程的主要"语言"，工长通过这种语言，了解高炉冶炼进程。本书将反复讲解此种语言。这里先就风口工作状况简单说明。风口是高炉唯一直接观察炉内反应的"窗口"，对深刻了解冶炼过程十分重要。现在已有专门仪器观察、测量风口状况。

表 7-1 是一座中型高炉从送风开始到全风过程对风口的连续观察。高炉装备水平不同，炉料和冶炼条件不同，反映在风口前的焦炭状况也不同，但各高炉风口前的焦炭移动模式大体一致，有差别的是数量和比例。

表 7-1 风口前的焦炭运动

风口前焦炭状态	风量	风口号		示意图	说　明
		5	6		
		风量			
	m³/min	%	%		
静止	0	0	0		风口前堆满焦炭，不动
堆积	940	50	45		风口下部堆积焦炭，但不断位移更新
滚动	1040	60	55		焦炭由上部落入风口，落到底缘后向炉内滚动
跳动	1134	65	60		无堆积焦炭，仅见个别黑焦块在风口内跳动、飞舞
飞舞	>1134	>65	>60		已见不到黑焦炭，焦炭白亮飞舞

7.2.1 高炉工长的贡献和作用

高炉生产的稳定顺行，除炉料和设备正常外，工长的日常操作非常重要。工长是高炉操作的核心人物，日常生产中，工长的正确操作，是保持高炉顺行、稳定的前提。高炉值班工长作用明显、责任很大，聪明的厂长应在炼铁生产中，给予工长应有的重要权利和待遇。

高炉冶炼进程受到破坏，必然给生产带来损失。只有长期稳定顺行的高炉，才可能出现好的生产技术指标。工长的操作失误，有时会导致严重后果。类似事例，屡见不鲜。图 7-4 是一座 620m³ 高炉的一天时间的风压记录。从中看到，7：03开始坐料，到16点多，经过9个小时，连续5次坐料，才将悬料彻底破坏，这一天因悬料造成的损失可想而知。图7-5 是一位技术高超的工长，不仅一次坐料成功，而且坐料后复风90%，30 分钟后加风到坐料前水平，坐料后40分钟风量超过坐料前达到全风。两者处理悬料结果，有天壤之别。当然，上述差别，与当时各自炉况有关，两者有不可比的一面。两者虽然都是处理悬料，基本炉况不同，炉料条件也不同，但操作技术也确有差距。

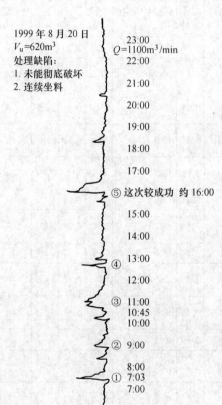

1999 年 8 月 20 日
$V_u=620m^3$
处理缺陷：
1. 未能彻底破坏
2. 连续坐料

23:00
$Q=1100m^3/min$
22:00
21:00
20:00
19:00
18:00
17:00
⑤这次较成功 约16:00
15:00
14:00
13:00 ④
12:00
11:00 ③
10:45
10:00
9:00 ②
8:00
7:03 ①
7:00

图 7-4 连续坐料热风压力记录

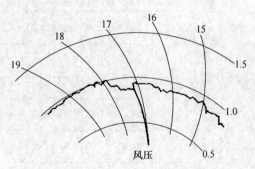

图 7-5 一次坐料成功的风压记录

7.2.2 合理追求，务实操作

一座 1036m³ 的高炉，夜班工长在一次 3.5m 塌料后，未做处理，很快加料，赶上料线。当时厂里考核工长下料批数。这位工长急于保持料批数，深塌料，未加净焦，又急于赶料线，争取加料批数，因小失大，早晨 8：00 交班时出铁，铁口虽打开，但铁水流不出，由于炉冷，炉缸有冻结的危险。

另一个厂，一座540m³的高炉，夜班工长在操作日报记事栏写道："炉顺，炉温、渣碱、可。推定炉温0.45%"。白班上午开始炉况尚可，13：10和13：30两次塌料，深3.5~4m。塌料后，均各加两车净焦，13：00起，退负荷。14：00起，集中加净焦12车，计108t。但炉况无可挽回，出铁困难。13：30~13：55，连续打开两次铁口，仅出铁30t。14：40~16：25，再次开铁口，仅出铁12.5t。16：55，风口自动灌渣，高炉被迫停风。高炉操作日志见表7-2。

表7-2　夜班及白班高炉操作日志（摘录）

时间	下料批数	风量/m³·h⁻¹	富氧/m³·h⁻¹	风压/kPa	顶压/kPa	压差/kPa	喷煤量/t·h⁻¹	实际负荷	风温/℃	出铁时间（时：分）	出铁量/t	Si/%	S/%	铁水温度/℃
1	6.5	1387		1.96	0.95	1.01	4.20	2.58	1080					
2	8.5	1401		1.97	0.89	1.08	4.20	2.67	1080	1：00~1：32	1052	0.54	0.02	1460
3	7.0	1397		1.96	0.90	1.06	4.20	2.61	1080	2：47~3：15	104.7	0.51	0.022	1455
4	7.5	1379		1.98	0.93	1.05	4.50	2.61	1080	4：10~4：30	57.3	0.57	0.019	1455
5	7.0	1405		1.95	0.96	0.99	4.20	2.61	1080	5：36~6：00	106		0.019	1450
6	7.0	1401		1.92	0.96	0.96	4.20	2.61	1080			0.32		
7	8.0	1399	1400	1.96	0.90	1.01	4.70	2.61	1075	7：03~8：00	104.1	0.35	0.027	1450
8	8.0	1402	1400	1.92	0.92	1.00	4.70	2.61	1070					
9	7.5	1369	1400	1.90	0.87	1.03	5.00	2.57	1065	8：55~9：25	66.5	0.32	0.023	1440
10	7.0	1352	1400	1.90	0.87	1.03	4.50	2.58	1060	10：30~10：50	55.2	0.35	0.025	1445
11	6.5	1353	1400	1.96	0.90	1.07	4.20	2.58	1055					
12	6.5	1185	1400	1.86	0.85	1.03	4.50	2.56	1050	11：55~12：33	107.7	0.33	0.026	1450
13	7.5	1478	1400	1.99	0.97	1.02	4.70	2.59	1030	13：30~13：55	29.9	0.32	0.023	1430
14	6.5	967	700	1.51	0.51	1.00	4.70		1015					
15	1.5	951	0	0.5	0.50	1.00	0		965	14：40~16：15	12.5	0.35	0.025	
16	0	0	0						950					

实际，夜班工长在日报记事栏写的："炉顺，炉温、渣碱、可。推定炉温0.45%"，已经蕴含着误判：4：30铁水含Si 0.57%，6：00已经降到0.32%（见表7-2）。17日白班到中班料尺记录见图7-6。17日夜班的料尺记录表明，

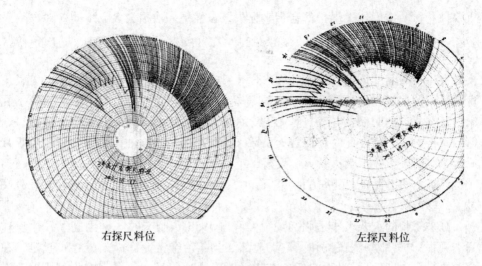

右探尺料位　　　　　　　　　　左探尺料位

图 7-6　17 日白班到中班料尺记录

4：00 ~ 6：00 间曾两次塌料，其中 4：00 多塌料较深，亏尺加料约 10 批（见图 7-7），虽然夜班塌料时，补加净焦，"远水不解近渴"；因判断错误，以为炉温不低（炉温，可），从夜班起一直降风温，6：00 风温 1080℃，8：00 风温 1070℃；10：00 风温 1060℃；12：00 风温 1050℃（见图 7-8）。两班工作的错误操作，造成炉缸冻结的重大事故。

上面实例说明，高炉日常操作的

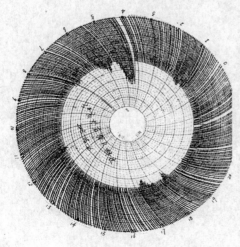

图 7-7　16 日白班到 17 日夜班料尺记录

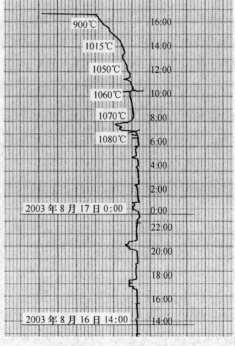

图 7-8　16 ~ 17 日风温记录

重要性。每一次操作失误，都会带来损失，虽然每一次损失大小不同。

7.2.3 把握时机，当机立断

有一个著名的炼铁厂，高炉周末发生管道，当时生产任务非常紧张，工长不肯减风，怕担责任，请示值班长，同样犹豫。打电话、派人找领导，领导不在家，还在犹豫的时候，"上升管"已经发红，路过的人看到上升管像红蜡烛，给值班室打电话，就在此时炉顶着火，原来是炉顶液压站漏油，由于管道导致炉顶温度过高引发火灾。大火救灭后发现，上升管已经变形，炉顶设备损坏严重。

思想上怕担责任，设备方面疏于管理，是灾害的总根；对工长考核过严，处罚过重，有人遇事回避、"请示领导"，束缚了人们的理智和创造力，造成重大损失。

高炉工长的重要工作是调剂炉况。我国 1955 年制定的《全国高炉技术操作基本规程》，经中华人民共和国重工业部（当年冶金工业部尚未成立）批准，在全国执行。"调剂高炉进程的任务在于及时发现冶炼过程所遇到的不良影响，以及高炉进程失常的萌芽，正确地采取有效措施，及时恢复高炉正常进程，所以高炉进程调剂方法，应该是为了防止正常操作遭到破坏，假如已经遭受破坏，那么要在最短的时间内恢复正常操作。"[7]

"为能及时地发现高炉进程失常，操作人员首先应熟悉高炉正常进程的特征"[7]。这是新中国第一本高炉操作规程，从此，各厂均以此规程为蓝本，结合自身条件制订本厂的操作规程。现在分析，当年第一部全国高炉技术操作基本规程，基本思路依然是正确的。规程的前言中提出："制订本单位的高炉技术操作规程，以保证：

（1）生产最大量的品质优良的生铁；

（2）原材料的单位消耗最低；

（3）高炉及其附属设备寿命最长；

（4）高炉工作人员的工作安全。"[7]

以上四条，就是现在经常提到的："高产、优质、低耗、长寿、安全"的 10 字方针。

熟悉高炉基本操作，不仅限于高炉工长，炉长，冶炼工程师和主管技术的厂长，也应熟悉基本操作。炼铁厂技术领导，一般在每日早晨调度会以前，应到各高炉了解运行状况。精通基本操作的专家，在显示器上停留几分钟，观察 24 小时的操作曲线记录，就能较清楚地了解高炉的实际操作和走向。

炼铁术语：

管道：高炉常见的失常现象是管道。上升的煤气流，穿过料柱，煤气分布大体是均匀的。一旦在高炉某局部区域通过煤气较多，习惯把这一区域叫"管道"，也有人叫"气流"。由于高炉生产时，煤气不断流过料柱，把"气流"定义为不正常状态，易产生误解，所以我们把过多通过煤气的区域，统称"管道"。

塌料：料尺跟随料面下降，当料面突然下降（料尺突然快速下降）超过正常深度 0.5m 以上，叫塌料；也有人叫滑尺或崩料。料柱疏密不均，产生管道。在上升煤气作用下，炉料很容易向疏松区域（管道）塌陷。管道常伴生塌料。本书一般称塌料；有时为保持引用原文，也用滑尺或崩料。

悬料：料尺跟随料面下行运动停止运行超过 1 分钟、即料尺记录"打横"超过 1 分钟，叫悬料。

难行：当高炉生产过程出现料速不稳定（料尺记录显示间隔不均匀）、透气性指数波动或降低超过十分钟叫"难行"。

冶炼进程曲线：高炉冶炼过程的风量、风压、风温、顶温、顶压、料线等主要参数，连续记录并显示在值班室操作平台上，为工长操作提供参考。这些参数的集中画面叫冶炼进程曲线，也叫操作曲线。它是高炉冶炼过程的放大镜和显微镜，比一般工程图纸更重要，因为图纸是静态的，仅能提供实物特征和尺寸，而进程曲线是动态的，它把高炉过程的状态、变化告诉你，你对它了解越深刻，它"告诉"你越全面。高炉工长、炉长、冶炼工程师必须深入了解、掌握进程曲线"语言"，只有熟练掌握这种"语言"，才能驾驭高炉。

7.3 管 道

7.3.1 形成管道的原因

管道是上升煤气和料柱透气性不适应的结果。当煤气通路"拥挤"时，煤气会自动选择阻力较低的地方通过。这里一旦形成"通路"，料柱这部分的粉末会被吹走，通路更通畅，所以管道会自动发展。这也是炉墙发生管道机会较多的原因，因为炉墙较光滑，煤气容易通过。习惯称通过炉墙附近的管道，叫边缘管道。

料柱中煤气通路"拥挤"，是炉料强度变差或粉末增加的结果。粉末降低了料柱透气性，是导致管道的直接原因。

有时因炉温过高，上升的煤气体积膨胀，F_{MQ} 增大（式 7-1），也会出现管道。一切影响煤气体积增大的因素，都可能促成管道。

形成管道的原因主要有：

（1）炉料强度差或粉末多。

（2）设备缺陷造成的定向管道，如风口进风不均、炉墙局部结瘤或侵蚀等。

（3）操作不当或错误导致的管道。如因布料不合理，造成边缘或中心管道；炉温控制失常，导致的管道等。

7.3.2　管道的处理

日常管道，一般破坏性不大，但不容忽视，它往往是冶炼事故的起点。

经常性的管道必须立即处理，否则有时会自动发展，越来越严重。它是高炉进程难行的前兆。针对管道产生原因，相应积极处理：

（1）边缘或中心管道，在"控制煤气分布"一章，已有论述。

（2）进风不均造成的管道，应调整风口。

（3）焦炭或烧结矿强度过低，除加强筛分外，应建议领导提高其强度；同时适当减少风量以适应料柱透气性；或适当敞开边缘或中心煤气分布，必要时退负荷，以消除管道。

（4）炉墙结瘤，应组织洗炉或用其他方法消除结瘤。

（5）炉体局部侵蚀形成的边缘管道，除建议领导安排处理外，可采取布料或风口改变，控制局部管道。

非经常性较大管道，应坚决处理，通过坐料破坏原有的炉料分布，改变已有的煤气通道，避免因管道造成炉冷甚至炉缸冻结。

7.3.3　罕见的真实管道

管道附近，料柱比较疏松，空隙较大，通过煤气多，一般不会形成无料的空间，即真正的"管状空洞"。曾在一座"矮胖型"高炉上发生真实的管道，此高炉容积 $576m^3$，炉缸直径 6.1m，炉腰直径 7m，有效高度 18.1m，工作高度 16.9m，较同直径的高炉矮 4～5m。由于短粗，生产过程经常出管道。1987 年，"当时管道出现前是偏尺，没有得到及时、彻底的处理，导致恶性管道出现，非常迅猛。管道发生后，左尺不见影，右尺零尺。顶温高达 800℃ 以上，表盘自动记录越限无法记录。炉温猛跌，风口十五灌（指 15 个风口全灌渣），渣口铁口放不出（铁、渣），空喷"。"被迫休风，打开炉头人孔看，焦炭顶着大钟一面，另一面倾斜于管道方向（大钟杆已弯）。管道内壁熔化一层约 100～200mm 厚的玻璃状的渣壳，一眼望不到底。大钟如同红灯笼一样。管道四周是松散料，焦炭全是红红的。"这是真实的"管道"。

管道是高炉失常的先兆，高炉的诸多变化，均能引起管道产生。正因为管道经常发生，往往被人忽视。上述实例说明，管道是高炉操作事故的先兆，它可能是重大事故的起点，要警惕！

7.3.4　管道的类别和特征

管道的特征：

（1）风量增加。图7-9是频繁的小管道，风量瞬间上升，风压瞬间下降。图7-10是热行导致的小管道。

（2）风压下降。

（3）透气性指数上升。

（4）炉顶温度记录一般安装在上升管下部，顶温四个方向一起升高，是中心管道；四个方向分叉，是局部边缘管道，其中温度升高最高的方向是管道发生的方向。

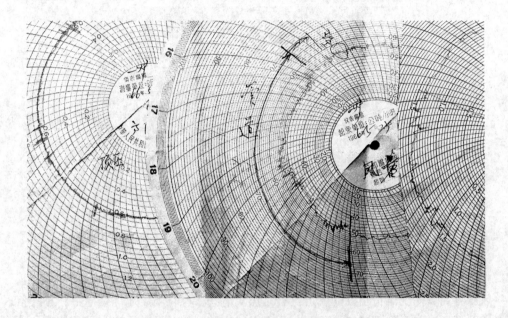

图7-9　频繁小管道

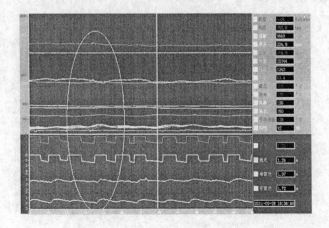

图7-10　热行引发的小管道

（5）由于发生管道，煤气利用率下降，较长时间的管道，下料速度下降，表现在料尺记录上，料速减慢；时间短的管道，影响较小。

（6）经常管道，炉尘量升高，一般值班室显示没有炉尘曲线，仅能从卸灰（炉尘）记录中了解。

图 7-11 是塌料后连续出管道（圈内）。在 19：00 ~ 20：00，将近 1 小时的时间里，管道不断。

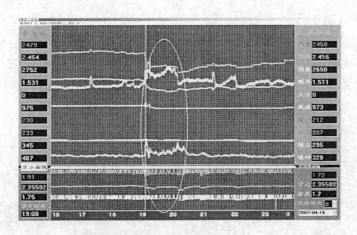

图 7-11 连续出管道画面

管道按产生原因可分为两类：

（1）暂时性的，由于操作失误或调节不当产生管道。最经常的是炉温上升，风压升高、炉况难行引发的管道。有时焦炭清仓、有时用落地烧结矿，料柱透气性变坏，未及时处理或未退负荷，从而引起管道；有时设备缺陷，导致管道。图 7-12 是突然加氧，氧气由 0 一次加到 12000m³/h，调节阀不灵，氧气震荡，冲出

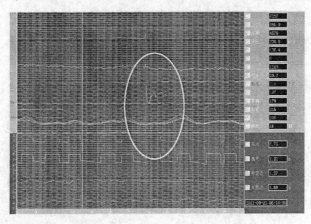

图 7-12 加氧冲出的管道

"管道"。有时，炉顶压力调节阀组不灵，加风过程，顶压调节不良，出现管道（图7-13）。

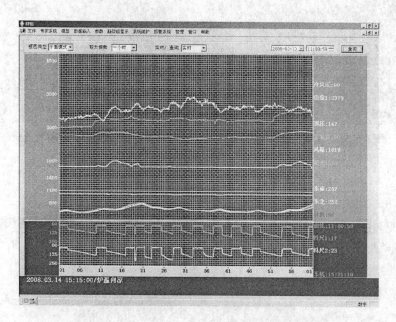

图7-13 加风时顶压调节不灵出现的管道

（2）非操作性的原因形成的管道：

1）炉料质量很差，不适当地追求风量，即风量与炉料不适应；

2）有的因装料制度不合理，经常出现边缘或中心管道；

3）不同直径风口分布不合理或不同风口长度使用不合理，形成固定方向管道；

4）炉型不正常，如结瘤、侵蚀等，形成方向性较固定管道。

这类管道，应针对原因进行处理，仅靠日常操作难以奏效。

观察管道，短时间记录容易看清楚，长时间记录对经常性管道可以观察，对偶然性管道不易看清楚。图7-14是1小时和12小时的记录。其中，1小时是12小时的一部分。在1小时的记录中，清楚地看到管道出现的状态，而在长时间记录中很难看到管道的细节。

长期严重管道，会使炉缸堆积，风口大量破损。不论边缘管道还是中心管道，时间一长，必然炉缸堆积。严重炉缸堆积，会引起风口破损。

7.3.5 管道与偏尺

不是所有的管道都会导致料面倾斜，但高炉偏尺现象多半是管道引起的

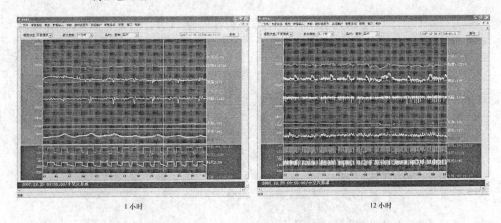

1 小时　　　　　　　　　　　　　　12 小时

图 7-14　1 小时和 12 小时记录

（图 7-15）。有些高炉工作者，误以为是炉墙结瘤导致料面倾斜，往往因此停炉降料面观察，结果多半是炉墙光滑，并未结瘤，因判断失误给生产造成损失。

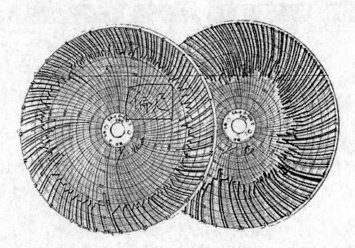

图 7-15　管道引起的高炉料面深度差（偏尺）

判别料面倾斜是否结瘤的要点：

（1）结瘤的基本特征是对应的高炉部位，炉墙温度较邻近的区域低，结瘤方向料面较高。

（2）管道形成的料面倾斜，一般在管道一侧，料面较低，料尺深度比对面深，炉墙温度和炉顶温度较高。图 7-16 和图 7-17 是由于煤气流分布过偏，引起的偏料[8]。这座高炉容积 450m³，因南侧煤气流旺盛，南侧料尺较北侧深 0.8 ~ 1m，南侧的炉顶温度较其他方向的高 100 ~ 150℃。

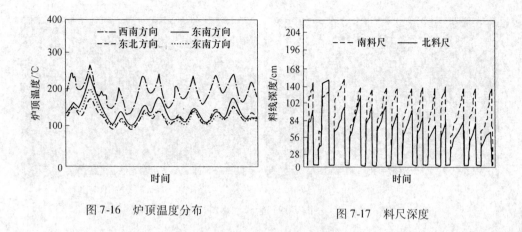

图 7-16 炉顶温度分布　　　　　　　图 7-17 料尺深度

7.4 塌料与悬料

7.4.1 管道与塌料

管道常伴生塌料。料柱疏密不同，在上升煤气作用下，炉料很容易塌陷或滑落，这就是塌料。图 7-18 圈内是管道和塌料的实际记录。

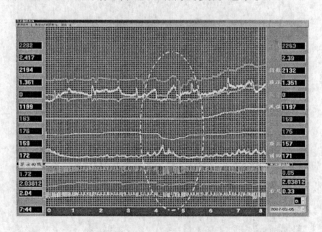

图 7-18 管道后的塌料

塌料后加料，容易将管道"堵上"，使顺畅的通路受阻，引发悬料。图 7-19是小管道和小塌料伴生的实况。图 7-20 是连续塌料。

图 7-21 是热风炉换炉后出现塌料和偏尺（图中左尺深）后出现管道和塌料，减风处理过程，仍有塌料。

图 7-21 也反映了出现管道，接着深塌料，通路被"堵塞"后，发生悬料，如圈中所示。

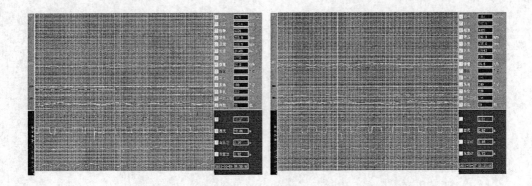

图 7-19　管道和塌料

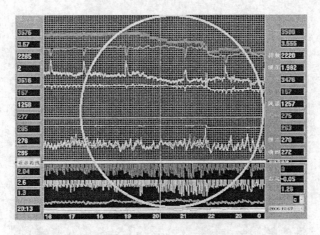

图 7-20　连续塌料

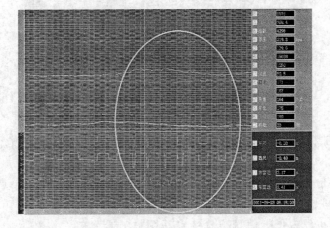

图 7-21　管道—塌料—悬料

7.4.2 悬料机理

高炉诞生后就有悬料，虽然当初没有明确指明是悬料。

世界上第一次记录高炉悬料的是我国。《汉书》记载："平和二年（公元前27年）正月，沛郡铁官铸铁，铁不下（悬料），隆隆如雷声，又如鼓音，工（做工的）十三人惊走。音止，环视地，地陷数尺，炉分为十，一炉中销铁散如流星，皆上去，与征和二年（公元前91年）同象"。用今天的语言翻译："汉成帝平和2年，沛郡（今江苏省沛县东部❶）官营炼铁厂的高炉，发生悬料，声音如雷，又像鼓声，13个炼铁工人惊慌逃走。声音停止以后，看到高炉周围炸成数尺深一个大坑，高炉炸成十块，一炉铁水飞散四溅，如流星一般。和64年前发生的一样"。这项记载，说明不仅高炉悬料，而且塌料后，炉缸破碎，产生爆炸，铁水飞上天。《汉书》是我国历史名著，作者班固死于公元92年，此书记载自公元前206年到公元后23年，229年间发生的重大事件。两次高炉悬料和炉体破裂、爆炸的记载，不管出于什么动机，说明事件是轰动的，以至历史学家在国家大事中写上一笔。

像研究高炉生产一样，研究悬料也一直在进行。20世纪40年代起，苏联学者系统研究、试验炉料下降的力及阻止炉料下降的力的关系。结果大体是：料柱下降的力，在料柱移动的条件下，相当于料柱重量的40%~45%，阻止下降的力主要有三部分：炉墙摩擦力、上升煤气的阻力和料柱炉料之间的摩擦力（见式7-1）。

杨永宜通过对高炉悬料的模型试验和理论分析发现，悬料时上述三种力之和，远远小于料柱下降之力。他提出，悬料是"亚失重"的结果。当料柱某位置有一层透气性很差的炉料，就会引起悬料，虽然整体料柱的有效重量远远大于阻力[6]。图7-22详细地画出亚失重的状态。

亚失重说明，当料柱有局部阻力较大，局部炉料粉末较多时，就会导致悬料。

高炉不同部位的悬料，炉内压力变化不同，上部悬料，上部压力升高，下部压力降低；下部悬料，则下部压力升高，见表7-3和图7-23。

表7-3　悬料前后各层静压力的变化

悬料部位	时 间	热风/℃	静压力/kPa（×133）			
			1层	2层	3层	4层
上　部	1959年11月16日					
	悬料前	1280	770	716	610	548
	悬料后	1400	880	828	722	485

❶ 考古学家李京华考证，见李京华著，《中原古代冶金技术研究》，郑州：中州出版社，1994年第162页。

续表7-3

悬料部位	时 间	热风/℃	静压力/kPa(×133)			
			1 层	2 层	3 层	4 层
下 部	1959 年 10 月 12 日					
	悬料前	1290	845	783	675	470
	悬料后	1410	820	703	680	480

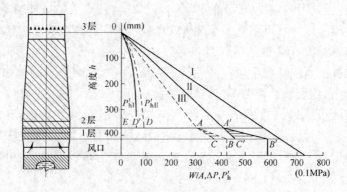

图 7-22 亚失重图解

风口平面~1层—脱节无料区；1~2 层—压差大于料重的超失重区；2~3 层—压差小于料重的亚失重区；

Ⅰ—料柱净重 $W/A = h\gamma_M$ ；Ⅱ—临界以上悬料压差分布之一（脱节，风量 1.9 m³/min）；

Ⅲ—坐料前一瞬压差分布（风量 1.48 m³/min）；

$P'_{hⅠ}$ 、 $P'_{hⅡ}$ 为料柱内沿高度的压力变化（计算值）；△ABC、△A'B'C'内平行于底边的长度 BC、B'C'，

等于向上作用的超失重力

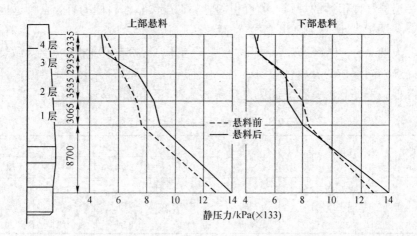

图 7-23 某厂悬料前后炉内静压力变化

熊尧提出"托力"理论，它把料柱看做"活塞流"，除前苏联学者提出的三

种力以外，炉缸"呆区"通过软熔带上推料柱，因此，活跃炉缸，对减少悬料有重要影响[9]。

以上论点，能解释悬料原因以及预防悬料的方法：（1）提高炉料质量。（2）鼓风量与炉料质量相适应，不要超越料柱透气性允许的限度。（3）合理分布煤气。（4）要求布料和送风相适应。（5）活跃炉缸。

7.4.3 料尺分类

实际上，料尺能提供重要的高炉信息。现在高炉用的料尺，可分三类：

（1）机械料尺。一个圆柱形铁锤，用 4~6m 长的铁链吊起挂在链轮上。放料后放到料面，跟随"料柱"下降。它的优点是大部分时间跟踪料面，但观察时应注意区别是机械故障还是料面变动引起的料尺曲线变形：有时链锤被部分熔化，重量减轻，也会产生料尺摆动；有时链轮故障，引起料线产生"小台阶"，给出炉料不稳定下降的假象。

图 7-24(a)是高炉"难行"、悬料及处理记录；图 7-24(b)左半是频繁塌料的记录，右半是炉温升高热悬料记录。

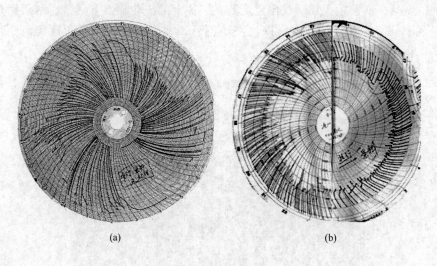

(a)   (b)

图 7-24　机械料尺

（2）扫描料尺。机械料尺通过计算机定时扫描，以扫描时的料尺深度作为检测数据，绘成料尺记录（图 7-25）。检测时间间隔对检测精度，影响较大。一般 3~5 秒扫描一次，缺少连续性。它对料面的微小滑动、少量陷落、链锤陷入"凹槽"、"埋尺"等都有可能漏掉。

（3）雷达料尺。这是唯一连续测量的料尺，全过程跟踪。它能提供料面波动、"翻腾"等信息。

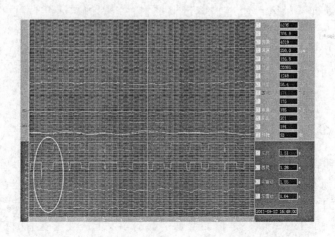

图 7-25 扫描料尺记录局部塌料

有些料面实际状况，机械探尺，得不到反映，而雷达探尺能提供更多信息。从图 7-26 看到，机械料尺在加焦炭过程，料尺提起。图 7-27 是在管道情况下，料面的波动。而雷达探尺反映出焦炭落在料面上的波动和上下翻滚，两雷达探尺的表现不同，其中南（雷达）探尺波动剧烈，北探尺波幅较小，真实地反映了加料过程的料面状况。

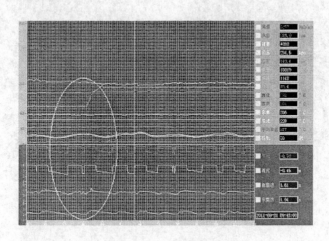

图 7-26 管道后加焦炭前后的南料尺多变

7.4.4 悬料的处理与教训

处理管道、塌料，本质是合理的炉料分布和煤气分布，保持炉料、煤气稳定地运动。只有高炉稳定、顺行，才能最大限度的利用高炉能量。悬料，一般是管

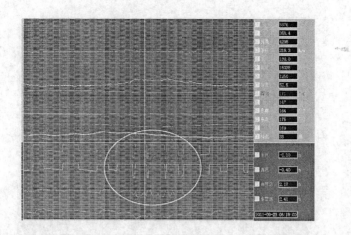

图 7-27 深塌料后赶料线过程的南雷达料尺反映的料面震荡

道、塌料的延续，没有管道、塌料，突然发生悬料也有实例，但极少。突然悬料，总有特殊原因。

图 7-28 是处理悬料不好的实例。放风过慢，未能彻底破坏悬料后料柱中的通道，虽然减风很多，但拖延一个多小时，如能集中一次减风如此风量会促成塌料，料柱通路会彻底改变；加风过程尚可。

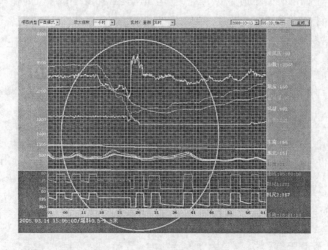

图 7-28 悬料处理不好实例

图 7-29 的情况是十分少见的。一座 1580m³ 高炉：加风时，顶压自动调节失灵，结果顶压不稳定（见图中圈内顶压记录），造成管道。风量、透气性指数波动，顶温分叉。操作者忽略了顶压调节失灵，发生的管道本来可以避免。

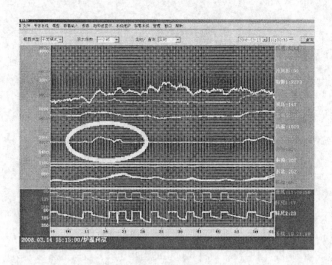

图 7-29　顶压失灵实例

　　处理悬料的首要原则是保持充足的炉温。图 7-30 是一座 1200m³ 的高炉一个班的记录，在充足炉温的基础上进行的。高炉处于悬料状态，风量几乎为零。接班后开始加风，在两个小时内加风 6 次，仅长风压不长风量，第七次加风后，风量突然上涨，风和透气性指数同时上升。此后两个多小时里加风 12 次，平均每次间隔 10 分钟。此期间风量、风压大体同步增长。第 12 次加风，风压迅速下降，透气性指数明显升高，塌料 5m，料线开始活动。接着又加三次风，第三次

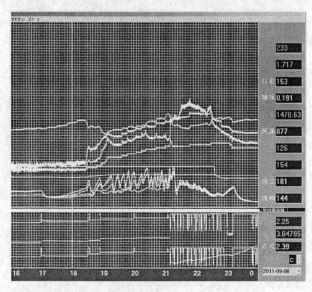

图 7-30　悬料处理

风压升高，风量降低，透气性指数猛然下降，风压曲线与风量曲线交叉。高炉继续加风 2 次，风压虽然增长，风量大幅下降，于 23：00 被迫减风。

无风量或小风量条件下悬料，必须加风，但加风必须：

（1）充足炉温；

（2）加风过程，风压增长必须高于或等同风量，要保证透气性指数适当。第三次加风，风压增长快于风量，透气性指数下降，说明此时加风，时机错误。

图 7-31 是加风过程产生悬料与坐料。1：00 前坐料处理悬料，坐料后压量关系改善，由于风量水平较低，坐料效果不佳。当加风到 3：00 以后，每次加风透气性指数均先高后低。在此情况下，本应等待时机，实际 4：00 以后，继续加风，因而造成再次悬料。在长期悬料后，本应尽量避免悬料，此时出铁不正常，很难准确判断炉缸中究竟有多少铁，一旦悬料，很难预测是否会灌渣。在炉缸存铁不明的情况下，保持送风，非常必要。千方百计使悬料自行在送风的情况下塌下来，防止灌渣。4：50 坐料是不得已的，有点冒险。坐料后加风，遵循透气性指数改善的原则，进展顺利。

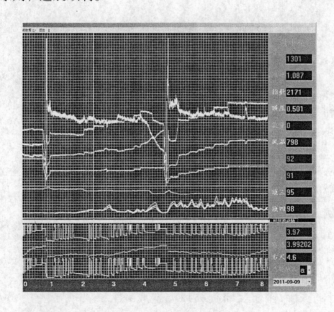

图 7-31　悬料处理与坐料

图 7-32 所示的悬料，是高炉转热引起的。

图 7-33 显示，炉况不顺，工长唯恐炉凉，从 2：00 以后不断提风温。7：30 以后，又一次提 50℃。在此期间，风量不断萎缩，风压不断升高。8：50 悬料，被迫降风温 100℃。8：55 减压，企图破坏悬料。2 分钟后坐料，料尺勉强活动，压量关系改善有限。虽缓慢加风 3 小时，未能恢复到坐料前的风量水平。以后 4

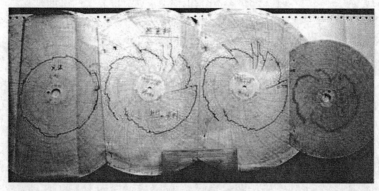

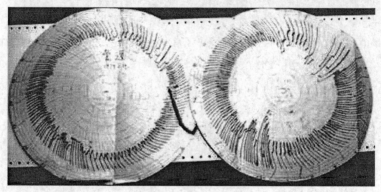

图 7-32 热悬料实例

小时里，又强迫加风，然后坐料 4 次。从 16：00到23：00，经过 7 小时，才将风量恢复到前期正常风量水平。

这个实例，处理很不理想。对照图 7-32 和图 7-33 看到：

（1）胆小，怕炉凉，盲目提风温。提风温错误，操作反向，带来严重后果。

（2）悬料是因为操作反向提高风温造成的，第一次悬料本可避免。

（3）处理悬料不坚决，放风力度不够，未能彻底解决风压和风量的关系，以至炉料下降很不顺畅，料尺滑动、停滞不断。由于

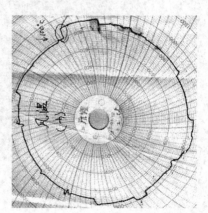

图 7-33 放大的风温记录

坐料不坚决，连续 4 次坐料，使料柱更紧密，不利于炉况恢复。

（4）风量较小，不得已强迫加风，然后坐料，最后 3 次，均以此法运作。思路虽可取，但加风时间过短，起不到预想的作用。

图 7-34 显示因管道导致偏尺，时有塌料，并有两次通过减风，及时破坏悬料。当时炉料条件较差，完全避免管道、塌料很难。2：00 前后加风过程，曾出现塌料，但并未影响加到全风。2：00 以后全风操作，炉况步入正常。8：00 起料速放慢，短时减风（约 20 分钟）后又加回，这一错误，导致 25 分钟后悬料。9：00 猛减风，南尺塌到 4m，北尺约 2m，此后虽缓慢加风，但料尺走得很差，加风困难。11：00 再次减风坐料，又经 3 小时，才接近全风。

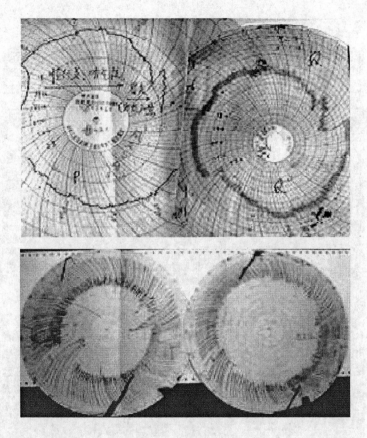

图 7-34　悬料及处理

这次处理，评价如下：

（1）本可预防的悬料，在不应有的失误中，错过机会。仅仅为得到微不足取的很少风量。

（2）第一次减风坐料，减风太少，未能达到坐料目的。复风后，料尺工作不好，提高风压风量增加得很少。说明处理力度不足。

（3）以上缺点，导致长期慢风作业，高炉损失巨大。

图 7-35 是悬料处理不当造成灌渣。灌渣威胁，来自两方面：

（1）炉温偏低或炉冷，容易灌渣；

（2）渣铁排放不好，炉缸中渣铁液面接近风口，容易灌渣。

工长坐料前，应仔细权衡，不是万不得已，不要在有严重灌渣威胁时坐料。图 7-35 所示，坐料后灌渣，结果恢复困难，3 月 2 日原风量水平 1290m³/min，已经是慢风。17：40 坐料后，直到 21：00 开始恢复加风，到 24：00 加风到 1277m³/min，尚未到坐料前风量水平。长时间慢风，损失惨重。不仅如此，经过

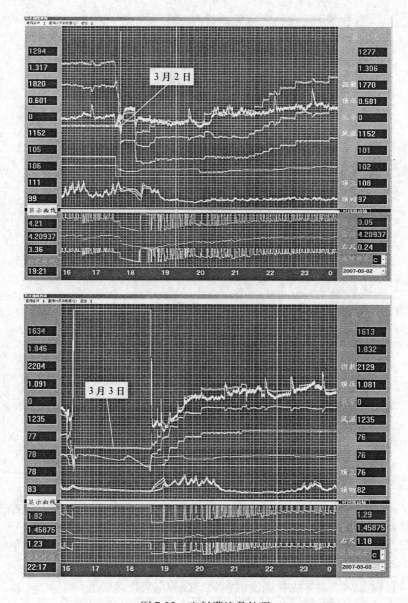

图 7-35 坐料灌渣及处理

准备后于次日 16：22 停风 138 分钟处理烧坏的喷煤枪和 11 根吹管，又经过将近两小时，才恢复到正常风量水平。

郑春德是已故的首钢高炉工长。他在把握炉况、处理悬料方面，有独到之处。图 7-36 是他于 1976 年 6 月 8 日在首钢 2 号高炉（1327m³）处理悬料的经典之作。他猛然放风，而后快速复风，复风水平到坐料前的 90%。30 分钟后，加风到坐料前水平。坐料后 40 分钟，高炉风量超过坐料前，达到全风。

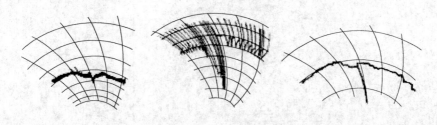

图 7-36　郑春德坐料

他的操作要点是：

（1）仔细研究炉况，对出铁状况、炉温水平，有充分估计。

（2）炉料质量情况，仔细对比分析，做到心中有数。

（3）依实际状况决定操作尺度，放风水平和复风水平，保证坐料一次成功。

（4）只有一次成功，才是最有效的坐料，高炉损失最小。所以他总是全力争取。

（5）注意观察风口。

（6）注意安全防护，避免灌渣，坐料前，总是安排炉前工、看水工、喷煤工，做好防烧出、灌渣的准备。

图 7-37 是前苏联的悬料及处理记录[10]。

10：20 塌料，料线深度由 2.2m 降到 3.2m，塌料后，上部压差急剧升高，下部压差急降。12：30 发生塌料，上部压差在此时急升，下部压差急降。12：40 悬料，工长减风处理，减风分三次进行，第三次（13：00）塌料，上部压差缓降。到 13：40，上部压差急剧降低，处理告一段落。观察图 7-37 应注意：左侧仪表记录，上部三块仪表，时间顺序是从右向左；下边三块是从左到右。

7.4.5　难行状态下的加风

高炉生产，风量是基础。难行时一般情况，首先要恢复风量。难行时加风比较困难，加风时机和数量，非常重要，仅就以往教训，提出一些操作要点：

（1）加风时，炉温充足。

（2）加风后，风压增高不多，压量指数基本没有恶化。

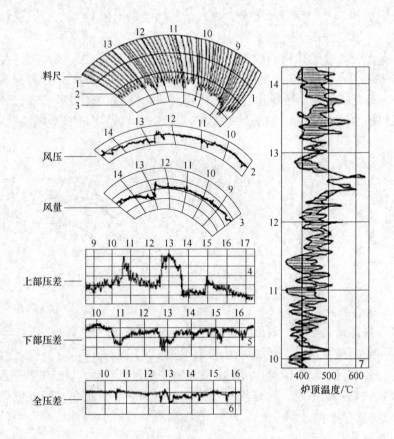

图 7-37　悬料过程记录

（3）压量指数如急剧恶化，应停止加风，必要时减风。

7.4.6　难行亏尺或坐料后亏尺的加料

按料线作业，是保持高炉稳定、顺行的条件。长时间亏尺，打乱炉料正常分布，破坏顺行，不利于高炉煤气利用，容易导致炉冷。但在难行或坐料后加料，维持顺行，应放在第一位，避免因加料不当导致悬料，使炉况更加恶化。加料要点如下：

（1）争取快速赶料线。料尺深度大于 3m，炉温不充足，应补净焦。

（2）在料尺活动时，开始加料。

（3）加料后压量指数没有急速下降或料尺缓慢移动，可继续加料。

（4）料线过深，应控制风量，减少亏料线时间，加速赶料线。

（5）高炉不允许长时间亏尺作业，亏尺，破坏炉料分布和煤气分布，是重大操作事故的开始。如不能及时赶上料线，应立刻减风，加速到达正常料线水平。

7.5 操作教训

7.5.1 控制放风

工长，特别是新工长，操作经验不足，但有一条教训是重要的，遇事冷静。1995 年首钢焦炭质量极差，当时高炉事故较多。2 月 25 日 5：58，1 号吹管突然烧断，工长匆忙中紧急放风，因放风过急，28 个风口全部灌渣，虽然当即回风并用 25 分钟时间缓慢回风（图 7-38），将已进入吹管的炉渣吹回部分，但全部灌渣已成事实，持续 10 分钟后不得不停风。

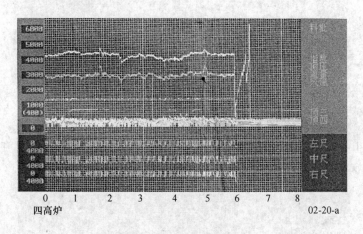

图 7-38　放风过急实例

如果不是放风太急，一边观察吹管烧出喷火、喷焦炭情况，一边缓慢放风使喷出情况得以控制，不会全灌。所幸回风还算及时，大部分吹管灌渣不算严重。

7.5.2 坐料后的放风

前已讨论过坐料是高炉操作常用的技术，也常犯错误。图 7-39 是坐料后回风过多的实例。当时如果炉料条件好，坐料后回风完全可以到原水平的 90%，有时 95% 也能成功。而此高炉焦炭质量极差，从图中也能看到管道不断，这种条件下回风到原水平 90%，肯定失败。从图中看到，二次回风从 4000m³/min 开始，相当于坐料前原风量水平 75%，过 1 小时达到原水平。

这一实例说明，炉料条件和当时炉况，必须考虑。

7.5.3 低炉温时的坐料

炉温低很容易灌渣，特别是在焦炭质量较差的时候。图 7-40 是放风及回风的实例。14：55 铁水含硅 0.08%，16：10 想停风换风口，因炉温太低，焦炭质

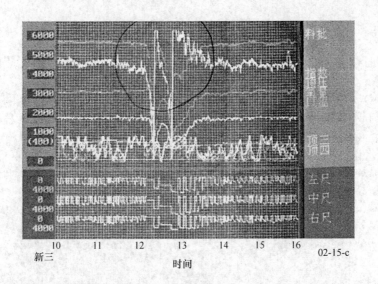

图 7-39 坐料后回风过多

量很差，担心吹管灌渣，操作十分困难。从图 7-40 看到，16：20 到 17：00 经过 40 分钟 5 次放风，才完成停风操作。换完风口后复风也相当困难。

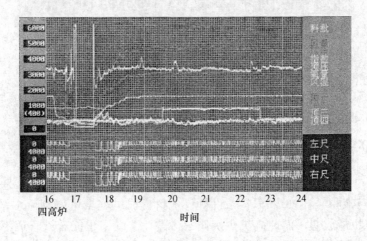

图 7-40 低炉温时的坐料

7.6 高炉顺行指数

7.6.1 顺行的炉况

炉况顺行程度是衡量高炉冶炼进程好坏的主要标志。炉况顺行时，炉料下降均匀、稳定,在料尺记录上表现为炉料稳定下移,相邻料批间的时间间隔大致相等,料线深度大体一致。高炉顺行状况发生变化时,必然在料尺上表现出来。当炉况不顺时,料尺的运行会出现以下两种情况:一种情况是料尺突然下滑,且下滑深度超过正常深度的0.5m,这就是习惯上所说的"塌料";另一种情况是料尺突然不动,料尺记录不再下降,而是划横线,习惯称"悬料"。出现悬料时炉料的正常运动已被破坏,炉料不能正常下降,高炉冶炼进程大大减慢。基于上述分析,我们可以把悬料和塌料次数作为衡量高炉顺行状况的指标,并依照它们对炉况顺行的影响程度用不同的"权值"标定。根据实践经验,可将悬料权值确定为3,塌料权值确定为1,由此,提出的高炉炉况顺行指数可用下式表示:

$$S_X = \frac{10}{1 + \dfrac{T_L + 3X_L}{nd}} \tag{7-2}$$

式中 S_X——顺行指数;

　　T_L——计算天数内的塌料次数;

　　X_L——计算天数内的悬料次数;

　　n——高炉座数;

　　d——计算天数。

表 7-4 是国内 25 个炼铁厂 1997 年的生产数据,用顺行指数公式计算得到的结果。从表 7-4 可看出当年我国不同厂家高炉顺行状况。顺行指数大于等于 8 的,高炉顺行状况良好;小于 5 的,顺行状况不好;介于两者之间的,顺行状况中等。表 7-4 中的数据,可能有误差,可能有的厂对悬料、塌料的统计数字不准确。一般来说,漏记的可能性较大,多记的可能性较小。因此,实际顺行状况可能更差。炉况不顺,也是一种"财富"、一个有待开发的"金矿"。有些厂由于致力于开发这类"金矿"同时改善、强化冶炼条件,生产面貌迅速改变,产量和消耗双双丰收,炼铁成本大幅下降[11]。

表 7-4　1997 年我国 25 个炼铁厂高炉顺行比较

企业名称	年产量/万吨	炉数/座	悬料/次	塌料/次	S_X
P 钢	336. 6465	4	35	4	9. 306
S 钢	746. 3451	5	0	142	9. 278
X 钢	16. 6669	2	22	12	9. 102
M 钢	164. 2025	3	7	111	8. 924
B 钢	785. 7401	3	0	147	8. 817
T 钢二铁	171. 15	2	14	118	8. 203
BT 钢	407. 1158	4	46	210	8. 075

续表7-4

企业名称	年产量/万吨	炉数/座	悬料/次	塌料/次	S_X
A 钢	830.2108	11	230	444	7.798
T 钢	200.1985	4	111	200	7.326
J 钢一铁	196	6	284	116	6.935
MA 钢四铁	155.0017	1	26	287	5.000
T 铁	172.8273	5	454	502	4.966
JU 钢	134.4803	2	54	629	4.799
H 钢	255.2355	6	432	1300	4.576
XN 钢	76.4803	4	945	448	4.447
K 钢	108.3726	4	96	1547	4.431
N(京)钢	107.7466	4	524	230	4.403
S(明)钢	77.2225	3	350	447	4.225
AN 钢	186.9487	5	449	1171	4.202
T(化)钢	132.8224	5	598	546	4.098
B 钢二铁	241.8518	3	493	101	4.093
LENG 钢	26.5485	4	773	384	3.507
W 钢	24.6557	3	309	1227	3.370
L 钢	100.8895	4	832	382	3.365
CN 钢	75.2122	4	1004	628	2.863

7.6.2　利用顺行指数比较本厂高炉的顺行水平

鞍钢1997年拥有11座高炉。虽然技术水平和管理经验是一样的，但由于原料和装备不同，各高炉的顺行状况差别很大。图7-41是鞍钢1997年各炉的顺行指数排序。从中可以看到，大部分高炉顺行较好，少数较差。

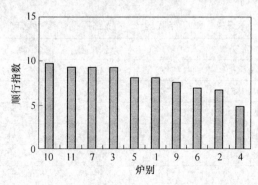

图7-41　1997年鞍钢各高炉 S_X 序列

安阳钢铁公司炼铁厂近些年发展很快，它的顺行状况有下降的趋势。图7-42是安钢高炉顺行指数的变化[12]。

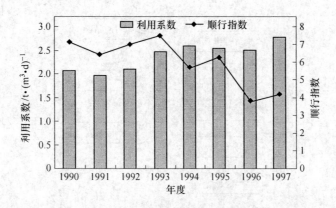

图7-42 安钢高炉顺行指数变化趋势

表7-5是南京钢铁公司炼铁厂的高炉顺行指数。从表中看到，南钢1997年全厂高炉顺行指数4.403；1998年1~9月全厂平均5.27，虽与宝钢8.817差距较大，但前进了一大步。南钢自己的5座高炉，顺行状况差别很大，最好的1号高炉6.17，最差的5高炉3.06，两炉相差一倍多。

表7-5 南京钢铁公司炼铁厂高炉顺行指数

公 司	炉 别	年 月	统计天数	指 数	塌 料	悬 料
	全 厂	1997 年	365	4.403	230	524
	1	1998 年 1~9 月	243	6.47	23	36
	2	1998 年 1~9 月	243	5.97	14	50
南京钢铁公司	3	1998 年 1~9 月	243	5.32	31	61
	4	1998 年 1~9 月	243	5.94	37	43
	5	1998 年 1~9 月	243	3.06	76	113
	全 厂	1998 年 1~9 月	243	5.27	181	303

7.7 异常炉况的专家系统

1990年首钢和北京科技大学合作，开发高炉专家系统[13]。以后又购买芬兰高炉专家系统，高炉使用效果欠佳，因为我国炉料条件较差，芬兰系统"水土不服"。以后首钢在原有基础上自主研发，高炉顺行和异常炉况运转比较成功。高炉悬料子系统的预报推理如图7-43所示。

高炉每个参数，按数量分成不同等级，各等级参数对应不同高炉状态，由此得出判定结论。当年运行结果见表7-6。

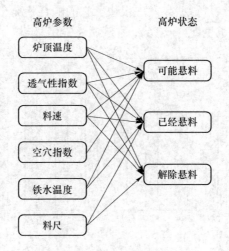

高炉参数　　　　　　高炉状态

炉顶温度 → 可能悬料

透气性指数 → 已经悬料

料速 → 解除悬料

空穴指数

铁水温度

料尺

图7-43 悬料子系统结构

表7-6 炉况预报命中率统计（1992年）

异常炉况类别	月份	预报次数（样本数）	命中次数	误 报		漏 报		命中率/%	平均命中率/%	综合命中率/%
				次数	%	次数	%			
难行悬料	3	9	8			1	11.11	88.89	90.97	90.35
	4	11	10	1	9.09			90.91		
	5	29	27	1	3.45	1	3.45	93.10		
气流异常管道	3	7	6	1	14.29			85.71	89.73	
	4									
	5	16	15	1	6.25			93.75		

参考文献

[1] 蔡博. 钢铁研究总院炼铁科研三十年. 1982(内部资料).

[2] 周传典. 新中国现代炼铁技术的奠基人——蔡博. 见：周传典文集，第3卷[M]. 北京：冶金工业出版社，2001：545-558.

[3] Н. Г. Маханек. Закономерность давленя шихты，Сталь，1948(10)：874-880.

[4] В. К. Грузинов. Сталь，1952(1)：20-23；1956(9)：771-773.

[5] Н. Н. Бабарыкин. Сталь，1959(4)：289-291.

[6] 《杨永宜论文集》编辑委员会. 杨永宜论文集[M]. 北京：冶金工业出版社，1997：66-78.

[7] 1955年全国高炉生产技术会议制订. 全国高炉技术操作基本规程[M]. 北京：重工业出

版社，1955：16.

[8] 张战钊，刘代文．通才 2#高炉原始偏料处理及操作实践[J]．炼铁交流，2011（3）：36-40.

[9] 熊尧．关于高炉下料和悬料过程的"托力"观点[J]．炼铁，1990（5）：47-51.

[10] М. Я. Острухов，Л. Я. Шпарбел. Эксплуатация доменных хечёй[M]. Москва：Металлургия，1975：69-129.

[11] 刘云彩．建议用顺行指数来分析高炉顺行状况[J]．炼铁，1998（4）：50-51.

[12] 数据取自：窦庆和，等．钢铁，1997，32（增刊）：277；炼铁，1998（3）：55.

[13] 杨天钧，刘云彩，等．首钢 2 号高炉冶炼专家系统的开发与应用[J]．炼铁，1998（4）：50-51.

8　高炉烧穿的预防和处理

8.1　炉缸烧穿是一个过程

炉缸从侵蚀至烧穿是一个过程，经历的时间有长有短，日本有一座高炉4550m³，安全运行28年才停炉大修，一代高炉单位炉容产铁21000t/m³，其炉役中最长休风只有7天[1]；而另一高炉开炉仅2个月，就发生炉缸烧穿恶性事故[5]。这是两个典型实例。我国当前高炉寿命较好水平在10～20年。实现高炉长寿涉及多工序、多学科的系统工程，也是炼铁工作者共同奋斗的目标。保持或维护好高炉炉型，或较好的操作炉型，是保证高炉生产稳定顺行的先决条件，也是获得优秀生产技术指标的必要手段。

高炉炉体破损，以水箱（冷却器）为标志，一旦水箱烧毁，炉皮变形、开裂，如果发生在炉身，则喷出煤气和火焰；如在炉腹，则喷出焦炭和炉渣。如瞬间大量向炉内漏水，可能产生大量水煤气因而爆炸，这种力量足以摧毁高炉。发生在炉缸，赤热的铁水流出来，遇到水会产生爆炸，其破坏性难以预料。

8.1.1　炉缸在哪里经常烧穿？

高炉烧穿是一个过程，炉衬被侵蚀需要时间。随着砖衬的侵蚀，铁水逐渐接近冷却壁，冷却壁的进出水温差越来越高，因此通过冷却壁的热流强度也越来越高。图8-1是首钢4号高炉大修停炉的实测结果。开炉10年3个月后，炉底砖侵

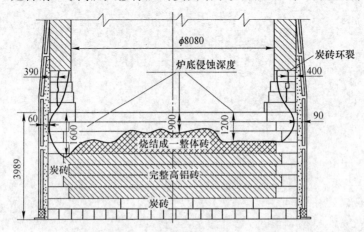

图 8-1　首钢 4 号高炉第一代（1972.12～1983.3）炉底侵蚀图（1200m³）

蚀4层，侵蚀速度约13mm/月。最严重处距炉缸二层冷却壁60mm。

4号高炉第二代1983年6月4日开炉，30个月后，炉缸侵蚀严重，局部热流强度超过62800kJ/(m² · h)，1986年3月5日二层冷却壁烧穿。

4号高炉一个铁口，经常利用系数在2.3~2.5t/(m³ · d)之间，出铁速度较快，炉缸环流侵蚀较重。图8-2是4号高炉第二代实测炉缸，它是在烧穿修复后积极准备，一年后大修的。

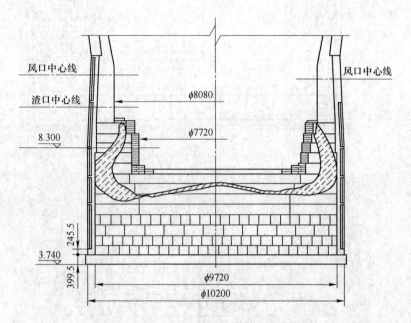

图8-2　首钢4号高炉（1983~1987）1987年大修实测炉缸状况

武钢5号高炉（3200m³）1991年10月19日开炉，2007年5月17日停炉，生产15年8个月，炉底侵蚀速度约9.6mm/月。环炭最薄处距2段冷却壁186mm（图8-3）。

福山5号高炉1973年投产，1983年停炉，中间经历两次石油危机。在3号风口方向下部，炉缸侵蚀严重（图8-4），铁水已渗透到炉壳钢板约400mm，砖衬已变质脆化。侵蚀形状也是象脚型。

图8-5是汉博恩9号高炉陶瓷杯结构。生产1550万吨铁以后的炉缸，也是象脚型缸侵蚀。图8-5画出的炉缸侵蚀情况是数学模型推算的结果。

炉缸象脚型侵蚀，也有人叫做"蒜头状"侵蚀，这一区域炉缸最薄弱，最易烧穿。这一区域的最薄弱点是冷却强度最弱的地方。两冷却壁之间冷却强度最弱，最容易成为烧穿的突破点。图8-6是首钢高炉生产的实例。从图中看到，此点距冷却壁冷却水管"最远"。显然，足够的冷却强度，可使少量渗透的铁水凝固，避免烧出；冷却强度不足，深入的铁水会烧穿冷却壁，扩大烧穿范围。

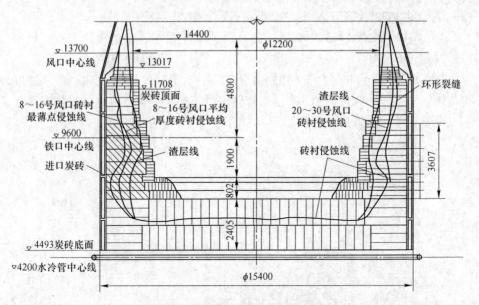

图 8-3   武钢 5 号高炉大修实测[2]

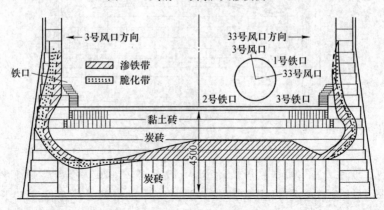

图 8-4   福山 5 号高炉炉缸侵蚀情况[3]

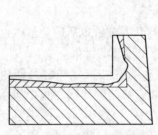

图 8-5   汉博恩 9 号高炉陶瓷杯
炉缸侵蚀情况[4]

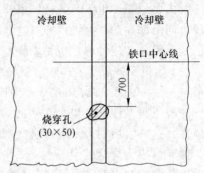

图 8-6   首钢 2 号高炉 1955 年烧穿部位[6]

并不是所有烧穿均发生在冷却壁之间，但此处冷却强度相对较弱，烧穿的几率最大。多座高炉显示，炉缸烧穿部位多在二段冷却壁的环炭区，对应在铁口中心线往下 1~2m 标高范围内。过去综合炉缸炉底高炉和铁口组合砖用高铝质耐材的高炉多在铁口区域烧穿。

8.1.2 "突然"烧穿的原因

我们经历过多次高炉烧穿，经常处于精神紧张的担心状态，任何炉缸冷却壁水温差变化或测温元件温度变化，都会提醒我们，全面观察。我们也看到有些厂，出现意外烧穿，如鞍钢 3 号高炉 2008 年 8 月 25 日的烧穿，没有任何先兆[5]。

鞍钢 3 号高炉（3200m³）2005 年 12 月 28 日投产，烧穿部位炉缸砌砖厚度 1914mm，即使局部烧穿，也需要很长的时间。从 2010 年 3 月停炉大修观察，炉缸下部侵蚀严重，大修是必要的。为什么没有先兆，正如鞍钢的分析，炉缸区域测温点太少，在关键的第 2、3 段冷却壁，仅有 24 个测温点，在炉缸圆周方向，相距 12m 高度上共三层，每层 4 个测温点，两层间高差是 1m 多，局部侵蚀或烧穿很难有反映。这是没有先兆的主要原因。

高炉炉缸外层用美国著名的 UCAR 小块炭砖，内衬低导热的"陶瓷杯"，设计寿命 15 年，又是著名的设计院设计的，很难想到不足 3 年会发生烧穿。炉衬侵蚀过程是存在的，正如鞍钢总结的，UCAR 高石墨化的炭砖容易被铁水熔损，炉缸冷却壁冷却比表面积小（0.603），冷却强度较低，加快了侵蚀速度。设计结构的缺陷，是短命的另一原因。

出了险情，没能及时发现、引起重视，对可能烧穿的蛛丝马迹，缺少警惕。

8.1.3 减少象脚型侵蚀

高炉炉缸象脚状侵蚀已被许多试验证明，主要是炉缸内铁水环流和应力等造成的。加深死铁层，是减轻象脚状侵蚀的有效措施。图 8-7 是依据高炉上推力观点[7]推算出的高炉推荐死铁层深度和实际死铁层深度[8]。从图中看到，实际各国高炉的死铁层深度差别很大。即使同容积的高炉，深度也很不同，1000m³ 以上高炉，浅的不足 1m，深的 3m 多。推荐死铁层深度与炉缸直径之比，结果见表 8-1 和图 8-8。从表 8-1 中看到，小高炉死铁层深度与炉缸直径之比，大于或接近 0.2；而大于 500m³ 的高炉，死铁层与炉缸直径之比，仅是 0.16~0.14。现在高炉设计经常以炉缸直径 20% 作为死铁层深度，对小高炉比较合适，对大于 500m³ 高炉，其值较大，15% 左右比较合理，许多专家主张 20%。图中负荷是 K/J，即入炉料的负荷。它对料柱的重量有影响，对死铁层影响较小。

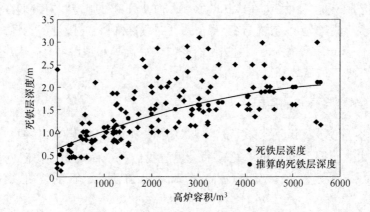

图 8-7 推荐死铁层深度和实际死铁层深度

表 8-1 推荐死铁层深度与炉缸直径之比

高炉容积/m³	50	100	255	500	1000	1500	2000	2500	3000	4000	5000	5500
推荐死铁层深度 L_d/m	0.5	0.6	0.7	0.9	1.1	1.3	1.4	1.5	1.6	1.79	2.0	2.1
炉缸直径 d/m	2.2	2.8	4.1	5.8	7.4	8.6	10	11	11.6	13.2	14.6	15.1
L_d/d	0.23	0.21	0.17	0.16	0.15	0.15	0.14	0.14	0.14	0.14	0.14	0.14

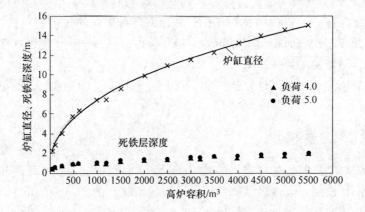

图 8-8 炉缸直径与推荐死铁层深度

处于死铁层位置的铁水，除因出铁放渣死料柱升降对其扰动外，是比较平静的。用同位素测定炉缸铁水，证实了这点[9]。巴巴雷金等曾对前苏联马钢的三座高炉从死铁层放出的铁水进行研究，结果表明：不同深度的铁水，成分和温度是不同的，愈向下温度愈低。铁口附近的铁水温度大约 1460℃，铁口下 2.5~4m处，即残铁口底部（其中一座高炉约 2.5m，另两座约 4m）的铁水温度，只有 1200℃[10]。

死铁层的铁水越向下,铁中的碳越低,大量析出的沉积碳,形成保护层(图8-9)。因含碳较低,铁水熔点升高,铁水流动性急剧降低,对炉底也起到保护作用。

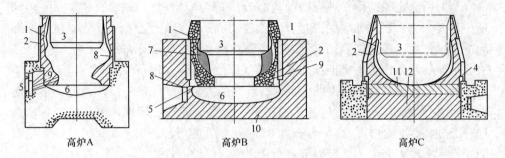

图8-9 炉缸内型和高炉放积铁的位置

1—渣皮;2—残砖;3—铁口中心线;4—上部残铁口;5—下部残铁口;

6—固体残铁;7—石墨沉积物;8—炭砖;9—变质和烧结的砖;

10—水泥;11—立砌黏土砖;12—平砌黏土砖

上述三座高炉,停炉前最后一次铁铁水成分见表8-2,高炉A铁水出到接近炉底时,流动性很差,所以将高炉B和C的含Si提高,以改善流动性。三座高炉停炉放积铁过程,取样测定成分和温度,具体见图8-10。

表8-2 铁水温度和铁水成分

高 炉		A	B	C
铁水成分/%	Si	0.85	2	1.51
	Mn	0.4	0.18	0.79
	S	0.037	0.037	0.026
	C			4.35
铁水温度/℃			1395	1398

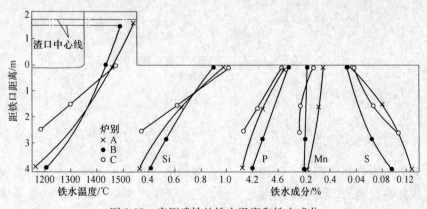

图8-10 实测残铁的铁水温度和铁水成分

车里亚宾斯克2号高炉在1950年放残铁时，测定的下残铁口的铁水温度只有1160~1180℃[11]。

当时所测定的高炉，炉底均没有冷却。这说明死铁层的铁水，还有另一项功能，即2~3m深的铁水，可降低铁水温度。所以，加深死铁层，不仅减低铁水环流的侵蚀作用，还能降低铁水温度，减轻对炉底炉缸的破坏作用。

尽管如此，作者还是推荐死铁层设计深度不超过2.5m，因为高炉经过几年生产后，死铁层会因铁水侵蚀而加深；现在的大高炉炉底均有冷却设施，不可能像50年代侵蚀很深。预留过深，白白浪费了高炉容积。特别是大高炉，每增加1m死铁层深度，会扩大高炉容积几十甚至上百立方米。对于大高炉，15%左右的死铁层深度，完全能满足冶炼要求；也能保护炉缸长寿。

过去单铁口高炉、大渣量冶炼、放上渣生产，出铁速度不允许放慢，因此加深死铁层深度。现在已经发生变化，大高炉普遍多铁口，入炉品位提高，渣量减少，环流侵蚀威胁也因此减少，在高炉设计上应有反映。应提高象脚区冷却强度和耐材质量。

8.1.4 出铁速度

日常操作中，要控制出铁速度。大高炉出铁速度过快，会产生"环流"，破坏炉缸炉墙。虽然加深死铁层能减少环流，但出铁速度过快，环流依然难以避免。图8-11是一些高炉的出铁速度。

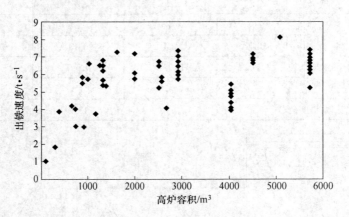

图8-11 部分高炉的出铁速度

8.1.5 重点检测哪里?

炉缸危险烧穿多在象脚侵蚀区，一般在炉缸二段冷却壁铁口以下的盛铁水区域。因此这区间的监测点应当密集，高炉设计者应当十分重视。热电偶质量和安装质量必须高水平，高炉操作者应经常观察这区域的检测记录，不放过任何变化、异动。

炉缸炉底监测方法多样，但温度检测依然是主要的。此区域冷却壁水温差的变化，能及时反映炉缸炉底侵蚀情况或炉缸活跃程度。升温过程，一般也是侵蚀过程。此区炉衬的测温热电偶比较灵敏，有些设计，沿炉缸径向到中心或沿炉墙径向不同距离埋设 2 ~ 3 点，利用两点间的已知距离和不同温度，算出炉衬侵蚀深度。炉缸环形炭砖电偶插入深度在冷却壁热面向炉内 200 ~ 400mm 安装 2 ~ 3 点，便于推算侵蚀变化。象脚区圆周安装电偶数根据直径不同而不同，宝钢 4000m³ 级的是每层 16 × 2 = 32 个点，高度差在 500mm 左右，可供大高炉参考。

8.2　炉缸烧穿及处理

8.2.1　炉缸烧穿前的征兆

图 8-12 是首钢 4 号高炉 1985 年 3 月 5 日炉缸烧穿前的水温差变化和热流强度变化记录。

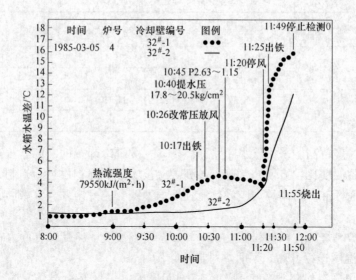

图 8-12　首钢 4 号高炉炉缸烧穿前的记录

从图中看到，8：00，炉缸二层 32#-1 和 32#-2 相邻的两块冷却壁的水温差已到 0.9℃ 和 1.1℃，热流强度分别达到 64900kJ/（m² · h）和 79550kJ/（m² · h）。按首钢经验（有炉底冷却的综合炉底），热流强度到 62800kJ/（m² · h），冷却壁处于危险状态，已到安全生产的极限，这是警戒温度；热流强度到 75360kJ/（m² · h），是极限温度，铁水已接触到冷却壁表面，如不采取坚决措施，冷却壁随时可能烧穿。

9：00，32#-1 的水温差继续升高，已经超过极限温度，到 1.2℃，热流强度高达 86750kJ/（m² · h）。这么高的热流强度，说明铁水已经侵入冷却壁，冷却水已不可能将如此巨大的热量带走，冷却壁温度必然继续升高，烧穿随时可能发生。此时必须采取紧急措施。将 32#-1 冷却壁进水水压由 17.8kg/cm² 提高到 20.5kg/cm²，9：45 完成。但是温差继续上升。于是组织出铁，准备停风。10：17 出铁，32#-1 的水温差继续升高，10：20，到 3.3℃，立刻改常压、放风，准备停风。鼓风压力由 2.63kg/cm² 逐步降到 1.1kg/cm²，由于铁水流得太慢，风压无法继续降低，一直维持到 11：20 出完铁。

水温差不断提高，冷却壁的烧穿范围在扩大，11：20，看水工发现炉皮铁锈剥落一大片，炉皮发红，炉台下冒出黄烟，随即响起铁水遇到水产生的爆炸声。

水温差急剧上升，已经是烧穿的前兆。当热流强度超过极限值以后，铁水已将冷却壁烧坏，不断升高，表明冷却壁烧毁面积在不断扩大。此后水温差的急剧上升是必然的，烧穿已不可避免，这是烧穿前的普遍现象。表 8-3 给出首钢两座高炉的烧穿前温度变化。

表 8-3　烧穿冷却壁的水温差变化

时　间	炉别	高炉容积/m³	冷却壁号		冷却壁水温差变化/℃						
1989 年 11 月 16 日	3	963	18#-1	时间	10：10～11：15	11：19	11：35	11：37	11：38	11：40	
				温度/℃	1（出铁）	停风	6.6	7.6	8.4	烧出	
1985 年 3 月 5 日	4	1200	32#-1	时间	8：00	9：00	10：00	10：30	11：00	11：49	11：55
				温度/℃	0.9	1.2	2.8	3.8	3.7	16.2	烧出

现在，多数高炉采用软水闭路循环冷却，炉缸冷却壁的水温差很难测到。用冷却壁壁后温度比较方便、普遍。各高炉应按实际状况积累经验，制订警戒标准和烧穿危险标准。各高炉均应设热流强度预警线，一旦出现烧穿威胁，应立即采取措施。

预防炉缸烧穿，以砖衬温度或冷却壁壁后温度变化判断，有两大特点：

（1）温度连续升高，说明炉衬在不断侵蚀；

（2）出现突然超常速度升温，应判明原因，采取坚决措施，防止炉衬侵蚀发展。

8.2.2　侵蚀速度

高炉各部位的侵蚀速度差别很大，影响因素极多。炉底部位的侵蚀影响因素相对较少，受炉底结构、砖衬材质、冷却强度、砌筑质量、炉料质量、日常维护、冶炼强度等主要因素的左右。现就炉底侵蚀速度，具体讨论炉缸侵蚀。

首钢 1 号高炉 1955 年 5 月 8 日投产，黏土砖炉底，无炉底冷却装置。1958 年 4 月 14 日烧穿，只生产 1071 天，拆炉发现炉底侵蚀深度 1640mm，一代产铁

1548t/m³，炉底侵蚀速度 1.689mm/d。

首钢 1 号高炉第八代 1962 年 8 月 8 日投产，1965 年 4 月 5 日烧穿，1 号高炉和 3 号高炉的炉底侵蚀速度见表 8-4。其炉底结构及侵蚀状况，见图 8-13 ~ 图 8-15。

表 8-4　炉底侵蚀速度

高炉	开炉日期	停炉日期	生产天数	炉底侵蚀深度/mm	侵蚀速度/mm·d⁻¹	一代产量/t·m⁻³	利用系数/t·(m³·d)⁻¹	炉底砖
1 号	1955 年 5 月 8 日	1958 年 4 月 14 日	1071	800	0.747	1548	1.445	黏土砖
1 号	1962 年 8 月 8 日	1965 年 4 月 5 日	971	1640	1.689	1544	1.59	炭捣
3 号	1959 年 5 月 23 日	1970 年 2 月 23 日	3733	1400	0.375	5479	1.468	高铝砖

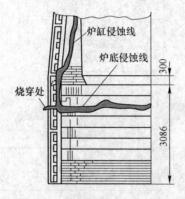

图 8-13　首钢 1 号高炉第七代

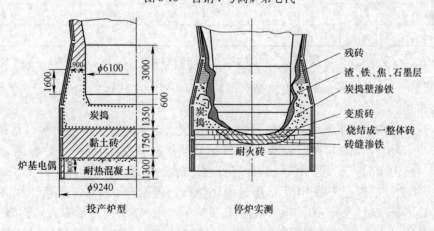

图 8-14　首钢 1 号高炉第八代

两座高炉均无炉底冷却装置，1 号高炉第七代用黏土砖砌筑炉底，烧穿后用炭捣材料修补（图 8-14）。3 号高炉 1959 年投产，是高铝砖和黏土砖的综合炉底，具体结构见图 8-15。三类高炉炉底材料性能，见表 8-5。

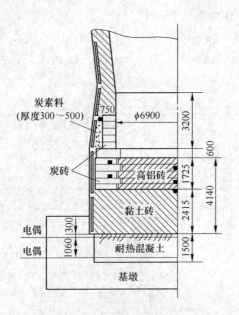

图 8-15　首钢 3 号高炉第一代（开炉）

表 8-5　炉底材料性能

类 别	Al₂O₃ /%	Fe₂O₃ /%	耐火度 /℃	耐压强度 /kg·cm⁻²	残砖 收缩率/%	气孔率 /%	荷重 软化点/℃	原坯比重 /t·m⁻³	侵蚀速度 /mm·d⁻¹
炭捣炉底				207（常温）	0.0149	32.07		1.52	1.689
黏土砖	44.35	1.35	1755	780	0.01	16	1465		0.747
高铝砖	80~85	1.39	>1790	>600	0.12	14	1560		0.375

从表 8-5 看出，三类材料中，炭捣炉衬质量最差，侵蚀速度极快，较黏土砖快一倍；高铝砖质量最好，寿命是炭捣炉衬的 4 倍。上述事实说明，砖衬质量有重要作用。

高炉盛铁水以上部位的炉衬侵蚀，比盛铁水以下部位，复杂得多。首钢 20世纪 60 年代曾在炉衬中广泛使用同位素检测炉衬，图 8-16 是一炉检测结果。1962 年 8 月 8 日开炉后，每次铁都测量铁水的放射性射线强度。第一次高峰出现在 8 月 17 日，即开炉后 10 天，炉缸的保护砖已经蚀掉。9 月 7 日第二次高峰，即开炉一个月后，炉腹的同位素被侵蚀掉，炉腹冷却壁水温差显著升高。第三次高峰是渣口附近的砖衬严重侵蚀，10 月 19 日出现最高峰，铁水射线强度达到719 次/min，这是第一层炉底砖被侵蚀的信息，在它的下面中心处埋设的同位素，可能被侵蚀。9 月 15 日以前，炉底温度仅 40℃，17 日跃升到接近 200℃。此后铁水射线强度经常有小尖峰出现，炉底温度也逐渐上升。同位素检测及时可靠，但安全防护及测量相当麻烦，现在已不再使用。

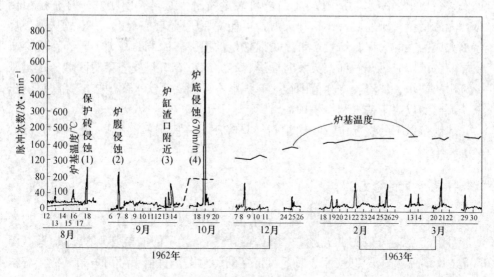

图 8-16　1 号高炉检测结果

8.2.3　减小烧穿损失

炉缸有烧穿威胁时，一方面采取措施，防止烧穿；同时做烧穿准备，减少损失。

首先，清理炉基及出铁场下边的空地，将一切障碍物清除。将地下水道的入口、电缆沟入口周围砌起挡墙。如有设备，能搬走的必须搬走，搬不走的应采取保护措施。挂在出铁场下边的电缆，应当用防火、绝热材料保护起来。炉基周围及出铁场下边，应当干燥；如有水，应当排除。对于末期高炉，很难做到附近无水，大量喷水沿炉体流下来，炉基及其周围到处是水。在这种条件下，应把水引离可能烧穿方向，用管道或暗沟把水引走，尽力避免铁水和水相遇导致爆炸。有条件可砌一条铁水沟，将烧出来的铁水，引到便于清除的地方。

当炉缸冷却壁水温差超过极限温度后，烧穿已难避免。如果尚未出铁，高炉工长应立刻出铁，改常压、适当放风，以兼顾出铁速度；同时组织监测水温差，并向调度室及领导汇报。高炉停风后，按长期停风要求，做好高炉密封。当水温差出现 1 分钟升高 1℃ 的速率时，应及时命令高炉周围的工作人员，除工长及其助手外全部撤离，并派出警戒人员组成警戒线，防备人员进入。

减少烧穿带来的损失，首先要控制事故范围，减少烧坏冷却壁的区间。重要的方法是发现烧穿，立即作停风手续。特别是现代大高炉，它的风压很高，破坏力极强，如不立刻停风，会很容易扩大烧坏冷却壁区域，由于喷出炉内热料区域扩大，会使很多铁水、炉渣及高温炉料大量喷出，如同火山喷发一样，排山倒海，无法阻挡，所过之处，一片火海，可能烧坏所遇到的一切，使事故从高炉烧穿扩大成巨大的火灾，给生产带来难以估量的损失。优秀的高炉工长，在烧穿事故面前，沉着应对，做到人员及时撤退，尽力缩小冷却壁被烧穿的区域，尽量减少流出的铁水、炉渣。烧穿范围很小，炉料不可能从盛铁水的炉缸烧穿缺口流出来，流出的仅限于铁水和少量炉渣。

从铁口以下的烧穿位置喷出炉料，是降压、停风延迟的结果，应作为教训，坚决杜绝。

8.2.4 烧穿后的修复[12]

炉缸侵蚀一般呈"象脚"状，多半在二层两块冷却壁之间，这里是冷却的薄弱环节，烧穿一般由此开始，因此炉缸烧穿，大多同时烧坏两块冷却壁。图8-17是首钢4号高炉1985年3月5日烧穿的示意图。首钢4号高炉第二代，容积1200m³，炉缸二层72块冷却壁，每块冷却壁有两个进水口、两个出水口（两进两出），以强化冷却。两个渣口，一个出铁口。1983年6月4日开炉。

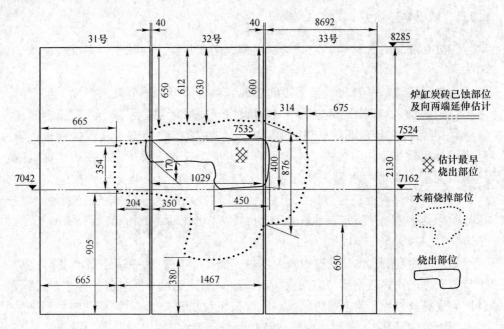

图8-17 首钢4号高炉炉缸烧穿示意图

开炉后10个月，因铁口经常较浅，铁口附近的炉墙被侵蚀，铁口下面的两块冷却壁进出水温差显著升高，到1984年4月水温差超过1℃，已接近首钢规定的警戒热流强度62800kJ/（m² · h），立刻提高冷却水压力，由3.4kg/cm² 提到

$10kg/cm^2$，水温差降到 $0.8℃$。但此处的炉墙已被侵蚀。又过 3 个月，有 47 个出水口的水温差相继超过 $1℃$，占二层冷却壁出水口的 33%。说明二层冷却壁内的砖衬，已被大范围侵蚀。

以后，经常有二层冷却壁水温差升高现象，虽采取很多措施，并未得到长期稳定，炉衬继续被侵蚀。到 1985 年底（开炉后约 30 个月），二层冷却壁附近的炉衬侵蚀已相当严重，冷却壁水温差随出铁而波动，部分冷却壁在出铁时水温差下降，出铁后 30 分钟左右又开始升高，说明铁水已接近相应的冷却壁。1986 年 1 月，有几块冷却壁，即使在出铁时，水温差也不降低，停风 1 小时后才降到允许的水平，终于在 3 月 5 日烧穿。烧出是在 32 号和 33 号冷却壁之间开始的。在这两块冷却壁中部，恰是象脚区，据 1987 年大修时判断，约 500mm 宽的一条，炉墙炭砖已经很薄或完全侵蚀。烧出从 32 号冷却壁向 31 号横向发展，烧坏了 31 号靠近 32 号一侧的一部分。

这次烧穿，流出约 100t 铁和少量炉渣，炉基附近虽有爆炸声，因人员撤离及时，并没有人员伤亡，除炉缸烧穿外，其他设备安然无恙。

4 号高炉烧穿后，一边组织清理现场，一边依据进出水和烧出状况，判定烧坏的冷却壁。炉皮烧毁的区域已经包含 31、32、33 号三块冷却壁，因此断定这三块冷却壁均应更换。一方面准备冷却壁备件，同时组织制作烧毁的炉皮、准备耐火砖和填充用的耐火泥。

按拉出三块冷却壁的位置，切开炉皮，然后将烧坏的冷却壁拉下来。一般情况，烧坏的冷却壁难以整体拉下来，多半要将冷却壁切割几块，然后分别取下来。

取下冷却壁后，露出残砖和焦炭，在焦炭表面轻微浇水，以便清理烧出区域的砖面和外移的焦炭。沿残砖表面向炉内清理，保持能砌一块砖的深度。在缺砖处砌砖，然后装上冷却壁，壁后用可塑耐火泥找平。最后将炉皮焊好。

日本一座 $3850m^3$ 的高炉，1973 年 1 月 29 日投产，1977 年 6 月 3 日烧穿，烧穿位置和砌砖修补情况如图 8-18 所示[13]。用 13 天时间修复，6 月 14 日送风，具体修复进程见表 8-6。

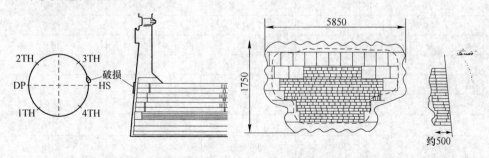

图 8-18　烧穿位置和砌砖修补状况

表8-6　修补进度及工作内容

日期	3	4	5	6	7	8	9	10	11	12	13	14
工作 内容		1	2	3		4	5		6	7	8 9	10

16：00 烧穿 1 修复水管 2 清理喷出物	3～4 清理喷出物	4～5切开炉壳 5～6 下段砌砖	6～7 焊接下段炉壳	7～8 中段砌砖	8～9 上段砌砖	9～10 炉壳焊接，炉底底板水管修复。 14 日 20：04 送风

8.3　炉底烧穿

8.3.1　事故经过

事故发生于 1962 年 9 月，是石景山钢铁厂（首都钢铁公司前身）2 号高炉，容积516m³。1953 年大修后，1960 年曾事故中修，炉底没有冷却，下部是黏土砖，上部炭捣（图8-19）。

夜班工长接班后，发现出铁量与计算出铁量比较越来越少，交班时提示工长和炉长注意观察。到11：00，已累计亏铁254t（表8-7）。看水工在炉基检查中，发现炉基裂缝处冒出气体。经取样分析，气体含 CO_2 95%以上（表8-8）。

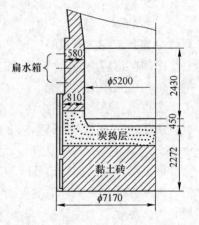

图 8-19　2 号高炉中修炭捣炉底炉缸

表8-7　实际出铁量[14]

出铁时间	间隔料批/批	计算出铁量/t	实际出铁量/t	铁量差/t
0：44	23	72.45	59.75	−12.7
3：30	23	72.45	43.95	−28.5
6：00	23	72.45	41.05	−31.4
8：41	26	92.4	29.6	−52.8
11：20	25	79.25	40.2	−39.05
14：02	24	76.1	46.5	−29.6
11：46	30	94.5	33.9	−60.6
共　计	174	549.4	295.25	−254.25

地 点	CO_2	O_2	CO	H_2	CH_4
表8-8 炉基冒出的气体成分 (%)					
6 号柱基	95.4	0.1	2.0	4.0	0.3
9 号柱基	95.5	0.3	1.5	3.8	0.5

从气体成分判断，显然气体不是来自炉内，是炉基混凝土中的鹅卵石分解的 CO_2。此时炉基混凝土基墩，多处裂缝冒出白烟（图8-20），说明铁水已进入炉基。以后拆炉发现，铁水已渗入炉基2.5m，重约250t（图8-21）。

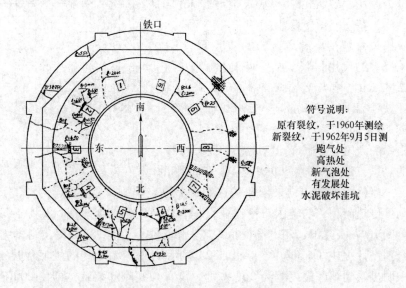

符号说明：
原有裂纹，于1960年测绘
新裂纹，于1962年9月5日测
跑气处
高热处
新气泡处
有发展处
水泥破坏洼坑

图8-20 炉基渗铁后的开裂状况

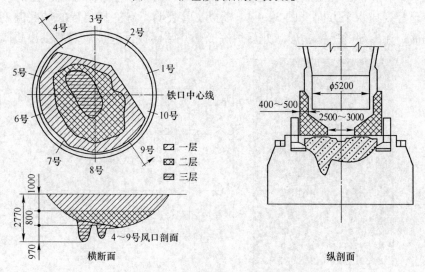

图8-21 炉底烧穿的横断面和纵剖面

8.3.2　合理的炉底结构

20 世纪 50 ~ 60 年代，因炉底没有冷却，炉底烧穿经常发生[15]。在我国之前 10 年，前苏联也较普遍[10]，其中有部分高炉，炉底破坏严重（图 8-22）。上述 2 号高炉中修前发现，炉基有三处裂缝，中修时仅将炉基普通混凝土中心部分改用耐热混凝土，基础裂缝并未仔细处理，为炉基烧穿留下隐患。

炭捣炉衬是在缺少耐火砖的情况下，不得已用来修炉的代用材料。黏土砖和炭捣炉衬总厚度 2272mm，相当于炉缸直径的 43.7%，偏薄。死铁层深度仅 450mm，仅当炉缸直径的 8.7%，实在太浅。

根本的缺陷在于炉底没有冷却设施，炉缸径向的热量，通过炉缸冷却壁带走，但向下的

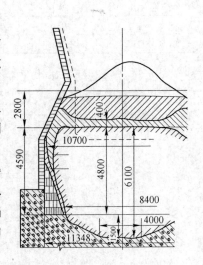

图 8-22　前苏联炉底侵蚀[11]

热量，只能传给炉基，结果形成炉底温度升高。美国钢铁工程学会（AISE）为解决高炉传热问题，与美国哥伦比亚大学合作，以帕斯切克斯（V. Paschkis）教授为首的 10 人研究组，用电场模拟炉底炉缸传热（图 8-23），得出科学结果，为高炉合理设计提供了依据[16,17]。图 8-24 显示炉底有无冷却的炉底温度分布图，从图中明显看到炉底温度等温线的差别。没有炉底冷却装置，即使 600 °F，在炉底以下 10ft，等温线依然向下延伸；而有炉底冷却的同样等温线，在炉底以下 6ft，已经变成水平方向（图 8-24）。模拟实验表明，有冷却装置的炉底温度分布呈平面，无冷却的呈锅底形。此后炉底冷却开始盛行，这是他们的杰出贡献。他

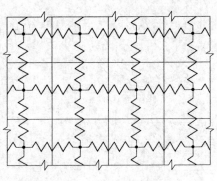

图 8-23　电场模拟炉底炉缸传热的装置和原理

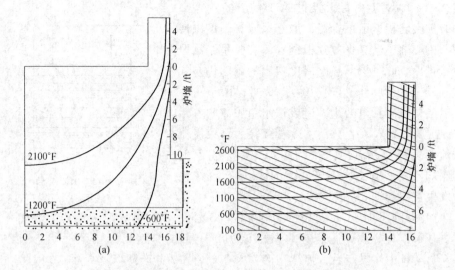

图 8-24　无炉底冷却（a）和有炉底冷却（b）的温度分布

们从传热角度考虑，给出三种炉底设计图（图 8-25）均未得到推广。帕斯切克斯他们过多考虑传热效率，忽视了施工上的不便，这就是物理学教授和工程师的区别。

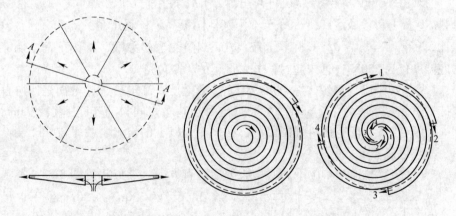

图 8-25　炉底 6 通道冷却（左）和单螺旋、4 螺旋冷却系统（中、右）

8.3.3　铅渗透和炉底冷却装置的破坏

涟钢 4 号高炉第三代容积 323m³，始于 1985 年 5 月。"该高炉未设排铅孔，炉底砌 3 层高铝砖，厚 845mm，3 层炭砖厚 1208mm，装有直径 150mm 风冷管 13 根，投产 4 年共产铁 62.6 万吨。由于原来使用的矿石多为南方矿，含铅高，时有铅从风冷管及铁口、风口处排出。炉底冷风机开启后，热电偶温度达 200℃左右，……1989 年 9 月，经过 4 年生产的 4 号高炉，炉底已积聚了不少铅，加之风冷管长期未使用，中心部位已有少数几根锈穿，有少量铅从风冷管排出，此时炉基热电偶反映出的温度仍与往常一样（约 200℃左右）。9 月 17 日，由于工人用氧熔化风冷管里的铅，造成铁水、炉渣顺着铅（"通道"）流入风冷管，风冷管烧穿后，致使渣铁流向炉基（共流出渣铁约 40t），但未引起大的爆炸"（图8-26）[18]。1997 年 9 月，1 号高炉也曾发生类似的炉底烧穿。

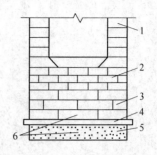

图 8-26 涟钢 4 号高炉
炉底结构示意

1—环形炭砖；2—高铝砖；3—炭砖；
4—风冷管；5—炉基；6—热电偶

"1993 年 8 月 11 日，唐钢第一炼铁厂 3 号高炉（100m³）发生炉底烧穿事故。该炉自 1989 年 6 月 9 日中修投产后，连续生产 4 年零 2 个月，共产铁 42.44 万吨。8 月 11 日白班接班后，仪表运行正常，高炉炉底温度 550℃，炉况正常。8 点 25 分出完第一炉铁（铁量 29t），铁已基本出净。9 点 35 分值班工长在巡视风口时，在渣口处发现炉台下面冒黄烟，确认系炉底烧穿跑铁所致，随后进行紧急休风处理。渣铁从炉基南、北两个方向，由风冷管往外涌出，约 20 余吨。"

"该炉中修投产后生产状况一直正常，事故发生前几个月，高炉顺行，无崩、悬料。8 月上旬各项生产指标好于本厂其他同级高炉，利用系数 3.0t/（m³·d），焦比 579kg/t，风温 1023℃。3 号高炉炉底测温热电偶灵敏，工作正常，烧穿前炉底温度仅为 550℃，远未超过厂技术规程的界限值"[19]。

3 号高炉采用自焙炭砖综合风冷炉底，最上层是高铝砖，其下面是四层自焙炭砖，炉底总厚度为 1734mm，在炉底与耐热基墩之间设有 14 根直径 95mm×10mm 的风冷管，配有风机强制风冷，在风冷管以上的炭素料找平层中，装设一支测温热电偶。

"炉底烧穿孔道基本位于炉底中心处沿垂直方向，其形状见图 8-27，孔道上口尺寸约 130mm×80mm，下口尺寸约 560mm×440mm，孔道内充满灰白色残渣。炉底烧穿时炉内渣铁由第八、九、十根风冷管中涌出的，此 3 根风冷管除第八根南端剩有 1m 残头外，其余全部被烧掉"。

金属铅的密度为 11.34t/m³，远远高于金属铁 7.8t/m³，因此含铅矿物一旦入炉，沉重的铅很容易穿过

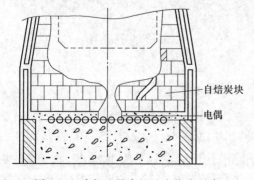

自焙炭块

电偶

图 8-27 唐钢 3 号高炉炉底烧穿示意

铁水，沉到炉底。如炉底砌砖有空隙或砖衬质量较差，铅通过缝隙破坏炉底，低质量的黏土砖、未焙烧的炭块或炭捣炉底，在高温条件下，收缩率一般较高，有的在 1300 ~ 1400℃收缩 0.1% ~ 0.3%，铅的破坏作用由此发生。

金属铅接近炉底冷却装置，导致承载冷却介质的管道产生应力变形，甚至烧穿。

8.3.4 炉底冷却装置的检查

合理的结构设计，对保证高炉安全生产，非常重要。自从有了高炉炉底冷却装置，高炉炉底很少烧穿。图 8-26 炉底烧穿是炉底冷却装置失于维护，已没有冷却作用。图 8-28 是炉底冷却水经常检查测量的一例。对炉底冷却装置经常检查，通过实测炉底水冷管的温度分布，不仅了解炉底侵蚀状况，而且也检查了炉底冷却装置的工作状态。

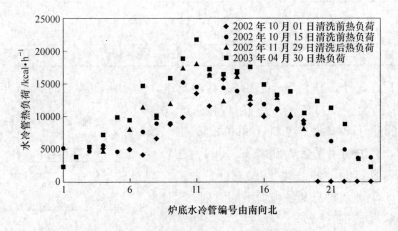

图 8-28　首钢 1 号高炉炉底冷却的热负荷分布（1kcal/h≈1.16J/s）

8.4　陶瓷杯结构

高炉长寿设计一直沿着两个思路进行：导热法和隔热法。导热法以高导热炉衬材料，通过冷却系统，使炉缸热面温度较低，形成渣铁凝结的保护层，减缓炉衬侵蚀速度；隔热法相反，利用低导热抗侵蚀炉衬，降低炉内热量损失，所以隔热法也称耐火材料法。20 世纪 80 年代，法国人提出陶瓷杯法，实际是隔热法的继续和发展。炉底、炉缸部分砖衬的设计是将低导热材料与高或中等导热材料结合，得到一个独特的等温线分布，使炉缸内铁水凝固线保持在与热面尽可能接近的位置[20,21]。两类思路设计的高炉，均有成功杰作，有的寿命达到 20 年或更长。

陶瓷杯高炉在欧洲比较成功，在我国颇多争议：有的专家对陶瓷杯设计提出异议，认为"理论和实践都说明，陶瓷杯炉缸结构很不合理，严重影响炉缸寿命的延长。目前很多高炉寿命短，仅有 4～5 年，有的甚至不足 3 年，陶瓷杯炉缸结构不合理，是最重要的原因"[22]。

8.4.1   陶瓷杯的实践

第一座使用陶瓷杯的高炉是德国蒂森公司（Thyssen Stahl AG）鲁尔厂（Ruhrort）6 号高炉，于 1984 年 4 月点火[23]。蒂森公司汉博恩厂 9 号高炉（1987年）、施韦尔根厂 1 号高炉（1989 年）和 2 号高炉（1993 年）相继改用陶瓷杯炉缸结构，均取得优秀结果[24,25]。表 8-9 列出比较成功的 3 例[26,27]。

表 8-9   三座陶瓷杯高炉一代指标

厂 名	炉号	高炉容积/m³	投产年代	一代寿命/年	一代单位容积产量/t·m⁻³
汉博恩	9	2132	1987 年 12 月	25	14313.7
施韦尔根	2	5513	1993 年 11 月	20	18136
首 钢	1	2536	1994 年 8 月	16.4（搬迁停产）	13328

汉博恩 9 号高炉生产一直较好，在陶瓷杯炉衬应用 17 年后的 2006 年，全年指标如下：焦比 232kg/t，煤比 174kg/t，10～35mm 的焦丁 84kg/t，燃料比 490kg/t，富氧率 26.9%，高炉利用系数 2.54t/(m³·d)（工作容积利用系数 3.04t/(m³·d)）。

图 8-29 是汉博恩 9 号高炉不同时期，陶瓷杯的侵蚀状况的推算结果[28]。从图 8-29 看到，大约开炉投产 9 年左右，炉缸侧壁局部侵蚀已近炭砖砖衬，当时陶瓷杯炉墙厚度 400mm。炉底陶瓷垫尚较安全。

图 8-30 是施韦尔根 2 号高炉生产 3398 万吨铁以后侵蚀状况的推算结果[24]。从图中看到，陶瓷杯是安全的。

首钢 1 号高炉是我国第一座引进法国技术的陶瓷杯结构高炉，1994 年 8 月开炉。炉底 4 层炭砖，上砌一层 230mm 国产莫来石砖及两层 400mm法国莫来石砖。炉缸、炉底结构见图 8-31[29,30]。投产后经过 8 年，炉底炉缸温度一直比较稳定的上升。2003 年以后，炉底温度升高较快，中心最

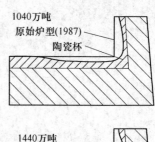

1040万吨
原始炉型(1987)
陶瓷杯

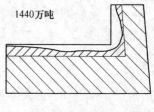

1440万吨

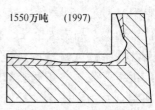

1550万吨   (1997)

图 8-29   汉博恩 9 号高炉
陶瓷杯的侵蚀过程

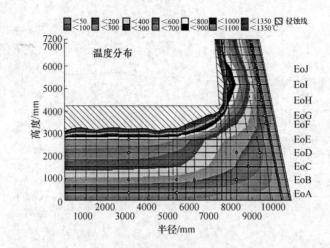

图 8-30　施韦尔根 2 号高炉炉底炉缸的温度分布和侵蚀状况推算

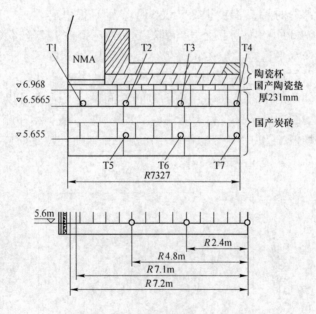

图 8-31　首钢 1 号高炉炉缸、炉底结构

高温度平均已达 710℃，图 8-32 是炉底温度变化情况。

　　在图 8-31 看到，炉底上部是两层法国陶瓷杯砖，其下部是国产陶瓷垫，再下是国产 4 层炭砖、再下部是炉底水冷管共 24 根。T3 位置的热电偶在炉底 3、4 层炭砖径向的中部，由 4 月的平均 710℃到 5 月 14 日升高到 876℃，温升极快，说明是陶瓷杯底部经过 9 年，受到侵蚀、破坏，但没有烧穿危险：T3 热电偶位置在第 4 层炭砖下部的炉缸半径中部，距冷却壁及炉底冷却水管很远，烧穿危险

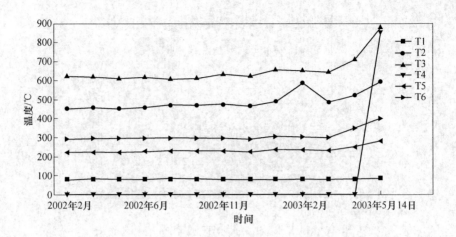

图 8-32　炉底温度升高变化（2002 年 2 月 ~ 2003 年 5 月）

很小；靠近冷却壁的 T1，温度很低，仅 85℃，而且很稳定。

　　到 2010 年 12 月 18 日，按公司计划将北京地区钢铁生产全部关闭，1 号高炉停产，当时生产水平稳定，炉体状况依然良好。从图 8-33 看到，16 年来炉缸 2 段各块冷却壁（二段共 60 块冷却壁）最高水温差，均小于 0.8℃。"最高水温差是指同一块冷却壁的水温差在一年中的较长时间段内（一个月以上）处于较为稳定的最大值。图中三条直线为 3 个铁口中心线对应位置。水平虚线表示所有最高水温差的平均值，为 0.591℃。由图中可见，铁口所在位置对应的冷却壁最高水温差数值，高于其他位置的冷却壁"[27]。

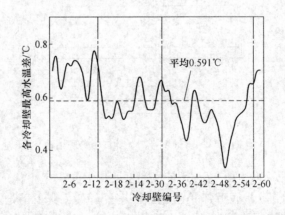

图 8-33　首钢 1 号高炉二段炉缸冷却壁水温差历史最高值的周向分布

　　首钢 1 号高炉一代生产 16.4 年（因搬迁计划停炉），累计产铁 3332 万吨，一代单产 13328t/m³。期间历年指标见表 8-10。

表 8-10 开炉到停炉的历年指标

年 度	1994	1996	1998	2000	2002	2004	2006	2008	2010
系数/t·(m³·d)⁻¹	1.832	2.05	2.191	2.254	2.327	2.164	2.370	2.423	2.353
焦比/kg·t⁻¹	510.9	442.5	397.7	374.9	351.0	449.0	329.4	335.4	339.6
煤比/kg·t⁻¹	48.2	95.8	108.3	122.1	147.1	58.9	140.9	135.7	135.1
风温/℃	910	989	1046	1103	1119	1012	1149	1157	1139

8.4.2 我国专家对陶瓷杯结构的争议

陶瓷杯在欧洲推广，我国虽在推广，但有较强的反对意见。首先是陶瓷杯的寿命较短，有的专家认为寿命不过 2~3 年，在文献中曾有叙述[31]。确实，有些陶瓷杯结构高炉是短命的。

8.4.2.1 自焙炭砖—陶瓷杯

自焙炭砖是我国专家郝运中等的创造。自 1974 年以来，已有 200 余座高炉使用，对我国高炉筑炉作出了贡献。

自焙炭砖要得到足够的强度，必须经 700℃以上温度焙烧、还要有足够的热量供应以保证粘结剂挥发所需；恰恰相反，陶瓷杯的隔热作用，不能向自焙炭砖提供充裕的热量，也不能创造所需的高温焙烧条件。显然，陶瓷杯与自焙炭砖结合，是设计上的缺点，高炉越大，缺点越突出；小高炉，由于炉缸直径小，炉底厚度较薄，缺点不大明显。

图 8-34 是将自焙炭砖—陶瓷杯的炉缸、炉底各切取一段，并将炉缸的一段顺时针旋转 90°，用细线把等温线连在一起。从图中明显地看到，炉缸、炉底热面（炉内）温度大体相同，冷面（冷却壁或冷却水管）温度也比较接近，中间区域因材质不同，相邻等温线之间的厚度（距离）是不同的。图中热面温度是指炉缸内的温度，炉缸冷面是指炉缸冷却壁内侧，炉底冷面是指炉底冷却水管内侧。图中的内层炉衬是莫来石砖，炉缸外层和炉底下部是炭砖。

现在假定：图 8-34 中炉缸热面温度是 1500℃，冷面温度是 100℃；再假设内层依旧是莫来石砖，炉缸外层和炉底下部是自焙炭砖，图 8-34 中的等温线依然存在，但等温线之间的距离却因导热系数改变而不同。自焙炭砖的导热系数和炭砖比较，

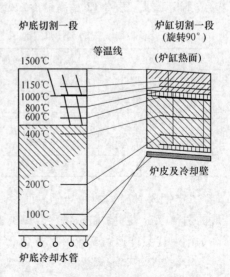

图 8-34 炉底及炉缸的局部断面放大图

差别较大[22,32]。

由表 8-11 可以看出，自焙炭砖的特点是温度越低，导热系数越低，因此越是炉底下部，导热系数越低，到炉底冷却水管上部，导热系数接近 3，较高温时降低接近 3 倍。在炉底陶瓷垫下部用自焙炭砖，这种排列结构不利于热量导出；而使用专用的已焙炭砖，导热系数差别较小或随温度降低、导热系数升高，有利于热量导出。这是国内"自焙炭砖—陶瓷杯"寿命较短的根本原因。

表 8-11 耐火砖的导热系数

温度/℃	25	300	600	800	900	1000	1200
自焙炭砖	3.05	5.24			9.00		
热压炭砖			18.4	18.8		19.3	19.7
一般微孔炭砖			10.4	10.4		10.5	10.9
半石墨化砖衬			42	38		32	
低铁石墨化砖			120			70	
莫来石砖						1.8	

陶瓷杯结构是合理的，是自焙炭砖与陶瓷杯结合的错误结构，造成高炉炉缸短命。

8.4.2.2 结构不合理，导致的陶瓷杯炉缸短命

炉衬侵蚀是不可避免的，烧穿可以避免。高炉寿命是系统工程，任何"短板"，均会导致高炉短命。有些高炉由于冷却系统和陶瓷杯不匹配，导致短命。汤清华首次正确地指出鞍钢 3 号和宝钢 4 号陶瓷杯结构高炉，由于冷却系统缺陷导致不良后果，表 8-12 是高炉冷却壁及冷却比表面的比较[33]。

表 8-12 鞍钢 3 号和宝钢 3、4 号高炉冷却壁及冷却比表面的比较

高 炉	冷却壁方式及进出口管数	管径与管间距	冷却比表面积
鞍钢 3 号高炉第一代	立式，4 进 4 出，宽 1040mm	50mm×260mm	0.604
宝钢 3 号高炉第一代	卧式，10 进 10 出，高 1450mm	60.3mm×145mm	1.31
宝钢 3 号高炉第二代	卧式，10 进 10 出，高 1600mm	70mm×160mm	1.374
宝钢 4 号高炉第一代	立式，4 进 4 出，宽 920mm	50mm×230mm	0.683
宝钢 4 号高炉第二代	卧式，10 进 10 出，高 1600mm	70mm×160mm	1.374

"宝钢 3 号高炉的冷却比表面积是宝钢 4 号高炉第一代、鞍钢 3 号高炉第一代的两倍多，表明炉缸铸铁冷却壁的冷却比表面积 0.6 以上是不够的，宝钢 4 号高炉第一代只能运行 9 年（和鞍钢 3 号炉烧穿）应当说明了这一点"[33]。

8.4.2.3 "陶瓷杯炉缸结构很不合理"

文献［22］指出的陶瓷杯结构缺陷主要是："陶瓷杯与炭砖之间人为造成环

形裂缝。""由于陶瓷杯升温后体积膨胀,使炭砖外移,形成三角缝"。

任何高炉炉缸,除非用一种耐火砖砌筑,两种或两种以上的耐火砖膨胀系数不匹配,都会产生缝隙或挤压。优秀的陶瓷杯结构,由于砌筑材料匹配,不仅没有缝隙,反而不同材质间十分致密,所以长寿。在陶瓷杯结构应用十年后的总结报告中,特别指出陶瓷杯结构紧密匹配的优越性[23]。

"炭质材料与陶瓷壁之间有60mm的间隙,填充Savoie公司的AMC 66K炭质捣料,用来吸收开炉后陶瓷壁产生的径向膨胀,使炭砖和陶瓷壁之间紧密接触。陶瓷壁顶部和底部均设计了膨胀缝,缝内镶填陶瓷纤维,用来吸收陶瓷壁的纵向膨胀"[29]。显然,合理的陶瓷杯设计,应充分考虑膨胀所带来的影响,采取相应措施。由此可见,不是陶瓷杯结构不合理,是具体措施不配套。

8.4.3 陶瓷杯炉底炉缸结构的优势

杨天钧教授在我国2004年的全国炼铁年会上作主题报告时指出:"炼铁系统的能耗占钢铁工业总能耗的70%左右,炼铁的能耗占总能耗的50%左右。虽然炼铁能耗逐年下降,但还是高于国际先进水平20%左右。要达到吨钢综合能耗的国际水平,炼铁系统特别是高炉炼铁,要进一步加大节能降耗的力度,要在节流开源方面狠下功夫。"[34]陶瓷杯结构是降低高炉能耗的有效措施,现在尚无替代的结构。法国发明者通过推算,炉底炉缸散热损失显著减少,铁水温度在同等条件下,提高10~20℃[24]。这些论断,已被实践证实。

首钢1、3号高炉,容积相同,原燃料条件相近,均已生产16年以上,两座高炉差别在于:1号高炉是陶瓷杯结构,3号高炉是高铝砖—炭砖炉底结构,两者热流强度见表8-13[27]。两炉平均热流强度差别比率达39.4%。

表8-13 首钢1、3号高炉炉缸二段冷却壁热流强度对比 (2015年10月)

(W/m²)

项 目	最大值	最小值	平均值
1号高炉	16096	5505	7954
3号高炉	18825	5709	11085
差 值	2729	204	3131

侧壁温度相比较,开炉16个月后国产炭砖炉缸砖衬温度要比同等部位的陶瓷杯炉缸砖衬温度高出400~500℃。3号高炉国产炭砖炉缸二层冷却壁平均热流强度为8211W/m²,1号高炉陶瓷杯炉缸二层冷却壁的平均热流强度为4498W/m²,后者仅为前者的55%。在相同条件下,陶瓷杯炉缸可提高铁水温度约15℃[24]。

高炉陶瓷杯结构是降低能耗的有效设计。我国部分陶瓷杯结构炉缸的烧穿,是设计和材料缺陷造成的。"水是最好的耐火材料"已成为历史,随着耐火材料抗侵蚀和耐高温研究的进展，导热法将以减少热损失、降低能耗的方式与耐火炉衬结合，实现高炉长寿。

陶瓷杯炉底炉缸结构还在改进、发展，当前应作为高炉节能的重要措施推广。

8.5 补 炉 操 作

炼铁术语：

补炉：一般用含钛矿物补炉，以填补被侵蚀的炉衬，也有人叫"护炉"，本书一律叫补炉。

8.5.1 对预防烧穿操作方法的评价

炉缸发现烧穿威胁，首先是提高冷却壁的冷却强度，这是最常用的方法。首钢4号高炉1984年，炉缸二层冷却壁受到烧穿威胁时，曾将炉缸1、3、4层冷却壁的冷却水压力由3.4kg/cm² 降到3.2kg/cm²，将炉身冷却壁的水压由2.3kg/cm² 降到2.2kg/cm²，以提高烧穿威胁最严重的二层冷却壁的水压。部分水温差过高的冷却壁，用10～12kg/cm² 的高压水，暂时躲过危险的烧穿威胁。

与此同时，将原来长度380mm、下斜5°的风口，改成长度400mm 的直风口。这是简单的辅助措施，起不了很大作用。

1985年7月，4号高炉炉缸二层多块冷却壁水温差超标，其中有8块大于1℃，当时，曾利用检修机会，停风12小时，水温差很快由1℃降到0.6～0.8℃。送风后控制风量、降低冶炼强度，得到暂时稳定；以后恢复冶炼强度，烧穿威胁再次出现，超限的冷却壁水温差又回到原来的水平。

11月曾停风16小时，降温效果显著、快速，恢复生产后依然如故，解决不了根本问题。显然，砖衬已严重侵蚀，暂时停风，解决不了砖衬缺失。

也曾将有威胁烧穿部位上方的风口堵死，实际是减少产量、减少风口附近局部温度，效果是有的，对操作不利，且解决不了根本问题。许多厂在面临烧穿严重威胁时，采取堵风口措施，它是在高炉处于烧穿紧急情况下，争取时间的较好手段。与此同时，应采用有效的补炉方法，制止烧穿。

把堵风口作为经常手段，不能解除烧穿的威胁。用钛化物补炉，如果方法正确，可延长高炉寿命。

8.5.2 用含钛炉料补炉的历史

日本铁矿资源贫乏，日本沿海部分海域出产砂铁，砂铁中除铁以外，还含Ti。作为炼铁原料，生产过程发现，钛化物在炉底炉缸有沉积、起保护作用。日本住友公司小仓炼铁厂一座高炉，1955 年最多用砂铁 250kg/t 铁[13]。后来日本砂铁资源枯竭，开始进口含钛矿物用于高炉补炉。

日本福山钢铁公司 1 号高炉 1969 年 4 月，在距炉底约 1m 处的炉缸砖衬温度逐渐上升，5 月由 100℃升到 130℃。当时除将产量由 4700t/d 降到 4600t/d 以外，将炉料中的含 TiO_2 量由 5kg/t 增加到 7.5kg/t，但未能制止温度升高。到 7 月，炉衬温度升高到 300℃，将炉料中的 TiO_2 量增加到 20kg/t，炉衬温度迅速下降，仅仅 10 天就降到 100℃的正常水平（图 8-35）[35]。图 8-36 是日本和歌山 4 号高炉补炉操作曲线。原图分四个区间，这里取三个区间。下部是铁口下方炉缸砖衬温度，TiO_2 在炉料中 12kg/t 时炉缸砖衬温度没有降低，当加大到 18～20kg/t 时，砖衬温度下降。图的中部实线表示 TiO_2 加入量，虚线表示排除量。在排出量下方的数字（TiO_2 入炉量，kg/t）和区间（具体时间间隔），是不同 TiO_2 加入量的日期。图的上部，是入炉 TiO_2 总量和回收量（入炉总量－留在炉内的量）之比，实际是回收率，在 6%～17%之间[36]。日本专家发现了含钛矿物的补炉作用并创造了补炉方法，为延长高炉寿命做出了重要贡献。

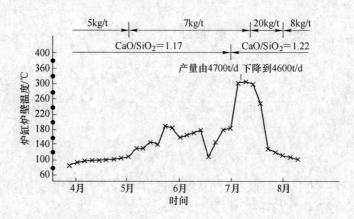

图 8-35　1969 年福山 1 号高炉补炉操作

首先在中国应用补炉技术的是柳州钢铁厂。柳钢受攀枝花钢铁公司冶炼的影响，看到日本用钛矿补炉的成功经验，于 1981 年 1 月在柳钢 2 号高炉开始试验加钒钛矿，具体操作如图 8-37 所示。图中砖衬温度计装在铁口平面砖墙内 250mm，正常温度水平在 400～500℃之间。TiO_2 加 14kg/t 时，虽然炉缸水温差没有上升，但砖衬温度继续升高，3 月 11 日将 TiO_2 加到 18kg/t，12 日加到 20kg/t，

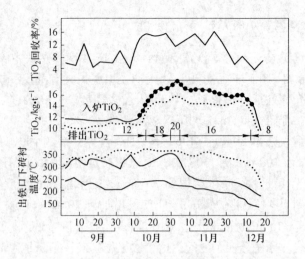

图 8-36　1979 年和歌山 4 号高炉补炉操作曲线

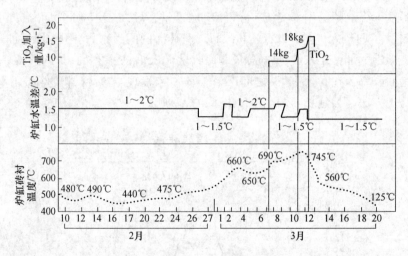

图 8-37　柳钢 2 号高炉补炉操作曲线

温度迅速下滑，仅一周时间，砖衬温度降到 150℃ 以下。柳钢的成功，开创了我国补炉操作的先河，功不可没[37]。

1982 年 9 月湘潭钢铁厂 2 号高炉试验补炉，在试验过程做了仔细分析，当 TiO_2 在炉料中含量在 12kg/t 时，铁水中含 Ti 在 0.15% 左右，一周后，炉缸冷却壁水温差降到正常水平（稳定在 2℃ 以下），高炉转危为安，大修推迟到 1986 年进行，炉役寿命达到 11 年。图 8-38 是湘钢 2 号高炉补炉过程冷却壁水温差的变化。

他们于 1984 年开会鉴定，在会上介绍用钛矿补炉的成功经验，由此在我国宣传、推广了这一重要技术，为延长我国高炉寿命作出了重大贡献[38]。

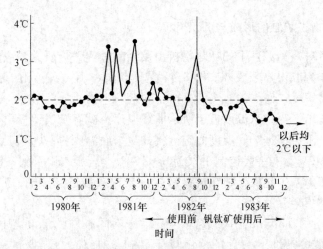

图 8-38 湘钢 2 号高炉补炉过程冷却壁水温差的变化

8.5.3 钛回收率

多年实践证明，无论使用钛矿或钛渣，钛的回收率与铁水[Si]关系密切。图 8-39 是首钢的实践结果。从图中看出，钛的回收率与钛的来源关系较小，与铁水 [Si]几乎呈直线关系。当铁水含 Si 在 0.4% ~ 0.7% 之间时，钛回收率在 18% ~ 30% 之间[39]。宝钢实践钛的回收率在 22% ~ 30% 之间（表 8-14）[40]。图 8-40 是 日本的回收率数据，和中国的试验接近[41]。

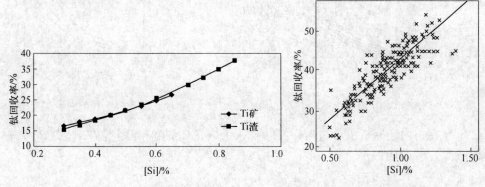

图 8-39 首钢钛回收率   图 8-40 日本钛回收率和[Si]的关系

表 8-14 宝钢钛回收率

$TiO_2/kg \cdot t^{-1}$	[Si]/%	[Ti]/%	(TiO_2)/%	渣碱度	η_{Ti}/%
9.78	0.57	0.177	2.28	1.18	30.2
15.23	0.51	0.245	3.59	1.18	26.86
19.53	0.60	0.295	4.17	1.17	22.66

8.5.4　钛化物在炉缸的形成与沉积

很多学者对高炉条件下的钛化物析出及结晶过程做过研究，这些结果，指导我国补炉工作，取得显著成效。图 8-41 是任允芙、蒋烈英给出的钛在铁水中不同条件下的溶解度[42]。

从图中看出，当铁水温度低于所示曲线温度，就有金属钛析出，因此，铁水中的钛含量下限可根据炉底温度而定。例如当炉底温度为 1200℃时，铁水中的钛溶解度仅 0.012%。"一般控制下限为 0.08%"[42]。从图中看到，钛的溶解度和温度关系密切，温度越低，析出的钛越多。当铁水接近冷却壁，温度显然最低，此处恰好有利于金属钛析出。

图 8-42 是 Tashikiro 在铁水含 C 4% 时，不同条件的 Ti 溶解度。从图中看出，在接近高炉条件下，Ti 的溶解度不超过 0.15%[43]。据董一诚教授等研究，铁水中钛≥0.1%，"就可以形成 Ti(C,N) 护炉层"[44]。两者的推论很接近。

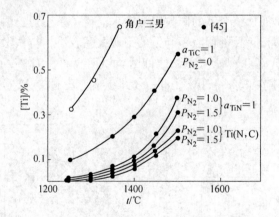
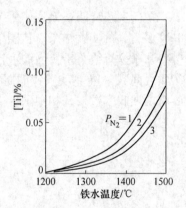

图 8-41　铁水中钛溶解度与温度、氮分压的关系[42]　　图 8-42　Ti 的溶解度

钛在炉内还原析出后与碳、氮结合，生成 TiC、TiN 和固溶体 Ti(C,N)。表 8-15 是三者的数据。

表 8-15　钛化物的熔点

钛化物	C/%	N/%	熔点/℃
TiN	0	20.7	2950
Ti(C,N)30/70	6	15.1	
Ti(C,N)50/50	9.6	11.2	
TiC	19.7	痕	6150

上述钛化物和固溶体熔点很高，呈颗粒状悬浮、弥散在铁水中，使铁水变黏

稠，这些钛化物是补炉的基本材料。杜鹤桂教授等通过热力学计算得出结论，高炉条件下 Ti 在铁水中的溶解度见表 8-16[45]。

表 8-16 钛在铁水中的溶解度[45]

铁水温度/℃	1350	1400	1450	1500
Ti 溶解度/%	0.212	0.299	1.414	0.567

不同作者给出的结果比较接近，可以指导补炉操作。

首钢 4 号高炉 1985 年 3 月 5 日烧穿，修补后，又生产一年，主要靠用含钛物料补炉。1987 年 4 月停炉后发现："在炉缸炭砖被侵蚀严重部位，沉积了大量碳氮化钛 $Ti(C,N)$ 和少量的石墨和 α-Fe。此沉积物是高熔点、高硬度、高密度、具有磁性和导电性的护炉材料。碳化钛的沉积过程是 TiO_2 经逐级还原成 $[Ti]$，与铁水中溶解的 $[N]$ 和 $[C]$ 反应形成 $[TiN]$ 和 $[TiC]$"，在低于 1350℃ 界面时，$[TiN]$ 和 $[TiC]$ 交替析出，形成树的年轮状构造[46]。

图 8-43 是依据 1987 拆炉结果绘制的。"炉缸和炉底交界处沉积了很厚一层亮的古铜色矿物"。"在炉缸侵蚀最严重的部位，钛沉积物最厚"。铁口西侧的炉缸部位，炭砖全部被蚀掉，仅剩下 30mm 左右的炭捣料，其上沉积了 400mm 的钛化物"。

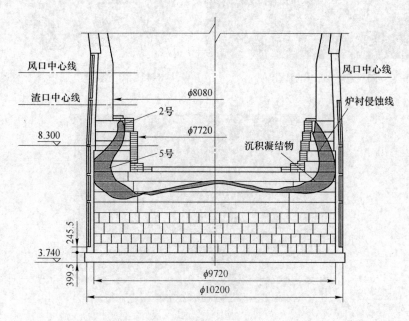

图 8-43 首钢 4 号高炉沉积凝结物示意图

"沿炉壁向上逐渐减薄，其厚度为 20mm 左右，呈浅古铜色。沿炉底方向延伸到高铝砖止，呈浅古铜色。铁口东侧炉缸部位钛沉积物比西侧薄些，但比铁口对面炉缸部位的沉积物较厚。两风口下0.5m处钛沉积物与较多的炉渣、焦炭混合在一起。在炉底高铝砖表面未发现有钛沉积物析出，只在个别炭砖与高铝砖缝隙中有少量的渗渣现象"。

首钢4号高炉停炉后的实际侵蚀线，说明学者们研究结论是正确、可靠的：第一，越是侵蚀严重的地方，沉积越厚，即最需要的地方，补的最多；第二，越是冷却强度大的地方，沉积的越厚，这地方一般也是距冷却壁最近的地方，温度最低，钛化物最容易析出。可以说，用含钛炉料补炉是合适的、合理的。从钛化物沉积厚度判断，4号高炉炉底、炉缸部分，可以继续安全生产。

图8-44中的沉积凝结物，靠近冷却壁的是沉积的钛化物，有鲜亮的金属光泽；在沉积物外是凝结的铁、炉渣及焦炭碎粒，如图8-45所示。放大后的Ti(C,N)如图8-46所示。

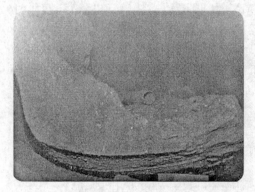

图8-44 沉积的钛化物

图8-45 附在钛化物或炉衬上的凝结物

图8-46 Ti(C,N)放大600倍

浅色—TiN（多数）；深色—碳氮化铁

表8-17是图8-43所示位置的沉积凝结物的成分[46]。

表 8-17 4 号高炉沉积凝结物的成分 （%）

部位	样号	层次	Ti	TFe	MFe	FeO	TC	Si	Ca	Al	Mg	S	K	Na
薄层钛沉积物	1-1	外	2.72	70.78	67.77	6.56	11.03	4.06	0.36	0.39	0.56	0.02	0.09	0.04
	1-2	中	18.00	57.24	53.27	5.79	5.70	4.25	0.50	0.90	0.04	0.008	0.07	0.02
	1-3	内	34.75	46.62	37.11	4.58	10.79	1.81	0.26	0.13	0.04	0.002	0.10	0.09
风口下0.5m	2	平均	33.40	32.53	34.54	4.31	9.01	4.57	0.55	0.82	1.18	0.77	1.00	0.12
薄层钛沉积物	5-1	外	17.48	32.11	22.76	6.30	11.93	10.92	1.43	0.56	0.20	0.02	0.17	0.09
	5-2	中	30.38	30.70	27.36	7.77	11.41	5.74	0.76	0.35	0.04	0.006	0.09	0.04
	5-3	内	24.70	46.44	36.63	3.33	3.94	0.92	0.34	0.16	0.04	0.006	0.07	0.02

国外的数据，和我国相似，清楚地表明它们之间的关系。图 8-47 是神钢 3 号高炉（1850m³）拆炉实测结果，表 8-18 是神钢 3 号高炉钛沉积物成分[47]。图中显示出炉底砖已侵蚀 3 层，炉缸和炉底交界处侵蚀最深，钛沉积物在此沉积。炉底上面是炭砖。下面三层是黏土砖。右侧的照片中，C 是残存的炭砖，T 是钛沉积物。表 8-18 列出三层炭砖结合处的沉积物成分。其沉积状态和化学成分均和首钢结果一致[47]。

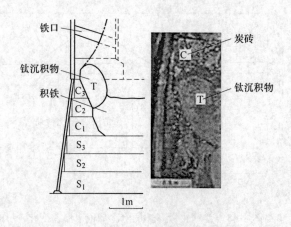

图 8-47 神钢 3 号高炉钛沉积物成分

表 8-18 三层炭砖结合处的沉积物

位 置		C	Ti	Si	Mn	P	S
第一层砖结合处	上部	3.63	14.70	—	—	—	—
	下部	3.35	8.89	0.22	0.25	0.027	0.054
第二层砖结合处	上部	1.77	0.06	—	—	0.016	
	下部	0.10	0.01	0.002	0.003	0.023	0.017
第三层砖结合处	上部	0.014	0.004	0.01	0.003	0.70	0.020

8.5.5　为什么补炉后依然烧穿?

有的高炉，虽用钛矿补炉，但效果不佳，甚至一样烧穿。

补炉有两个重要条件：铁水中 Ti 浓度和铁水接触的砖衬温度。Ti 的浓度，要求入炉有足够的含钛矿物；被严重侵蚀的炉衬，在补炉期应创造条件拥有很强的冷却强度，足以使接触的铁水温度降低到1200℃以下，促使铁水中的 Ti 及时析出、沉积。我们曾有教训：1995 年首钢 4 号高炉（容积 2000m³），因经常洗炉，投产两年多，部分二层冷却壁水温已接近烧穿危险，2 月 22 日开始加钛渣补炉，铁水含钛 0.06% ~ 0.08%，但二层冷却壁水温差继续升高，冷却壁 1#-1 水温差已到 1℃，热流强度达到 16500kcal/(m² · h)，超过首钢规定的报警界限；23 日将铁水中 [Ti] 提高到 0.12% ~ 0.16% 范围。24 日 11：00，热流强度高达 18234kcal/(m² · h)，这是前所未有的，立即停风堵相应的 4 个风口，送风后，控制风量到 4000m³/min。25 日铁水中 Ti 达到 0.12% ~ 0.16% 范围，冷却壁水温差开始下降，28 日达到正常水平，风口逐步捅开，风量也恢复正常，见图 8-48。

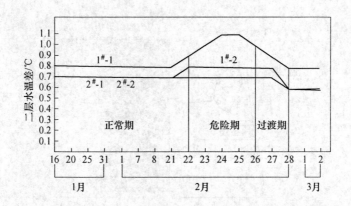

图 8-48　首钢 4 号高炉危险冷却壁水温差变化

事实教训我们，铁水含 Ti 量低于 0.07%，在炉内沉积的数量极少，大于 0.08%，才有可能沉积。李永镇[45]、宋建成和陈培坚[48]、莫燧炽和杜春荣[49] 均汇总过成功的补炉经验。

李永镇教授汇总 7 个实例（表 8-19），TiO₂ 入炉量 10 ~ 15kg/t 铁，铁水含 Ti 0.06% ~ 0.25%，其中 0.06% 是指 Ti 波动的下限，实际波动范围在 0.06% ~ 0.14%；宋建成教授和陈培坚总结了 16 例（表 8-20），铁水中 Ti 含量在 0.09% ~ 0.36%，其中承钢的 6 例是冶炼钒钛矿的正常生产，并非补炉。莫燧炽和杜春荣总结 14 例（表 8-21），铁水含 Ti 从 0.09% ~ 0.36%。

表 8-19 补炉实践数据

厂名	炉容/m³	TiO₂ 加入量 /kg·t⁻¹	(TiO₂) /%	[Si] /%	[Ti] /%	补 炉 效 果
首钢	1036	9.73	<2	0.4~0.7	0.10~0.15	防止烧穿，达到高产
武钢	1513	10~15	1~2	0.5~0.62	0.06~0.14	9 天后炉缸水温差正常
湘钢	750	10~15	1.15		0.154	7 天后水温差正常
梅钢	1000	约12		0.6	约0.15	5 天后炉缸水温差正常
柳钢	300	12~15	1.5~2.5	0.5~0.8	0.2~0.25	3 天后水温差开始下降1周后正常
通钢	300	10	1.75	0.8~1.0	0.1~0.15	15 天炉基温度由605℃降至585℃
马钢	300		2~4	0.43~0.45	0.137	正常冶炼

表 8-20 补炉实践数据

厂名	炉号	时间	钛负荷 /kg·t⁻¹	生铁成分/%			炉渣成分/%				
				Si	Ti	S	CaO	SiO₂	MgO	Al₂O₃	TiO₂
攀钢	1	1970		1.12	0.24	0.067	25.80	23.4	9.80	14.2	24.20
	1	1971		0.30	0.27	0.058	25.9	23.1	9.75	13.9	24.68
	1	1980		0.12	0.18	0.059	26.7	23.2	8.90	14.2	23.5
	3	1988		0.07	0.10	0.073	27.2	24.5	9.09	14.5	22.87
承钢	2	1989		0.35	0.33	0.048	32.2	24.2	4.84	15.71	17.89
	2	1990		0.27	0.36	0.059	31.7	22.6	4.31	15.12	19.60
水钢	1	1978	138	0.32	0.25	0.038	35.7	30.7	9.45	11.10	13.40
重钢		1978	108	0.41	0.25	0.034	37.7	31.8	8.45	16.38	9.37
首钢	3	1986	22	0.40	0.09	0.040	38.6	36.8	12.3	12.30	1.24
湘钢	2	1982	15	1.17	0.16	0.021					1.29
韶钢	2	1985	10	0.83	0.24	0.018	40.4	33.1	6.20	12.40	1.63
包钢	3	1986	9	0.50	0.16	0.034	38.8	31.2	7.3	8.96	1.76
通钢	2	1986	10	1.00	0.15	0.020					1.75
石钢	1	1987	20	2.57	0.30	0.015	38.6	35.7	9.46	15.48	4.30
	1	1987	28	1.66	0.34	0.024	38.10	35.1	9.77	14.53	4.9
武钢	3	1985	10	0.57	0.14	0.027	38.7	38.0	5.63	12.07	2.65

表 8-21　补炉实践数据

厂名	炉号	时间	钛负荷 /kg·t⁻¹	生铁成分/%			炉渣成分/%				
				Si	Ti	S	CaO	SiO₂	MgO	Al₂O₃	TiO₂
攀钢	3	1988		0.07	0.10	0.073	27.2	24.5	9.09	14.5	22.87
承钢	2	1990		0.27	0.36	0.059	31.7	22.6	4.31	15.12	19.60
水钢	1	1978	138	0.32	0.25	0.038	35.7	30.7	9.45	11.10	13.40
重钢		1978	108	0.41	0.25	0.034	37.7	31.8	8.45	16.38	9.37
首钢	3	1986	22	0.40	0.09	0.040	38.6	36.8	12.30	12.30	1.24
湘钢	2	1982	15	1.17	0.16	0.021					1.29
韶钢		1985	10	0.88	0.24	0.018	40.4	33.1	6.20	12.40	1.63
包钢		1986	9	0.50	0.16	0.034	38.8	31.2	7.30	8.96	1.76
通钢	2	1986	10	1.00	0.15	0.020					1.75
石钢	1	1987	20	2.57	0.30	0.015	38.6	35.7	9.46	15.48	4.30
	1	1987	28	1.66	0.34	0.024	38.10	35.1	9.77	14.53	4.90
武钢	3	1983	10	0.37	0.14	0.027	38.7	38.0	5.63	12.07	2.63
本钢	5	1985	15	0.69	0.15						2.00
鞍钢	9	1987	10	0.65	0.10	0.025	41.1	38.8	7.70	8.01	1.23

　　众多经验表明，铁水含 Ti 在 0.08% ~0.12% 之间，补炉作用明显，含 Ti 在 0.15% ~0.25% 之间，作用更有效。更高的含 Ti 量，虽然补炉效果甚佳，但容易形成炉缸堆积，破坏高炉行程，有的高炉因入炉 Ti 量过多，造成"炉缸热结"[50]，并粘铁水罐和铁沟，不能正常生产。

　　补炉过程要经常作钛平衡：入炉量大于排出量，在进行补炉；收支相等，在维持现状；支大于收，说明已沉积的钛正在被溶解掉，应当警惕。一般冶炼制钢铁，铁中含 Ti 0.02% ~0.04% 之间。控制铁水含 Ti 0.8% 左右，大体能略高于平衡。大于 0.8%，能发挥补炉作用；小于 0.7%，则不起补炉作用或作用很小。表 8-22 是鞍钢补炉过程的钛平衡。铁水含 Ti 0.075% 时，从高炉排出的 Ti 大于入炉的 Ti，说明此时不仅不能补炉，还把已经沉积的钛化物溶掉了一部分。所以，补炉过程应做钛平衡[51]。

表 8-22　补炉过程的钛平衡

TiO₂ 总收入/kg·t⁻¹	11.0	11.0	11.0	11.0	11.0
[Si]/%	1.910	1.305	0.900	0.560	0.095
CaO/SiO₂	1.09	1.11	1.11	1.10	1.11

[Ti]/%	0.250	0.230	0.120	0.075	0.045
(TiO$_2$)/%	1.12	1.30	1.72	2.12	2.47
铁水带走 TiO$_2$/kg·t^{-1}	4.17	3.83	2.00	1.25	0.75
炉渣带走 TiO$_2$/kg·t^{-1}	5.60	6.50	8.60	10.60	12.35
渣铁共带走 TiO$_2$/kg·t^{-1}	9.77	10.33	10.60	11.85	13.10
炉缸炉底残留 TiO$_2$/kg·t^{-1}	1.23	0.67	0.40	-0.80	-2.10

　　住友公司小仓炼铁厂烧结矿配用砂铁，最多用到 250kg/t，1955 年 1 月平均留在炉内的 TiO$_2$ 21.58kg/日，2 月平均 6.95kg/日。从表 8-23 中看不出留在炉内如此巨大差别的原因。但文中指出，铁中钛与 V、C、Zn 相关，上渣率对钛的存留也有影响。当时基础研究尚处于起步阶段，相关问题尚未全面研究。

表 8-23　小仓高炉的 TiO$_2$ 平衡[13]

日期	炉料带入 TiO$_2$	铁中 Ti /%	铁中 TiO$_2$ /%	渣中 TiO$_2$ /%	渣量 /kg	渣中 TiO$_2$ /kg	排出 TiO$_2$ /kg	留在炉内 TiO$_2$/kg	炉渣碱度	上渣率 /%
1955 年 1 月										
1~3	21.28	0.31	5.15	4.09	441	18.04	23.19	-191	1.11	52.0
4~6	22.33	0.31	5.15	4.13	389	16.07	21.22	+111	1.30	50.3
7~9	24.45	0.29	4.82	4.04	433	17.49	22.31	+214	1.20	53.7
10~12	24.15	0.27	4.49	4.14	428	17.72	22.21	+194	1.11	51.6
13~15	25.33	0.30	4.98	4.72	472	22.28	27.26	-193	1.23	63.8
16~18	24.60	0.28	4.65	4.51	438	19.75	24.40	+20	1.19	68.3
19~21	25.23	0.30	4.98	4.56	402	18.33	23.31	+192	1.24	59.3
22~24	25.03	0.24	3.99	4.72	421	19.87	23.86	+117	1.16	52.1
25~27	25.67	0.27	4.49	4.46	429	19.13	23.62	+20	1.23	54.7
28~31	24.57	0.30	4.98	3.87	460	17.80	22.78	+179	1.19	61.1
1955 年 2 月										
1~3	23.82	0.31	5.15	4.36	439	19.14	24.29	-47	1.09	60.1
4~6	22.74	0.28	4.65	4.66	419	19.53	24.18	-144	1.12	66.0
7~9	25.39	0.31	5.15	4.70	392	18.42	23.57	+182	1.26	56.6
10~12	23.59	0.28	4.65	4.62	392	18.11	22.76	+83	1.24	61.2
13~15	23.77	0.27	4.49	4.26	403	17.17	21.66	+211	1.25	52.8
16~18	22.34	0.28	4.65	4.08	438	17.87	22.52	-18	1.08	58.8
19~21	22.82	0.27	4.49	4.20	460	18.90	23.39	-57	1.17	64.1
22~24	22.93	0.29	4.82	4.15	405	16.81	21.63	+130	1.18	73.0
25~28	21.69	0.25	4.15	4.23	449	18.99	23.14	-145	1.10	63.0

8.5.6　含钛炉料补炉效果

用含钛炉料补炉效果明显，铁水中钛的作用见表8-24。

表8-24　含钛炉料补炉效果

铁水中[Ti]/%	补炉作用	Ti平衡结果	补炉效果
>0.25	极强	Ti入炉-Ti出炉远大于0	不断补炉,内衬渐厚
0.15~0.25	强	Ti入炉-Ti出炉>0	不断补炉,缓慢变厚
0.08~0.15	补炉较慢或保持现状	Ti入炉-Ti出炉≥0	低温处补炉变厚或保持现状
0.06~0.08	维持现状或很弱溶解	Ti入炉-Ti出炉≤0	维持现状或缓慢减薄
<0.06	不能补炉	Ti入炉-Ti出炉远小于0	已补部分如高温处逐渐减薄;低温处保留

8.5.7　补炉操作的优点和缺点

加补炉料，代价也很大，要不断、长期加入并不产铁的物料，不仅如此，还消耗焦炭。首钢曾在1987年总结、对比，2号高炉与3号高炉分别加入钛矿和钛渣的冶炼结果。实践证明，使用钛矿每提高铁水0.01% Ti，焦比增加1.8~3 kg/t；而用钛渣，仅增加1kg/t。当然，由于钛矿和钛渣的成分不同，结果也有差别。虽然使用钛渣消耗焦炭较少可以肯定，但是使用钛渣的另一后果是渣量显著增多，这对于高炉强化是不利的。含钛物料成分见表8-25。

表8-25　含钛物料的成分　　　　　　　　　　　　（%）

成分	TFC	TiO$_2$	SiO$_2$	S	P	V$_2$O$_3$	Al$_2$O$_3$	MgO
攀枝花块矿	30.89	10.50	20.00	0.605	0.0126	0.315	8.87	6.21
攀枝花铁精粉	51.56	12.73	4.64	0.53	0.045	0.564	4.69	3.91
攀枝花钛精粉	30.58	47.53	3.04	0.30	0.004	0.095	1.34	6.12
攀枝花炉渣		22.62	25.29	0.39		0.32		8.09
承钢块矿	35.83	9.42	17.52	0.50				
承钢铁精粉	61.51	6.75	2.93	0.051				
承钢钛精粉	35.00	41.00	2.5	0.30	0.04	5.64		
承钢炉渣	77.43	15.90	23.85	0.73		0.29	15.06	5.25

高炉长寿不能指望补炉，这种消费日积月累，相当可观。现代科学技术，完全可能使高炉寿命达到20年，而不用补炉料。这方面的经济效益是非常可观的。

8.6 炉体膨胀和炉皮开裂

8.6.1 炉皮开裂

炉皮开裂是高炉常见的事故。酒钢 2 号高炉（1000m³）2000 年 10 月 25 开炉，5 年后炉身下部冷却壁严重损坏，局部喷出焦粉、火星。到 2007 年已整体损坏冷却壁 18 块，局部损坏 81 块，相应的炉皮严重开裂，主要是 8、9、10 段冷却壁（图 8-49）[52]。由于炉皮开裂，生产损失严重。

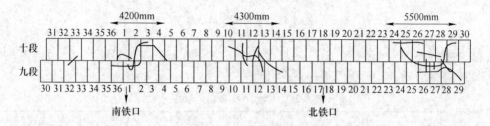

图 8-49　炉皮开裂展开图

南钢 1 号高炉 300m³ 级，在炉役后期曾发生炉缸外壳大范围的水平和纵向裂纹，并在炉缸一、二层冷却壁之间产生横向位移，位移有 90～100mm，纵向裂纹宽达 10～20mm（图 8-50）。虽经多次焊补，裂纹仍有蔓延趋势；在裂缝处有蓝色煤气火冒出。从 1993 年 5 月开始，炉底温度又急剧上升，炉底温度从原来的 644℃陡升至 754℃。鉴于上述情况，高炉提前大修[53]。拆炉发现，炉缸二层最外层砌砖从下渣口到近铁口处有环状贯通裂缝，裂缝产生在外层砌砖 200mm 处，裂缝宽度从下渣口位置的 10mm 发展到铁口处的 60mm（图 8-51）。环缝中的砖已

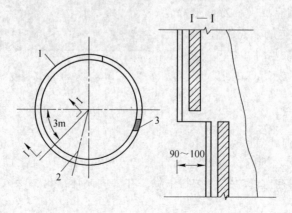

图 8-50　炉缸一、二层外壳开裂位移情况
1—开裂范围；2—铁口中心线；3—放残铁开裂

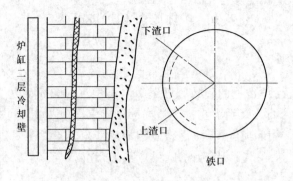

图 8-51 垂直环状贯通裂缝

明显变成灰白色，且酥脆，成白叶状。经化学分析，其中 K_2O、Na_2O 含量分别为 25% 和 0.8%，其全分析见表 8-26。

表 8-26 砖缝中夹杂物化学成分 （%）

CaO	Al_2O_3	MgO	Fe_2O_3	K_2O	Na_2O
1.31	32.99	0.10	0.41	25	0.80

新余 6 号高炉（1050m³）2005 年 11 月开炉，2007 年 2 月 5 日第一次炉壳开裂，两年间炉皮开裂已达 46 次，不得不停炉大修[54]。图 8-52 是 6 号高炉炉皮开裂后补焊的加强筋。

取样检查，炭砖环缝物中普遍含有很高的 ZnO 或金属锌，ZnO 最高含量 64.79%，炭砖的灰分和原砖相比大大增加，最高达 81.94%，这是锌渗入炭砖以后生成 ZnO 的结果。

图 8-52 炉皮开裂及加强筋焊补

8.6.2 开裂原因

炉皮开裂，有两种类型：

（1）炉料带入炉内锌或碱金属过量，这些金属或其氧化物在炉内气化，随煤气上升，而后在上部凝结随炉料下降，在炉内循环富集，深入砖衬，使砖衬膨胀造成破坏[55]。

（2）砖衬严重侵蚀，导致炉皮温度过高，炉皮开裂。有的高炉，冷却壁已经烧坏，不采取补救措施，甚至卡断冷却水，冷却壁在断水条件下工作，很快被完全烧毁。这时的炉皮严重开裂、烧出，都很难避免。

8.6.3 避免开裂的措施

第 1 类开裂，应控制炉料带入炉内的有害成分，特别是锌、钾、钠。对多数炼铁厂，完全、持久的使用满足冶炼需求的炉料，由于生产成本的压力，很难做到。首先，应阻断有害金属在炉内的循环，高炉回收的炉尘，是炉料有害金属的集结点，比较简单的办法是通过"选矿"的方法，将收集的炉尘中的有害金属化合物选掉或富集，作为有用的化学产品，卖给有关生产厂，如将炉尘中的 ZnO 富选后卖给有关的化工厂。

现在已有成熟的富集选出方法。

高炉科学的设计，采用足够的冷却强度和优质耐火砖衬，能减少有害金属的破坏作用。根本的方法是控制炉料质量，按要求采购合格的炉料。

第 2 类开裂，应完全避免。

冷却装置的设计，已有成熟的经验[56]，一旦烧坏，不应轻易断水，可采取低压小水量，延长冷却壁本体寿命；同时利用检修的机会，修补冷却壁。不得已必须断水，应安装柱式冷却棒，俗称冷却柱，以弥补冷却壁断水的缺陷。

8.6.4 膨胀导致的炉皮开裂

2013 年一座 $450m^3$ 高炉大修后顺利投产，半个月后高炉利用系数达到 3.1。20 天后发现所有吹管前端上翘，风口严重跑风，同时发现炉腹、炉腰冷却壁进出水管累计有 10 根被切断。虽经多次停风处理，但送风支管波纹补偿器严重压缩变形，于开炉后 28 天，停风处理。

仔细检查发现，炉底炉壳拔起，从高炉基墩上移 150 ~ 160mm，且向外膨胀。炉壳底部直段钢板厚 28mm，有一条裂缝，下宽 90mm，长约 1800mm。

研究表明，基墩施工所用耐热混凝土骨料，使用转炉拆下来的镁砖废炉衬，废镁砖遇水粉化、膨胀，推起高炉上移。少许失误，铸成不可挽回的失败。

有一座大高炉，对入炉炉料的有害金属，控制不严，发现风口上翘，屡换中缸，依然不能避免风口跑风。开炉 5 年后，发现高炉底板上翘呈"锅底形"，圆周上翘高度约 160 ~ 170mm，深度 1200 ~ 2000mm。研究表明，是炉料中的金属锌通过气体氧化锌进入砖衬，使砖衬体积膨胀导致的破坏。

8.7　灌浆、压入和喷涂造衬

高炉生产过程，炉衬不断受到侵蚀。修补炉衬，是延长高炉寿命、维持正常生产的经常手段。其中，灌浆、压入和喷涂造衬，是高炉成功的方法。国内已有多家专门公司从事这方面的工作。这里仅提出注意事项。

8.7.1 灌浆

生产后,发现高炉局部炉皮温度过高,首先应判断是炉衬侵蚀的结果还是炉皮和冷却壁之间高温煤气窜入。如系煤气窜入,应及时灌浆,堵塞通道。此类灌浆,也叫冷面灌浆,安全可靠。应注意三点:

(1) 灌浆孔位置选择:有的区域炉皮上管路很多,空隙部位很少,选择受限。为此,要按估计的煤气通路附近开孔,孔距不超过 500mm,保证灌入泥浆能互相重叠。

(2) 单孔灌入适量:每孔不超过 1t。有时很多灌浆孔已经堵塞,不能灌入,于是在能灌入的孔大量灌入。这种情况,必须做出判断,是灌入泥料填充通道,还是另有"短路",造成大量泥浆流失,当前还没有很精确的仪器测量。在灌浆孔附近有灌浆孔的,打开截门,观察是否有泥浆流出;或测量炉皮温度,降温区域是否扩大。如炉衬较完整,或冷却壁之间填料可靠、坚固,可试探继续灌浆;如系末期高炉或炉衬已侵蚀严重,不应继续。

(3) 灌浆压力:冷面灌浆压力一般控制在 1MPa 以下。兴澄 3200m³ 高炉 2013 年炉皮与冷却壁之间因窜气而灌浆,压力 2MPa,10 段 10 号冷却壁 4 根进出水管及 2 个固定螺栓全压断,100t/h 灌浆量进入炉内,高炉正在换几个风口,结果到处喷水蒸气,这块冷却壁 2MPa 压力灌浆,实际承受几百吨力总压力,超过水管和螺栓的拉伸强度,结果发生断裂。因此,在炉皮压浆点应控制 0.05 ~ 0.1MPa 为宜。宝钢 4 号高炉炉缸炉壳外鼓 100mm,也是冷面灌浆压力过高所致。

8.7.2 热面灌浆

热面灌浆系指泥浆通过冷却壁到达砖衬和冷却壁之间或砖衬之间。砖衬侵蚀或砖与砖之间缝隙过大,用灌浆方法填补缝隙。因灌入泥料,有可能到达有赤热焦炭和含氢煤气的炉内,可能发生爆炸,特别是炉缸部分,容易导致爆炸。因此,热面灌浆充满危险,因热面灌浆而发生的爆炸已有多起,损失惨重。凡是因灌浆发生爆炸的高炉,炉墙破损严重,铁水外流,不得不停炉处理;有些高炉在爆炸时,因风口附近有人而烧伤、炸死。2010 年 2 月,山西一座高炉停风检修,风口附近很多工人正在工作,同时炉缸热面灌浆,导致爆炸。从各风口喷出火焰,烧伤数十人,其中重伤 13 人。

2010 年 8 月广东阳春炼铁厂(1250m³)2 号高炉,新建开炉仅 7 个月计划检修,"在 1 号铁口右下侧 2 段 5 号冷却壁右侧实施灌浆作业时,炉内爆炸突然大火"[5],恰巧一人从风口前经过,被喷出的大火烧死。3 天后此处炉缸烧穿。拆下冷却壁后发现里面炭砖有两条 30 ~ 70mm 缝隙,见图 8-53。

江苏一座 2500m³ 高炉，2010
年"8 月 20 日上午在正常生产情况
压浆，过程中于 10：54，16~22 号
7 个风口前全黑，同时风压从
355kPa 突增至 400kPa，并在 25 号
风口中套与大套间有焦油类物质流
出。放风后发现，风口前堵塞物为
焦粉掺加在焦炭间；7 小时后（8
月 20 日 20：08）炉缸烧穿"[57]。

热面灌浆，应当慎重。炉衬侵
蚀严重的高炉不许热面灌浆。

图 8-53 高炉灌浆爆炸后转成缝隙

8.7.3 硬质料压入造衬

硬质料压入造衬，最早由宝钢开始。作为经常维护炉体技术，宝钢从 1 号高
炉投产起，就一直采用。这种压入造衬主要用炉身中、下部冷却板冷却的高炉和
维护部位加入的冷却棒区，其效果较好。"修补主要是硬质料压入。利用高炉计
划定期休风（一般需 20h），采用 17.4~19MPa 的高压泵将黏稠的浆料压入炉
内，使之在靠近炉壳的地方形成一层 100~200mm 厚的耐火材料层，达到降低
炉壳温度的目的"[58]。图 8-54 是宝钢 2 号高炉压入硬泥的沿高炉高度和圆周的
位置。

许多高炉应用此法，效果较好。必须注意压入泵压力控制，应根据高炉状
况，按实际条件确定压力，防止因压力过高，破坏炉体。

8.7.4 喷涂造衬

喷涂造衬在国内广泛流行，从炉腹到炉身，或局部或全部，实施喷涂。许
多专门公司用各自开发的配料和专门的设备，从事喷涂作业。喷涂操作应
注意：

（1）喷涂前，应清理炉墙，去掉局部粘接物。轻微粘接，可适当发展边缘
气流清理；如有结瘤，应有效洗炉。如不适于洗炉，应采取其他措施，去掉炉
瘤。喷涂料应喷在比较干净的炉墙上。

（2）把料面降到需要喷涂的部位下面。降料面操作，和检修停风降料面基
本相同；所不同的是料面下降到位后，需加盖面料，盖面料数量由料面深度和喷
涂时间决定。一般盖面料由合作的喷涂公司提供。

（3）喷涂后是否烘炉，由合作方提供的喷涂料决定，现在多数喷涂料已不
需烘炉操作。图 8-55 是 2006 年首钢 2000m³ 喷涂的烘炉操作。

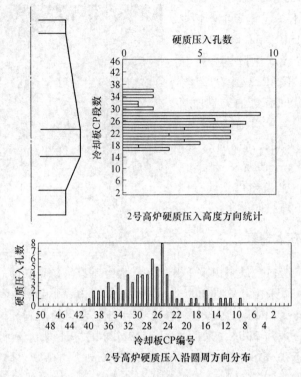

2号高炉硬质压入高度方向统计

2号高炉硬质压入沿圆周方向分布

图 8-54 宝钢 2 号高炉硬质料压入护炉

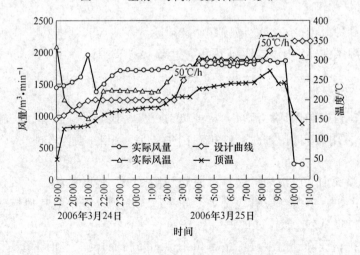

图 8-55 喷涂后烘炉曲线的计划和实践

（4）喷涂后清理喷涂反弹料。过去反弹料比例很高，有的 10% 以上，现在实行"湿法喷涂"，反弹料一般 5% 左右，将来会更低。反弹料和盖面料，有条件的应清理出来。将来反弹料很少以后，无需清理。

8.8　预防炉体破损

8.8.1　高炉结构决定高炉寿命

　　错误的结构，不可能长寿；合理的结构，才可能长寿。自从有了炉底冷却，炉底烧穿已很少发生，就是合理结构的成果。高炉设计的第一原则是：从冷却壁起，越向内（炉底向上）导热能力应越小；反过来说，越向外（炉底向下）导热能力应越大。高炉一般均是多层结构：炉壳钢板、冷却装置、缓冲填料、耐火砖衬等，中间任何一环，均不允许有"热阻"存在。中间有"热阻"，会导致热量积累，促使此处温度升高，这是导致炉体烧穿的原因。

　　图 8-56 是炉缸结构示意图。一般，对耐火材料选择很慎重，有时忽视冷却壁内侧的填料层。它虽然很薄，但要求很严格，既要有很高的导热性，又要有很好的"弹性"，能吸收砖衬的变形。导热不好成为"热阻层"；收缩过大，会导致冷却壁和砖衬之间有空隙；不能收缩，又会导致砖衬与冷却壁之间"刚体连接"，当炉壳或砖衬变形位移时，会产生应力，甚至"拉裂"。

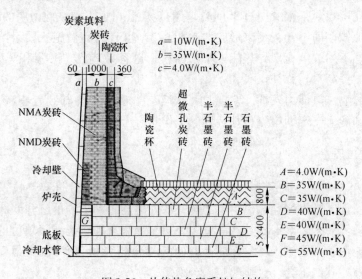

图 8-56　从传热角度看炉缸结构

8.8.2　炉衬材质

　　炉缸、炉底，工作条件严酷，应具有抗铁水、炉渣侵蚀能力。实践已证明，高石墨化的砖衬，易被铁水溶蚀，虽然它的其他性能很适于炉缸工作。

　　材质单独分析性能很好，但必须整体考虑。不同材质的炉衬，在整体中必须互相适应。最明显的是有的陶瓷杯炉缸结构，陶瓷杯材料膨胀率高于外层的砖衬，生产过程产生胀裂，由于外层炉衬缝隙很大，导致烧穿。不同耐火砖的导热系数见表8-11。由于自焙炭砖的导热系数随温度变化大，所以不能用自焙炭砖砌炉底炉缸。自焙炭砖在炉内受热后，发生收缩，砖缝变大，很容易钻进铁水，鞍钢4号高炉1999年大修，扒炉时发现，炭砖缝隙中全是铁，由5~30mm厚的铁皮组成，其他几座自焙炭砖的炉子也有类似现象，所以不能用自焙炭砖。

不当的材质，因膨胀过多，会引起炉皮破裂，甚至破坏整体高炉，教训深刻。

8.8.3　冷却系统

自从使用铜冷却壁，炉腹烧出已经很少，但炉缸烧穿未能避免。从操作分析，主要是结构、材质和冷却三方面有缺陷。有的设计专家提出：我国的高炉炉墙用水量，高于西欧和日本，为什么烧穿发生后，总认为是冷却强度不足，水量过少。其实，冷却强度决定于是否能将炉内传递到炉墙装置的热量带出去？所以，冷却强度决定于结构、材质和施工质量。有的高炉往往忽视填充层的传热作用，尽管此层很薄，很少超过80mm；有的筑炉公司也不重视此薄层的施工质量，填充层空隙较多而不知，结果形成"热阻层"。也有的高炉施工质量严格，但存在材质选择不当，填充层导热能力小于内衬，也容易造成"热量积累"。这类情况，只能用提高水量弥补。

水质影响传热能力发挥，水温过高或含有杂质，在冷却装置中沉积、结垢，降低了冷却能力。定期检测冷却装置的工作状态十分必要。

8.8.4　施工质量

1995年一个著名的钢铁公司当时最大的一座高炉炉缸烧穿。拉下烧穿部位的冷却壁发现，紧靠烧穿部位下层的砖，从外边能看到炉内的红焦炭，好像砖是楔形的，内侧的缝隙好像比外侧更宽。公司领导很重视，把施工单位的总工程师请来，据他说，不是施工质量问题，此处是"合砖缝"，即一圈砖最后一块砖所形成的缝隙，其他不会。这显然是一个隐患。

烧穿原因很多，不仅仅是砌筑质量。

炉缸是盛铁水的部位，施工质量不容忽视。表8-27是首钢炉缸施工质量检测记录。

首钢高炉炉缸曾多次烧穿，对筑炉质量非常重视。炉缸砌筑总是派经过培训的、有大修经验的炉前工，带着塞尺，跟班进到炉内检查。详细记录检查结果。从表8-27看到，炉底、炉缸砖缝不大于0.4mm的占81%以上，垂直缝小于0.5mm的为100%。

表 8-27　首钢 1 号高炉第九代筑炉质量与国际标准对照

部位名称	GBJ 8—64 规定/mm	1 号高炉筑炉质量合格率/%					
		≤0.4	≥0.5	≤0.75	≤1.0	≤1.5	≤2.5
一、高铝砖或黏土砖砌体							
1. 炉底：（1）垂直缝	≤0.5	84.0	100				
（2）水平缝	≤0.75		85.4	100			
2. 炉缸	≤0.5	81.6	100				
3. 炉腹、炉腰	≤1.0			78.1	99.9		
4. 炉身	≤1.5			92.05		100	
二、炭砖砌体							
5. 炉底：（1）斜接缝	≤1.5			64.5	98.4		
（2）放射缝	≤2.5			64.8			100
（3）水平缝	≤2.5	〈满铺炉底〉		90.5			99.5
		〈综合炉底〉		54.9			100
6. 炉缸：（1）放射缝	≤2.0			65.7			100
（2）水平缝	≤2.0			95.3			100
三、平整度							
7. 高铝砖（用 8m 靠尺）	≤3.0						≤1.5
8. 炭砖（用 3m 靠尺）	≤2.0						100
9. 炉底各砖层上表面各点相对标高差（用测量仪）	≤5.0						≤5.0 100

8.8.5　控制有害元素入炉量

控制有害元素，特别是 K、Na、Zn、Pb。铅对炉底的破坏作用，十分突出；铅蒸气在出铁时随铁水从铁口逸出，损害炉前工的健康。铅限量各厂规定不同，大体是 0.15kg/t。高铅矿应在有排铅装置的高炉冶炼。碱金属高于限量，应采取排碱操作。

8.8.6　补炉操作

高炉出现炉缸或炉底烧穿危险时，应及时用含钛物料补炉。只要补炉操作及时、正确，烧穿能够制止。

8.8.7　争取时间的临时措施

堵风口、停风均有效，但降低生产水平严重，不是万不得已，不能采用。此

外，这些措施可临时应急，换取补炉时间，一旦
烧出，操作已无能为力。所以，在危急时刻，停
风、减产都是不得已的方法，应当立即执行，避
免烧穿。

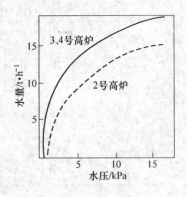

图 8-57 冷却水流量与水压关系

炉缸受到烧穿威胁，增加冷却水量一般是
有效的，可暂缓危机。提高水压是增加水量的
有效方法。图 8-57 是首钢做过的水压与冷却水
流量变化的示意图[39]。冷却水与水压的关系，
决定于水泵特性、冷却器结构和冷却水管网的
组成。

8.8.8 合理烘炉

高炉设计专家邹忠平提到烘炉对高炉寿命的影响，很有道理。他指出：烘炉
应保证冷却壁温度到一定水平，以保证介于炉壳和冷却壁之间及冷却壁与砖衬之
间的不定型粘结料固结，否则，易被风或煤气吹跑，产生热阻很大的"气隙"。
他指出：宝钢 1 号高炉烘炉时，日本专家要求炉壳温度到 65℃，这个温度不会导
致炉壳和冷却壁受损，可促使这里的不定型粘结料固结。

8.8.9 完善、严格检测制度

完善检测手段，及时了解炉衬实际状况，才能有效采取措施，包括对末期高
炉冷却系统的巡检项目。对有烧坏可能的危险点要重点检查，检查周期应当较
短，使它经常处于监控之下。对重大危险点应设置警戒线，及时报警，并向有关
领导汇报。

参考文献

[1] 汤清华. 延长高炉炉缸寿命—一些问题的再认识[J]. 炼铁，2014(5)：7-11.

[2] 张寿荣，于仲洁，等. 武钢高炉长寿技术[M]. 北京：冶金工业出版社，2009：137.

[3] Ryoji Yamamoto, et al. Ten years life of No.5 BF in Fukuyama[C]. Ironmaking Proceedings, 1985：149-163.

[4] Michael Peters, et al. Blast furnace relining strategics for campaign lives of more than 20 years [J]. Stahl und Eisen, 2003, 123(1)：21-26.

[5] 汤清华. 炉缸炉底烧穿事故. 见：张寿荣. 高炉失常与事故处理[M]. 北京：冶金工业出版社，2012：93-124.

[6] 安朝俊，主编. 首钢炼铁三十年（师守纯）首钢，1983：472-487.

[7] 刘云彩. 高炉内上推力对操作的影响[J]. 钢铁, 1988(12): 13-16.

[8] 刘云彩. 高炉炉缸上推力的作用[J]. 钢铁, 1995(12): 1-4.

[9] V. W. Lobyz, H. Weber. 靳树梁, 译. 冶金译述, 1956(2): 14-18.

[10] Н. Н. Бабарыкин, Сталь, 1961(3): 198-200.

[11] А. И. Заголулько, Сталь, 1951(6): 505-512.

[12] 李连仲. 首钢四号高炉炉缸烧穿修复和生产, 1985(内部资料).

[13] 河西健一, 等. 铁と钢, 1956(9): 31-33.

[14] 安朝俊, 主编. 高炉生产(师守纯). 首钢, 1983: 479-487.

[15] 徐矩良, 刘琦. 高炉事故处理100例[M]. 北京: 冶金工业出版社, 1986: 229-278.

[16] V. Paschkis. Iron and Steel Engineer, 1954(2): 53-66.

[17] V. Paschkis. Iron and Steel Engineer, 1956(6): 116-132.

[18] 刘悦今. 涟钢高炉炉底烧穿的处理与维护[J]. 炼铁, 1999(4): 19-21.

[19] 段国绵. 唐钢100m³级高炉炉底烧穿事故分析[J]. 炼铁, 1994(2): 47.

[20] J. M. Bauer, J. Schoennahl, D. Kuster. Ceramic cup in the hearth of blast furnace[C]. Iron-making Proceedings, 1988: 27-36.

[21] J. M. Bauer, Technical trends of blast furnace refractory linings in Europe[J]. 耐火物, 1991, 43(10): 515-528.

[22] 宋木森, 卢正东. 试评高炉陶瓷杯炉缸结构的危害[C]. 2012年全国炼铁生产技术会议暨炼铁学术年会文集(下), 2012: 108-111 + 125.

[23] 陈庆明, 译. 高炉炉缸内衬用陶瓷杯的十年发展状况[J]. 国外耐火材料, 1996(11): 10-16. 原载: UNITECR, 95, Vol. 1: 192-199.

[24] M. Peters, P. Schmole, H. P. Ruther. Blast furnace relining strategies for campaign lives of more than 20 years[J]. Stahl and Eisen, 2003, 123(1): 23-26.

[25] H. J. Bachhofen, W. Kwalski, M. Peters, Peter Ruther. New Experience with an improved ceramic cup lining in the blast furnace hearths of Thyssen Krupp Stahl AG[C]. Ironmaking Proceedings, 1999: 681-690.

[26] 项钟庸, 王筱留, 等. 高炉设计——炼铁工艺设计理论与实践(第2版)[M]. 北京: 冶金工业出版社, 2014: 563.

[27] 张福明, 等. 现代高炉长寿技术[M]. 北京: 冶金工业出版社, 2012: 504-524.

[28] W. Kowalshki, H. J. Bachhofen, H. P. Ruther. Investigation on tapping strategies at the blast furnace with special regard to the state of the hearth[C]. Ironmaking Proceedings, 1998: 595-606.

[29] 张福明, 刘兰菊, 徐和谊. 首钢1号高炉陶瓷杯设计[J]. 首钢科技, 1995(1): 6-8.

[30] 单泊华. 首钢1号高炉陶瓷杯炉缸的应用分析[J]. 炼铁, 2000(1): 9-13.

[31] 李亦韦. 高炉炉底炉缸耐火材料结构与性能优化研究[D]. 武汉: 武汉科技大学博士学位论文, 2014.

[32] 郝运中, 陈前琬. 炼铁, 1994(增刊): 7-27.

[33] 汤清华. 高炉炉缸结构上一些问题的讨论[C]. 2015年高炉炼铁年会上的报告, 2015.

[34] 杨天钧, 左海滨. 中国高炉炼铁技术科学发展的途径[J]. 钢铁, 2008(1): 1-5 + 44.

[35] M. Higuchi. Ironmaking Conference Proceedings, 1978: 492-503.

[36] 近藤淳, 等. 铁と钢, 1979(4): S. 90.

[37] 韩弈和. 炼铁, 1987(5): 18-21.

[38] 湘潭钢铁厂炼铁分厂. 钒钛磁铁矿用于高炉护炉鉴定会议资料[R]. 1984.
孟庆辉, 刘坤庭, 等. 炼铁, 1992(2): 1-4.

[39] 苏少雄. 炼铁, 1987(5): 21-23.

[40] 文学铭. 宝钢使用含钛原料护炉实践. 见: 宋建成, 主编: 含钛矿物护炉的理论与实践
[M]. 北京: 冶金工业出版社, 1994: 98-102.

[41] 重见彰利. 制铁手册. 东京: 地人书馆, 1979: 245.

[42] 任允芙, 蒋烈英. 高炉内钛沉积物的矿物组成及其生成机理低研究[J]. 钢铁, 1988
(5): 1-5.

[43] Toshihino Inalani, et al. 钛化物在高炉炉缸的固化形成[J]. Stahl und Eisen, 1974, 94
(2): 47-53.

[44] 董一诚, 于绍儒. 钛在高炉内的行为及其对炉缸炉底寿命的影响[J]. 钢铁, 1988(2):
3-8.

[45] 杜鹤桂, 等. 高炉冶炼钒钛磁铁矿原理[M]. 北京: 科学出版社, 1996: 63.
李永镇. 高炉冶炼钒钛磁铁矿原理 (杜鹤桂主编) [M]. 北京: 科学出版社,
1996: 259.

[46] 裴志云. 高炉炉缸钛沉积物的物质组成及特性研究[J]. 钢铁, 1990(1): 13-18.

[47] 成田贵一, 等. 铁と钢, 1976(5): 65-74.

[48] 陈培坚, 宋建成. 含钛物料护炉与操作图解, 见: 宋建成, 主编. 高炉含钛物料护炉技
术[M]. 北京: 冶金工业出版社, 1994: 65-70.
宋建成, 宋阳生. 我国高炉使用含钛物料护炉技术的现状与展望. 见: 宋建成, 主编.
高炉含钛物料护炉技术[M]. 北京: 冶金工业出版社, 1994: 1-8.

[49] 莫燧炽, 杜春荣. 高炉含钛物料综合护炉技术[J]. 炼铁, 1992(1): 1-3.

[50] 林彤. 湘钢1号高炉钛热结的处理[J]. 湖南冶金, 1998(6): 21-24.

[51] 苗增积, 李安宁, 等. 鞍钢使用钒钛矿护炉实践. 见: 宋建成, 主编. 高炉含钛物料护
炉技术[M]. 北京: 冶金工业出版社, 1994: 114-120.

[52] 李继昌, 等. 酒钢2号高炉炉皮开裂的原因及对策[J]. 炼铁, 2007(4): 22-25.

[53] 庄炳炯, 王朝东, 郭昌继. 南钢1号高炉炉壳开裂原因及对策[J]. 炼铁, 1994(5):
40-43.

[54] 周均德, 等. 中小高炉炼铁学术年会论文集 [C]. 哈尔滨: 2010: 147-149.

[55] 汤清华. 延长高炉寿命的措施. 见: 项钟庸, 王筱留, 等编著. 高炉设计——炼铁工艺
设计理论与实践(第2版)[M]. 北京: 冶金工业出版社, 2014: 565-577.

[56] 吴启常. 高炉炉体. 见: 项钟庸, 王筱留, 等编著. 高炉设计——炼铁工艺设计理论与
实践(第2版)[M]. 北京: 冶金工业出版社, 2014: 359-440.

[57] 刘琦, 陈洪林, 魏红超. 沙钢1# 2500m³ 高炉炉缸烧穿、修复、复产. 2013(内部资料).

[58] 文学铭, 李维国, 等. 炼铁 (新世纪钢铁工业职业培训系列教材) (徐乐江, 主编)
2000: 99-100.

9 高炉结瘤

炼铁专家：徐矩良

　　徐矩良，1928 年生于四川省自贡市，1952 年毕业于唐山交通大学冶金系后，分到鞍钢炼铁厂工作。先后任高炉工长、炉长。曾到前苏联马钢学习半年，回国后任我国第一座高压高炉、当时我国最大的鞍钢 9 号炉炉长。1958 年调包钢炼铁厂，先后任炉长、副厂长。1973 年调冶金部钢铁司炼铁处任副处长、处长和钢铁司总工程师。当时正在"文革"期间，全国高炉操作较乱，他以丰富的操作经验，考察、了解各厂的状况，和同事一起向领导提出总结正反两方面经验，减少事故。结合现场经验，撰写论文、召开会议并做报告，从而减少各类事故。

　　立足基层，多方协商，筹建炼铁刊物，为开展讨论、交流，建立平台。《炼铁》杂志于 1982 年创刊。该刊物不断总结炼铁技术的进步，并提出发展方向：首先是精料，提高矿石含铁量、狠抓整粒和混匀、继续提高烧结矿质量和逐步改善炉料结构；提高风温，发展喷煤，推广无钟设备，高炉煤气干法除尘等。在以后的实践中几乎每年都围绕精料召开各类会议，吸收有关院所、高校和生产厂一起研讨，明确提出我国高炉合理炉料结构是 80% 左右高碱度烧结矿加 20% 左右球团矿和块矿，避免向炉内加生石灰石。1984 年他和刘琦共同主编了世界上第一部处理高炉事故的《高炉事故处理一百例》（1986 年出版），一直是高炉操作的重要参考书。他经常依据在各厂考察的实际问题，提出建议并围绕精料、喷煤、高风温和长寿撰写论文，不完全统计，此类论文，已发表的有 80 多篇，其中有些论文是经典的。

　　炉瘤对高炉产生的破坏十分严重。炉身上部结瘤，很难用冶炼手段除掉，一般均要停炉炸除。炸除，一般要在密封的炉体上开洞，有时需拆除冷却壁和砖衬才能爆破。不仅损失产量，而且严重破坏炉体。

　　炉身中、下部结瘤虽能洗掉，其损失与破坏性也很惊人。有一座 $300m^3$ 的小高炉，为处理结瘤，前后 20 天就多耗焦炭 1000t 以上、萤石 200t 以上，减产超过 2000t[1]。有座高炉，因发现结瘤较晚，高炉长期失常，损失十分惨重。因此，预防结瘤，才是高炉操作者的任务。

9.1 结瘤的征兆

多年来，高炉结瘤一直困扰着我国炼铁工作者，几乎所有炼铁厂都有高炉结瘤的痛苦经历。实际结瘤是能够预防的，现在有些厂已经消除结瘤，重要经验在于预防；一旦有结瘤的征兆，立即处理，使可能发生的结瘤消灭在萌芽状态。关键是及时判断可能结瘤的征兆。

9.1.1 结瘤部位的隔热

炉墙因结瘤隔热，使炉内向炉墙的传热减少，由此导致诸多测量参数发生变化：

(1) 热流强度下降。高炉结瘤部位，通过炉墙的热流强度明显下降。依据冷却壁热负荷变化判定炉墙结厚，比较可行。测量冷却壁热负荷比较复杂，需测量冷却水量和水温，特别是上下连通式的软水闭路循环冷却，很难分区测量。不过，通过冷却壁热负荷变化判定炉墙结瘤还是有效的。1989 年首钢 1 号高炉（2536m³）对比冷却壁热负荷变化，后来停炉观察，证实炉墙结瘤区域与判定大体一致[2]。

(2) 炉墙温度低于正常值。炉墙温度因热电偶安装位置及埋入砖衬深度不同，正常炉型时显示的温度值也不相同。首钢 2 号高炉从 1980 年 11 月 7 日起炉身下部温度普遍下降，两天后低于正常水平（200℃），由此判定炉身下部结瘤（表9-1）。

表 9-1 首钢 2 号高炉炉身下部温度变化（1980 年 11 月）

日 期	时 间	温度/℃			
		东	南	西	北
8	14：40	140	300	258	390
	2：50	120	210	140	260
9	10：45	110	210	220	170
	19：00	100	160	130	110
10	5：10	110	200	180	130

(3) 水温差低于正常水平。冷却壁进出水温差也能反映结瘤状况，但由于

冷却壁接近炉壳，较炉墙中热电偶的温度变化要迟钝一些。首钢20世纪80年代经常测定、统计水箱水温差，以监察炉型。表9-2是首钢3号高炉1972年炉墙结瘤前后变化情况。

表9-2 首钢3号高炉不同进出水水温差的冷却壁块数

日 期	炉腰冷却壁/℃				炉腹冷却壁/℃					炉墙变化
	<1.0	1~1.5	1.6~2.0	2.0~2.5	1.1~1.5	1.6~2.0	2.1~2.5	>2.5	>2.1	
3月8日	2	25	14	6	6	16	14	6	20	过渡期
3月9日	1	25	19	3	8	15	16	1	17	过渡期
3月10日	12	23	12	1	8	15	16	6	22	过渡期
3月11日	11	29	5	3	5	17	14	4	18	过渡期
3月12日	11	22	14	1	11	27	2	0	2	结厚期
3月13日	9	20	15	4	8	16	12	4	16	结厚期
3月14日	13	26	8	1	14	23	2	1	3	结厚期
3月15日	12	31	5	0	21	15	4	0	4	结厚期
4月1日	0	18	18	12	5	18	11	6	17	正常期
4月2日	0	6	14	28	5	21	7	7	14	正常期
4月3日	0	2	18	28	0	14	17	9	26	正常期

从表可见，3月9日高水温差的冷却壁块数开始减少。3月10日大于2℃的只剩一块，小于1℃的增到12块；炉腹冷却壁进出水温差的变化也是这样。3月12日已严重失常。经验表明，冷却壁水温差一旦反映出变化，炉墙结瘤已经严重，非洗炉难以清除。所以要经常把握炉墙温度变化，因为炉墙温度变化表现得更敏感、更及时。用水箱热负荷监视炉墙变化，道理是相同的。水箱进出水温度差乘以冷却水流量，得出水箱冷却水带走的热量，如水量不变，入出水温差可以代表热负荷。

（4）炉皮温度明显降低。结瘤初始，炉皮温度降低不明显，结瘤区域扩大或厚度增加，炉皮温度明显降低。对于炉役末期高炉，炉墙热电偶大部分已烧坏，水箱也有相当破损，监视炉墙的正常手段已经不能全面起作用，在这种条件下，利用炉皮温度判断炉墙结瘤，有时十分必要。炉皮温度反映较慢，不是炉墙结瘤，一般不易察觉。表9-3是首钢旧2号高炉炉墙结瘤时测量炉皮温度的结果。表中线框内区域温度较邻近区域温度低10~30℃，这区域是炉墙结瘤范围。

表9-3 旧2号高炉炉体上部表面温度

纵向温度梯度	横向平均温度	各测点温度/℃																	
	68.5	76	77	69	58	61	60	68	70	67	72	84	87	87	97	93	84	80	80
+7.8	76.3	101	95	79	70	61	66	72	57	59	66	87	93	107	106	96	90	92	99
−0.7	75.6	106	98	91	90	59	63	57	58	60	63	82	92	105	101	94	94	93	91
−1.6	74.0	98	100	93	92	61	60	59	60	62	82	98	107	93	90	92	82	93	
+4.1	78.1	94	97	97	97	88	92	67	61	65	62	65	63	76	103	119	111	104	101
−9.55	68.6	80	92	88	105	94	67	52	52	51	62	62	62	56	58	99	100	85	100
纵向平均温度		92.5	53.2	89.3	85.3	70.5	68.0	62.3	59.5	61.3	64.5	77.0	82.5	89.7	93.7	98.5	95.2	89.3	94.0

注：1. 测定时间1977年9月27日。

2. 测定工具 WREA-981M 表面测温计；大气温度 25C。

3. 风力三级，风向北转南。

4. 测量高度范围从炉喉煤气取样孔至第一层梁式水箱。测点纵向间距（mm）从上往下分别为 1200、1000、1200、1200、12000。测点横向分布从1号风口至10号风口。

9.1.2 结瘤改变炉料分布

9.1.2.1 炉瘤引起料面偏斜

炉墙结瘤影响炉料分布。豪达克等曾利用模型研究炉墙结瘤厚对炉料分布的影响[3]，图9-1是实验结果。图中 A 和 B 分别表示正常炉型和结瘤炉型。图9-1（a）显示炉料从炉喉起下降过程的运动轨迹和延续时间。炉瘤阻碍炉料下降，改变了炉料轨迹，挤压炉料向中心移动，各个部分的移动轨迹和延续时间，明显改变。图9-1（b）是炉料移动等速度线对比，以炉喉炉料的下降速度 w_0 与各点速度 w 之比 w/w_0，画出等速度线比值分布。

从图中看到，炉瘤部位上部，炉料移动速度慢，下部与上部相反，速度快。由于速度差，出现炉料分布密度变化，炉瘤上部炉料受上部炉料挤压，密度较大，下部较疏松。结果，严重影响炉料分布。在炉瘤上部，靠近炉墙的料速较慢，其他区域的料速相对较快，因此导致料面倾斜。

上述研究结果得到实践证实。高炉结瘤，经常引起料面偏斜，使料尺深度出现较大差距，结瘤越严重，料尺差别越大。有些高炉因炉墙结瘤，料尺差达到1m。当然，偏料不一定结瘤，有时因管道行程或布料缺陷也会导致偏料，应结合其他参数综合判断。

环形炉瘤对料面的影响，有时不明显。很大程度上决定于炉瘤在分布上的均匀程度。如各方向炉瘤差别不大，偏尺也不明显。

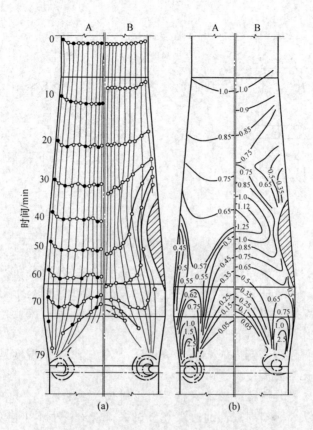

图 9-1 炉料下降轨迹和延续时间[3]

(a) 正常炉型；(b) 结瘤炉型

9.1.2.2 煤气分布失常

图 9-2 是首钢 3 号高炉（963m³）炉墙结瘤显示的煤气分布。当时各高炉从炉喉测量煤气 CO_2 径向分布，半径分 5 点、4 个方向测量，每 4 小时测量一次。正常炉型的煤气曲线稳定平滑，结瘤则如图 9-2 所示，煤气第二点低于第一点（边缘），曲线出现拐点，这是典型的结瘤征兆。

炉瘤引起料面偏斜，料柱透气性不均匀，导致上升的煤气流不均匀。炉瘤一侧，煤气流较少，而接近炉瘤附近区域，煤气流较发展，炉喉径向煤气分布，炉瘤处边缘 CO_2 数值很高，相邻的第二点数值很低，和正常炉型完全不同；炉喉径向测温（十字测温）恰和煤气曲线相反，炉瘤上部的边缘测温因通过的煤气较少，温度较低，而靠近炉瘤区域的第二点，因煤气通过量较多，温度较高。

上部局部结瘤，加料后矿石滚向对侧，故对侧下料快，煤气中 CO_2 含量相对较高；结瘤一侧则相反，顶温偏低，CO_2 含量也低。

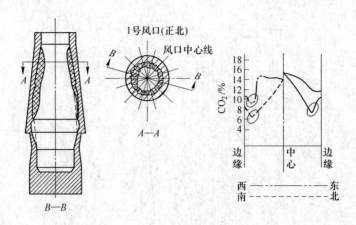

图 9-2　3 号高炉结瘤出现的煤气分布失常

环形炉瘤，煤气分布边缘重、中心轻；局部结瘤，煤气分布严重不均。如在高炉上部结瘤，煤气曲线不规则，严重时边缘第一点 CO_2 值高于第二点，出现倒钩现象；下部结瘤，煤气曲线出现自动加重，虽然装料制度未变，严重时改变装料制度已不起作用，煤气分布依然如故。

炉喉径向温度分布与煤气 CO_2 数值相反，CO_2 低点对应温度是高点，在测量的相同位置，第二点温度高于第一点。

9.1.2.3　管道频繁，经常塌料，严重时发生悬料

煤气分布失常，有时局部通过煤气量过大，管道行程不可避免。严重管道，必然导致塌料。

炉瘤阻挡炉料下降，容易导致悬料。塌料、悬料，是严重结瘤的伴生现象。图 9-3 是典型的高炉结瘤料尺记录，这座高炉（963m³）在 24 小时的南、北两料尺的记录看到，塌料很多，下料不顺畅，有瞬间难行、料尺横行显示。结瘤越严重，炉况越难行。

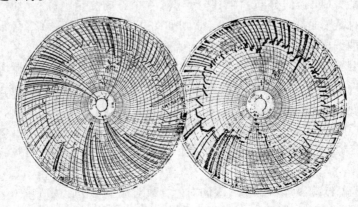

图 9-3　结瘤的料尺记录

9.1.2.4 料速不稳定，小时料速差别较大

和管道、塌料相伴的是料速波动较大。从料速记录中也能看到，每一批料的料尺间隔不同，有时一批料的时间很长；有时因塌料，加料速度很快，实际料速不稳定是结瘤的必然结果。

9.1.2.5 煤气利用率低

结瘤使炉料和煤气分布均失常，煤气利用率普遍较低。

9.1.3 结瘤对炉缸的影响

炉瘤因阻挡、挤压炉料分布，因此炉料下降和煤气上升都受影响。炉瘤一侧的风口，经常有未充分加热和还原的炉料进入到炉缸，导致炉温波动。

（1）结瘤的高炉很难控制炉温稳定，因局部炉料加热和还原不充分，进入炉缸后导致炉温下降。为防止炉温过低造成炉冷，在结瘤期间，应适当提高炉温控制水平。

（2）风口出现"生降"，结瘤部位以下的风口，经常有未充分加热的黑色焦炭在风口前飞舞，即"生降"时有发生。

（3）风口涌渣和灌渣。炉温稍低，有时风口涌渣，甚至灌渣。

9.1.4 结瘤后的操作特点

炉瘤，占据高炉煤气上升空间，操作风量虽然低于正常水平，加风时也易出管道。风压水平偏高，透气性指数较低，严重结瘤时，较低的风量水平也难以稳定，经常发生难行、悬料（图9-4）。

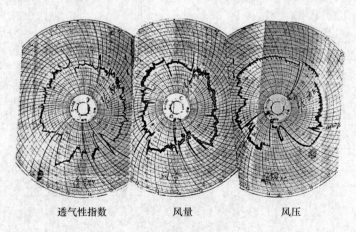

透气性指数　　　　　风量　　　　　风压

图9-4　结瘤的24小时操作记录

9.1.4.1 炉顶温度偏高

尽管结瘤导致风量水平偏低，但因煤气利用率低、管道频繁，炉顶温度依然

偏高。

　　环形结瘤，四个方向的炉顶温度接近，温差较小，普遍偏高。反映在炉喉径向温度（十字测温）分布上，边缘温度低，中心偏高。局部结瘤，则四个方向的顶温差别很大，结瘤对侧炉顶温度较高，波动也较大。

9.1.4.2　炉尘量增大

　　结瘤处高炉断面减小，煤气流速加大。由于高炉不顺行，高炉炉尘吹出量明显增加，如果在此条件下，炉料强度不好，粉末较多，炉尘较正常炉况会增加几倍。

9.1.5　结瘤特征

　　综上所述，将不同炉瘤部位和形状的特征列于表9-4。

表 9-4　高炉结瘤特征

高炉参数	结瘤部位		结瘤形状	
	上部	下部	环形	局部
炉顶温度	结瘤一侧偏低	结瘤一侧高	四个方向温度接近且偏高	四个方向温差大，波动大，一般大于100℃
炉喉径向温度	结瘤一侧边缘温度低		中心温度偏高	
炉喉煤气分布	不规则，有时边缘出现折点	边缘自动加重，改变装料，作用甚小	边缘重，中心轻	结瘤一侧煤气分布失常，CO_2 低
煤气利用率	低	低，有时波动		低
料　尺	料尺深度不齐，波动大			上部结瘤，结瘤一侧料面高，料尺浅
料　速	料速不稳，常有塌料			结瘤一侧料速慢
风口状态	结瘤部位下方的风口明亮	结瘤部位风口暗、凉	风口工作状态较接近	风口工作差别很大，亮、暗分明
		"生降"不断，易涌渣、灌渣		
管　道			中心管道多	边缘管道多
塌　料	塌料多	塌料少	塌料后，透气性急剧下降，风量减少很多	塌料后，透气性下降较少
悬　料	有时悬料	悬料后，处理困难。悬料处理后，料尺很深	塌料后易悬料	

普 遍 特 征	
炉墙温度	结瘤部位温度低于正常水平,也低于附近不结瘤区域。结瘤部位温度变化迟钝
冷却壁后温度	结瘤开始,相应部位水温差逐渐降低,结瘤区域低于正常水平,低于邻区
炉皮温度	结瘤初始,降低不明显,结瘤区域扩大或厚度增加,炉皮温度明显降低
炉体热流强度	上述反映,均系炉体因结瘤,热流强度降低的结果
炉尘吹出量	明显增加,严重时增加到每吨铁几十公斤
风 量	风量低于正常水平,加风困难,且易出管道,易发生难行、悬料
风 压	与正常水平比较,风压偏高,有时因管道严重,风压波动较大
透气性指数	由于管道频繁,波动较大;总的水平偏低,压量关系紧张
铁水含 Si 量	波动很大,难以稳定

9.2 炉瘤的组织结构和形成过程

高炉结瘤形成的具体原因很多,其中,接触炉墙的软熔炉料停止运动与软熔的炉料重新凝固,是高炉结瘤所必不可少的前提条件。如果软熔的炉料,由于某种原因重新凝固,只要这些软熔的炉料随料柱继续下移,就不会粘到炉墙;同样,如果接触炉墙的软熔炉料虽然停止运动,但未凝固,自然也不会粘到炉墙上。只有上述两条件同时出现时,才有可能形成结瘤。当然,两个条件同时出现,不一定必然结瘤;但结瘤,这两个条件必不可少。

9.2.1 炉瘤的组织结构

从大量考察炉瘤中看到,一般炉瘤可分三部分:根部、中部和上部,图9-5是一般外形示意图。具体形状和厚度尺寸,因高炉不同、结瘤时间不同而不同。

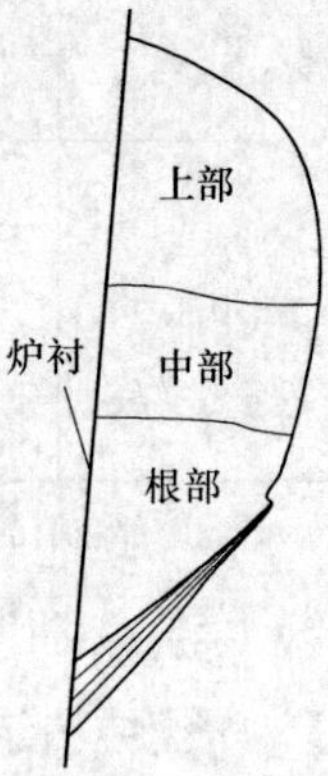

炉瘤上部:构成上部的是炉料,因温度低,熔化的较少。"在紧贴炉墙处由细小矿粒烧结起来的松散结块,厚约150~200mm,并且沿高炉半径方向有明显的分层,两层之间夹持一层薄薄的渣皮,说明这些粘结物不是一次形成的。它与炉衬粘结不牢固,(有时)休风后由于冷缩已与炉衬明显分离。结瘤的表面是由许多表面已经渣化的小块炉料粘结起来的"[4]。

炉瘤中部:"结构比较复杂和坚固,有以下特点:

(1) 紧贴炉衬处由液相冷凝而成的坚固硬壳,厚约

图 9-5 炉瘤结构示意图

150mm 并粘有一些大块焦炭。

（2）紧挨上述硬壳又一层硬壳，其
内表面则粘有许多小块烧结矿粒和焦炭。
靠炉内表层，由炉渣、金属铁粒、细小
炉料沉淀物组成，薄层相间，表面光
滑"[4]。

图 9-6 是中部结瘤的照片[5]。从图中
看到，焦炭和其他块状炉料，被薄薄的液
相凝结物粘到一起。

炉瘤根部："根部含铁多而坚硬，炉
瘤外部位厚度 200~400mm 铁质硬壳，硬
壳内部则包着焦炭、矿料、炉渣，下部成
为粘结的整体，上部则疏松。外壳不止一
层，有时达 3~4 层"[6]。

图 9-6 中部炉瘤的照片

9.2.2 炉瘤的物理特性

炉瘤的上部和中部组成相近，粘结相的熔点相近。区别在于中部较上部致
密，"粘结相"也更宽，较上部紧密。表 9-5 是炉瘤上部和中部的温度测定。因
取样的成分不同，半熔和全熔的温度也不同，大体看出温度范围，个别点到
1400℃，一般开始液化温度为 1000~1100℃，此温度水平可使结瘤解体。

表 9-5 炉瘤上部和中部粘结相温度 （℃）

取样部位	编 号	T_1	T_2	T_3
结瘤上部	1	1090	1290	>1400
	2	1100	>1400	
	3	1140	1390	1400
	4	1100	1200	1250
结瘤中部	1	1090	1360	>1400
	2	1040	1230	1290
	3	1080	1400	1420
	4	1100	1190	1215

注：炉瘤上部和中部出现液相，温度 T_1 接近 1000~1140℃；T_2 是粘结相熔化一半的温度，1200~
1400℃；T_3 是粘结相全部熔化温度。

9.2.3 炉瘤中粘结相的作用

粘结相是片状的渣化粘结物，在上部厚约 20~30mm，中部厚度约 20~

60mm。它在半熔或未熔的固体炉料中像"胶水"一样，将它们粘结到一起。在上部较松散，中部较紧密。图9-7是炉瘤部位炉料与粘结相的示意图。图中显示呈片状的"粘结相"，把各类炉料颗粒粘到一起。图9-8是粘结相的显微照片[7]。

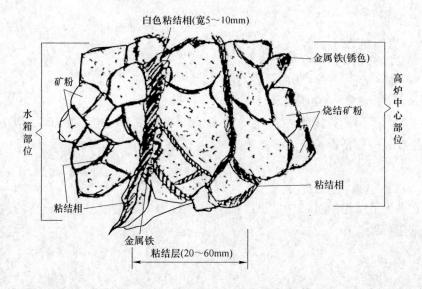

图9-7　炉料与粘结相的示意图

9.2.4　炉瘤的形成

从炉瘤的组织结构中看到，结瘤开始时是薄薄的一层，不会影响炉况进程。以后逐步发展，层层加厚，长高、长大，才严重影响冶炼进程。

（1）炉瘤上部，组织疏松，液相粘结层较薄。

（2）中部虽然组织结构较致密，还保持炉料本色。大部分矿石或焦炭均保持块状，虽然粒度变小。以后，由于炉瘤继续发展，逐步加厚、长高，成为高炉生产的严重障碍。

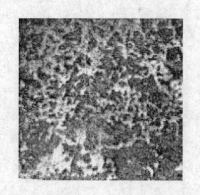

图9-8　结瘤的粘结相显微照片(×100)
灰色网状—焦炭；灰色板状—石英；
灰色条状—铝黄长石

（3）根部的形成。炉瘤根部坚固，含铁一般很高，因未经充分渗碳，含碳较低，熔点一般在1400℃左右，很难熔化。它的开始阶段也是一薄层，以后由于未加限制逐层发展，形成较厚的支撑点。结瘤由此开始，逐步向上发展。根部的形成，首先是靠近炉墙熔化的炉料，停止下降，粘结到炉墙上。如果此时限制它发展，也不会破坏高炉操作进程，继续发展是由于有低温炉料进入结瘤根部附近，再次凝结，而后逐次加厚。低温炉料的产生，有以下类型：

1）深料尺加料；

2）塌料；

3）坐料后加料；

4）停风后复风的深尺加料；

5）灌浆或造衬进入炉内形成的被浸湿的炉料；

6）冷却壁漏水被浸湿的炉料。

当然，低温炉料接触结瘤根部，不一定会再形成新一层"根部"，但新一层根部形成，接触低温炉料是必要条件。

9.3　炉瘤位置的判断

在9.1节结瘤的征兆中，已经说明了经常使用的结瘤位置、形状的判断方法，这里再做些补充。

9.3.1　探孔法

在高炉炉腰、炉身预留探孔数排，有专门人员定期探孔，以判定是否结瘤。图9-9是首钢早期探孔记录表格形式。当时共设5排。每排8个孔。图9-10是首钢3号高炉1962年通过探孔判定的结瘤示意图。

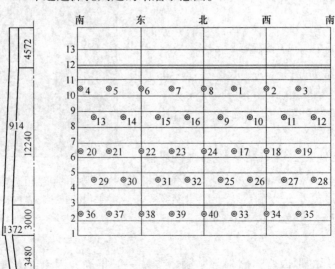

图 9-9　首钢高炉探孔记录表

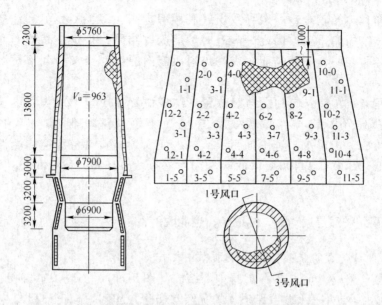

图 9-10　首钢 3 号高炉 1962 年结瘤位置

在现代大高炉上，探孔方法依然是观察炉墙厚度变化的基本方法。炉皮留孔、炉衬留孔方法均与 50 年代相同，唯探孔工具已不是钢钎，而是专门的钻机，宝钢 1 号高炉曾从日本引进这种装置。

虽然探孔法简单、准确，但已不适于在高压操作的高炉直接使用。新的直接测量方法尚待开发。

9.3.2　传热计算法

用传热计算方法确定炉瘤位置也是可行的，但必须知道炉体有关部位的热流强度。有些高炉在同一位置埋设两支热电偶，利用它们的温差推算热流强度。用公式计算炉瘤位置，虽然误差较大，但在已知热流强度的高炉上，仍是一种判断结瘤位置简单易行的方法。

9.3.3　降料面观察法

这也是通常用来确定炉瘤位置的方法。利用检修机会降料面，直接观察炉瘤位置和分布。此法虽然简单，但由于降料面费时间，损失较大，一般可用测量炉皮温度代替。

9.4　结瘤的处理

高炉内型在不断变化，一般状况下变化较慢，不为炼铁工作者注意。炉墙因边缘煤气流发展而被侵蚀，往往容易看到。因为边缘发展，会使煤气利用率下降；边缘较重，一般导致煤气利用率提高，多半不会引起注意。边缘过重，是结瘤的重要原因之一。有时炉墙少许结厚，是延长高炉寿命的保护措施。经验表明，炉墙结瘤，占高炉通风断面的 4% ~ 5%，对高炉顺行影响不大。

处理结瘤，首先应判定结瘤位置。结瘤位置是决定处理方法的关键。炉身中部以下，用热洗较容易见效。在更高的位置热洗较难。炉喉保护板一般由铸铁铸成，耐温水平远不如耐火砖衬；而高炉装料设备和径向测温装置一般要求低于 300℃ 或 400℃，而热洗温度必须大于 1000℃，才能熔化结厚粘结相。

9.4.1 高炉炉瘤是运动的，能增长，也能脱落

9.4.1.1 有的炉瘤，能自动脱落

宣钢一座 1260m³ 高炉在炉身中部结瘤（图 9-11），当时炉缸堆积，高炉风量较小，因炉缸堆积和炉身结瘤，炉况经常难行。当时决定，处理炉缸过程争取保持高炉顺行，让炉瘤自动脱落[8]。后来，在处理炉缸堆积、高炉顺行以后，炉瘤自动脱落。

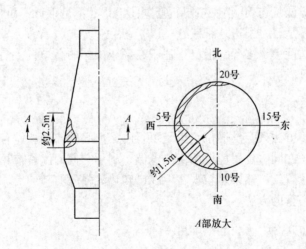

图 9-11 宣钢 8 号高炉炉瘤形状（1991 年 3 月 25 日观测）

9.4.1.2 炉瘤增长

首钢一座 1036m³ 高炉 1989 年 5 月开炉，因边缘较重，一直不顺。7 月降料面观察，发现炉身部分结瘤（图 9-12）。

因急于处理结瘤，对保持炉况顺行重视不够，管道、塌料不断，虽然也曾经几次洗炉，但效果极差，最后停炉炸除炉瘤。

9.4.2 洗炉

其实炉瘤的粘结相熔点较低,特别是炉瘤的上部、中部并不牢固,调剂煤气流分布,发展边缘,将大部分粘结相熔化,使结瘤散落。热洗炉是最常用的清理结瘤的方法。

9.4.2.1 炉内边缘炉料的温度分布

洗炉,必须使靠近炉墙的炉料温度达到1000~1100℃,才可能使结厚的粘结相软熔、松散。炉内温度分布受多类因素影响,从高炉解剖结果看,主要是煤气分布和炉料特性。表9-6是部分解剖高炉的实测结果,边缘炉料温度在1000~1100℃的区间的大体位置。

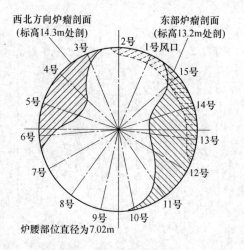

图 9-12 高炉结瘤断面图

虚线—7月观察；实线—10月观察

表 9-6 边缘炉料位置

炉 号	容积/m³	煤气分布类型	边缘炉料位置	文 献
首钢实验高炉	23	边缘发展型	炉身中部	[9]
莱钢3号高炉	125	边缘发展型	炉身下部	[10]
尼崎1号高炉	721	边缘发展型	炉身下部	[11]
洞冈4号高炉	1297	双峰型	炉身中部	[12]
广畑1号高炉	1407	中心发展型	炉腰	[12]

由图9-13可知,用热洗法处理炉瘤,从边缘炉料温度分布分析,在炉身中部以下比较容易,把握较大；在炉身上部相当困难。

9.4.2.2 发展边缘洗炉

对炉身中部以下,在结瘤初期,用发展边缘煤气流处理,简单、有效。1980年11月7日,首钢2号高炉炉身下部炉墙温度普遍下降,到11月9日四个方向的温度普遍降到正常水平(200℃)以下(见表9-7)。

表9-7中,炉身下部温度低于正常水平的原因是由于缺少烧结矿而停风待料引起的,但送风后炉墙温度并未升高,11日发现50号汽化冷却水管漏水(当时用汽化冷却),炉墙确有结瘤现象,12日8:10调整溜槽布料器角度,烧结矿布料角度($\alpha_K = 30°$)未动,将布焦炭的角度由25°改为32°、23°各一半,即一批焦炭以32°布到边缘,接着一批以23°布向中心,使焦炭在炉墙和高炉中心更多地分布,保持煤气有边缘、中心两条通道。经过5个班发展边缘处理,炉墙炉瘤

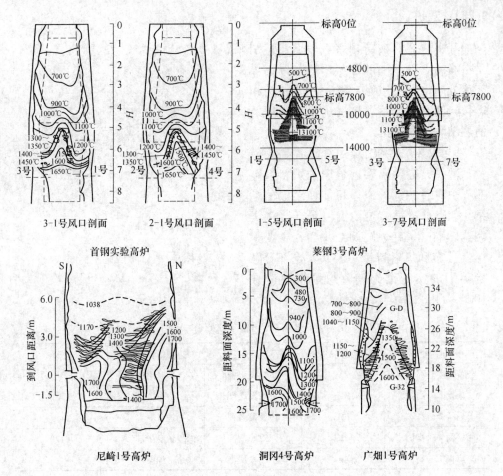

图 9-13　边缘炉料位置图

消除，于 14 日改回正常装料制度，整个过程除燃料比稍有升高外，没有其他损失。图 9-14 所示为炉墙结瘤及正常时的炉墙温度变化情况。

表 9-7　炉墙温度变化

日　期	时　间	温度/℃			
		东	南	西	北
1980 年 11 月 8 日	14：40	140	300	258	390
	2：50	120	210	140	260
1980 年 11 月 9 日	10：45	110	210	220	170
	19：00	100	160	130	110
1980 年 11 月 10 日	5：10	110	200	180	130

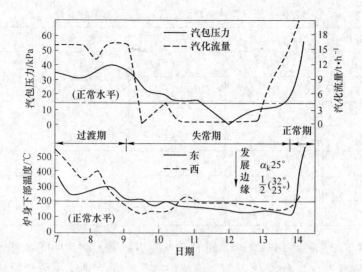

图 9-14 炉墙结瘤及正常时的炉墙温度变化情况

　　用边缘气流冲洗炉瘤,对于结瘤初期有效。如炉瘤已经发展增大,仅靠边缘气流难以奏效。但发展边缘是一切热洗的基本措施,只有发展边缘,才能提供洗炉必须的热量。

9.4.2.3　加焦炭热洗

　　湘潭钢铁公司炼铁厂 2 号高炉停炉进行第二代中修后,于 1997 年 1 月 2 日投产,投产后炉况顺行欠佳,特别是自进入 1998 年以来,因长期低料线作业,炉况顺行更趋恶化。在配用 50% ~60% 烧结矿的情况下,几乎靠塌料、坐料维持下料。悬料次数逐月上升,炉身下部温度低而呆滞,7 段冷却壁水温差抽样检测平均仅为 1.52℃。经分析研究,确定为炉身下部结瘤。研究确定,洗炉处理。

　　经过一段洗炉,效果不佳,总结以往经验,用附加焦热洗:

　　矿石批重 10.8t,每批加锰矿 400kg。"净焦从第 9 批料开始加入,加入顺序为 6C +5A +3C +2(4A +3C) +5A +3C +4A +3C +2(10A + C),以后为正常料(A 为正常料,C 为 4 车焦炭),为了烧掉和熔化粘结物,全天共加净焦 207t。[Si]由 5 月 22 日的 0.87% 升至 2.43%。渣中含锰也由 5 月 22 日的 0.5% 升到 0.93%。为疏通中心和边缘两股气流,于 23 日第 54 批将装料顺序改成 3A + B:A 是 α_K 30°、α_J 28°;B 是矿角不变,α_J 32°,焦炭加到边缘。加焦和加矿料线分别调整为 2.5m 和 2.0m。5 月 23 日又分数次加净焦 107t"。

　　"第一次铁因渣碱度较高,渣、铁流动性较差,全天平均 [Si] 维持在前一天水平情况下,渣碱度却由 23 日的 1.12 跳到 1.28,最高达 1.38。从炉身下部温度变化情况看,东、南、西 3 个方向与洗炉前相比均有不同程度的升高(见表 9-8)"[13]。

表 9-8 湘钢 2 号高炉洗炉前后炉身下部温度变化

时 间	东 向	南 向	西 向	北 向
5 月 18 日	270	50	350	350
5 月 20 日	305	85	310	340
5 月 22 日	320	110	600	330
5 月 23 日	670	100	404	280
5 月 24 日	730	140	240	420
5 月 25 日	400	190	620	250
5 月 26 日	420	250	600	300

　　"炉身下部 7 段冷却壁水温差圆周 5 点检测结果，在此期间也有较大幅度的升高（见表 9-9）。上述变化表明，热洗炉效果已开始显现，炉身下部温度普遍升高并较活跃，特别是 23～25 日，东、西方向温度波动幅度较大，表明有粘结物脱落，风口观察有熔融物下降也证明了这一点。另外从炉渣碱度变化可断定粘结物为钙质。5 月 25 日第 97 批开始加炉渣 300kg/批，以进一步洗刷粘结物，26 日风量达到了 1017m³/min，较 5 月中旬提高了 14%，压差也由 5 月中旬的 0.134MPa 降到 0.096MPa，CO_2煤气曲线边缘由洗炉前的 13.98% 降到 9.9%，表明边缘通道已开始疏通"。

表 9-9 湘钢 2 号高炉洗炉前后炉身下部温度变化情况

时 间	1 号	8 号	16 号	24 号	32 号
5 月 21 日	2.7	2.2	0.5	1.7	0.5
5 月 23 日	2.0	0.5	1.0	3.0	1.0
5 月 24 日	3.5	3.0	2.0	2.5	2.5
5 月 25 日	3.5	2.5	1.5	1.5	1.5
5 月 28 日	4	2	5	2	4

　　"5 月 24～26 日，风量、风压稳定，探尺划圆，下料均匀，全天无悬、塌料。26 日产生铁 976.8t，入炉焦比 719kg，炉况已趋于好转，洗炉已见成效。5 月 25 日焦炭负荷由洗炉时的 1.53 增加到 2.36，26 日停止附加炉渣。[Si] 由 2.0% 以上降到了 1.5% 左右"[13]。

　　这次热洗是成功的。热洗的炉温控制，主要决定于正常料和净焦的间隔和比例。净焦之间的正常料批数多，炉温升高的少；反之，升高的多。净焦数量是洗炉的关键，决定洗炉效果。

9.4.2.4 全净焦热洗炉

用正常料加净焦、分成数组的热洗炉，正常料的分隔作用是平衡炉温，用正常料吸收热量，防止炉温过热。实际起洗炉作用的是净焦。如前面提到的湘钢2号高炉的焦炭热洗炉，将正常料剔除，就是净焦热洗炉：6C + 5A + 3C + 2 (4A + 3C) + 5A + 3C + 4A + 3C + 2(10A + C)→6C + 3C + 2×3C + 3C + 3C + 2C = 22C 相当于 22 批净焦。

疏松、熔化炉瘤粘结相，加萤石肯定效果更好。

9.4.2.5 附加萤石热洗炉

"洗炉的含氟矿物主要是氟化钙。我国冶炼含氟矿石及试验完全证明炉渣具有良好的流动性能（见表9-10）。含氟炉渣的熔化温度比较低，试验测定结果为1150~1200℃，炉渣碱度0.6增加到3.0，其熔化温度差为200℃"[14]。

表9-10　CaF_2 含量与炉渣黏度　　　　　　（Pa·s）

试验温度/℃	CaF_2						炉渣成分/%			
	0%	5%	10%	15%	20%	25%	CaO	MgO	Al_2O_3	$CaF_2 + SiO_2$
1400	5.55	0.214	0.199	0.109	0.085	0.065	55	2	13	30
1200	4.3	1.0				0.3	45	2	13	40

萤石稀释炉渣黏度，但也侵蚀炉衬，应控制使用数量，一般 CaF_2 不超过4%。

9.4.3 降料面法处理炉墙结瘤

承钢"自1993年以来，在全厂4座高炉中共发生12次结瘤，其中仅处理这12次结瘤就导致休风240h27min，多耗焦炭2271t，影响铁量18582t，1998年以后具体结瘤概况见表9-11。"

表9-11　1998~1999年承钢高炉结瘤概况

结瘤时间	炉号	结瘤部位	炉瘤形状	处理方式	休风时间
1998年2月	4号	炉身下部至护腰一带	月牙形	热洗	11h38min
1998年2月	5号	炉身中下部	长条形	炸瘤	9h
1998年3月	2号	炉身中上部至炉腰	环形	炸瘤	8h5min
1998年3月	4号	炉身中上部	长条形	炸瘤	6h45min
1999年5月	4号	炉身下部至炉腰	月牙形	空料线热洗	4h30min

降料面休风炸瘤对炉体砖衬损坏较大，"我们发现在空料线过程中，煤气温度高、流速快，对处理下部结瘤效果好"，于是总结出"深空料线烧洗"处理中

下部结瘤的办法：即将料面降至炉瘤以下，根据炉瘤体积加入适量焦炭，炉顶停止装料，送风后依靠护顶打水控制顶温、利用高温高速煤气流冲刷炉瘤。这种方法的优点在于：

（1）净焦下达之前炉温不会太高，从而保证了渣铁畅流。

（2）净焦下达以后，因没有负荷料，所以在煤气到达炉顶与喷水相遇之前没有温度下降。即在风口带与炉顶喷水之间形成一个高温区。

1999 年 5 月承钢 4 号高炉结瘤，降料面至风口带，休风后观察结瘤在炉身下部，月牙形，在风口上方断开、炉瘤体积约为 $30m^3$。"首先根据结瘤位置及炉瘤体积加净焦 80t，从炉顶煤气取样孔处安装打水管，调试合格后于 13：00 送风。风温用至最高，风量加至 $600m^3/min$，正常风量的 70%"。

为"发展边缘气流，冲刷瘤根。送风初期，因焦炭料柱较高且温度较低，顶温上升较慢，以 10t/h 的喷水量即可将顶温控制在 400℃以下。15：00 个别风口开始出现少量生料，至 17：00 出第一炉铁，铁量为 3.68t，下渣 8t，此后顶温逐渐上升，打水量相应增大至 15t/h，风口前的生料仍然较少。至 19：00 出第二炉铁，铁量仅为 0.5t，渣量 2t。21：00 以后风口前的生料逐渐增多、顶温上升较快，至 22：00 炉顶打水量已增至 25t/h，此时个别风口出现大块软熔物滴落、软熔物滴落持续至 23：10，风口渐已吹空。23：20 开始出铁，因风压较低出铁持续了 30min，铁量 27.31t，渣量 8t。铁后休风，从炉喉入孔观察，发现炉瘤处理得非常彻底，于是开炉送风。此次处理结瘤共历时 10h50min，处理效果也比较理想。采用'空料线热洗法'处理结瘤中需要注意两个问题：

（1）烧洗炉瘤时要对结瘤部位炉体的冷却强度加以控制，以利于粘结物脱落。

（2）烧洗过程中要加强对冷却设备的检查。烧洗炉瘤时炉体热流强度较大，严防冷却器断水，1999 年 5 月 4 号高炉处理结瘤时就曾出现炉皮发红的险兆"[15]。

济钢二炼铁 1 号高炉 2003 年 4 月（$128m^3$）出现炉墙结瘤征兆[16]：

（1）突然悬料，坐料困难。

（2）东尺比西尺深 400mm，西尺经常滑尺。

（3）炉腰、炉身冷却壁，西北方向的水温差下降了 8~10℃。炉身 4 点温度均降，西北降 100℃。

（4）炉喉煤气 CO_2 曲线紊乱，西北煤气 CO_2 高达 18%~20%，东南方向只有 4%~6%。

（5）高炉风压波动，风量显著较低，而且产量明显下降。

当时 1 号高炉 8 个风口中，3~4 号风口长度较其他风口长 10mm，直径小

5mm，由于焦炭质量差，在3~4号风口上方（东北方向），结瘤约400mm。后将3、4号风口长度缩短30mm、直径阔5mm，加强此方向煤气流冲刷。

为消除炉瘤，"增加焦炭进行热洗炉。热洗炉的炉料组成是：第1组加焦炭16批，然后正常料10批。第2组加焦炭8批，正常料10批。第3组加焦炭4批，正常料10批。在加焦炭时每4批加300kg萤石。经过这次处理，虽然没有从根本上解决炉墙结瘤问题，但炉况顺行得到改善"。

"利用3天计划检修时间，采用降料面法对炉内结瘤部位进行处理。具体操作如下：

（1）提前停止上料并休风。

（2）因停止上料后炉顶温度上升很快，安排15批焦炭入炉控制顶温，入炉前将焦炭用水打湿。为防带水的焦炭入炉产生爆震损坏设备，将炉顶放散阀打开。此举还可以预防降料而后炉墙结瘤部位塌落下来的大块粘结物进入炉缸后造成炉凉及渣、铁口难开等事故的发生。

（3）根据炉顶温度控制焦炭入炉时间。炉顶温度升到500℃时加1批焦，加15批焦约用1h。待炉顶温度再升至500℃时休风，安装降温用喷水管。喷水管装在取样孔内，但东北方向结瘤部位不装，防水喷到结瘤部分使其冷却硬化，不易脱落。

（4）工作准备就绪后，复风并用全风作业加快降料面操作。通过控制喷水量大小控制炉顶温度低于500℃。60min后炉顶放散阀出现首次尖叫，炉内结瘤部位开始脱落。每隔10~15min出现一次炉瘤脱落，前后共出现11次。随着料面的降低，风量也随之减小，后期风压控制在0.04MPa。

休风观察炉内情况，炉内炉瘤基本全部脱落，少量残余已不影响炉况"。

降料面处理结厚，是一大创造，它明显地提高了洗炉效果。

9.4.4 爆破除瘤

高炉上部结瘤，热洗效果很差，一般应用爆破法"动手术"。

9.4.4.1 开孔爆破

过去爆破清理结厚，一般是切开炉皮，在结瘤相应的位置拆除冷却壁，动作很大，费时费力。首钢3号高炉1974年3月炉喉煤气取样出现反常，在东北和西北方向出现CO_2第二点低于第一点，如图9-15所示。各月反常次数列于表9-12。从表9-12看到，3~9月西北方向，上部已经结瘤，但炉瘤没有显著增长。

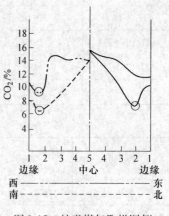

图9-15 炉喉煤气取样图例

表 9-12 煤气取样反常数量 （次/月）

项目	取样方向	月份（1974 年）												
		1	2	3	4	5	6	7	8	9	10	11	12	75.1
反常次数	东北	8	7	4	3	4		4		3	5	19	14	14
	西北	1	1	26	29	32	29	18	27	25	37	48	59	51

注：6 月和 8 月东北方向取样管马达坏，未能取样。

表 9-12 中的典型煤气曲线如图 9-16 所示。

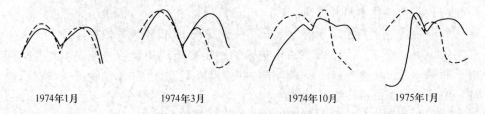

| 1974年1月 | 1974年3月 | 1974年10月 | 1975年1月 |

图 9-16 典型的煤气曲线

1974 年 1～3 月，一座热风炉大修，使风温很低，喷煤、喷油量反而加大，不完全燃烧增加，边缘自动加重（表 9-13）。3 月 28 日恢复高风温后，高炉更加难行（表 9-14）：

（1）煤气边缘突然加重；

（2）风口破损增加；

（3）压差升高，不接受风量。

表 9-13 低风温时期

时 间	风温/℃	爆比/kg·t^{-1}	油比/kg·t^{-1}	总喷吹物/kg·t^{-1}
1973 年 11 月	1042	83	28	111
1973 年 12 月	1011	93	35	128
1974 年 1 月	850	100	43	143
1974 年 2 月	795	96	39	135
1974 年 3 月	840	101	32	133

表 9-14 高风温时期

时 间	风量/m³·h^{-1}	风压/kPa	顶压/kPa	压差/kPa	风温/℃	煤气分布		坏风口
						边缘	中心	
1974 年 3 月上旬	2189	1.82	0.7	1.12	769	9.1	10.7	无
1974 年 3 月 21～26 日	2028	1.82	0.7	1.12	820	9.7	9.3	3

时　间	风量 /m³·h⁻¹	风压 /kPa	顶压 /kPa	压差 /kPa	风温/℃	煤气分布		坏风口
						边缘	中心	
1974 年 3 月 29 日	1854	1.87	0.7	1.17	1034	11.4	10.8	1
1974 年 3 月 30 日	1893	1.86	0.7	1.16	1033	10.6	13.4	1
1974 年 3 月 31 日	1946	1.84	0.68	1.16	1022	11.4	11.9	1
1974 年 4 月上旬	1952	1.86	0.69	1.17	1039	11.0	12.5	13

在顺行不好的情况下，10 月 4 日负荷加到 3.88，煤气利用没有改善，造成炉温不足，被迫退负荷、加焦炭，悬料显著增加，10 月 7 日一天，坐料 7 次，10月全月坐料 53 次，是 3 号高炉历史上坐料最多的月份，炉瘤快速长大。12 月炉瘤继续扩大，煤气曲线的第 1、2、3 点在东、北方向普遍下降，西、南方向特重。原因是炉缸 2 号冷却壁水温差升高，被迫在其上方缩小三个风口，风口面积由 0.391m² 缩到 0.352m²，边缘必然加重。这期间曾几次洗炉，效果较小，不得已决定爆破清理炉瘤。

经过炉皮表面温度测量和炉身探孔测量，确定炉瘤位置和尺寸如图 9-17 所示。在最严重炉瘤横断面，结瘤面积约占高炉断面的 8%，在停风之前可能已经有部分脱落。

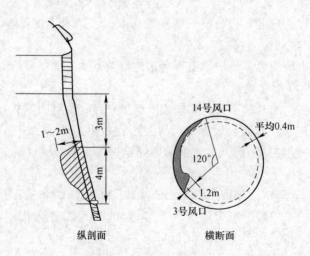

图 9-17　结瘤位置和尺寸

1975 年 1 月 28 日 8：00 停风，从人孔观察，结瘤严重，经测量约 17 ~ 18t重，共放 16 炮，用炸药 9kg，于当天 23：00 送风。

9.4.4.2　钻孔爆破，清理炉瘤

"2008 年 6 月 5 日进行炉身中部喷补作业，在休风降料线到 8m 时，发现炉身上部结瘤严重,正南与正东钢砖下 0.5m 处有不规则粘结物,最厚处有 1.5m,最低离钢砖下沿 3.5m,结瘤物表面参差不齐。7 月 14 日再次休风降料线时发现,炉瘤部位已进一步发展成环形。此后高炉采取强烈发现边缘并大幅降低炉身上部冷却壁水量等方法以期消除炉瘤,但效果很差"[17]。

从 2008 年 8 月 6 日开始休风 2590 分钟(约 43 小时)进行炸瘤处理。

"2008 年 8 月 6 日 0:30,焦炭负荷调整为 2.72。4:30 开始降料线,在降料线过程共放料 2 批,最后 2 批料采用 6 车焦、6 车矿的顺序放料,防止因休风后炉内火大而大量压水渣而增加恢复难度。6:56 预计料线降到 10m(休风点火后用软探尺测量实际料线 9.2m)后休风。为防止开人孔过早产生爆震,休风半小时后才打开炉喉人孔点火。点火过程顺利,火点着后因为火大料面压 2 批焦炭(共 18.6t)、水渣 12.76t 盖火降温。此后测量最终料线为 8.4m"。

"炉顶煤气处理完毕后,用软探尺从人孔对结瘤具体部位进行测量,确定爆破孔最终位置。爆破孔是利用 14 段的 4 个探瘤孔,在探瘤孔上部 300mm 位置 14 段冷却壁之间均匀地开了 8 个 φ100mm 孔,在炉喉钢砖下沿 2.2m 位置(无冷区)开了 7 个 φ100mm 孔。至 8 月 7 日 9:30 左右完成打眼工作"。

"炮眼打好后,通过对炮眼进行打水冷却,用测温枪实测温度为 45～65℃(要求 80℃以下),具备了放入炸药的条件。专业爆破人员在 14 段 12 个孔及无冷区 7 个孔共 19 个孔中每个孔塞入炸药各 500g,实施爆破。8 月 7 日 10:28,爆破结束。通过从炉喉人孔观察,爆破成功消除了炉身上部结瘤,炉墙较光滑,爆破取得成功"。

钻孔爆破清理炉瘤,较切炉皮拆水箱的爆破方法,简单易行,省时省力。

9.4.4.3 滑炮爆破

结瘤较薄或结瘤时间不久,炉瘤表面和上升煤气接触时间较短,形成的铁壳不厚,用"滑炮法"爆破比较有效。从人孔放一根 6mm 的氧气管或钢棍作为炸药"通道",下端放到结瘤处,将炸药连同导火索一起挂到"通道"上,不用开孔,直接爆破。

邯钢一座 1260m³ 高炉曾用滑竿法成功炸除炉腹炉腰炉瘤:用 608 分钟降料面到风口以上,将炉腰、炉腹炉瘤(最厚处 0.8m)通过人孔用滑竿输送炸药,爆破计 17 炮,用炸药 24kg,用 3h18min(14:48～18:06),完成爆破[18]。

9.4.4.4 包钢经验

由于白云鄂博铁矿的特殊性,碱金属负荷 7.5kg/t,它对焦炭和烧结矿强度的破坏作用,因含氟较高而加重。从 1959～1979 年的 20 年间,大体有 70% 时间,高炉是在结瘤状态下度过的[19]。包钢总结用爆破法清理炉瘤的经验,非常丰富、珍贵:

"只有对炉瘤做出准确判断,确认炉瘤位于炉子上部,才适合炸瘤。炸瘤所遵循的原则是：

（1）炸瘤前应维持稍高炉温水平，休风前加入足够净焦。

（2）休风时料线降到瘤根以下，并测量准确料线。炉顶温度高时在料面上加入烧结矿降温。

（3）用氧气逐个烧通各层全部炸瘤孔，测量深度，结合由炉顶观察绘制炉瘤纵剖、平面图，大致估计炉瘤体积。

（4）炸瘤时一般应先炸下部，后炸上部；先炸薄弱部位，后炸厚实部位。

（5）通常使用2号岩石炸药炸瘤。先将炸药放入薄铁皮爆破筒内，再将爆破筒置入炸瘤孔深部，筒内炸药部分严禁靠近炉内砖衬。

（6）每个炸药孔可装药 1~3kg，特厚炉瘤处可开孔装药 15~20kg。

（7）爆破后检查爆破效果及炉皮、冷却壁损坏情况。根据残余炉瘤分布决定下一轮爆破方案。此时应特别注意料面上升情况，料面以下炸瘤孔严禁装药爆破"。

9.4.4.5 炸瘤教训

炸瘤一定要把瘤根炸掉，瘤根不除，生产过程很容易长大，继续结瘤。

炸瘤降料面后，按估计的炉瘤体积，加足够的焦炭，停风后炸下的炉瘤，应落到焦炭面上。炸瘤后，再按实际炉瘤数量，在炉瘤上部继续加焦炭。首钢原2号高炉（516m³）于 1979 年 3 月 27 日停炉炸瘤，10 月停炉拆除。此次炉瘤约 50m³，重约 60t，炉瘤下面的停风料加净焦 28.7t，炉瘤以上的停风料加净焦 25.8t。事后观察，炉瘤未能全部熔化进入炉缸，使炉缸阻塞，后加的焦炭在炉瘤周围燃烧，恶化了传热过程，致使炉况不顺。停风炸瘤的停风料，一定要考虑炉瘤的需要，把焦炭加在炉瘤下边。送风后一方面加热燃烧焦炭，向上加热炉瘤；一方面可推迟炉瘤进入炉缸的时间，以利于炉况的恢复。

9.5　预　防　结　瘤

预防结瘤，应从形成结厚的两个前提条件入手，只要消除前提条件之一，炉瘤就不会形成。为此，应做好以下几个方面行工作：

（1）精料。精料是高炉操作的根本措施，是高炉强化的前提条件。精料为高炉进程的稳定、顺行提供重要的保证。这里仅就与结瘤有关的几点分别说明：

1）炉料粉末多，料柱透气性很差，会经常产生管道、塌料。边缘管道使附近炉墙和炉料温度剧烈升高；管道常伴生塌料，上部冷料骤然进入高温区，而塌料过程常伴随着炉料不均匀下降，常有局部停滞，导致炉料在高温区粘结。

炉料含粉量，特别是矿石小于 4mm、焦炭小于 8mm 的粉末，对高炉威胁很大。筛除粉末，是杜绝结瘤的重要手段。

2）强度不好的炉料，在高炉内下降过程继续破碎、粉化，产生粉末，稍有不慎，会破坏高炉行程，导致结瘤。

3）原料成分稳定，是炉温稳定的重要条件。炉温稳定，会保持铁水和炉渣成分和软熔带稳定。虽然软熔带也受操作影响，但原料稳定具有重要作用。

4）碱金属含量（$K_2O + Na_2O$）不超过 0.15kg/t 铁。如过量，应采取部分配入低含量矿或设炉外脱硫装置，实现通过低炉渣碱度操作定期排除碱金属。对含 Zn 炉料也应控制，如做不到这点，应设法配矿，使含 Zn 量降到 3kg/t 铁以下。因为碱金属和锌对炉料和砖衬均有破坏作用，严重时造成结瘤。

（2）保持合理的煤气分布。合理的煤气分布，是保持高炉顺行的必要条件。边缘过重，是破坏顺行的普遍操作原因。1984 年 10 月鞍钢 7 号高炉（2580m³）开炉后因边缘过重造成结瘤。无独有偶，1989 年首钢 1 号高炉开炉，想从一开始就加重边缘，结果也出现结瘤。开炉初期，炉墙未经充分加热，需要较充分的热量，显然开炉初期加重边缘是不妥当的。武钢 3 号高炉 1978 年因过分加重边缘，最后也导致结厚[20]。宝钢 1987 年曾因边缘过重，多次出现炉腰结厚并脱落，造成风口曲损折向炉内。

同样，边缘过轻，导致中心加重，也会破坏顺行。所以，按炉料状况及操作要求，保持煤气合理分布是非常重要的。

（3）注意料柱透气性变化，始终保持风量与料柱透气性相适应。当炉料强度下降或粉末较多时，应及时减风，必要时退负荷，这是高炉日常操作的主要内容，以保持炉况顺行、稳定。第二次世界大战后，乌克兰地区高炉普遍结瘤。由于战后重建急需钢铁，而当时的原料条件极差，高炉工作者急于增产，拼命吹风，结果是严重结瘤。1953 年莫斯科出版《高炉结瘤》[5]一书总结了这一教训，许多炼铁专家共分析了 39 例 1951 年以前结瘤的实际结果，结论之一是：料柱透气性与送风量必须适应。

20 世纪 50 年代初，我国高炉普遍结瘤，原因和乌克兰相近。1955 年，在第二次全国高炉会议上，我国著名专家庄镇恶剖析了鞍钢多年来的结瘤实例[6]，正如当时钢铁司副司长王之玺在大会开幕式上所讲的："不遵守高炉送风量与炉料透气性相适应的基本操作方针，为了追求产量，赶生铁任务，不顾原料条件盲目加风，产生过吹，以致造成高炉崩料、悬料，严重时可以造成结瘤，予生产上以重大损失。当然原料不好时高炉容易发生不顺行现象，但是如果能够严格遵守上述操作方针，高炉的悬料结瘤事故还是可以避免的，最近各厂高炉的结瘤，很多是与违犯这一基本操作方针有关的"[21]。

（4）活跃炉缸。炉缸活跃，是高炉顺行的必要条件。炉缸堆积，管道、塌料会不断出现，为高炉结瘤提供了前提条件。因此，应预防和及时处理炉缸堆积。

堵风口容易破坏炉缸圆周均匀、正常工作。一般不应长期堵风口，万不得已必须堵风口，应以20天为限；如需继续堵，应换一个风口另堵。最好用小风口代替堵的风口。若无小风口，则临时在风口内加套，铜套、砖套均可。

（5）保持高炉顺行：

1）原料含粉末多，又强迫加风，必然出现管道，"管道"频繁又不肯减少风量，一味用高压差"顶"着，形成炉料与风量不适应的高炉过程，破坏了操作稳定。这是结瘤的重要原因。

2）保持顺行是高炉强化的必要条件，是消除结瘤的根本方法。原料条件差，要控制冶炼强度，保持高炉顺行。有了顺行的冶炼过程，高炉不会结瘤。

3）使用碱金属负荷较高的炉料，尤其要注意顺行。保持顺行，及时排碱，是减轻碱金属对高炉行程破坏作用的较好办法。定期降低炉渣碱度排碱，以减少碱金属在炉内的循环积累；顺行则减少碱金属对炉料的破坏作用。包钢经验表明，炉渣碱度在 1.0 ~ 1.05 以下时，碱度每增减 0.1，炉渣含碱量相应减、增 0.200 ~ 0.300。降低炉渣碱度、定期排碱、铁水炉外脱硫，是行之有效的方法[20]。

（6）严禁低料线作业。高炉经常在低料线条件下生产，很危险，是很坏的习惯，必须引起重视。低料线，特别是深低料线，很容易使已熔的炉料再凝结。低料线是结瘤最常见的前提条件之一。要严格地按料线加料。在值班记录上应有低料线一栏，按班严格考核低料线作业，并检查、追究造成低料线的责任者。

不具备上料条件要停风，避免低料线操作；深料线要减风，不允许在低料线条件下全风作业。按标准料线作业，是保证炉顶温度稳定的重要条件，对于冶炼含 Zn 矿特别重要。炉顶温度过高，Zn 蒸气将在上升管或炉喉处凝结，有时将上升管堵死，被迫停风。

（7）防止向炉内漏水。向炉内漏水，会使已熔炉料重新凝结。有些厂把漏水的水箱断水，以防结瘤，这种办法不妥。断水的水箱很快被烧掉，势必加速邻近水箱的破损。因此，对于坏水箱，可以接上低压"自流水"，如图 9-18 所示。水箱内的压力低于炉内压力，不会向炉内漏水。高炉停风时关闭低压供水管，送风前再打开。这样既能保持冷却水少量供应，以保护漏水水箱，也不会向炉内大量流水。

（8）处理好长期停风操作。长期停风虽是结瘤两个前提条件的共同原因，但处理得当，完全可以避免结瘤。

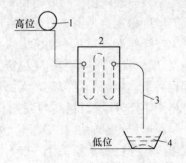

图 9-18　漏水水箱的低压自流水系统
1—低压供水管；2—漏水水箱；
3—出水管；4—水槽

长期停风前，如炉墙不干净，要适当发展边缘，清理干净炉墙；停风前，按停风时间长短加入足够的焦炭，在焦炭达到风口前停风。加焦炭的目的是为补充热量，也为改善料柱透气性，保证高炉顺行。停风后，降低冷却水压力，降低冷却强度，一般大高炉降到 0.15MPa 或更低，小高炉降到 0.088MPa 或更低。本钢 3 号高炉在分析结瘤原因时，强调冷却强度过高是重要原因，规定高炉休风 3h 以上，要控制水压在 0.09 ~ 0.12MPa，并提前加净焦至中部敏感区。休风前 [Si] 掌握大于 0.8%[20]。

长期休风后送风，边缘从轻，负荷也应轻，保证充足的炉温和良好的料柱透气性，使粘结在炉墙的炉料熔化并脱落下来。

(9) 控制炉腰和炉身下部温度。结瘤开始的重要特征是炉体结瘤部位的热流强度开始下降，结瘤敏感部位是炉腰和炉身下部，控制炉腰和炉身下部的砖衬温度是控制结瘤的有效措施。

各高炉结构不同，操作条件和热电偶埋入深度不同，正常炉型的炉腰温度也不相同。20 世纪 80 年代首钢 2 号高炉正常炉型的炉腰温度高于 200℃，在正常操作条件下，一旦低于 200℃ 时，炉腰开始结瘤。60 年代，首钢 1 号高炉正常炉型的炉腰温度高于 300℃，出现低于 300℃，及时发展边缘，直到恢复正常水平。一般发现、处理及时，1 ~ 3 个班（8 ~ 24h）即可恢复正常。如发现较晚，发展边缘处理需 3 ~ 6 个班（1 ~ 2 天），关键是及时。

宝钢 1 号高炉（4063m³）炉腰周围安装 8 支热电偶，按其中 4 支低温热电偶的平均温度 $L_{4\bar{x}}$ 作为炉型正常的控制指标。规定 $L_{4\bar{x}} = 90 \pm 20℃$，是正常水平[22]。

本钢 3 号高炉 $L_{4\bar{x}}$ 控制指标为 200℃，低于 200℃ 时发生结厚[23]。

鞍钢 2 号高炉（826m³）炉腹冷却壁后温度必须高于 100℃，低于 100℃ 炉墙结厚，应及时发展边缘[24]。

(10) 稳定操作。稳定操作，主要指控制炉温稳定。具体地说，铁水含硅量波动小，一般规定 [Si] 波动在 ±0.15%。其次，渣碱度应当稳定。铁水含硅量和炉渣碱度稳定，是高炉行程稳定的基础。

在操作上，对基本制度力求稳定，不要频繁变动。高炉基本制度首先是送风制度和装料制度。基本制度稳定，高炉长期运转会越来越好；频繁变动，会带来严重后果，高炉一旦失常，无稳定的操作制度可循，必然操作混乱。稳定，虽不是高炉生产追求的目标，但它是达到目标的重要手段。

正如徐矩良所说："现代高炉结瘤现象已经越来越少，高炉结瘤已经是个别现象。只要重视精料工作，按不同炉容对精料水平满足相应的要求，例如大高炉焦炭强度 $M_{40} > 85\%$、$M_{10} < 5\%$，CSR > 65%、CRI < 25%；烧结矿强度大于 80%，粒度 <5mm 的小于 5%，认真做好精料工作、精心操作、精细管理，高炉结瘤是可以杜绝的"。

参考文献

[1] 刘建军，韩东阳. 安钢 1# 高炉炉身局部结厚的分析及处理[J]. 河南冶金，1999（6）：35-36.

[2] 单泪华. 用高炉冷却壁热负荷判定炉墙结厚的尝试[J]. 首钢科技，1990（4）：6-9.

[3] Л. З. Ходак. О скорости шихты в доменной печи [J]. Сталь，1971（3）：199-203.

[4] 师守纯. 首钢三高炉 1962 年的结瘤分析. 见：徐矩良，刘琦，主编. 高炉事故处理一百例[M]. 北京：冶金工业出版社，1986：96-104.

[5] Н. И. Красавцев. Настыли в доъеных печах [M]. Москва，1953：Стр. 38-39.

[6] 庄镇恶. 鞍钢高炉的结瘤. 见：重工业科技司，编. 1955 年全国高炉生产技术会议资料汇编[M]. 北京：重工业出版社，1956：316-414.

[7] 首钢钢研所. 首钢一号高炉结瘤的初步分析结果. 1989（内部资料）.

[8] 张聪山. 宣钢 8 号高炉长期炉况不顺的处理[J]. 宣钢科技，1991（3）：17-21.

刘云彩. 炉缸堆积. 见：张寿荣，主编. 高炉失常与炉缸处理[M]. 冶金工业出版社，2012：85.

[9] 朱嘉禾. 首钢实验高炉解剖研究[J]. 钢铁，1982（11）：1-8.

[10] 莱钢集团研发中心，莱钢集团炼铁厂，北京科技大学. 莱钢 125m³ 高炉解剖研究[R]. 2009.

[11] 成田贵一，等. 尼崎 1 号高炉的解体调查结果[J]. 铁と钢，1980（13）：195-204.

[12] 神原健二郎，等. 高炉の解体调查[J]. 制铁研究，1976（288）：37-45.

译文见：（首钢）科技情报，1978（1）：9-22.

K. Kanbara, et al. Discussion of blast furnace and their internal state[J]. Trans. ISIJ，1977：371-380.

[13] 杨子江. 湘钢 2# 高炉热洗炉的探讨[J]. 湖南冶金，1998（6）：25-28.

[14] 徐同晏. 高炉洗炉过程分析[J]. 鞍钢技术，1988（8）：18-22.

[15] 王立刚，张振丰，娜树国. 承钢高炉结瘤处理及分析[J]. 承钢技术，2000（1）：10-13.

[16] 黄玉兴，辛公良，刘欣，王全贵，刘志奎. 降料面法消除炉墙上部结厚[J]. 山东冶金，2004（5）：8-9.

[17] 寇俊光，白兴全，等. 酒钢 2 号高炉炸瘤生产实践[J]. 炼铁，2009（4）：50-52.

[18] 刘根. 邯钢 1260m³ 高炉降料面处理炉墙结厚实践. 见：中国钢铁年会论文集（第 2 卷）[M]. 北京：冶金工业出版社，2005：472-475.

[19] 林东鲁，李春光，邬虎林，主编. 白云鄂博特殊矿采选冶工艺攻关与技术进步[M]. 北京：冶金工业出版社，2007：384-396.

[20] 徐矩良，刘琦，主编. 高炉事故处理一百例[M]. 北京：冶金工业出版社，1986：135-141，165-173，115-123.

[21] 王之玺. 在全国高炉生产技术会议上的发言. 见：重工业科技司，编. 1955 年全国高炉
     生产技术会议资料汇编[M]. 北京：重工业出版社，1956：1-11.

[22] 李维国. 宝钢 1 号高炉保产期的操作实践[J]. 钢铁，1991(10)：6-11.

[23] 冯开盛，范春和. 采用中部加强冷却结构的高炉操作实践. 见：炼铁学术年会论文集
     （中册）. 鞍山：中国金属学会炼铁专业委员会，1991：33-37.

[24] 夏忠庆. 高炉操作与实践[M]. 沈阳：辽宁人民出版社，1988：117，120，132.

10　开炉操作

高炉开炉的主要目标是追求安全和顺利。开炉过程中一般较少发生人身事故，但设备运转则常出问题。近年我国高炉开炉频繁，积累了丰富经验，很多高炉在开炉期间操作顺利，很快达产。经验表明，发生开炉不顺的情况通常起因于前期准备不充分，特别是设备联合试车不充分，验收草率；炉料准备不足；开炉操作失误等。

10.1　开炉前的准备工作

10.1.1　人员配备与培训

高炉是复杂、庞大的生产设施，包括很多巨大的设备系统。高炉投产前，按工作岗位安排人员，系统培训。首先是熟悉设备，熟练操作。在开炉前进入岗位，参加设备调试和验收，全面深入了解设备系统的特点。有些状况，在日常操作中，很难了解或无法深入了解。因此必须把握安装、调试的机会，全面深入掌握设备性能和操作细节。

10.1.2　设备试车与验收

首先制定验收标准，按标准逐项试车验收。验收负责人应是此系统的专家。验收人员应包括岗位操作人员和维修人员。设备单体试车后，进行联合试车。试车过程暴露的问题，必须处理、解决，不应留有后患。很多开炉后的事故，往往是试车过程曾经发生过，因处理不彻底所致。

有些设备的产权和管理在相关厂，如高炉压差发电（TRT）牵涉到供电系统；高炉冷却系统与供水管网联系密切等，因此，试车过程中开炉人员应注意各相关环节，以保证运作顺畅。

10.1.3　炉料和备品、备件准备

高炉开炉之前，备品、备件应按生产要求齐备；应备好开炉料，特别是焦炭，最好准备强度好、粒度大的焦炭，以保证高炉料柱有良好的适应能力，为活跃炉缸创造优先条件。

现在国内多数炼铁厂包括烧结、球团、焦化等相关生产部门。为此，开炉前

的准备工作均统一于炼铁厂,简化这些工序间配合的管理层次,使高炉开炉工作能很容易地按计划进行。

10.1.4 上下工序的状况调研

高炉生产,需求很多,诸如水、电、冷风、氧气、蒸汽、压缩空气、氮气、煤气等,有些牵涉炼铁厂以外的协作部门。开炉指挥系统应有专门小组调研,动态地了解实际状态,特别是炼钢厂的生产情况,关系到铁水的去向,非常重要。有的厂高炉开炉非常顺利,但炼钢厂事故不断,高炉被迫停风等待,对于刚刚投产的高炉十分不利,很容易造成炉况失常。

10.2 烘 炉

高炉试车完成后,依据开炉进度要求开始烘炉。

烘炉的主要目的是保证耐火材料在升温过程中安全地完成某些矿物相的晶型转变。许多材料(包括耐火材料)在升温过程因晶型转变引起体积变化,由此导致某些部位产生应力、位移,挤压或拉裂。为防止升温破坏,生产前先烘炉,使所用材料完成体积变化和晶型转变,形成稳定的炉体。

通过烘炉,排出筑炉过程炉体内的水分,特别是砌砖、灌浆等施工带入的水分。因此,烘炉过程中应打开排气通道、阀门和排气孔。

对于已有高炉生产的炼铁厂,烘炉可用高炉煤气;如属于新建的唯一高炉,烘炉可用已投产的焦炉产生的煤气。有的厂高炉开炉时甚至不具备焦炉煤气,这就需要搭建烘炉装置。烘炉可用煤、木材或重油等燃料,依当时、当地条件决定。

10.2.1 热风炉烘炉

先烘热风炉,然后再用热风炉的热风烘高炉本体。现代高炉一般采用高风温热风炉,热风炉上部多砌硅砖,烘炉时间较长。硅砖生产厂家会提供烘炉曲线,图 10-1 是某大高炉热风炉的烘炉曲线。

图 10-1 中各烘炉温度段升温速度和恒温时间如下:

(1) 40~100℃ 每小时升温 2℃,共 30 小时。

(2) 恒温 84 小时。

(3) 100~300℃,每小时升温 0.5℃,共 400 小时。

(4) 300~400℃,每小时升温 1.5℃,共 67 小时。

(5) 400~700℃,每小时升温 4℃,共 75 小时。

(6) 700~1200℃,每小时升温 7℃,共 72 小时。

总共需要 31 天。烘炉过程中定时排放炉底积水。

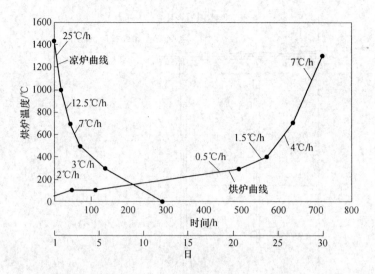

图 10-1 热风炉烘炉曲线

10.2.2 高炉本体烘炉准备

高炉本体烘炉，准备工作较多，主要包括：

（1）安装风口烘炉导管。风口烘炉导管按高炉大小配置，一般大高炉装两圈，外圈水平导管距炉墙 800mm 左右。部分烘炉管竖管和炉底烘炉管相连，炉底烘炉管距炉底 300~500mm；炉底烘炉管，大高炉两圈，小高炉一圈，其外圈与铁口煤气导管连通。

图 10-2~图 10-4 是风口烘炉导管的立面、平面和支架图例，具体尺寸和炉缸相匹配。

（2）炉底烘炉管。炉底烘炉管形状可为圆形、方形或其他形状，以制造、安装方便为原则，对使用效果的影响不大。

（3）铁口煤气导管。铁口煤气导管按已砌筑的铁口角度安装，在铁口通道内埋 0.5m 深，炉内按炉缸半径尺寸留一定长度，大高炉用砖垛支撑，并用角钢固定。铁口喷吹导管与铁口通道之间的缝隙从内部用泥填满、填实。大高炉铁口外用一根长 2.5m、直径 114mm 的管子插入直径 159mm 的管内，直径 114mm 管的外面用泥填满填实，然后将直径 114mm 钢管退出，留下直径 114mm 的泥孔。铁口砌好砖套，做好泥套。

炉底烘炉管和铁口喷吹（煤气）导管连通，以提高烘烤效率。

装完烘炉导管后人员撤出，安装风口、吹管，准备送风烘炉。

（4）做好记录烘炉温度准备工作。准备 0~600℃的热电偶和记录型仪表。安装热电偶从铁口进入炉缸，将一支热电偶压在炉底中心，另一支压在某方向距

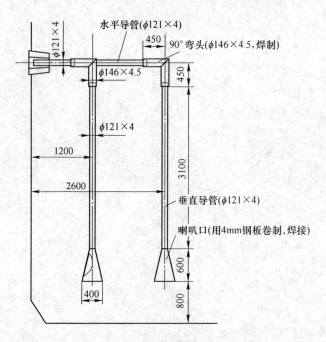

图 10-2 烘炉导管立面图

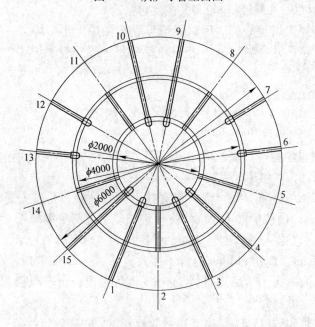

图 10-3 烘炉导管平面图

炉墙 300mm 处。如果是大高炉，可再装一支压在半径的 1/2 处。热电偶表面用一大块耐火砖压住，以便测到砖温（而不是风温）。热电偶有效长度外端留 2m 左右。

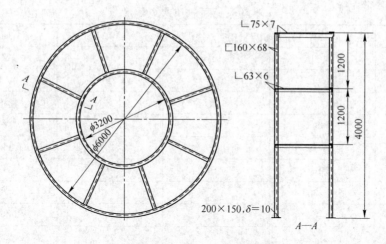

图 10-4　烘炉导管双层支架

（5）封铁口设置取气设备。铁口框用 10mm 厚的钢板盖上并焊好，不得漏气。焊接时要保护好电偶线。做好测定烘炉废气含水量的准备工作。一般在炉喉人孔盖上开孔，焊一根 1in 的管子伸入炉内 200mm 处，引到出铁场平台并安装一个阀门。

（6）设置高炉本体膨胀测量装置。高炉开炉需测量炉体膨胀量，以便检测烘炉过程。一般检测装置安装 2~3 层：热风围管平台、布料器（或料罐）平台、炉喉平台，按上升管走向，分 4 个方向做好膨胀标尺。用直径 3~5mm 的钢条，头部磨尖，上下左右对好零点，焊接在炉体与框架之间。

（7）检查冷却系统、冷却水是否正常。烘炉过程中应每隔 4 小时测定冷却水出水温度，保证出水温度低于 45℃。

10.2.3　烘炉温度控制

高炉烘炉温度曲线一般由耐火材料供货厂家结合本炼铁厂经验制定。表 10-1 是高炉的烘炉曲线实例。有些高炉使用的耐火材料较复杂，其烘炉温度水平和恒温时间呈现多样性。表 10-2 和图 10-5 是一座巨型高炉的烘炉曲线。

表 10-1　两座高炉的烘炉温度

厂家	炉别	容积 /m³	开炉年月	始温 /℃	升速 （时间） ℃/h(h)	恒温温度 （时间） ℃(h)	升速 （时间） ℃/h(h)	恒温温度 （时间） ℃(h)	降温速度 （时间） ℃/h(h)	要求 /℃	烘炉时间 /h
鞍钢	11	2580	1990 年 6 月 24 日	150	20(9)	300(31)	20(10)	500(106)	30(13)	<200	209
本钢	5	2000	1990 年 7 月 24 日	180	24(5)	300(16)	20(5)	600(120)	25(12)	<300	168

表 10-2 某高炉的烘炉温度

序　号	热风温度/℃	升温速度/℃·h⁻¹	操作时间/h	累计时间/h
1	常温~150	10	24	24
2	150	恒温	240	264
3	150~300	6.25	24	288
4	300	恒温	48	336
5	300~550	12.5	20	356
6	550	恒温	96	452
7	550~300	-12.5	20	472
9	300~50	-15	16	488
10	自然凉炉		20	508

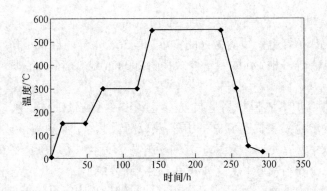

图 10-5 某高炉（表 10-2）的烘炉曲线

10.2.4 烘炉结束与凉炉

　　烘炉按设定的温度要求进行时，需不断测定烘炉过程中排出气体的含水量。当连续 8 小时排出气体的含水量低于大气湿度、且炉底温度高于 450℃后，烘炉操作结束。图 10-6 是一座高炉烘炉过程中排出气体的含水量变化。

　　凉炉过程，应按设定的温度曲线严格操作。和烘炉过程一样，风温波动应小于 20℃。全焦开炉时，炉缸底面温度低于 300℃，木材开炉则低于 60℃。

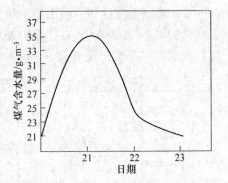

图 10-6 首钢 2 号高炉第 4 代开炉烘炉时的含水量变化

10.2.5 严格操作，杜绝事故

（1）烘炉升温速度应严格控制，防止因升温速度失误导致炉体受损、甚至开裂。

（2）烘炉过程中应控制炉顶温度低于350℃，控制无钟密封室温度低于70℃。

（3）必须时刻注意烘炉过程的安全防护。高炉虽未投产，但已使用煤气烧热风炉，高炉区域属于煤气地区，应注意煤气中毒和烫伤。烘炉过程严禁高炉各层平台有人。

（4）烘炉前进入炉内安装烘炉导管和烘炉凉炉后处理导管，应对炉内的气氛和温度仔细检测，达到安全要求后方可进人。

10.3 开炉的冶炼指标和配料计算

20世纪60年代，当时开炉的理念和现在有很大不同。当时开炉第一次铁的铁水温度较低，一般1400℃左右。为预防铁水[S]过高，采取增加开炉料的渣量、提高炉渣碱度。表10-3是首钢开炉渣量及炉渣碱度的比较：前者炉渣碱度1~1.2，后者0.75~0.8；前者全炉渣量0.924~1.2t/t，后者0.413~0.651t/t。显然，现在的低碱度和小渣量操作，是开炉技术的巨大进步。这不仅节省炉料，还可减少开炉期间可贵的高温热量损失。这里既包括理念上的提高，也包含冶炼技术的进步。

表10-3 开炉指标和空焦位置

| 厂家 | 容积/m³ | 开炉年月 | 开炉料装料 | | | | 正常料 | |
			焦比/t·t⁻¹	CaO/SiO₂	Mn/%	渣量/t·t⁻¹	焦比/t·t⁻¹	碱度(CaO/SiO₂)
首钢	576	1965年5月30日	2.35	1	0.7	1.2	0.95	1.1
首钢	1327	1979年12月15日	3	1.2	0.7	0.924	0.9	1.1
京唐	5705	2009年5月18日	3	0.8	0.7	0.413	0.6	1.13
首迁	4078	2010年1月8日	3.03	0.75	0.7	0.651	0.76	1.06

10.3.1 开炉总焦比和开炉料的选择

（1）全炉总焦比的选择，可按开炉的炉料条件，以能保持充足炉温为前提，铁水含Si量在3.0%~3.5%左右，全炉总焦比3.0t/t左右。

（2）根据炉料条件，尽可能采用低碱度、小渣量。

（3）将含铁炉料（烧结矿、球团矿）装到炉身中部以上（小高炉）和炉身下部（大高炉），使开炉含铁炉料在间接还原区间停留足够时间，以保证其充分加热和间接还原，获得充足的炉缸温度和良好的铁、渣流动性。

（4）满足以上条件，炉缸填充木材或填充焦炭，均能取得很好的开炉结果。

10.3.2 计算方法❶

（1）入炉原燃料成分、堆密度（见表 10-4）。

表 10-4 入炉原燃料成分、堆密度

料种	TFe	SiO_2	CaO	Al_2O_3	MgO	MnO	S	CaF_2	灰分	堆密度
单位	%	%	%	%	%	%	%	%	%	t/m³
烧结矿	56.92	5.28	10.26	1.66	1.70	0.170	0.023			1.8
首秦球	63.21	7.23	0.38	0.88	0.26	0.065	0.009			2.4
石灰石		0.64	51.04		4.04		0.0081			1.6
萤石		16.88					0.012	78.39		1.6
焦炭		6.07	0.36	4.20	0.18		0.64		12.00	0.53

（2）净焦、空焦、正常料组成（见表 10-5）。

表 10-5 净焦、空焦、正常料组成

种 类	底 焦	下部净焦	中部空焦	上部空焦	正常料
焦炭干基/t	36	36	36	36	36
焦炭湿重/t	36.1	36.1	36.1	36.1	36.1
石灰石/t			4.5	4.5	
萤石/t			0.6	0.6	0.6
烧结矿/t					40
首秦球/t					50
二元碱度 R_2			1.05	1.05	1.04
压缩率/%	15	15	14	13	13
压缩后体积/m³	57.90	57.90	61.32	62.03	97.04

（3）高炉各部位容积。根据开炉装料不同的要求，一般将大高炉各部位分成几段（如填料相同，可不再分段），算出其容积，再算出各段区域内的炉料重量或体积，以及开炉料的总容积。

---

❶ 本节主要参考京唐 2 号高炉开炉方案·配料计算部分。

部　位	死铁层	炉　缸			炉　腹	炉　腰	炉　身		
符　号	V_1	V_2	V_3	V_4	V_5	V_6	V_7	V_8	V_9

总容积：
$$V_Z = V_1 + V_2 + V_3 + V_4 + V_5 + V_6 + V_7 + V_8 + V_9$$

如用木柴开炉，总容积中 $V_1 + V_2$ 基本是木柴；如全焦开炉，死铁层和炉缸基本是焦炭。

京唐 2 号高炉开炉数据如下：

V_1——死铁层容积；

V_2——炉缸下沿到风口中心线以下 0.5m 之间炉缸容积；

V_3——风口中心线以下 0.5m 到风口中心线之间炉缸容积；

V_4——风口中心线到炉缸上沿的炉缸容积；

V_5——炉腹容积；

V_6——炉腰容积；

V_7——炉腰上沿以上 0~0.5m 之间炉身容积；

V_8——炉腰上沿以上 0.5~6.0m 之间炉身容积；

V_9——炉腰上沿以上 6.0m 到炉喉下沿之间炉身容积。

（4）装料批数计算（计算时考虑铺底焦）。

净焦：如用木柴开炉，应扣除炉缸木柴占有的体积。按计划要求，净焦加至炉腰上沿以上 X 处（代表计划位置，京唐 2 号高炉是炉腰上沿以上 0.5m）。净焦组成：焦炭干基 Xt（京唐 2 号高炉，36t，湿重 36.1t）；每批净焦压缩后体积，依上面括号中数据：36.1/0.53 × （1 - 15%）= 57.90m³；装净焦批数：1767.948 ÷ 57.90 = 30.5，取 30 批。

空焦：按计划要求，炉腰上沿以上 0.5~6.0m 之间炉身填充空焦。装空焦容积：$V_8 = 1142.651$m³；空焦组成（京唐 2 号高炉：焦炭干基 36t，石灰石 4.5t，萤石 0.6t），则每批空焦压缩后体积：（36.1/0.53 + 4.5/1.6 + 0.6/1.6）× （1 - 14%）= 61.32m³；装空焦批数：1142.651/61.32 = 18.6 批，取 19 批。

设上部正常料批数 A、空焦批数 B，依据全炉焦比可得方程式：
$$36 × （2 + 30 + 19 + A + B）/58.17A = 3.0$$

依据上部空焦和正常料搭配组合填充体积可得方程式：
$$97.04A + 62.03B = 1728.571$$

按照负荷逐步提高的分配原则，上部空焦和正常料搭配组合为 2 批正常料 + 3 批空焦 + 5 批正常料 + 3 批空焦 + 7 批正常料。

10.4　全焦开炉

早在 1956 年鞍钢 9 号高炉就实践过全焦开炉，但因铁水温度偏低，炉渣黏稠,中间又恢复木材开炉。1964年鞍钢再次全焦开炉,著名炼铁专家李国安发表此次开炉结果:技术成熟,经济、方便、适用,开创我国大高炉全焦开炉的成功范例[1]。全焦开炉实例见表10-6。

表 10-6　全焦开炉实例

| 厂家 | 炉别 | 容积 /m³ | 开炉日期 | 开炉料装料 | | | 填料顺序 | | | | 正常料 | | 文献 |
				焦比 /t·t⁻¹	CaO/ SiO₂	渣量 /t·t⁻¹	段数	压缩率 /%	炉缸	炉腹	焦比 /t·t⁻¹	碱度 CaO/SiO₂	
鞍钢	10	1513	1963年 12月	2.5	0.95		7		全焦		1		[1]
首钢	4	1200	1972年 10月15日	2.5	0.95	0.93	6	13	全焦	半净焦	1		[9]
涉县	3	569	1975年 7月2日	3.5	0.92	1.51	7	送风 装料	全焦	空焦	1.2	1	
马钢 一铁	12		1972年 3月10日	2.63			5	12	全焦				
本钢	5	2000	1990年 7月24日	2.1	1.05	0.67		14	全焦	净焦	0.7	1.1	
安钢	8	2200	2007年 6月28日						全焦				[3]
新余	6	1260	2009年 6月12日	2.5	1/0.8		7	13	全焦		0.7		[4]

全焦开炉具有以下优点:

(1) 全焦开炉可节约大量木材。正如汤清华教授指出的:"一座2000m³的高炉一次开炉要用掉2500~3000根枕木,结果耸立了一座高炉,毁坏了一片森林,这不是高炉工作者的作为,应当迅速传承先辈们创立的全焦开炉技术"[2]。近年开炉的大高炉越来越多,每座高炉开炉填充的木材,一般需要400~600m³,消耗量巨大。全焦开炉现已取得显著成就,特别是安阳钢铁公司2200m³高炉和新余钢铁公司全焦开炉,创造了多项成功经验[3,4],开炉效果极佳。全焦开炉在技术上并没有困难,所缺少的只是走新路的勇气。当前,中小高炉采用全焦开炉已较普遍,它向大高炉展示了开炉操作的重要方向。

(2) 炉缸全部装焦炭,可用高炉装料设备机械装料;而装枕木则需从风口进入,在炉内由人工按井字形或一定规定码放。用杂木虽比枕木简单,也需将几个风口和风口二套拆下,安装运输机向炉内运送木柴。装完木柴还需恢复现场,拆除运输设备,重新安装风口,费时费力。

(3) 为装木柴,烘炉后炉内温度必须降到人员能进入的温度水平,一般在40℃以下,凉炉需要很长时间。

10.5　含铁炉料的位置

多年实践总结，含铁炉料在开炉装料的位置，对开炉第一炉铁水温度有重要影响。开炉料中的含铁炉料，如装在靠近高炉下部，不能充分加热和还原，铁水温度必然较低。前苏联曾研究开炉料位置与到达风口时间段的关系，见图10-7。

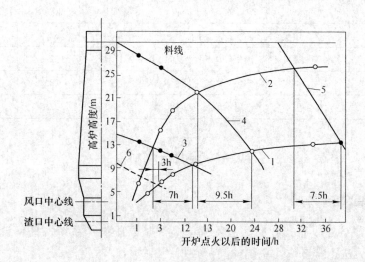

图 10-7　开炉炉料等温面位置的变化

开炉期间，必须尽量节省炉缸内的高温热量，以维持充沛的炉缸温度。开炉期的炉料，应尽量得到充分的间接还原，减少在炉缸中直接还原消耗的热量。这需要含铁炉料在高炉中温区，即 600～1200℃ 区域内有充分的停留时间。图 10-7 是前苏联切列巴维兹钢铁公司 5 号高炉（3200m³）1985 年开炉时高炉等温面的图解。图中横坐标是送风后的时间，纵坐标是铁口中心线以上的高度。

依据炉身两个水平探尺的测量数据和送风参数及炉料分析，得到料层特点和等温面的位置，假定等温面是平面，图中曲线 1 和 2 相当于 1200℃ 和 600℃ 的等温面。600～1200℃ 是开炉料适宜间接还原的温度区间，在此区间保持 4～5 小时，炉料可充分间接还原。依图 10-7 得到：在风口以上 11m 处加的那批开炉料，在此区间停留 7 小时，足以充分间接还原，如图中曲线 3 所示。

曲线 4 和 5 分别表示相应的第一冶炼周期和第二冶炼周期最后一批炉料的位移变化。显然开炉料最后一批炉料（开炉料第一冶炼周期）在此区间停留 9.5 小时（曲线 4），后续料第二周期最后一批停留 7.5 小时（曲线 5）[5]。这些重要的研究成果，在此后前苏联的高炉开炉中得到证实：开炉料中含铁炉料的位置应在炉腰以上的炉身部分，以保证得到充分还原。

表 10-7 总结了首钢 4 座高炉的开炉实绩。含铁炉料的起始装入位置在炉身下部，按高炉工作高度（风口中心线到炉喉上沿）计算，相当于 41% ~ 47%，铁水温度充足，流动性好。

表 10-7　含铁炉料的起始位置

高炉容积/m³	开炉填料		含铁炉料位置		
	炉 缸	炉身下部/m	风口上/m	工作高度/m	占工作高度/%
5705	木材 + 焦炭	空焦，炉腰上沿上 5.63	14.41	32.8	44
5705	木材 + 焦炭	空焦，炉腰上沿上 6.32	13.42	32.8	41
3952	木材 + 焦炭	空焦，炉腰上沿上 6.5	13.5	28.8	47
1780	木材 + 焦炭	空焦，炉腰上沿上约 4	9.7	23.5	41

10.6　装炉及测料面

10.6.1　装料前的工作

（1）烘炉完成后，开始测压检漏。高炉是高压操作系统，任何缝隙都会带来泄漏，无法正常工作。系统检漏，必须严格执行。

（2）如果炉内需要进人，凉炉必须到 40℃ 以下，炉缸炉墙温度必须降到 70℃ 以下；工作人员进入炉内前，应检查温度和气氛，合格后才能进入炉缸处理烘炉安装的导管，制作泥包等。

（3）上升管根部加网，防止掉物砸伤进入炉内工作人员。

10.6.2　按计划安排次序加料

这里引用首钢京唐 1 号高炉的开炉数据，因为它是迄今为止，首钢数十年来最成功的开炉实践。这是首钢新一代高炉工作者创造的成功经验[6]。按 10.3 节的计算结果，具体装料如图 10-8 所示。

10.6.3　合理布料，应从开炉填料时开始

为保证出第一炉铁有足够的风量，要求开炉加风速度较快。从加含铁炉料开始，布料应创造两条煤气通路，以保证煤气上升顺畅，加风快。首钢 2 号高炉开炉填料：K_{333}^{654} $J_{3222111}^{8765432}$，这类布料，实际是把焦炭布到高炉边缘和中心，矿石布到焦炭的中间，使点火后产生的煤气形成中心和边缘两条通路，保证高炉顺行，便于快速加风[7]。此炉开炉时的径向十字测温分布如图 10-9 所示。开炉期间，顺行很好，强化很快。

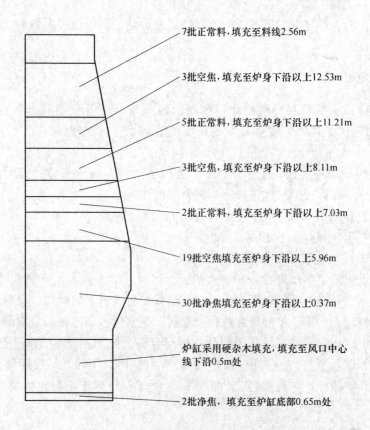

7批正常料,填充至料线2.56m

3批空焦,填充至炉身下沿以上12.53m

5批正常料,填充至炉身下沿以上11.21m

3批空焦,填充至炉身下沿以上8.11m

2批正常料,填充至炉身下沿以上7.03m

19批空焦填充至炉身下沿以上5.96m

30批净焦填充至炉身下沿以上0.37m

炉缸采用硬杂木填充,填充至风口中心
线下沿0.5m处

2批净焦,填充至炉缸底部0.65m处

图 10-8 首钢京唐 1 号高炉开炉装料实例

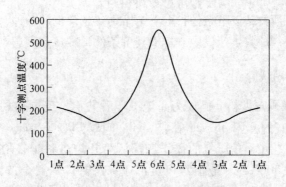

图 10-9 首钢 2 号高炉开炉时的径向温度

济钢开炉填料: K_{2332}^{7654} J_{422222}^{876541}采取发展两头的装料制度,炉况顺利,上风容易,5 天高炉系数达到 2.0t/(m³·d)[8]。

新余 6 高炉,第一批后续料就采取多环: K_{020402}^{373432} $J_{00200302002}^{36534532165}$,5 天高炉利用系数达到 2.0t/(m³·d)[4]。

以上 3 例，都是开始就按煤气流两条通路设定的。所以加风顺利，出第一次铁时风量较大。

10.6.4　测量料面

一般留最后 5 批料，测量炉料分布及料面形状。开炉期间进行料面测量，对日后高炉正常生产非常重要。现在已有专门公司从事此项工作，主要内容包括：

（1）测量炉料落点、即分布特点，为以后生产，提供参考；校对炉料落点方程的各系数，以便以后经常计算炉料分布使用。

（2）测量料面形状，特别是矿、焦分布及料层变形。

（3）炉料宽度的形成和漏斗深度。

（4）料层厚度和粒度分布。

应当重视测量的准确性，如测量错误，将对开炉及以后生产造成严重后果。曾见到过一座大高炉测量料面发生错误，当开炉后续料入炉时煤气分布失常，经过一天调整毫无作用，按经验常规很难理解。很多曾参与测量、观察测料面的人员，各有不同认识。从以后几天的装料调剂分析，开炉测量不真实，严重失误。最后停风，重新测量，证明原来的开炉炉料测量落点不对，与实际落点差别较大。本来开炉较好，炉温充足，一路顺行，由于布料调整不利，后续过程遇阻，加风困难。

10.7　点火与送风

开炉点火必须具备以下条件：上下工序具备正常生产条件，特别是具备充分接受铁水的条件；炉料生产供应、运输具备条件，准备点火送风。

10.7.1　点火烘料操作

开炉点火前预先烘料，已成为高炉工作者共识。美国伯利恒公司（Bethlehem Steel Corp.）的 F. C. Rorick 在 "Challenging Blast Furnace Operations" "开炉" 一节提出："并不是所有的操作者都认为开炉烘料是必须的。当用风温不超过 600 °F（约 300℃）、是正常风量的 1/3，烘料是安全的。继续提高风温到 900～1100 °F（500～600℃），焦炭将被点燃。干燥一般 8～12h"。这是北美 9 位炼铁专家提出的报告中写就的，包括伯利恒公司的 J. J. Poverromo、阿姆柯公司（Armco）的 J. H. Dunkan、多法思考公司（Dofasco）的 J. E. Holditch 等。

我国高炉的开炉烘料，已有多年实践经验，方法多样多种。表 10-8 是我国一些厂开炉烘料的实例。其中各厂使用不同方法，作用也不尽相同。

表 10-8 开炉烘料实例

厂家	炉别	容积 /m³	开炉时间	烘料		
				时间	温度/℃	风量/m³·min⁻¹
鞍钢	10	1513	1963 年 12 月		热烧结矿 300 ~ 400	
马钢	11	300	1973 年 5 月 15 日	装料过程	250	310
涉县	3	568.5	1975 年 7 月 2 日	装料过程	< 400	300 ~ 400
京唐	1	5705	2009 年 5 月 18 日	48h	≤180	3000 ~ 5000
京唐	2	5705	2010 年 6 月 26 日	48h	≤150	3000 ~ 5000
首迁	3	3952	2010 年 1 月 8 日	23h14min	80 ~ 85	2700
济钢		3200	2010 年 8 月 2 日		冷风≤180	
宣钢	2	2500	2010 年 9 月 18 日		80	800
汉钢		1080	2011 年 12 月 22 日	71min	冷风	

（1）鞍钢最早用热烧结矿，自然冷却到 300 ~ 400℃，在炉身中部加入，利用热烧结矿自身的热量加热上部开炉料。这种方法开炉用全焦和热烧结矿，虽能利用部分热烧结矿的热量，但热烧结矿对高炉装料设备和环境均很不利，此后没有继续采用。

（2）马钢和涉县钢铁厂都是在送风状态加开炉料。一方面将炉料中的粉末吹出高炉，同时利用风的上升推力使料柱疏松，有利于高炉接受风量。另外，低温热风将炉料加热、干燥，节省开炉热量，有利于开炉操作，实际效果很好。

（3）首钢京唐高炉是在开炉料装完后吹风 48 小时用木柴开炉，控制风温不大于 150 ~ 180℃，炉料得到充分干燥、加热，效果很好。

（4）冷风烘料，即用低于 100℃ 的风温烘料。小高炉因料柱较短，有一定效果；但对于某些大高炉，因料柱过高，有部分上升的水蒸气在料柱上部炉料中凝结。小高炉冷风温度低，仅为 80 ~ 85℃，高炉顶温才 29℃，达不到烘料目的。总之，大高炉烘料风温应大于 130℃。

（5）热风加料。2000 年酒钢 2 号高炉开炉曾经做过热风加料。全炉需装料 80 批，当装料到 53 批、第一批含有铁矿的正常料（有铁矿石的开炉料）料线约 13m 时，高炉点火继续加料。风温 730℃，风压偏高（0.0148MPa），1 小时后，风压下降，风量到 1500m³/h，此后继续加料。这次开炉效果极佳，在酒钢历史上是空前的。

10.7.2 风口参数选择

开炉初期风量较小，为保持足够风速，送风点火之前需专门选择风口参数。早年开炉一般采取堵部分风口；也有少数厂不堵风口，在风口内加砖套。近年开炉，不堵风口比较普遍。不堵风口点火后，沿炉缸进风均匀，十几分钟甚至几分钟风口全部燃烧、明亮，为高炉均匀稳定工作创造了良好条件。

　　开炉期间的风口配置见表 10-9。

表 10-9　开炉期间的风口配置

厂家	容积 /m³	开炉时间	风口			参考文献
			开	堵	总　数	
鞍钢	599	1949 年 9 月 7 日	8×180 加圈 8×150		8	庄镇恶,炼铁资料第一集,1951 年
首钢	1200	1972 年 10 月 15 日	10	8	18	
马钢	300	1973 年 5 月 15 日	10	0	加套 60mm 占 32%	
涉县	568	1975 年 7 月 2 日	12	0	$12 \times 120 = 0.1356$	昆钢国外钢铁科技, 1988(1):81-90.
首钢	1327	1979 年 12 月 15 日	13	9	22	
契列波维茨	5500	1986 年 4 月 13 日	20	20	40×150	Сталъ,1988,1:12-18.
本钢	2000	1990 年 7 月 24 日	11	11	22	
首钢	2536	1994 年 6 月	15	15	30	
梅山	1250	1995 年 12 月 16 日	7	7	14	
宝钢	4063	1997 年 5 月 25 日	36	0	$18 \times 120 + 18 \times 130 = 0.4432$	宝钢技术,1997(6):5-7,36.
邯钢	2000	2000 年 6 月 28 日	18,0.222m²	10	$120 \times 9 + 110 \times 19 = 0.2823$m²	河北冶金,2009(2):17-19,43
酒钢	1000	2000 年 10 月 25 日	12	6	18	
马钢 B	4000	2007 年 5 月 24 日	$24 \times 120 = 0.2716$	12	30	安徽冶金科技职业学院学报,2008(2):8-10,18.
首钢	1780	2008 年 9 月 9 日	12	12	24	
本钢	4747	2008 年 10 月 9 日	38	0	$15 \times 120 + 23 \times 125 = 0.4519$	
京唐	5705	2009 年 5 月 18 日	$13 \times 110 + 29 \times 120 = 0.4515$	0	42	炼铁,2010(2):7-10.
新余	1260	2009 年 6 月 12 日	$20 \times 100($圈$) = 0.1392$	0	$20 \times 130 = 0.1468$m²	炼铁,2010(2):28-30.
武钢		2009 年 8 月 1 日	$28 \times 130 + 14 \times 80 = 0.2964$		0.4778	武钢技术,2011(6):14-17.
济钢	3200	2010 年 8 月 2 日	$24 \times 130 \times 580 = 0.3184$m²	8	$32 \times 130 \times 580 = 0.4245$m²	炼铁,2011(1):16-19.
宣钢	2500	2010 年 9 月 18 日	20	10	$28 \times 120 + 2 \times 130,585 = 0.3732$m²	炼铁,2011(2):44-47;(6):25-28.

厂家	容积/m³	开炉时间	风口 开	堵	总 数	参考文献
酒钢	2500	2011年3月6日	18	10	23×130+5×120, 500=0.3616m²	炼铁，2011(5)：22-25.
汉钢	1080	2011年12月22日	8×115+12×75=0.136	0	20×115	炼铁，2012(6)：41-43.
梅钢	4070	2012年6月2日	24×130+12×90=0.3949	0	0.4776	交流材料汇编，2013，10：63-77.
安钢	4836	2013年3月19日		0		交流材料汇编，2013，10：78-95.

10.7.3 点火

点火一般使用700℃左右的风温，配置新投产的热风炉可达到较高的风温水平，不论木柴还是焦炭，700℃左右均能点着燃烧。

10.7.3.1 点火操作（表10-10）

表10-10 点火操作

厂家	容积/m³	开炉时间	点火时间	点火制度 风量	风压	风温	风量比	风速	点火后风口 开始亮	风口全亮	拔出喷管、堵口 时间	用泥
				m³/min	MPa	℃	m³/m³	m/s	min	min		kg
鞍钢	599	1949年9月7日	10：00		0.066	600		76.4	5min	43min	90min	
首钢	576	1962年8月8日	18：20	550	0.50	700	0.95				4h55min	
鞍钢	1513	1963年12月			0.1	700				12min		
首钢	515	1964年7月27日	12：35		0.40	700						
首钢	576	1965年5月30日	4：40	650	0.50	700	0.46	100			2h50min	
首钢	1036	1970年4月25日		1200	0.70	650	0.7				点火后未喷管拔出	
首钢	1200	1972年10月15日	5：00	1100	0.75	800	0.62	120		1h	8h20min	40
马钢	300	1973年5月15日	10：00	330	0.008	580	1.1					
涉县	568	1975年7月2日	9：48	800	0.37	600	1.41				8h40min	铁流出，喷管砸扁

厂家	容积 /m³	开炉时间	点火 时间	点 火 制 度					点火后风口		拔出喷管、堵口	
				风量	风压	风温	风量比	风速	开始亮	风口 全亮	时间	用泥
				m³/min	MPa	℃	m³/m³	m/s	min	min		kg
首钢	1327	1979 年 12 月 15 日	11：15		0.30	700				1h 25min	6h11min	
浦项	3795	1981 年 2 月 18 日	10：35	1800		700	0.47		12min			
宝钢	4063	1985 年 9 月 15 日	12：00	1776		700	0.44				18h25min	
切列 巴维兹	5500	1986 年 4 月 13 日				700					26h	
本钢	2000	1990 年 7 月 24 日	23：05	2500	0.097	870	0.44			40min	6h55min	150
首钢	2536	1993 年 6 月 2 日	22：50							1h 27min	30min	300
梅山	1250	1995 年 12 月 16 日	10：45	1000		800	0.8					
凌钢	380	1995 年 3 月 10 日	6：24	480		650	1.26				6h18min	
鞍钢	2580	1995 年 2 月 12 日			0.1	700	0.27					
宝钢	4063	1997 年 5 月 25 日	11：30	2000		750	0.49	250				
攀钢	1200	1997 年 6 月 14 日	5：25	1750	0.068	710	1.46				40h5min	
	2000	2000 年 6 月 28 日	15：15	1976		800	0.99					
酒钢	1000	2000 年 1 月	7：48	730	0.148	678	0.73	200			10h	
宝钢	4747	2005 年 4 月 27 日		2400			0.51					
马钢 B	4000	2007 年 5 月 24 日	16：28			700			12min		10h52min ~ 11h6min	
首钢	1780	2008 年 9 月 9 日	17：28							17min	5h32min	
本钢	4747	2008 年 10 月 9 日	8：58	2500		800	0.53	92	3min	15min	10h	
新余	1260	2009 年 6 月 12 日	16：36	600	0.11	630	0.48			39min	2h9 ~ 15min	

续表 10-10

厂家	容积 /m³	开炉时间	点火时间	点火制度					点火后风口		拔出喷管、堵口	
				风量	风压	风温	风量比	风速	开始亮	风口全亮	时间	用泥
				m³/min	MPa	℃	m³/m³	m/s	min	min		kg
八钢	2500	2009 年 2 月 27 日		1250		700	0.5	78				
京唐	5705	2009 年 5 月 18 日	13:18	3370	0.055	711	0.59	271		7min	22h~22h 40min	
首迁	3952	2010 年 1 月 8 日	12:16	2700	0.5	750	0.66		12min	36min	20h24min	
济钢	3200	2010 年 8 月 2 日	16:16	1600	0.042	800	0.5	250		9min		
宣钢	2500	2010 年 9 月 18 日	9:58	1500		750	0.72		10min	38min	9h	
龙钢	1800	2010 年 11 月 15 日	8:00	1300		700	0.47				6.5h	
酒钢	2500	2011 年 3 月 6 日	10:15						20min	1h 42min	16~18h	
汉钢	1080	2011 年 12 月 22 日	19:58	800	0.08	800	0.74		8min			
梅钢	4070	2012 年 6 月 2 日	10:58	2100		700	0.5					

10.7.3.2 点火风量与风量比

点火风量不仅影响点火速度，而且影响炉料移动、加料时间和第一次铁的顺利排放。表 10-10 中的"风量比"是指出铁时风量与高炉容积之比。开炉风量比大于 1 的高炉，一般出第一炉铁相当顺利。第一炉铁风量较大时，必须在炉况顺行的情况下提高加风速度。图 10-10 是 30 座高炉开炉"点火风量比"。点火风量

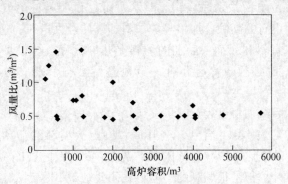

图 10-10 开炉点火时的风量比

比是指开炉点火时的风量与高炉容积之比。

从图中看到，多数小高炉的点火风量比较高，有些大于1.0；而大高炉多在0.4～0.6之间，远远低于容积较小的高炉。小高炉的开炉实践为大高炉提示了方向，大高炉点火时的风量比应在0.5以上。

10.7.3.3 铁口煤气导管

点火后从铁口煤气导管排出煤气，此前应在各铁口煤气导管前面放好点燃的火源，使煤气排出时能立即点燃。要安排专人观察、管理，防止灭火，引起煤气中毒。当见到渣铁流出或喷出时，如时间较长，应及时拔出导管，用泥堵好。

早年，煤气导管炉内外是一整根，有时拔出困难，后改成现在的两段，拔出容易。有的高炉曾因导管拔不出，炉渣顺煤气导管流出，堵口无法进行，被迫将导管砸扁。当需要出铁开铁口时，操作非常困难，有时用很多瓶氧气烧铁口，既浪费氧气，又浪费人力和时间。

铁口煤气导管应尽量延长喷火时间。导管喷火，是最好的加热炉底、炉缸及泥包的方法。高炉开炉安装、设计导管，应考虑在铁面升到导管并熔化之前有充足的时间。管道在炉内部分应和铁口高度相适应，以保证有足够时间。一般情况下，开炉后6小时以内，喷管见渣，应将渣捅掉，尽力保持喷吹；如6小时以后见渣，应将外部导管拔掉，晚了拔不出来，以后出铁将发生困难。

10.7.3.4 点火后观察

风口明亮时间和数量：用木柴填炉缸时，一般在点火10～20分钟后第一个风口着火。全开风口送风点火，风口明亮较快，通常约10～20分钟全部风口明亮。有些高炉点火后1小时风口尚未全亮，多见于堵风口较多的情况，有的属于加风速度和加料速度不匹配造成的。

10.7.4 加料

高炉点火后，压量关系适应，压差水平低，说明料柱透气性好。料线活动后，开始加料。也有的高炉，加多半炉炉料即开始点火送风。这类操作，虽能暂时降低压差，但有不利一面：后加的炉料受热时间短，含铁炉料还原时间不充分，因此全炉焦比必须较高，并有一定风险。虽有个别成功先例，并不主张推广。

料线活动和后续加料见表10-11。

结合表10-9～表10-11看到，全开风口，点火后料线活动较快。但也有例外，新余6号高炉全焦开炉、全开风口，点火后39分钟风口全亮，2小时后开始送气，对于全焦开炉都是很顺利的。但料线不动，2小时后人工坐料，高炉压量关系改善，开始加后续料，18小时后顺利出第一次铁。

表10-11 料线活动和后续加料

厂家	容积/m³	开炉时间	后续装料制度					送气时间	送气时煤气成分/%	
			W_K/t	W_J/t	料线/m	布料	加料时间/min		O_2	H_2
梅山	1250	1995年12月16日	16		L_K 1.4 L_J 1.0	K^{76543}_{22333} J^{76543}_{22222}		6h7min		
鞍钢	2580	1995年2月12日	43		2.1					
马钢		1994年4月25日				K^{76543}_{22220} J^{765432}_{222222}				
涉县	568.5	1975年7月2日		4.6	1	2A+3B A=KKLL, B=JKKJ				
邯钢	2000	2000年6月28日	24.5		1.5	$K^{40}J^{29}$		7h		
浦项	3795	1981年2月18日					70min	8h14min	<0.3	
济钢	3200	2010年8月2日	91	21	1.3	$K^{35.33.30}_{3..3..3}$ $J^{39.37.35.33.30.14.5}_{4..2..2..2..2..3}$		7h14min	0.04	3.4
新余	1260	2009年6月12日				$K^{37.34.33}_{2..4..3}$ $J^{36.5.34.5.33.16.5}_{2..3..2..2}$		2h		
八钢	2500	2008年2月27日				K^{76543}_{32222} J^{76543}_{32222}	123min	5h35min		
梅钢	4070	2012年6月2日				$J^{1098765}_{0333221}$ K^{109876}_{023322}	11h	2h		
首钢	576	1962年8月8日				3A+2B, A=PPKK, B=KPPK				
首钢	515	1964年7月27日			L1.0m	A=KKJJ, B=JKKJ; 后改 JKKJ				
首钢	576	1965年5月30日			1.5m	KKJJ		15h40min		
首钢	1036	1970年4月25日			1.5	2KKJJ+3JKKJ	7h10min			
首钢	1200	1972年10月15日		7.32	1.5	2KKJJ+3JJKK	9h20min			
首钢	1327	1979年12月15日				$K^{37}J^{37}$		18h10min		
首钢	2536	1994年6月				$K^{32.39.36}_{3..3..2}$ $J^{34.32.29.26.22}_{2..2..3..2..3}$				
首钢	2536					$K^{28.22}_{4..4}$ $J^{34.32.29.26.22}_{2..2..3..2..3}$				
首钢	1780	2008年9月9日				K^{654}_{333} $J^{8765432}_{3222111}$	2h27min			

　　有的木柴开炉也有类似情况：总的观察，新钢开炉是成功的，但料尺不动，塌料或人工坐料后，才恢复正常压量关系。也可能有具体原因，一般均由于点火后料柱中焦炭开始燃烧，尚未形成软熔带，没有煤气通道"气窗"，如压量关系调剂不当，很容易失常。有经验的高炉工作者，点火后发现压量关系有异常，立刻降低风温，压量关系很容易得到改善；有的工作者担心炉温不足，且认为开炉料的料柱主要是焦炭，不可能悬料，不仅不降风温，还提高风温，结果炉况逐渐恶化。高炉点火后风压偏高，风量自动萎缩，必须降风温才可缓解压量关系。坐料也不可怕，但必须尽早，曾有高炉开炉过程压量关系一直紧张，以为可能自动改善，不肯采取措施，如降风温、减风。几个小时后，炉缸已积累铁水、炉渣，才想起坐料，这很危险，已失去坐料时机，此时坐料，很容易灌渣。

　　坐料应早动手，如点火后 3 小时料线不动，应立即坐料；过晚，容易灌渣。

10.7.5　送气

　　高炉送风后，煤气通过炉顶放散管放到大气，一方面污染大气，要接受国家环保部门罚款，更重要的是污染环境，损害人们健康；另一方面，开炉期间高炉急需煤气强化燃烧热风炉。开炉期间快速送气，也便于高炉转入高压操作。

　　高炉煤气取样分析，$H_2 \leqslant 4\%$、$O_2 \leqslant 1\%$，达到安全送气条件。

　　如采用干法除尘，干法除尘器入口温度高于 70℃，防止水汽凝结。关于水汽凝结，尚有不同认识。有人认为煤气温度不许小于 100℃，防止水汽凝结；实践证明，即使 70℃，也可正常使用布袋除尘器。理论分析表明，煤气中有 H_2、CH_4 等存在，和纯净水汽不同，凝结情况也不同。

　　大高炉开炉，炉顶温度经常很低，有时仅 40℃ 左右，主要的操作对策是快速加风。所以点火风量不能太低，小高炉所以炉顶温度很快提高，其中重要一条是点火风量比大于 0.6（表 10-10）。

　　送气后注意观察煤气分析情况，每 1 小时记录一次煤气成分。

10.8　出　　铁

　　通过计算渣铁液面在炉缸内积累高度，来确定第一次铁出铁时间。在不憋风、不危及风口的条件下应尽可能延迟首次铁出铁时间。延迟出铁，既有利于加热炉缸，又能改善炉前劳动强度，因为铁水数量较多，容易通过主铁沟。

10.8.1　出铁时间的确定

　　第一次铁，应有一定的铁水数量，注意铁水应在铁口以上。铁水数量与高炉容积有关，一般高炉第一次铁量比（铁水量/高炉容积）应大于 $0.03m^3/m^3$。现代大高炉铁水主沟较深，少量铁水不可能流过渣铁分离器（俗称"小坑"）。如

表 10-12 所示，有的高炉出铁量很少，铁量比仅 0.01 ~ 0.02，显然出铁容易失常。

表 10-12 部分高炉第一次铁和炉渣的状况

厂家	点火后时间	第一次铁									Si <1% 天数
		出铁时风量	风量比	出铁时间	铁量	铁量比	Si	Mn	S	铁水温度	
		m³/min	m³/m³	min	t	t/m³	%	%	%	℃	
鞍钢	32h15min	750	1.25		8	0.01	12.007	1.01	0.28		铸造铁
首钢	19h18min						3.78		0.049		
首钢	17h6min				75.3		1.18	0.92	0.04		
首钢	13h				40		0.43		0.07		
首钢	13h56min				154		1.6	0.65	0.063		
涉县	15h27min	940	1.65		46	0.08	2.13	0.65	0.051		4
首钢	32h15min				135.6		5.36	0.85	0.004		
浦项	22h	3600	0.95		490	0.13	4.03		0.01	1475	6
宝钢	22h15min	5000	1.23		178	0.04	5.56	0.69	0.009	1430	
契列波维茨	38h				10	0.002	6.25		0.007		
室兰	21h				73	0.03	6.08	0.55	0.006	1382	
福山	24h35min				700	0.16	3.6		0.029	1451	
鹿岛	22h38min			266	558.9		3.25		0.025	1410	
本钢	17h5min				344.8	0.17	3.29	0.44	0.03		
梅山	20h15min						3.32	0.61	0.042		
鞍钢	24.5h						5.26		0.032		
宝钢	24h30min	5200	1.28		573	0.14	3.76	0.56	0.031	1448	6 天 0.64%
酒钢	16h14min				70.86	0.07	3.78	1	0.052	铁渣流动性差	6
本钢	16h20min			152	340	0.07	1.67	0.29	0.1184	1380	
新余	16h84min				60	0.048	5.19				
京唐	31h41min				198	0.034	4.04		0.01	1426	3
首迁	29h				380	0.096	5.46	0.6	0.024	1496	3 天 0.95%
济钢	27h	4500	1.41	304	400	0.13	4.02	0.3	0.028	1300 ~ 1475	3
宣钢	23h220min	3200	1.28		294	0.12					
龙钢	19h28min	2400	1.33		226	0.13					
酒钢	25h57min						4.1	2.2	0.047	1350	9
梅钢	约29h	约4600	1.13	300	634	0.16	4.65	0.996	0.01	1467	3

10.8.2 出第一次铁应考虑开铁口所需时间

动手出铁前应考虑打开出铁口所需时间。首先应参考铁口喷管拔出时间（表10-10），一般点火后6小时以上铁口容易开，开铁口决定于拔管后堵泥情况，如堵泥较好，即使喷管仅2小时，铁口同样易开。有的高炉喷管未拔出，也无法堵泥，结果用氧气反复烧铁口，费时费力，花费几小时。如果估计铁口难开，应及早动手。

炉况不顺，有可能坐料，应考虑提前出铁。

10.8.3 有些厂在开炉出铁方面的创造

（1）安钢在开炉铁口安装通风管，点火前通氧气，压力大于炉内。当铁水面升到铁口喷管处，管熔化，铁水流出，节省了开铁口操作。

（2）邯钢在第一次出铁口喷吹管安装旁通管，点火后通0.8MPa压缩空气，当需要出铁时，开旁通管截门，铁自流出。

10.9 后续操作

料线活动后，按开炉的后续正常料继续加料。如送风3小时后料线不动，应坐料处理，不要拖延。

10.9.1 改变装料

（1）开炉改料应慎重。当加负荷或加风到一定程度，改变装料。

（2）炉况不顺，边缘过重，为尽快减轻边缘，保持顺行，可改变装料。有的高炉工作者设想从开炉起加重边缘，保持高炉长寿、煤气利用充分，结果从开炉起炉况不顺，管道不断，最后结瘤。

开炉初期，高炉炉墙很凉，需要适当发展边缘，提供充分热量。这期间加重边缘，很容易破坏高炉顺行。

开炉初期，应以高炉顺行为主。一切调剂，均应保持顺行。

10.9.2 加负荷条件与加负荷

第一次铁含Si>2.0%，炉况顺行，热量充足，具有加负荷的后备提炉温手段，如风温有余量、具备喷煤条件。在第一次加负荷后，仍能保持铁水含Si在2.0%以上，可继续加负荷。

10.9.3 降铁水含硅量速度

铁水含硅量水平取决于炼钢需求。炼钢工序生产正常，应快速降硅，以适应炼钢生产对铁水的需求。表10-13是一座大高炉开炉降硅经历,因受炼钢的约束,无法快速降硅。

表 10-13 一座大高炉开炉前四次铁水情况

项　　目	铁口位置	铁水量/t	铁水物理热/℃	[Si]/%	[S]/%
第一次铁	2 号	198	1426	4.04	0.010
第二次铁	2 号	1351	1496	3.23	0.012
第三次铁	4 号	915	1488	2.42	0.015
第四次铁	2 号	574	1472	2.13	0.016

10.9.4 加风速度

加风速度视炉况顺行状况和炼钢需求决定。加风过程也是调风速的过程。保持合理风速,是风量持续增长的必要操作。不论全开风口或堵部分风口开炉,加风过程均应陆续扩大风口面积,保持合理风速。

10.9.5 加风过程与装料制度相适应

随着风量增加,应扩大矿石批重。有的开炉高炉,加风后,炉料批重未动,结果煤气流不稳定,管道不断,顺行破坏,导致炉冷。

参考文献

[1] 李国安. 鞍钢炼铁技术的形成与发展[M]. 北京:冶金工业出版社, 1998:387-391.

[2] 汤清华. 新建高炉开炉操作中值得重视的问题. 高炉生产技术专家委员会交流材料汇编, 2013:40-45.

[3] 郭宪臻, 于海彬, 谷少党, 等. 安钢2000级高炉全焦开炉创新实践[J]. 炼铁, 2011(3): 17-20.

[4] 管财堂, 刘广全, 莫云星. 新钢6号高炉全焦开炉实践[J]. 炼铁, 2010(2): 28-30.

[5] В. В. Капорулин. 高炉开炉工艺的某些问题[J]. 许冠忠, 译. 国外钢铁, 1990(3): 11-14.

[6] 王涛, 张卫东, 任立军, 等. 京唐1号高炉开炉实践[J]. 炼铁, 2012(2): 7-10.

[7] 张贺顺, 王胜, 马洪斌. 首钢2号高炉开炉生产实践[J]. 炼铁, 2009(2): 1.

[8] 张作成, 张殿志, 董龙果, 等. 炼铁, 2011(1): 16-19;山东冶金, 2011(1): 12-14.

[9] 马松龄. 首钢科技情报, 1973(6): 24-36.

[10] 张海斌, 毛洁成. 汉钢1080m³高炉开炉生产实践[J]. 炼铁, 2012(6): 41-43.

11 停风、封炉和停炉[1]

╋┅╋

炼铁术语：

停风：高炉停止向炉内送风，叫休风，也叫"停风"。两者意义等同。

短期停风：时间较短的停风，一般指4小时以内的停风。20世纪50~60年代，我国冶金部规定，重点企业高炉停风超过4小时，应报告冶金部。

封炉：高炉停止生产，保持高炉正常状态，可按要求期间恢复生产。封炉后不放积铁；停风后不扒料。

停炉：高炉大修或中修，停止生产。大修停风后放积铁、扒料，为高炉修理或改建作准备；中修不放积铁。

残铁：无法从铁口流出的炉缸铁水，沉积在炉底，也叫"积铁"。

╋┅╋

高炉停风与送风，必须确保安全，力争缩短停风时间，为增产创造条件。

高炉各类停风，各厂管理方式不同，均在操作规程中明确规定，一般是：

（1）高炉计划停风，由厂长决定，并经公司管控中心（总调度室）批准后执行。临时更换冷却设备必须休风时，须由厂调度室（厂管控中心）决定。当出现风口、吹管烧出、炉体烧出等重大事故，必须紧急停风时，工长应独立组织停风。边放风，边报告有关单位，不得延误。当事故停风预计超过4小时时，厂管控中心（厂调度室）在停风后报告厂长。

（2）停风要在出净渣铁后进行。特殊情况，缓慢停风，注意防止风口灌渣。由值班工长报告厂管控中心（厂调度室）决定。

（3）停风前需和厂调度室、洗气、风机、热风、喷煤、上料、槽下、仓上、TRT、干法除尘等进行联系。

（4）大修或检修，需降料面、炉顶点火、驱除煤气的长期停风，由生产技术部门讨论制订计划并由生产技术室指定的休风负责人指挥。其他情况由厂相关

---

[1] 本章规程条文，参考首钢所用的《高炉操作规程》。本章条文仅供参考，各厂应依自身条件和本厂规程执行。

负责人决定。

（5）计划长期停风（大于 4 小时）停风前，要保持炉况顺行，炉温充足。

（6）若停风检修蒸汽系统、煤气系统、炉顶系统或炉顶有人工作时，必须进行炉顶点火，以免中毒、爆炸，并指定专人看火。工长、炉长或值班长执行。

（7）长期停风或风机出事故停风，应将冷风阀、烟道阀打开，防止煤气倒流爆炸。

（8）一般情况允许加料和打开混风大闸的最低热风压力规定为 0.05MPa（0.5kg/cm^2）。

11.1　短　期　停　风

11.1.1　短期停风特点

经常需要短期停风，多半是小故障需要处理，如渣口、风口烧坏，需要更换，时间很短，又不是十分紧迫。因此停风前尽量保持高炉顺行，炉温充足。如有悬料，应处理后再停风；如炉温偏低，应将炉温提到正常水平；停风前应铁、渣出净，防止灌渣。

11.1.2　短期停风操作程序

（1）如炉顶打水立即关闭。高压改常压，减小风量。

（2）炉顶、下降管：煤气切断阀通蒸汽或氮气。

（3）停煤、停氧。

（4）停气：风压达到 0.05MPa（0.5kg/cm^2）时，打开炉顶放散阀，落下煤气切断阀。

（5）放风到风压 0.05MPa（0.5kg/cm^2）时，关闭混风大闸，混风调节阀改手动，停止加料。放风过程中，坏风口、坏水箱减水。如能停风，可以进一步关水；若风停不下来，及时恢复坏风口、坏水箱的通水。

（6）放风到风压成 0.01MPa（0.1kg/cm^2）时，保持正压，全面观察风口，确认风口没有灌渣危险时，发停风信号，将料尺提起。

（7）需要倒流时，均匀间隔打开 1/3 以上窥视孔，通知倒流。当渣铁排放不够净，而又必须作停风手续时，发出停风信号与通知倒流之间要有 3～5 分钟的时间间隔。

11.1.3　短期停风后送风程序

（1）关风口窥视孔，停止倒流。

（2）发出送风信号，热风炉做完送风手续，取得联系后，关放风阀。

（3）低风压时检查风渣口、吹管等是否严密可靠，确认不漏风后允许加风。

（4）全风 1/3 时，送煤气：先提煤气切断阀，然后关炉顶放散阀。

（5）关炉顶下降管和煤气切断阀的蒸汽或氮气。

（6）改高压恢复风量；打开混风大闸，风温调节改自动；根据炉况需要，给氧、给煤。

11.1.4　停送风注意事项

（1）换渣口只需几分钟，换风口顺利也就几分钟或几十分钟，不是很迫切，应在炉况顺行、炉温充足条件下停风。

（2）放风时必须观察风口，灌渣时要立即回风顶回，然后再缓慢放风，使渣子下降，逐渐放风到底。即使这样仍然不能解决个别风口灌渣时，如情况允许可回风，否则停风后把灌渣的风口大盖打开，排出渣子。

（3）如倒流后风口向外大量喷火应检查：

1）放散阀是否开到位。

2）是否有漏水水源。

3）回压阀是否开到位。

4）停复风程序必须循序进行，严禁在复风前打开混风调节阀和混风大闸。

11.2　突 然 停 风

1982 年 8 月 31 日 22：28，首钢 2 号高炉突然跑风，声音如雷，工长立刻从值班室跑向炉台。值班室在高炉左侧，距风口平台约 30m。他跑到出铁场装有放风阀开关的立柱旁，见到 22 号风口跑风严重，开始喷出大火和红焦炭，他合上开关开始启动放风阀放风。工长心里有数，虽然即将出铁，有灌渣威胁，但炉温充足，炉缸活跃，危险较小。他一边放风，一边同时命令副工长立即停风。此时副工长发出停风信号，改常压，按停风程序按步进行。看水工早已抄起备用水管向 22 号风口浇水降温，避免烧坏风口大套。炉前班长跑向电炮室，试动电炮，第 5 炉前工跑向炉台左侧，举起左手亮出 4 个指头，向班长示意，铁水罐已对好 4 个，可以出铁。此时第 2 炉前工已带领第 3 炉前工扛着直径 50mm 的钻头奔向开口机，准备更换 30mm 的经常使用的钻头。炉前班长走出电炮操作室，下令出铁。有两位炉前工到风口平台观察风口，向放风工长提示风口状况。喷煤工接到停风信号后，立即停止向高炉喷煤，完成操作后，走到炉台，拿起一根备用水管，配合看水工向 22 号风口位置浇水降温。

厂调度室接到 2 号高炉停风信号后，副工长报告 22 号风口烧出，调度员向公司总调度室报告 2 号高炉将要停风，同时向 4 号高炉值班室打电话，向值班长报告。当年没有手机，值班长走到哪里均向调度室通报位置。4 号高炉工长告诉调度员，值班长听到声音已去 2 号高炉，并询问是否需要支援？调度员告诉 4 号高炉工长，情况不明，待命。

炼铁厂强调，事故就是命令，事故当头："各就各位，各司其职，听从指挥，主动配合"。当值班长到达 2 号高炉，2 号高炉已完成停风，出铁已经接近尾声。公司总室值班主任已到高炉，值班长和主任、工长一起观察 22 风口，吹管已烧断，弯头也烧坏，风口上部沉入炉内、下缘尚搭在风口二套上，更换风口的工具大钩无法插进风口，这是从未见过的事故，决定停风处理。值班长通知调度室，处理需 4 小时以上，报告厂长，派车接修理车间主任，安排修理人员，立刻到 2 号高炉参加抢修并利用这段时间做些需要停风修理的工作。

此次事故慢风 1h53min，停风 4h15min，烧毁吹管、弯头各一个。后来才知道，这是渣皮脱落将风口压入炉内，是煤气边缘过重引起的。慢风时间长，是由于即将出铁前发生烧出，放风较慢，既抑制过分喷出红焦炭，又防止多风口灌渣、扩大事故，而且情况不明，从未见过，处理非常谨慎！

1985 年宝钢 1 号高炉投产后，也发生过风口压入炉缸事故。1986 年在宝钢开会，曾重金从日本津君钢铁公司请来两位专家，专家介绍，日本把此类事故叫"曲损"，由此曲损在国内开始使用。

11.2.1　突发事故的停风

（1）高炉发生突然事故，必须紧急停风，如果拖延会扩大损失。值班工长遇到此类紧急情况，应坚决先停风、再报告。

（2）如放风阀失灵无法操作，可通知风机放风，或通知热风炉开废风阀放风。

11.2.2　紧急停水

当低水压警报器作用，应做紧急停水准备，同时要减风保持水压高于风压 $0.1kg/cm^2$ 时以上。

水压降低后，采取以下应急措施：

（1）有条件的高炉，减少炉身冷却用水，以保持风口、渣口冷却系统用水。

（2）停氧、停煤、改常压、放风，放风到风口不灌渣的最低风压。

（3）积极组织出铁。

（4）停气。

（5）经过联系，水压短期内不能恢复正常或已经断水，应立即停风。

恢复正常水压的操作，按以下程序进行：

（1）把总来水截门关小。

（2）如风口水已干，则把风口水截门关闭。

(3) 风口要单独逐个缓慢通水，防止风口蒸汽爆炸。

(4) 冷却水箱（冷却壁）要分区分段缓慢通水。

(5) 检查全部出水正常后，逐步恢复正常水压。

(6) 检查冷却设备有无烧损，重点为风、渣口。

(7) 更换烧坏的风、渣口。

(8) 处理烧坏的冷却壁。

确认断水因素消除，水压恢复正常后，组织复风。

11.2.3　鼓风机突然停风

鼓风机突然停风的主要危险是：

(1) 煤气向送风系统倒流，造成送风系统管道甚至风机爆炸。

(2) 煤气管道产生负压，吸入空气而引起爆炸。

(3) 全部风口、吹管甚至弯头严重灌渣。

突然停风时，按以下顺序处理：

(1) 检查仪表、观察风口，当确认风口前无风时，全开放风阀。发出停风信号，通知热风炉停风，并打开一座热风炉的冷风阀、烟道阀，拉净送风管道内的煤气。

(2) 关混风调节阀、混风大闸，停煤，停氧。

(3) 停止加料，顶压自动调压阀停止自动调节。

(4) 炉顶、除尘器、煤气下降管、煤气切断阀通蒸汽。

(5) 按改常压、停气手续开、关各有关阀门。

(6) 组织检查各风口，如有灌渣，则打开大盖排渣。排渣时要注意安全。

以上由工长执行，报告管控中心（厂调度室）。

11.2.4　紧急停电

发生紧急停电，应冷静分析停电的性质、范围，采取相应的措施，分别处理。分析判断的最终依据是风口有没有风和冷却器出水（水压表）的大小。

如果停风、停水单独发生，则分别按停风、停水处理；如两者同时发生，先处理停风，再处理停水。上料系统发生紧急停电，立即倒用备用电源，如全部停电，则把各系统全部打到断开位置，送电后各系统逐个送电。

11.3　长　期　停　风

长期停风与短期停风的区别，不仅是时间，更重要的是改变高炉状态。长期停风要保证高炉安全地度过停风期，保证在此期间参加检修工作的人员有安全、可靠的环境；除非紧急停风，在可能的条件下，考虑送风后的高炉快速恢复。

空气和煤气管道通过高炉和热风炉互相连接，两者不能混合在一起，不论煤气进入空气或空气进入煤气，都可能发生爆炸。长期停风一定要首先处理好空气和煤气的安全隔离。高炉长期停风后，炉顶必须点火，以烧掉炉内在停炉期间产生的煤气，风口、渣口（如果有渣口）要严格密封，减少停风期间的煤气生成，煤气系统与送风系统隔离，煤气系统有部分区域应清除干净或用空气置换，便于检修工作。

11.3.1　停风准备工作

长期停风，应有必要准备：

（1）全面彻底检查冷却设备是否漏水。

（2）准备好密封用料。

（3）停风前清除炉顶和除尘器中的积灰。

（4）准备棉丝或点火用焦炉煤气管焦炉煤气点火枪，检查各蒸汽截门是否好用。

11.3.2　停风程序（第一步）

（1）炉顶打水应提前关闭。高压改常压，减小风量。

（2）炉顶、下降管：煤气切断阀和除尘器通蒸汽或氮气。

（3）停煤、停氧。

（4）停气：风压达到 0.05MPa（0.5kg/cm²）时，打开炉顶放散阀，落下煤气切断阀。

（5）按计划加停风料，在打开铁口后，工长通知上料工，按工长指令一批一批加，保证停风前中间料斗、称量斗、筛网、皮带、炉顶料罐不压料。特殊情况应在停风计划中说明。

（6）停风料加完，停止加料，禁开下密封阀。继续放风，放风过程中坏风口、坏水箱减水以至关水。停风期间防止气密箱向炉内漏水。

（7）放风到 0.01MPa（0.1kg/cm²）保持正压，发出停风信号，提起料尺，联系大停气，准备点火。

11.3.3　炉顶点火

首钢采用无钟布料以后，点火操作也有改进、简化，具体步骤如下[1]：

（1）停风时达到以下状态：炉顶放散阀全开，除尘器放散阀开，除尘器切断阀关，炉顶及除尘器通蒸汽。左、右料罐下密封阀关，上密封阀开，料罐放散阀开，料罐一均压阀（煤气）和二均压阀（氮气）关。

（2）炉顶氮气倒用压缩空气。

（3）开人孔。

（4）停炉顶蒸汽、停密封室氮气。

（5）如炉顶煤气未能自燃，需用棉丝或点火管点火引燃。

（6）点火后由工长指定一人到炉顶负责看火。看火工应点燃焦炉煤气管，放到料面上。看火工负责保持料面上火焰不断。

（7）在点火过程不许倒流回压。

第一条规定，保证煤气系统和高炉分开，清除高炉煤气管路的残余煤气，这与大钟高炉相同。关下密封阀，使料罐与高炉分开，开上密封阀和放散阀，使料罐与大气沟通。关闭第一均压阀和第二均压阀，保证煤气和氮气不再进入料罐。

第二条规定，倒用压缩空气，使料罐内氮气为空气置换，保证料罐可以进人检修。

第三条规定，开人孔，使炉内与大气沟通，保证炉内空间有足够的助燃空气。

关掉炉顶蒸汽和密封室氮气后，炉内料面上的煤气自动点燃，料面上的火焰很短。有时关掉炉顶蒸汽后未能自燃，需用点燃的油棉丝火点或用点火管、点火枪引燃。

高炉末期有时因高炉冷却器漏水，蒸汽过多，点火发生困难；为此作补充规定，停风后将漏水水箱的进水截门关死，减少炉内水蒸气，点火后依然按上述规程进行操作。

因上述点火方法只有6个步骤，操作方便，无需其他岗位配合，一般用5～15分钟即可完成点火操作。

11.3.4　停风程序（第二步）

（1）打开回压阀，确定没有热气喷出，卸下吹管，更换漏水的风口，然后进行风口密封。

（2）打开冷风阀和烟道阀，拉净管道中的残余煤气。

（3）密封完后通知热风炉停止回压，热风炉停止倒流后，通知风机停机。

（4）高炉停风后，立即驱除煤气。与洗气联系取得允许后，按以下步骤进行：

1）打开除尘器放散阀。

2）见除尘器放散阀大量冒蒸汽后，根据需要打开除尘器上下人孔。

3）驱除煤气期间，蒸汽不能停。待上面操作完2小时后才能停蒸汽。送风前 1 小时开蒸气。

（4）按停风计划规定降低冷却水压到 0.15MPa（1.5kg/cm²）。

11.3.5 长期停风注意事项

（1）炉顶未点着火之前，非有关人员禁止在炉顶聚集，禁止在炉顶进行其他施工。

（2）如果更换风口和风口密封时可以倒流（即回压）。

（3）设专人看火，保证炉顶火焰不灭。

（4）当火焰熄灭，应立即再次点燃。当火焰熄灭已久或时间不明，应立即报告工长、值班长，经过研究再决定是否点火。再点火时，通蒸汽排除残余煤气，施工人员离开炉顶后再开始点燃。点火时，风口前不许有人，以防风口喷火或爆震伤人。

（5）需要压料时，在确定料面火已点燃后进行，压料完成后，仍需保持料面上有火焰。

11.4 降 料 面

高炉检修或停炉，有时需要降料面，如喷涂炉衬、炉墙炸瘤或大修停炉等。

11.4.1 停气降料面的缺点

首钢过去降料面总是采用停气操作。为了减少噪声，一般在降料面开始前停一次风，去掉一个直径 800mm 的放散阀，使每个煤气筒的放散面积由 0.256m² 增加到 0.502m²，以降低煤气速度。

为了控制炉顶温度，在降料面过程中向炉内喷水，首钢也曾加料和喷水相结合的方法降低顶温。随着料面的下降，风量逐步减少，以防炉顶温度过高或喷水量过多。

这种操作，在当年许多厂流行，缺点太多：

（1）由于煤气放散，尽管减风，煤气离开炉顶放阀的速度远远超过 100m/s，噪声污染严重，在 5 公里半径区域内，均能听到响声。

（2）煤气中大量有害气体 CO、CH₄ 被放到大气中，污染了空气。一座 1000m³ 容积的高炉，1 小时约放入大气 150000m³ 有害气体。

（3）因停气操作，煤气利用差、料面下降减慢，致使煤气污染时间延长，使生产损失随时间的延长而增加。

（4）高炉煤气大量放散，浪费了燃料。一座 1000m³ 的高炉，每小时约损失 5000GJ 的热量，相当 18t(煤)/h。

11.4.2　全风降料面实践

首钢新 2 号高炉是国内第一座无钟高炉，于 1979 年 12 月 15 日投产，容积 1327m³。1980 年 2 月准备检修 5 天，要求料面降到 12m。于 2 月 12 日零点起执行。经研究决定，全风降料面，以克服停风降料面的缺点。

降料面过程预留 7 批料、14 罐，加料降低炉顶温度，从 3：00 起降料面，当时料线深度 1.4m，3：15 开炉顶喷水，3：50 料线深度降到 4m，计算 6：00 可降到 12m。

于 5：35 出最后一次铁。为了出净铁，减压放风，于 6：17 停气，6：26 出完铁堵口，6：31 停风，6：50 完成炉顶点火后，将高炉交修理部门检修。

后来加料时按加料容积计算，实际料面深度 13.5m。全部降料面操作、包括炉顶点火，历时 3h31min，料面每小时平均下降 3.86m。降料面过程共加 7 批料、14 罐，每 10～20 分钟加 1 罐，加料速度由炉顶温度水平决定。每加 1 罐料，炉顶温度由 400℃降到 100℃以下，而后又缓慢回升。

全风降料面过程保持原来的风量和炉顶压力水平，工作进行非常顺利。图 11-1 是降料面过程的自动记录，降料面全过程，风量、风压和料尺均很稳定[2]。

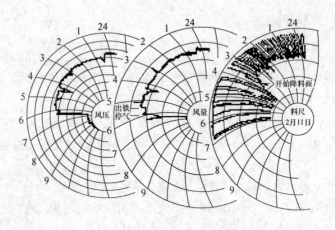

图 11-1　2 月 11 日夜班降料面过程自动记录（1980 年）

1980 年 10 月 13 日，2 号高炉再次检修，料面降到 8m，这次依然是全风送气操作，风量 2600～2750m³/min，炉顶压力为 1.3kg/cm²。于 18：13 开始降料面，20：50 停风，历时 2h37min。在降料面过程中，配合打水降低炉顶温度，共加 4 罐料降温，降温效果显著。图 11-2 是当时的操作记录。从记录中看到，降料面过程很稳定[2]。

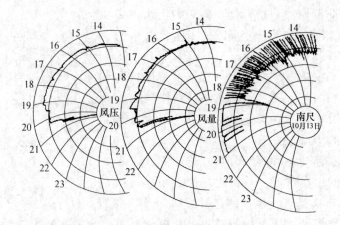

图 11-2　全风送气降料面过程自动记录

11.5　封　炉

由于市场变化或钢铁生产的平衡需要，高炉需要停炉一段时间，而后再开始生产。停炉期间，高炉保存完好，过后能顺利投产，这期间叫"封炉"。首钢 20世纪 60 ~ 80 年代共封炉 5 次，见表 11-1[3]。从表 11-1 看到，最少的封炉 18 天，最多的 176 天。

表 11-1　首钢 5 次封炉情况

炉号	高炉容积 /m³	时　间	计划封炉 /天	实际封炉 /天·时	封炉焦比 /t·t⁻¹	封炉前生铁 含 Si/%	复风第一炉铁 含 Si/%
旧 2	413	1961 年 7 月 29 日	60	19	3.0	1.9	3.08
旧 2	413	1977 年 2 月 16 日	60	27.7	4.0	1.30	6.56
1	576	1967 年 11 月 29 日	61 ~ 90	167	1.9	2.35	0.64
4	1200	1981 年 4 月 1 日	60	75	1.8	0.95	0.34
新 2	1327	1981 年 7 月 1 日	60	18.18	1.8	0.53	0.08

11.5.1　封炉要点

（1）炉料准备。封炉和高炉开炉相近，要保持高炉顺利送风再生产，封炉用的炉料应当有较好的强度和粒度组成，保证料柱透气性能维持较好的水平，正像选开炉料一样，应尽力选较好的焦炭、高强度和大粒度，特别是反应后强度（CSR）和反应性指数（CRI）应有和高炉容积相适应的水平。2000m³ 高炉，反应后强度（CSR）> 62%，反应性指数（CRI）≤ 25%；小高炉，反应后强度（CSR）> 60%，反应性指数（CRI）≤ 28%。由于焦炭长时间在高炉内停留，其反应的破坏性无法避免。

（2）严防漏水。封炉期间，向炉内浇水，必然导致冻结。封炉前严查漏水，关闭所有漏水的截门，彻底断水。

（3）风口、渣口严格密封。首钢虽将风口和渣口连同渣口三套一起拆下采取多层材料密封，风口密封效果较好，渣口较差。图 11-3 是 4 号高炉风口三套的密封方法。

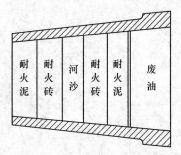

图 11-3 风口三套的密封层次

（4）封炉焦比。和高炉开炉一样，焦比水平决定送风后的炉温状况。首钢封炉次数不多，经验较少，表 11-2 是首钢焦比的选择。鞍钢高炉很多，曾创造很多开炉、封炉的经验，首钢一直学习、借鉴鞍钢的经验。表 11-3 是鞍钢推荐的封炉焦比[4]。

表 11-2 首钢封炉焦比的选择

封炉时间/天	15 ~ 30	30 ~ 60	60 天以上
封炉焦比/t·t^{-1}	1.5 ~ 2.0	2.0 ~ 2.5	2.5 ~ 3.0

表 11-3 鞍钢推荐的封炉焦比

封炉时间/天	10 ~ 30	30 ~ 60	60 ~ 90	90 ~ 120	120 ~ 150	150 ~ 180	>180
总焦比/t·t^{-1}	1.2 ~ 1.5	1.5 ~ 1.8	1.8 ~ 2.1	2.1 ~ 2.4	2.4 ~ 2.7	2.7 ~ 3.0	3.0 ~ 3.5

（5）含铁炉料的位置。含铁炉料和开炉料位置要求相近，放到炉身下部。

11.5.2 封炉实例[5]

首钢 4 号高炉容积 1200m^3，1977 年 7 月 12 日投产，1981 年因炼铁厂炉料紧张，供应不足，4 号高炉计划停产两个月平衡生产。1981 年 4 月 1 日停风封炉，全炉焦比 1.8t/t，正常焦比 0.7t/t，炉腹 1/2 以下装净焦，以上到炉腰是空焦。第 1 批正常料含烧结矿，加在炉身下部。计净焦 6 批，空焦 14 批。焦炭批重 8.7836t，湿重 9.2t，矿石批重 20t，计划封炉料降到风口水平停风。风口、渣口密封方式如图 11-3 所示，图 11-4 是停炉后计划炉料在炉内的位置。

11.5.2.1 检查密封效果

停炉后四天检查，炉喉火焰已经灭了，只东边还有点火、很小。

停风时已将烧坏的九层 4 号水箱通的蒸汽关闭，水箱堵死。没有漏水现象。4 月 20 日在炉喉取气样两个分析（表 11-4），也证明高炉无漏水现象。试样基本没有 CO_2，CO 也很低，说明密封效果良好。

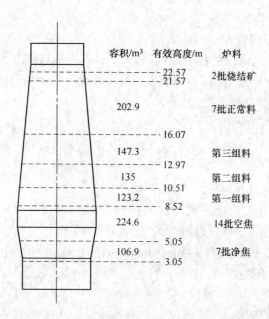

容积/m³	有效高度/m	炉料
	22.57	2批烧结矿
	21.57	
202.9		7批正常料
	16.07	
147.3	12.97	第三组料
135	10.51	第二组料
123.2	8.52	第一组料
224.6		14批空焦
	5.05	
106.9	3.05	7批净焦

图 11-4 停炉后计划炉料在炉内的位置

表 11-4 4月20日煤气取样分析 （%）

样 号	H_2	CO_2	CO	O_2
1	0	0	0.6	21.4
2	0	0.2	0.4	21.4

11.5.2.2 风口前状况

计划封炉 60 天，实际延长 15 天，共封炉 75 天。检查料面，较封炉前下降约 1m。拆各风口密封时发现：1、2、8、14、15 号 5 个风口前焦炭全黑无渣，说明封炉期间已断绝空气，没有燃烧迹象。

3、6、7、11、12、13、16、17、18 号等 11 个风口，在炉内方向，有点干渣，最大的 400mm×300mm×150mm，最小的 100mm×100mm×50mm；4、5 号风口有燃烧后的焦炭灰分呈黄褐色粉末。稍深处有熔渣距风口前端约 500～600mm，后面是全黑焦炭。

西渣口有渣，体积约 500mm×400mm×150mm，清理干渣用了 30 分钟。

东渣口渣子体积 800mm×800mm×400mm，清出渣子后，里边还有一个约 600mm 的深洞，有焦炭烧过的灰分。

9 号风口拆密封时流出很多细碎的冷烧结矿粉末。

11.5.2.3 焦炭状况

（1）风口里焦炭是黑的、冷的，有棱角，和焦仓的粒度差不多，颜色也相似。

（2）渣口附近焦炭粒度较小，颜色灰黄，再往里往下，焦炭更碎。西渣口内焦炭松散，不费劲可以把钎子捅入2m深，拔出的钎子温度仅30~40℃；东渣口较硬，钎子用锤打入2m深，用瓦套将钎子退出，钎子的温度也是30~40℃。

11.5.2.4 钻铁口情况

14日16：00开始钻铁口，在深度小于1.2m时好钻，深度大于1.3m后很困难，钻到2.1m，共用80分钟。铁口内焦炭密实，温度很低，大约30℃左右。

11.5.2.5 送风操作

6月14日8：00开始拆密封，10：30拆完，用2.5小时。保留1、2、4、14、15、17、18号七个风口送风，风口面积0.1337m²。

15日1：20送风，风量1450m³/min，风温650℃，风压0.7kg/cm²。1：27 17号风口亮，铁口喷火。1：31 4、14、15号风口亮，风温提高到680℃。1：35 1、2、18号风口亮，风温700℃。2：09两料尺同时活动。4：30送气。6：30铁口见铁，无渣，立即堵口，堵泥60kg。分析铁样，含硅0.34%，硫0.205%。

11.5.2.6 渣口爆炸

4：00，4号风口有点窝渣，6：00，7、8号风口也窝渣，9：42，1号风口坏，立即开铁口，准备停风换风口。10：25，西渣口烧出爆炸，流出2.5罐渣，估计40t，流出铁30t。

10：27停风，换1号风口；西渣口二套换成炭砖二套，作临时铁口，作新出铁沟，堵1、4、14、15号风口，保留2、3、17、18号4个风口，停风9h37min后于20：04送风。

11.5.2.7 渣口出铁

曾希望从铁口出铁，送风后，15日23：20铁口钻到2.2m深，塞入炸药0.6kg爆破，未起作用；16日0：05放炸药1.2kg、0：50放炸药1.95kg，先后又放两炮，均未起作用，不得已改用渣口出铁：1：20~2：50渣口出铁50t，放出炉渣约30t。3：57~5：00出铁15t，炉渣约15t。9：50~11：03出铁15t，渣约30t。14：16~15：08出铁20t，出渣约30t。

以后开始由铁口出铁，16日16：01钻铁口深度2.5m，放炸药1.95kg炸开铁口，铁水含硅0.66%，硫0.16%。以后逐渐正常。

11.5.3 经验教训

（1）此役封炉，炉料安排，焦比选择均较恰当。

（2）密封成功。

（3）送风前钻铁口、疏通铁口与就近风口的"通道"，都很成功，所以送风后 7 分钟，铁口喷火。堵口前喷吹铁口已经 6 小时。

（4）在拆风口渣口密封、钻铁口时已经知道，风口以下温度很低，约 30～40℃，肯定渣口以下的铁水和液体炉渣，已经凝结，应做渣口出铁放渣的决策。由于此一疏漏，功亏一篑，送风后所生成的铁渣，无处可去，因此烧坏 9 号风口，烧坏渣口，引起渣口爆炸。如开始就决定渣口出铁，送风前完成渣口出铁的改造，结果可能会完全不同。

11.5.4　封炉小结

（1）封炉是从小高炉生产时期产生的，当今已进入大高炉时代，封炉方式已明显不适用。大高炉从风口到铁口距离，一般 4m 以上，铁口到风口之间的通道，在低温铁渣凝固的条件下，很难疏通，而此通道的疏通，恰恰是封炉后送风顺利的最重要条件。

（2）大高炉一般不设渣口，不可能渣口出铁。

（3）大高炉也有优势，2000m³ 以上的高炉，炉衬基本完好，按封炉条件及时停、减冷却水，严格密封、杜绝漏水，停风一周，风口以下的铁渣不会凝结，虽然黏稠不可避免。宝钢 1 号高炉 1985 年 5 月 29 日因风机故障无计划停风 6 天后送风，恢复生产相当成功。

总之，大高炉不宜封炉，万不得已，上述数据可以参考。

11.6　停　炉

停炉是为大修或改建高炉作准备，和封炉区别在于封炉不降料面、不扒料、不放残铁。停炉的关键是安全降料面、干净的放出残铁，本节主要讨论停炉的这两个问题。

11.6.1　安全、快速降料面

降料面过程的主要危险是爆震，其实爆震就是煤气爆炸，将在第 12 章讨论。过去为减少爆炸的危害，降料面前停风，将直径 800mm 的炉顶放散阀摘掉一个或两个，使煤气直接排到大气，排放面积增加 1.4～2 倍。现在通过控制煤气成分中的 H_2 和 O_2，可以安全地全风、快速降料面，大部分时间回收煤气，减少噪声、又不污染空气，一举多得。

11.6.2　利用煤气成分变化判定料面深度

图 11-5 是首钢 4 号高炉 1983 年停炉过程的料面下降深度和煤气成分的变化。1983 年停炉时为扩大炉顶煤气排放能力，以防煤气爆震时炉壳开裂，摘掉两个直径 800mm 煤气放散阀，使炉顶煤气直接由 800mm 竖管排入大气，即使爆震，

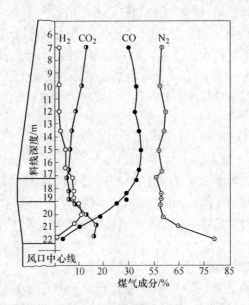

图 11-5　煤气成分随料线深度变化曲线[6]

破坏性也降低。从图中看到，当煤气成分中的 CO 和 CO_2 交叉时，料面已降到炉腹。这一重要特征，是鞍钢首先发现并依此特征指导降料面，从此不再依靠降料面以前停风装人工探尺，得到全国推广使用。

11.6.3　控制煤气中 H_2、O_2 量，杜绝煤气爆震

10 月 16 日 10：40 首钢 2 号高炉开始送风降料面[7]。

11.6.3.1　风量控制

如图 11-6 所示，降料面前期快速将风量加至正常风量 90%，顶压提高至正

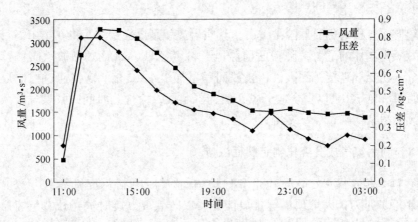

图 11-6　降料面风量与压差控制曲线

常顶压的95%，最大限度节省了降料面时间。随料面下移料层变薄，少量减风降低顶压，及时控制保证煤气流稳定，防止发生爆震造成不必要的大幅减风。14：30据煤气分析 H_2 含量大于 CO_2 判断料面开始进入炉腰，大幅减风降低顶压以控制煤气流，随压差降低料层变薄逐步减风。21：00铜冷却壁壁后温度下降，CO_2 含量明显回升，判断料面进入炉腹，开放风阀风量减至 $1000m^3/s$，风压降至 $0.55kg/cm^2$ 停气，停气时炉顶放散处冒火，放风至风压 $0.35kg/cm^2$ 火焰熄灭。停气后风量基本维持在 $1500m^3/s$ 左右直至停风。

11.6.3.2　顶温及打水量控制

此次降料面平均顶温480℃。17：50七层冷却壁温度开始上升，20：10壁温下降，瞬时最高温度112℃。16：30八层冷却壁温度开始上升，20：10壁温下降，瞬时最高温度148℃。17：00九层冷却壁温度略有上升，整体变化不大，瞬时最高温度81℃，各项参数基本控制在合理范围之内，停风后监测铜冷却壁完好无损。降料面总打水量为1198t，受降料面前期大风量时间较长、顶温略高影响，打水量较以往偏多。

如图11-7所示，降料面过程中 H_2 最高 9.3%，O_2 最高 0.6%；20：30 CO_2 含量明显回升达到 12.4%，料面进入炉腹，及时停气；风口见空时，N_2 含量达到 69%，接近大气含量。

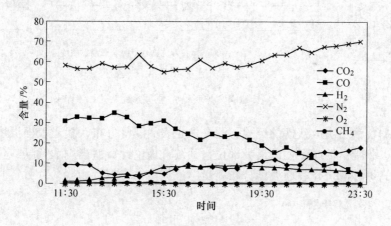

图11-7　降料面煤气分析曲线

11.6.3.3　降料面耗风量

降料面总耗风按压缩比13%计算焦炭量，正常料线焦炭总重量为540t（含54t盖面焦），吨燃耗风 $2800m^3$，过剩系数1.35，计算总耗风204.1万 m^3，实际到停风时总耗风204.3万 m^3。16日21：00停气时耗风151.4万 m^3，16日23：25风口见空时耗风174万 m^3，17日0：15风口全空时耗风为190万 m^3。

11.6.4 放出全部残铁

11.6.4.1 判定放残铁的铁口位置

首先对炉底侵蚀深度计算，当今给出的计算方法很多，主要是利用有限元法去解传热方程，一般较可行。马松岭发明直接测量炉底炉壳温度方法结合高炉冶炼经历及炉底炉缸冷却壁温度，判定残铁位置，首钢多年一直使用，颇感适用。原理很简单："距离炉内残铁愈近，其表面温度愈高，反之表面温度低"[8]。图11-8 是利用首钢 1 号高炉 1963 年 12 月 27 日停风检修的第三天，关闭一、二段冷却壁冷却水 3 个小时后进行测定的。在炉底圆周十个方位，每个方位垂直测定6 点，共测 60 点，每两点距离 500mm。

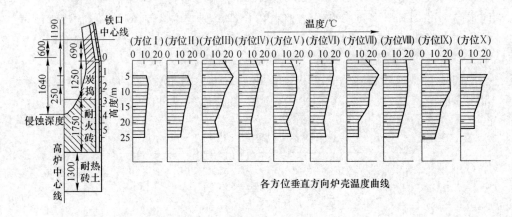

图 11-8　炉底炉壳温度测量

根据首钢历次放残铁的经验，测量炉壳表面温度分布，找出表面温度最高的拐点，以此判定炉底侵蚀的最大部位，并结合理论计算适当选取残铁口位置。首钢 2 号高炉各次炉壳表面温度分布测量结果见图 11-9。

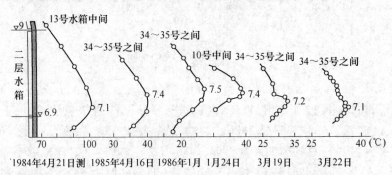

图 11-9　首钢 2 号高炉各次炉壳表面温度测量曲线

从图中可看出，每条温度分布曲线都有拐点，拐点位置的标高随着高炉炉内侵蚀状况变化，本次拐点位置的最低标高为7100mm。按以往经验，残铁口标高应选在拐点以下200~300mm处。结合理论计算和测量数据，选定残铁口标高为6800mm。

拆炉时发现，第一、二、三层炭砖前端全部蚀掉，第四层炭砖的前端有少数被蚀掉，形成一个个孤立的坑，所以炉底最大侵蚀的实际深度是1600mm，与依据炉壳温度测量判定的深度差200mm，不过差在深坑处，见实测炉底侵蚀测量结果的图11-10[9]。

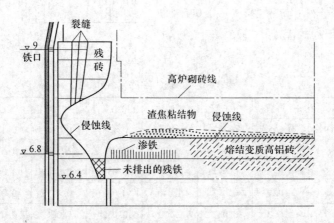

图11-10 首钢2号高炉炉底砌砖侵蚀及放残铁实况

11.6.4.2 开凿残铁口和残铁沟

在停炉降料面开始后，动手做残铁口。以判定的位置，切割炉底炉壳钢板，具体操作步骤和所需时间，因各炉条件不同，差别很大，表11-5是首钢4号高炉大修时的进度，供参考，图11-11是残铁口[6]。

表 11-5 残铁口制作程序及进度

起止时间	内　容	耗　时
13：34~14：50	切割炉壳（宽×高=900×1000mm）	1h16min
14：50~17：00	将一层16号冷却壁横切一条缝（900mm）	2h10min
17：00~19：50	取下16号冷却壁	2h50min
20：00~23：00	铲除炭捣层和炭砖（深度大于100mm）	3h
23：25~2：30	装接第一段残铁沟，砌接茬砖	2h5min
2：30~3：50	砌砖套，做泥套	1h20min
3：50~6：40	垫沟，烘烤	2h50min

11.6.4.3　放残铁操作

残铁温度较低，流动性较差，为顺利放出残铁，停炉前在炉料中加锰矿。4号高炉因炉缸侵蚀严重，一直加钛矿补炉，在停炉前5天，停止加钛矿，稀释铁水中的[Ti]，以提高铁水流动性；同时停炉前3天加锰矿，使铁水中[Mn]到0.7%～0.9%，以提高铁水流动性。结果残铁成分适宜，[Ti]<0.045%，[Mn]>0.55%，流动性好，具体见表11-6。

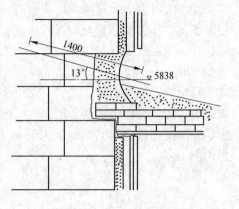

图 11-11　残铁口结构

表 11-6　残铁化学成分分析　　　　　　　　　　　　　　（%）

成分	第一罐	第二罐	第三罐	第四罐	第五罐	第六罐	第七罐	平均值
[Si]	0.349	0.365	0.373	0.411	0.458	0.528	0.582	0.438
[Mn]	0.58	0.62	0.63	0.68	0.80	0.89	0.79	0.713
[Ti]	0.029	0.032	0.034	0.036	0.038	0.043	0.042	0.036
[P]	0.037	0.037	0.037	0.040	0.042	0.044	0.042	0.040
[S]	0.087	0.092	0.087	0.073	0.052	0.041	0.053	0.069

本次放残铁，共占用9个铁水罐，1个渣水罐，约排出残铁300t，因残铁温度太低，实际倒出199t；残渣40t，估计体积为57.7m³，占侵蚀线以上铁口以下容积的60%。

从残铁流出到见残渣，共35min，放满了6罐铁水，约250t，流速为7.1t/min。见残渣后15min内又排出残铁50t、残渣40t，流速为6t/min。残铁基本放出，仅在局部炉底侵蚀小坑内留存少量残铁，见图11-10。

11.6.4.4　放残铁的教训

（1）1983年首钢3号高炉停炉大修，所有工作均较满意，最后放残铁仅放出一半多，残铁口凝结。本应立刻再烧残铁口，继续排出残铁，可是当时盲目打水，使残铁凝结在炉底，后果十分严重。不得已用炸药爆破。几公斤炸药，对凝铁根本不起作用，最后用成箱炸药，集中爆破，声震数公里，好似地震。百余吨凝铁用450公斤炸药、8天时间清除；如果放残铁，也不过几分钟或几十分钟。惊天动地，曾惊动公安部门！

放残铁，一定要有专人把守，是明白人、专家里手；一定要坚持放完残铁。残铁温度低，很易凝结，残铁口应保持畅通，应准备烧残铁口的工具、氧气，随时可以操作，使残铁口畅通。

（2）1978 年 6 月，首钢 1 号高炉中修停炉，在降料面以前未洗炉清理炉墙，当料面降到风口后停炉打水，炉身粘结的弧形片状的粘结物滑落，插入炉缸下部的焦炭中，已经降到风口下部的焦炭被挤升到风口水平，增加了扒料量；而且粘结物坚硬、光滑，很难清除，本应熔成液体流出的炉渣，不得不用铁锤、钢钎人工清理，完全是自找的困难！

（3）高炉设计在炉底标高确定时，应考虑残铁口的位置和残铁沟的角度，因残铁温度很低，出铁沟坡度应大于 15°，很多残铁难以放出，原因之一是残铁沟坡度太小（<10°），出铁沟很容易被残铁铸死。我们曾在残铁沟坡度 9.5°放出残铁，采取多项措施，提心吊胆把残铁放出来。

参考文献

[1] 刘云彩. 无钟炉顶点火操作[J]. 首钢科技，1982(6)：12-13.

[2] 刘云彩. 全风送气降料面操作[J]. 首钢科技，1983(1)：1-3.

[3] 魏升明，陈欣田. 高炉生产(安朝俊,主编). 首钢，1983：287-290.

[4] 周传典，主编. 高炉炼铁生产技术手册[M]. 北京：冶金工业出版社，2002：455.

[5] 首钢炼铁厂技术科. 四高炉封炉及开炉总结[R].1981(内部资料).

[6] 师守纯，金岳义. 四号高炉的停炉操作[J]. 首钢科技，1984(4)：1-5.

[7] 首钢炼铁厂技术科研科.2008 年 10 月二高炉停炉降料面总结[R].2008(内部资料).

[8] 马松龄. 关于高炉炉底解体的论述[J]. 首钢科技情报，1964(2)：23-34.

[9] 金岳义. 水冷综合炉底最大侵蚀深度的测定及钒钛矿补炉后残铁的排放[J]. 首钢科技，1987(3)：1-4.

12　高炉爆炸

走进酒钢酒泉职工游乐园，一座高崇的纪念碑映入眼底（图12-1）。两只粗壮有力的手高举一块巨石，上书："艰难困苦千秋业，顶天立地酒钢人"的豪迈语言，真实表现了酒钢人的雄心壮志！

碑座上镶嵌一块碑文，述说事故的经过。

1990年3月12日一声闷响，巨大的1513m³大型高炉突然淹没在浓烟火海中，高炉不见了，眼前是倒塌的巨大支架、撕裂的炉壳，最远飞出200余米，波及上料卷扬机室。当场殉职19人，是空前的高炉爆炸事故。

图12-1　纪念碑和碑文

12.1 煤气爆炸

这场空前灾难是高炉内煤气爆炸引起的。煤气爆炸，高炉容易发生，但这么严重的爆炸是空前的。

12.1.1 高炉煤气爆炸的必要条件

爆炸的必要条件：

(1) 煤气浓度35%～75%。

(2) 煤气中混有空气或氧气，形成具有爆炸性的混合煤气。

(3) 有明火或达到混合煤气的着火温度，一般650～700℃。

12.1.2 1号高炉炉内煤气爆炸的原因

(1) 1号高炉1984年大修，"1987年5月以后炉况失常，冷却设备损坏严重。到这次事故前，风口带冷却壁损坏1块，炉腹冷却壁损坏32块，占冷却壁总数的66.7%；炉身冷却板共590块，整块损坏393块，半块损坏100块，合计损坏率为75.1%；为了维持生产，采用了外部高压喷水冷却，加剧了炉皮的恶化"。很显然，高炉损坏到如此严重，早应大修。"

(2) "1989年6月以后，炉皮出现了开裂、开焊，并日益加剧，裂纹主要集中在11～12带炉皮。到事故前，共发现并修复裂纹总长度28.5m。虽采取了修复措施，但由于条件所限，裂缝不能及时补焊，焊接质量得不到保证，没有从根本上改善炉皮状况的恶化。……由于1号高炉冷却设备大量损坏，炉皮长期接触高温炉料，外部受强制喷水冷却，温度梯度大，局部应力集中和热疲劳等因素的影响，使炉皮在极其恶劣的工作条件下，形成多处裂纹。加之在修复过程中，不能从本质上改善炉皮恶化状况，高炉已承受不了炉内突发的高载荷，在炉内爆炸瞬间，炉皮多处脆性断裂、崩开→推倒炉身支柱→整个炉体坍塌"[1]。

由上述情况可知，爆炸前高炉还在生产，炉内处于正压状态，虽然炉内应具有煤气浓度和爆炸温度条件，但没有空气或氧气，不具备形成爆炸气体的条件。炉壳虽然有很多裂缝，因炉内压力高于炉外压力，煤气向外泄漏、空气不可能进入炉内。

当时因炉温向热发生悬料，继而塌料，塌料瞬间炉内产生负压，从高炉缝隙进入空气，形成爆炸气体，发生爆炸。

(3) 风口损坏频繁。"3月1日至3月12日，风口累计损坏45个，而且集中在4号至10号、14号至17号风口两个区域。风口的损坏，导致向炉内漏水，加之采用集中更换风口的方法，漏水情况得不到及时处理，延长了漏水时间，加大了漏水量。由于风口区大量向炉内漏水，造成炉内区域性不活跃，形成呆滞区，并有相当数量的水在炉内积存"。

(4)"炉况不顺，炉温向热难行。事故前的最后一次出铁，铁水含 Si 量高达 1.75%，而前两次出铁含 Si 量分别为 0.62% 和 0.92%；同时，4 时 20 分和 6 时 30 分，炉顶温度记录显示，曾两次急剧升高到 320℃，两次炉顶打水降温；7 时 20 分以后，分布在标高 17m 左右的炉皮温度检测记录仪记录的数据表明，炉皮温度由 37.5℃ 骤升到 56～70℃，并持续到事故发生。上述情况表明，事故前炉温急剧升高。3 月 12 日 7 时至 7 时 56 分，仅向炉内下料两批，共 48.7t（烧结矿 36.4t，焦炭 12.3t）。这时间，高炉燃烧消耗焦炭大大超过了上部加料的供给，而炉顶探尺记录指示料线不亏。这种情况下，焦炭的消耗只有靠风口燃烧带以上至炉身下部的焦炭来供给，焦炭得不到补充，在炉身下部产生无料空间，加之 7 时 15 分至 7 时 40 分出铁 150t，出渣 40t，推算无料空间约 50m³，这就为崩料、滑料创造了条件"。

(5)"事故前，炉顶探尺最后测量记录是，北料尺由 2350mm 滑至 2450mm，随后近乎直线下降至 2860mm，记录线消失；南料尺也由 2250mm 滑至 2400mm，随后近乎直线下降到 3180mm，记录线消失。说明事故中高炉发生了崩料"[1]。

"综上所述，生产运行中的 1 号高炉，事故前 20 个风口中有 3 个风口损坏向炉内漏水，另有 5 个已堵死，风口区域性不活跃，存在呆滞区；炉况急剧向热难行，炉顶温度升高，两次打水降温，在一定程度上粉化了炉料，造成透气性差；炉内发生悬料、崩料等，如此诸多因素意外地同时在炉内发生，其综合效果为：炉内水急剧汽化、体积骤胀、炉内爆炸"[1]。

12.1.3 混合形成爆炸煤气后发生的爆炸

首钢多年来经历多次混合形成爆炸煤气后发生的爆炸[2]。不论是煤气进入空气或空气进入煤气，只要遇到点火条件，立刻发生爆炸。

12.1.3.1 煤气下降管部位的爆炸事故

1959 年 11 月，3 号高炉煤气下降管与除尘器连接处发生爆炸，将管道炸开约 10m² 的大洞（图 12-2）。

1959 年 11 月 24 日计划检修 24 小时。6：50 开始降料线，按规定降到 3.0m。7：20 打开放散阀，关煤气切断阀，停止送煤气。同时慢风作业，风压维持在 0.1～0.08kg/cm²，连加 9 料车水渣入炉。8：12 关炉顶及煤气下降管的蒸汽截门，炉顶点火。8：22 休风打开炉喉取样孔，配合空气燃烧。9：10 发现炉顶煤气火已熄灭，决定在煤气取样孔处投入点燃的油棉丝再次点火。12：45 投入点燃的油棉丝，当即引起爆炸，将煤气下降管与除尘器上截断阀连接处炸开约 10m² 的大洞。爆炸导致休风 101h51min，损失 5000 余吨生铁。

事故教训：

（1）点火后无专人看火，又只打开炉喉取样的小孔，配合燃烧的助燃空气不足，没有打开人孔是错误的。

（2）发现火焰熄灭后，拖延了3h35min才进行第二次点火，已积累了大量的爆炸性混合气体。

（3）第二次点火时，又错误地决定将上升管人孔关上，减少了排放能力。

（4）除尘器截断阀处蒸汽管被堵塞、未通蒸汽。在爆炸气体已形成的条件下点火，必然爆炸。

12.1.3.2 大小钟之间煤气爆炸

1964年10月22日，首钢1号高炉炉顶大小钟之间发生爆炸，压力高达 1.06kg/cm^2，超过炉内 0.45kg/cm^2。将大钟压开，大钟杆被压弯。发生爆炸的原因是小钟均压阀关闭过晚，延时太长。当小钟均压阀打开到小钟打开时，大小钟之间出现267~533Pa（2~4mmHg）的负压，空气被吸入。大钟均压时，煤气进入形成混合爆炸煤气，大料斗内的热烧结矿温度在 600~700℃，所以发生爆炸。

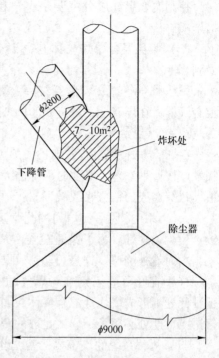

图 12-2　3号高炉煤气下降管爆炸位置

12.1.3.3 热风炉燃烧器爆炸

1968年5月，首钢3号高炉3号热风炉由燃烧转送风时，燃烧阀未关，热风进入燃烧器，点燃残存煤气发生爆炸，将燃烧器炸飞，飞过约10m的两股铁道。

类似事故，3号高炉于1970年6月、4号高炉于1979年2月，曾经重复发生而将风机转子炸飞或变形。

12.1.4 预防煤气爆炸

（1）预防爆炸，首先应控制混合爆炸煤气的形成，表12-1是爆炸浓度的限度。

表 12-1　煤气燃点和爆炸限度[2]

气体名称	燃点/℃	混合比上限/%	混合比下限/%
高炉煤气	700	68	46
焦炉煤气	600~650	30.4	5.6
发生炉煤气	650~700	65	44.5

控制混合煤气成分主要是煤气和空气不要混合。断绝混合是最重要的有效措施。

（2）避免混合爆炸气体与高温/火源接触，在高炉系统并不容易，但必须做到。

（3）煤气管道、容器系统一定要保持正压力，防止吸入空气，形成爆炸性混合气体。在煤气压力小于 500Pa 时要停止使用煤气，并在管道与容器内通入蒸汽。

（4）高炉末期应加强维护，炉皮开裂应补焊。如砖衬、水冷设施已严重破损，应按计划修理，必要时应提前大修。很多重大爆炸灾难，都是应当大修而未按期执行造成的，应吸取教训。

（5）高炉休风后，炉内的化学反应并非立即停止，在一段时间内，还会继续产生少量煤气。为了保证安全，必须将炉内煤气点燃，使新产生的少量煤气，一出料面就被烧掉。这是长期停风操作的重要步骤，也叫点火操作或炉顶点火。

（6）在经常进入空气与煤气的空间，要长期通入足够的蒸汽或惰性气体，保证此处不形成爆炸性混合气体。如高炉的大小钟之间，不可避免地有空气与煤气进入，此处必须长期通入足够的蒸汽或氮气，才能避免煤气爆炸。

（7）煤气系统的设备要严密，设计要合理。煤气系统的设备，包括管道、容器、阀门等一定要严密，防止吸入空气和煤气泄漏，尤其是与高温空气接触处的阀门更要严格按标准进行检查，如关上阀门试水不漏水、试气不冒泡等。对设计的要求一是减少窝存煤气的死区，二是蒸汽吹扫点布置合理，三是要有防爆措施。

12. 1. 5　炉内打水爆震和爆炸

1961 年 9 月 6 日，首钢 3 号高炉中修，在降料线过程中，大小钟之间加有喷水管，大钟关闭，开大钟打水管浇水以保护大钟。炉喉也有四根喷水管，控制炉顶温度小于 500℃，计划将料面降到 12.7m。当料面降至接近 8m 时，炉顶温度上升到 600℃以上，并继续上升，料面降到 12.7m 时，炉顶温度达到 780℃，当即放风到风压 0.2kg/cm² 后，打开大钟，立刻发生剧烈爆炸，各风口猛烈喷火，将堵铁口的耐火泥崩出 50 余米，高炉放风阀也向外喷火。事后检查，有 8 个风口被炸坏，放风阀变形，所幸没有伤人。

大量水落入炉内遇上红热焦炭，水分解成 H_2 和 O_2，形成水煤气。因此，高炉煤气爆炸是由于水与炽热焦炭相遇，产生爆炸气体。多年经常实践的降料面过程，为降低炉顶温度不停打水，在此过程经常发生炉内爆震，有时伴随炉墙附着物脱落，那类条件不可能形成混合爆炸煤气，而是产生水煤气导致爆炸。当料面降到很低时，炉顶放散阀已经打开，每次爆震都伴随上升管煤气高速通过的震天响声。

本钢郭燕昌和金镇曾在料面下降过程，连续测量煤气的含 H_2 量，认为"停炉过程中，煤气中 H_2 的含量是爆震的主要原因之一。及时、准确地掌握煤气中 H_2 的含量是安全停炉的重要措施。煤气中 H_2 除了来自焦炭中含氢化合物的分解和鼓风中水分进行的水煤气反应之外，主要是在停炉过程中，从炉顶向赤热的料面打水冷却时发生的化学反应而产生的。从图 12-3 可知，随料面高度的下降，炉料表面温度升高，有利于水煤气反应，煤气中的 H_2 也呈上升趋势。特别是当料面下降到炉腰位置时，炉内的料大部分是焦炭，就更加剧了水煤气反应，产生大量的 H_2。当煤气中 H_2 的含量超过临界值时，就会发生爆震现象。此时应及时适当地控制炉顶打水量，避免过量的水在短时间内与赤热的焦炭进行反应，产生大量的 H_2 而导致爆震"。

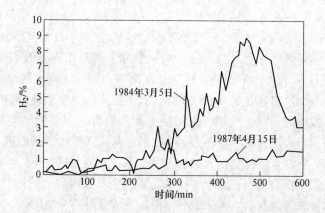

图 12-3 煤气中 H_2 含量随停炉时间的变化

"在 1984 年的停炉过程中，由于种种原因，造成炉顶煤气含 H_2 过高，且波动大，煤气中的氢含量一般超过 4% ~ 5% 时就会发生爆震现象。而在 1987 年停炉过程中，特别是在停炉后期，炉料下降到炉身下部时，由于改进了打水方式使水成雾状喷入炉内，并且及时调整打水量，使得煤气中的 H_2 含量控制在较低的程度，几乎没有发生爆震现象"[3]。

正常稳定、均匀的打水，分解的 H_2 和 O_2 能随煤气上升。集中打水，过量的水分解产生水煤气，就可能发生爆炸。爆震其实就是爆炸，因能量较小，破坏性不太明显。

12.2 铁水遇水发生爆炸

高炉第二类爆炸是铁水遇到水发生的。水在铁水上面变成蒸汽，没有爆炸危险；如铁水在水上面，则立刻发生爆炸。"爆炸的原因有两种说法：一种说法是高温铁水造成水的分解，而爆炸则是能量重新组合的结果。另一种说法是极高的温度使水立刻转变成蒸汽，而蒸汽的膨胀造成和爆炸一样的后果"[4]。

首钢 1 号高炉 1982 年 1 月 6 日 22：00 打开西渣口放渣，突然发生爆炸，声震数里，出铁场平台都感到震动。渣口二套、三套都崩坏，渣口大套下部拉出一道沟。停风9h55min，更换渣口四套缸。

当时1号高炉炼铸造铁，因石墨沉积，炉缸变小，虽然距出铁规定时间还有15分钟，但因上次铁未能出应有数量，炉缸内铁水面已经升到渣口水平，打开渣口铁水涌出，将渣口烧穿，渣口的水从铁水下流出，引起爆炸。

11日9：05放渣，爆炸事故再次重演，这次渣口大套未坏，停风处理6小时。

英国钢铁公司维多利亚皇后号高炉，"在1975年11月发生了可能是现代历史上最严重的意外事件之一，这件在英国钢铁公司历史上最不幸的事故，它的发生是由于约2m³的水流进了装有1400℃铁水的混铁炉式铁水罐车中。当车辆开动时爆炸发生了。爆炸冲击的结果使1.25吨的铁罐流嘴飞起10米高，被抛到21米外的路旁，把出铁场屋顶打穿一个大洞，造成80吨铁水和衬砖像阵雨般地落到23个工人身上，结果是11人丧命。情况是这样的：在第一个罐车正常地装满铁水后转入第二罐时，由于一个风口窥孔的端盖被吹坏，火焰像火山爆发似地由直吹管喷出，事故就产生了。操作人员跑去放风，以求换上新的管件。但这时又产生了严重的漏水，而水截门却被火焰包围，在压力下喷出的水却流入铁沟，从而进入铁水罐。这时把机车叫来想将铁水罐拉到露天的地方使水无害地蒸发掉，但机车刚一走动爆炸就产生了。我们分析是铁水在罐车中一晃动造成铁水盖到水上去，产生大量蒸汽没有出路，虽然在看到的材料中并未说明，但这点大概是不会错的"[4]。

该文作者J. A. 皮尔特的说法是正确的，如果铁水罐静止不动，也不会出事。重要的教训是出完铁以后，应将铁水送往用户炼钢厂。这样既保持铁水热量，又避免发生意外事故，应成为安全生产制度，纳入规程。

高炉出铁场附近，应当干燥，防止铁水流到水里发生爆炸。有的高炉烧穿后铁水流到地面，因遇水发生爆炸。这些意外事故，应当避免。

高炉喷煤初期也曾发生爆炸，现在已用氮气或热风炉烟气输煤、喷煤，在温度检测和消除煤粉积存等措施实施后，已经消除爆炸威胁。过去血的教训不应忽视！

参考文献

[1] 酒钢炼铁厂. 提高护炉意识　保证高炉安全——酒钢1号高炉3.12事故反思，2009年3月20日(内部资料).

[2] 师守纯，魏升明. 高炉生产(安朝俊，主编). 首钢，1983：488-491.

[3] 郭燕昌，金镇. 高炉停炉过程中煤气成分的变化规律[J]. 炼铁，1995(5)：45-48.

[4] 麦克马斯特大学，编. 北京钢铁学院炼铁教研室，等译. 高炉炼铁技术讲座[M]. 北京：冶金工业出版社，1980：260-261.